高等学校电子信息类系列教材

西安电子科技大学立项教材

5G 移动通信系统

（新形态教材）

李晓辉　刘乃安　刘忠成　编著

西安电子科技大学出版社

内 容 简 介

本书紧密结合5G移动通信系统架构和技术的发展，从5G移动通信技术基础、网络架构和接口、空口规范和传输过程、基于服务的核心网功能以及5G承载网等方面入手，对5G移动通信系统的原理和技术规范进行了全面的阐释，并且给出了5G向5.5G和6G演进的发展过程。

本书共10章，第1章和第2章分别介绍了5G发展历程和网络架构，在此基础上，第3章到第8章重点阐述了5G接入网、核心网和承载网所涉及的关键技术与标准规范，第9章和第10章分别是5.5G和6G展望。本书内容丰富全面，叙述深入浅出。通过本书的学习，读者可以对5G移动通信系统的应用场景、网络架构以及核心技术有深入的理解，更好更快地开展5G领域相关的科学研究与开发工作。

本书采用新形态教材的形式，配有教学大纲、PPT、视频、习题和答案等数字资源，对于电子信息类专业的本科生和研究生以及通信领域的工程技术人员均有重要的参考价值。

图书在版编目（CIP）数据

5G移动通信系统（新形态教材）/ 李晓辉，刘乃安，刘忠成编著. -- 西安 ：西安电子科技大学出版社，2025. 1.--（新形态教材）. -- ISBN 978-7-5606-7487-2

Ⅰ. TN929.53

中国国家版本馆CIP数据核字第2024YS9838号

策　　划　李惠萍

责任编辑　李晓辉　张晓燕

出版发行　西安电子科技大学出版社（西安市太白南路2号）

电　　话　(029) 88202421　88201467　　邮　　编　710071

网　　址　www.xduph.com　　电子邮箱　xdupfxb001@163.com

经　　销　新华书店

印刷单位　陕西博文印务有限责任公司

版　　次　2025年1月第1版　2025年1月第1次印刷

开　　本　787毫米×1092毫米　1/16　印张　16.5

字　　数　389千字

定　　价　45.00元

ISBN 978-7-5606-7487-2

XDUP 7788001-1

＊＊＊如有印装问题可调换＊＊＊

前　言

从第一代移动通信系统出现，到第四代(4G)移动通信技术不断成熟，移动通信技术给人们的生活带来了巨大变化。随着社会信息化、数字化理念不断更新，移动通信产业开始把注意力转向如何为垂直行业提供有效的通信能力，第五代(5G)移动通信技术已经全面商用并且得到了飞速的发展。深入理解5G移动通信技术，开展5G-Advanced和6G技术的研究已成为通信研究机构和通信行业广泛关注的热点。因此，亟需能够全面阐释5G移动通信技术基础和最新进展的教材，帮助学生对5G移动通信系统有一个全面的认识，为开展未来移动通信领域的科研和应用开发打下坚实的基础。

本书注重理论和实践的结合，书中深入剖析了5G移动通信技术的原理和规范，通过对比5G和4G技术，使学生掌握5G移动通信技术的来龙去脉，加深对5G通信技术的理解。此外，本书还提供了5G移动通信发展有关的视频、部分关键技术的参考代码以及习题和答案，帮助读者通过多元化的方式展开学习，提高学生解决实际工程问题的能力。

本书共10章。为了便于读者对5G移动通信系统有一个整体认识，本书在第1章和第2章给出了移动通信的发展历程、应用场景和整体架构。其中，第1章介绍了5G移动通信的发展历程、应用场景、标准演进和6G展望；第2章介绍了5G的整体架构，简要描述了5G核心网的服务化架构、接入网与接口以及承载网的基本概念。第3章到第5章主要介绍了5G无线空口涉及的关键技术、相关概念和各信道的处理过程。其中，第3章介绍了第5代移动通信涉及的关键技术，包括编码调制技术、OFDM技术和新波形、多址接入技术、新型天线技术和同时同频全双工技术；第4章围绕5G NR技术规范，描述了5G关键性能指标、频谱规划、帧结构、参数集以及信道等基本内容；第5章介绍了5G NR传输的一般过程、小区搜索过程、随机接入过程、功率控制过程、波束管理过程和HARQ技术等。第6章到第8章主要介绍了5G核心网和承载网的关键技术与主要功能。其中，第6章阐述了SDN、NFV、网络切片、云计算和边缘计算等概念；第7章介绍了5G核心网的架构和功能、主要信令流程和QoS机制；第8章介绍了5G承载网的基本概念和关键技术，包括SRv6、FlexE和IFIT等。第9章和第10章分别介绍了5G-Advanced和6G愿景及其关键技术。

本书以党的二十大精神为引领，积极响应国家对高等教育课程思政建设的要求，全面阐释我国在5G移动通信系统领域的重大突破和发展，引导学生深入理解国家发展战略、通信行业奋斗历程以及科技创新精神。通过本书的学习，学生不仅能够掌握5G移动通信系统的专业知识，还将增强对中国特色社会主义道路自信、理论自信、制度自信、文化自信的深刻认识，培养爱国奉献、刻苦钻研、创新进取的精神，为实现中华民族伟大复兴贡献自己的力量。

本书由李晓辉、刘乃安和刘忠成编著。感谢参与本书资料整理和校对工作的各位研究生，感谢西安电子科技大学通信工程学院及广州研究院各位领导和老师给予的帮助与支持。感谢武汉易思达公司提供的5G NR物理层协议技术资料和仿真代码。本书的出版得到了西安电子科技大学教材基金的资助，在此表示感谢！

本书可用作通信领域高年级本科生及硕士、博士研究生的教材，还可作为无线通信等领域工程技术人员的参考书。

由于作者水平有限，加之时间仓促，书中难免存在疏漏和不足之处，恳请广大读者批评指正，在此深表感谢。

作　者
2024年10月

目　录

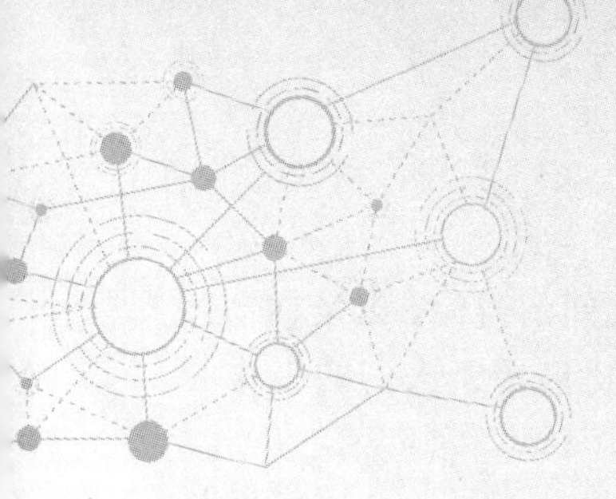

第 1 章　移动通信系统概述

主要内容

本章对移动通信系统进行了整体介绍，首先给出了移动通信的基本概念，然后介绍了移动通信系统的发展历程，阐述了 5G 移动通信的应用场景和关键性能指标，还描述了移动通信技术的发展方向和标准化进展。

学习目标

通过本章的学习，可以掌握如下几方面的知识：

- 移动通信的基本概念；
- 移动通信发展的几个阶段；
- 移动通信系统的基本构成；
- 移动通信系统的发展方向；
- 移动通信有关的标准化组织。

本章知识图谱

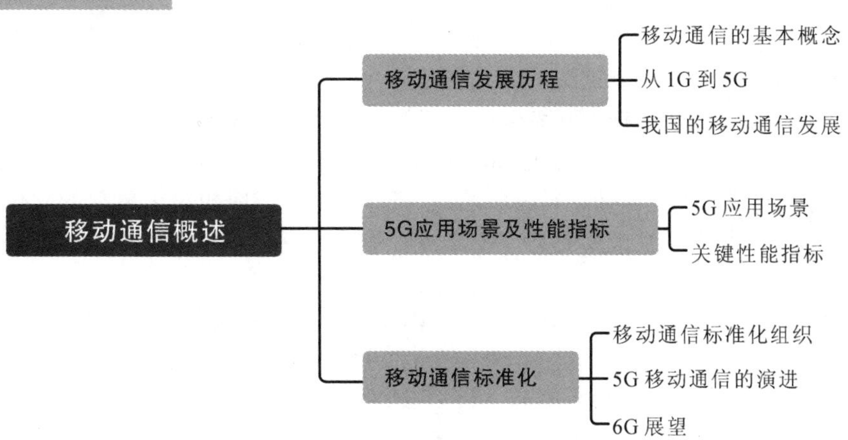

1.1　移动通信发展历程

1.1.1　移动通信的基本概念

移动通信指通信双方至少有一方在移动中(或者临时停留在某一非预定的位置上)进行

信息传输与交换，包括移动体(车辆、船舶、飞机或行人)和移动体之间的通信，以及移动体和固定体之间的通信。随着科技与经济的蓬勃发展，移动通信已广泛应用于人们的工作和生活中，高效智能的新型通信技术不断涌现。

移动通信的发展是从无线电通信的发明开始的。1897 年，马可尼完成了一个固定站与一艘拖船之间进行的无线通信试验，通信距离为 18 海里。这一实验证明了收发信机在移动和分离状态下通过无线信道进行移动通信是可行的，标志着移动通信的开始。

从 20 世纪 20 年代至 40 年代为移动通信的早期发展阶段。在这期间，人们在短波频段上开发出了专用移动通信系统，其代表是美国底特律市警察使用的车载无线电系统，该系统工作频率为 2 MHz。到 40 年代，无线通信系统的频率提高到 30～40 MHz。这时的移动通信主要用于专用系统，工作频率较低。

到了 20 世纪 40 年代中期至 60 年代初期，公用移动通信业务开始发展。1946 年根据美国联邦通信委员会(Federal Communications Commission，FCC)的计划，贝尔实验室在圣路易斯城建立了世界上第一个公用汽车电话网，称为“城市系统”。当时使用三个频道，间隔为 120 kHz，通信方式为单工。随后，西德(1950 年)、法国(1956 年)、英国(1959 年)等国相继研制了公用移动电话系统。这一阶段的移动通信实现了从专用移动网向公用移动网的过渡，但是仍采用人工接续，网络容量较小。

20 世纪 60 年代中期至 70 年代中期，美国推出了改进型移动电话系统，使用 150 MHz 和 450 MHz 频段；德国也推出了具有相同技术水平的 B 网。这时，移动通信系统得到了改进与完善，实现了自动选频并能自动接续到公用电话网。

1.1.2 从 1G 到 5G

1978 年年底，美国贝尔实验室成功研制出先进移动电话系统(Advanced Mobile Phone System，AMPS)，建成了蜂窝状移动通信网，大大提高了系统容量。1983 年，AMPS 首次在芝加哥投入商用，到 1985 年 3 月已扩展到 47 个地区，约 10 万移动用户。在此期间，由于蜂窝理论的应用，频率复用的概念得以实用化，大大提高了频谱效率。

到了 20 世纪 80 年代中期，数字移动通信系统得到了大规模的应用，其代表是欧洲的 GSM(Global System for Mobile communication，全球移动通信系统)和美国的 CDMA (Code Division Multiple Access，码分多址)系统。数字蜂窝网相对于模拟蜂窝网，其频谱利用率和系统容量得到了很大的提高。移动通信系统已经开始提供数据业务，业务类型大大丰富。

业界把出现在 20 世纪 80 年代中期的 AMPS 等系统称为第一代(First Generation，1G)移动通信系统，自此展开了移动通信系统的不断演进和发展。随着通信网络技术、微电子技术、计算机技术、人工智能技术的迅速发展，新业务不断出现，新型宽带无线通信标准和产业化都得到了飞速发展。2019 年，第五代(Fifth Generation，5G)移动通信系统开始商用，随后我国成立了国家第六代(Sixth Generation，6G)移动通信技术研发推进工作组和总体专家组，移动通信进入了一个新的阶段。

1. 第一代移动通信系统

1976 年，国际无线电大会批准了 800/900 MHz 频段用于移动电话的频率分配方案。此后，许多国家都开始建设基于频分多址技术(Frequency Division Multiple Access，FDMA)和模拟调制技术的第一代(1G)移动通信系统。1978 年底，美国贝尔实验室成功研制出了全球第一个移动蜂窝电话系统——先进移动电话系统(Advanced Mobile Phone System, AMPS)。1983 年，这套系统在芝加哥正式投入商用并迅速在全美推广，获得了巨大成功。同一时期，欧洲各国也纷纷建立起自己的第一代移动通信系统。瑞典等北欧 4 国在 1980 年成功研制了 NMT-450 移动通信网并投入使用；联邦德国在 1984 年开发了 C 网(C-Netz)；英国则于 1985 年开发出频段在 900 MHz 的全接入通信系统(Total Access Comunications System, TACS)。在各种 1G 系统中，美国 AMPS 制式的移动通信系统在全球的应用最为广泛，曾经在超过 72 个国家和地区运营，直到 1997 年还在一些地方使用。同时，也有近 30 个国家和地区采用英国 TACS 制式的 1G 系统。这两个移动通信系统是世界上最具影响力的 1G 系统。

我国在 1987 年 11 月 18 日广东第六届全运会上开通并正式使用第一代模拟移动通信系统，采用的是英国 TACS 制式。从 1987 年 11 月中国电信开始运营模拟移动电话业务到 2001 年 12 月底中国移动关闭模拟移动通信网，1G 系统在我国的应用长达 14 年，用户数最高曾达到了 660 万。

1G 系统采用的是模拟技术，其容量十分有限，其安全性和抗干扰能力也存在较大的问题，且价格非常昂贵。此外，不同国家各自为政也使得 1G 的技术标准各不相同，即只有“国家标准”，没有“国际标准”，国际漫游成为一个突出的问题。1G 的先天不足使得它无法真正大规模普及和应用，这些问题随着第二代移动通信系统的到来得到了很大的改善。

2. 第二代移动通信系统

第二代(Second Generation, 2G)移动通信系统是无线数字系统，具有比第一代模拟系统更高的频谱效率和更强的鲁棒性。主要的 2G 技术包括全球移动通信系统(Global System for Mobile communication, GSM)、CDMAOne、时分多址接入系统(Time Division Multiple Access, TDMA)和个人数字蜂窝网(Personal Digital Cellular, PDC)。CDMAOne 也称 IS-95，主要用于亚太地区、北美和拉丁美洲。GSM 在欧洲和全球范围的其他多数国家被开发和使用。TDMA 系统采用 IS-136 北美标准，由于 TDMA 是 1G 标准 AMPS 的演进，因此该系统也被称为数字高级移动电话系统(Digital Advanced Mobile Phone System, D-AMPS)。PDC 是日本专用的 2G 标准。

表 1.1 描述了上述 4 种主流 2G 系统间的区别，给出了各自的无线通信基本参数(例如调制方式、载波频率间隔和主要接入方式等)以及服务级别参数(例如初始数据速率和话音编码算法等)。

表 1.1　主要 2G 系统参数对照表

参数	系统名称			
	GSM	CDMAOne	TDMA	PDC
工作频段	900 MHz	800 MHz	800 MHz	900 MHz
调制方式	GMSK	QPSK/BPSK	QPSK	QPSK
载波频率间隔	200 kHz	1.25 MHz	30 kHz	25 kHz
载波调制速率	270 kb/s	1.2288 Mc/s	48.6 kb/s	42 kb/s
每载波业务信道	8	61	3	3
主要接入方式	TDMA	CDMA	TDMA	TDMA
初始数据速率	9.6 kb/s	14.4 kb/s	28.8 kb/s	4.8 kb/s
话音编码算法	RPE-LTP	CELP	VSELP	VSELP
话音速率	13 kb/s	13.3 kb/s	7.95 kb/s	6.7 kb/s

2G系统向第三代(Third Generation，3G)移动通信演进的中间版本称为2.5G，即在语音基础上又引入了分组交换业务。GSM对应的2.5G是通用分组无线业务(General Packet Radio Service，GPRS)系统。CDMAOne可以进一步分为IS-95A和IS-95B，IS-95A是2G标准，而IS-95B是IS-95A的2.5G演进标准。

EDGE(Enhanced Data Rate for GSM Evolution，增强数据速率的GSM演进)也是一种从GSM向3G演进的过渡技术。EDGE主要是在GSM系统中采用了多时隙操作和8PSK调制技术，使每个符号所包含的信息是原来的3倍，其性能优于GPRS技术。

3. 第三代移动通信系统

随着2G技术的不断发展，用户迫切地需要全球统一的无线技术标准。制定3G移动通信系统标准的根本目的就是为无线用户提供一种简单的全球移动解决方案，避免不同制式的蜂窝网络带来严重的无线资源和能量浪费，从更广泛的业务层面改善用户体验。3G移动通信系统期望的吞吐量为：在乡村室外无线环境为144 kb/s，在城市或郊区室外无线环境为384 kb/s，在室内或室外热点环境为2048 kb/s。

主要的3G标准包括WCDMA(Wideband Code Division Multiple Access，宽带CDMA)、CDMA2000和时分同步码分多址(Time Division-Synchronous Code Division Multiple Access，TD-SCDMA)。

WCDMA是第3代伙伴计划(3rd Generation Partnership Project，3GPP)提出的3G系统标准，也称通用移动电信系统(Universal Mobile Telecommunication System，UMTS)。WCDMA是基于码分多址(Code Division Multiple Access，CDMA)的方案，使用高速编码的直接扩频序列。每个用户在单信道上的速率可达384 kb/s，在专用信道上的理论最大比特速率为2 Mb/s，同时支持基于分组交换(Packet Switch，PS)和电路交换(Circuit Switch，CS)的应用并且改进了漫游能力。WCDMA于2001年在日本开始商用，其名称为自由移动多媒体接入(Freedom of Mobile Multimedia Access，FOMA)，并于2003年在其他国家商用。WCDMA的无线空口与GSM/EDGE有很大不同，但是其结构和处理过程是从GSM继承而来的，与GSM后向兼容，终端能够在GSM和WCDMA网络间无缝切换。

3GPP还接纳了我国的时分同步码分多址(Time Division-Synchronous Code Division Multiple Access，TD-SCDMA)技术，有的文献也将其称为时分双工(Time Division Duplexing，TDD)模式的UMTS标准。

北美CDMA2000是由IS-95发展而来的。CDMA2000的一个主要分支称为演进数据和话音(Evolution Data and Voice，1xEV-DV)，迄今为止没有大规模商用。另外一个分支是演进数据优化(Evolution Data Optimized，1xEV-DO)，支持高速分组数据业务传送，在CDMA2000的发展中占据重要的地位。

高速分组接入(High Speed Packet Access，HSPA)是对UMTS的进一步增强，包括高速下行链路分组接入(High Speed Downlink Packet Access，HSDPA)和高速上行链路分组接入(High Speed Uplink Packet Access，HSUPA)。HSDPA于2005年底开始商业化应用。HSDPA中引入了新的调制方式——正交幅度调制(Quadrature Amplitude Modulation，QAM)，理论上支持14.4 Mb/s的峰值速率(使用最低信道保护算法)。用户实际体验到的数据速率可以达到1.8 Mb/s甚至3.6 Mb/s。

主要3G系统的参数对照如表1.2所示。

表 1.2 主要 3G 系统参数对照表

参 数	3G 系统		
	WCDMA 或 HSPA	CDMA2000	TD-SCDMA
多址方式	FDMA+CDMA	FDMA+CDMA	FDMA+TDMA+CDMA
双工方式	FDD	FDD	TDD
工作频段/MHz	上行：1920～1980 下行：2110～2170	上行：1920～1980 下行：2110～2170	上行：1880～1920 下行：2010～2025
载波带宽/MHz	5	1.25	1.6
码片速率/(Mc/s)	3.84	1.2288	1.28
峰值速率/(Mb/s)	下行：14.4 上行：5.76	下行：3.1 上行：1.8	下行：2.8 上行：0.384
接收检测	相干检测	相干检测	联合检测
越区切换	软、硬切换	软、硬切换	接力切换

HSDPA 采用共享无线方案和实时(每 2 ms)信道估计技术来分配无线资源，能够实现对用户的数据突发进行快速反应。此外，HSDPA 实现了混合自动重传(Hybrid Automatic Repeat Request，HARQ)，在基站处实现的快速重传能够快速适应无线传输信道特征的变化。HSUPA 是一种与 HSDPA 相对应的上行链路(从终端到网络)分组发送方案。HSUPA 不是基于完全共享信道的发送方案，每一个 HSUPA 信道实际上具有自己专有物理资源的专用信道。HSUPA 的共享资源由基站来分配，主要是根据终端的资源请求来分配上行 HSUPA 的发送功率。HSUPA 理论上可以提供高达5.7 Mb/s的速率，当移动用户进行高优先级业务传输时，还可以使用比通常情况下分配给单个终端更多的资源。

HSPA+也称 HSPA 演进，是 HSDPA 和 HSUPA 技术的增强，目标是在 4G 成熟之前，提供一种 3G 后向兼容演进技术。$HSPA^+$ 采用了大量新技术，例如多输入多输出(Multiple Input Multiple Output，MIMO)技术和高阶调制(例如下行采用 64QAM，上行采用 16QAM)，HSPA+可以在 WCDMA 系统的 5 MHz 带宽上达到与 4G 相同的频谱效率。同时，HSPA+结构上也做了改进，降低了数据发送时延。

同时，CDMA2000 也在不断发展，出现了 1xEV-DO 和 1xEV-DV 两个 3G 版本的标准，1xEV-DO 包括 Rev. A(即 Revision A)和 Rev. B 两个版本，1xEv-DV 包括 Rev. C 和 Rev. D 两个版本。北美 CDMA 技术不是本书研究的重点，这里不再赘述。

HSPA 的引入，使得移动网络由话音业务占统治地位的网络转换为数据业务占统治地位的网络。数据使用主要是由占用大量带宽的便携式应用推动的，这些应用包括互联网和内联网的接入、文件共享、用于分发视频内容的流媒体业务、移动电视以及交互式游戏，融合视频、数据和话音的业务进入移动市场。

HSPA+被认为是 HSPA 和 UMTS 长期演进(Long Term Evolution，LTE)间的过渡技术，与 3G 网络后向兼容，便于运营商平滑升级网络，在 LTE 网络进入实际商用前提高网络性能。随着家庭和办公室的移动业务逐步取代传统的固定网络话音和宽带数据业务，对网络数据的容量和效率提出了更高的要求。因此，3GPP 提出了比 HSPA 具有更高性能的 LTE 及其高级标准 LTE-A(LTE-Advanced)，以改善用户的性能。

4. 第四代移动通信系统

LTE 是 UMTS 无线接入技术标准的演进，在 3GPP 中称为演进的通用陆地无线接入网 (Evolved Universal Terrestrial Radio Access Network，EUTRAN)。在无线接入技术不断演进的同时，3GPP 还开展了系统架构演进(System Architecture Evolution，SAE)的研究，也称为演进分组核心网 (Evolved Packet Core，EPC)，采用全 IP(Internet Protocol，因特网协议)结构，旨在帮助运营商通过采用无线接入技术来提供先进的移动宽带服务。EPC 和 EUTRAN 合称为演进分组系统(Evolved Packet System，EPS)，是业界公认的第四代(Fourth Generation，4G)移动通信系统，但在实际应用中，人们更习惯用 LTE+(LTE 和 LTE-A)来指代 4G 移动通信网络。

此外，CDMA2000 也有对应的 4G 标准超移动宽带(Ultra Mobile Broadband，UMB)，但是 UMB 没有在全球范围内广泛应用。

5. 第五代移动通信系统

随着物联网、车联网的兴起，移动通信技术成为万物互联的基础，由此带来爆炸性的数据流量增长、海量的设备连接以及不断涌现的各类新业务和应用场景。移动通信领域正在迎接新一轮的变革，从而诞生了第五代(Fifth-Generation，5G)移动通信系统。

5G 系统正逐步渗透到社会的各个领域，以用户为中心构建全方位的信息生态系统。5G 系统使信息突破时空限制，拉近万物的距离，通过无缝融合的方式，便捷地实现人与万物的智能互联。5G 系统为用户提供光纤般的接入速率，“零”时延的使用体验，千亿设备的连接能力，超高流量密度、超高连接数密度和超高移动性等多场景的一致服务、业务及用户感知的智能优化，同时将为网络带来超百倍的能效提升和超百倍的比特成本降低，最终实现“信息随心至，万物触手及”的总体愿景，如图 1.1 所示。

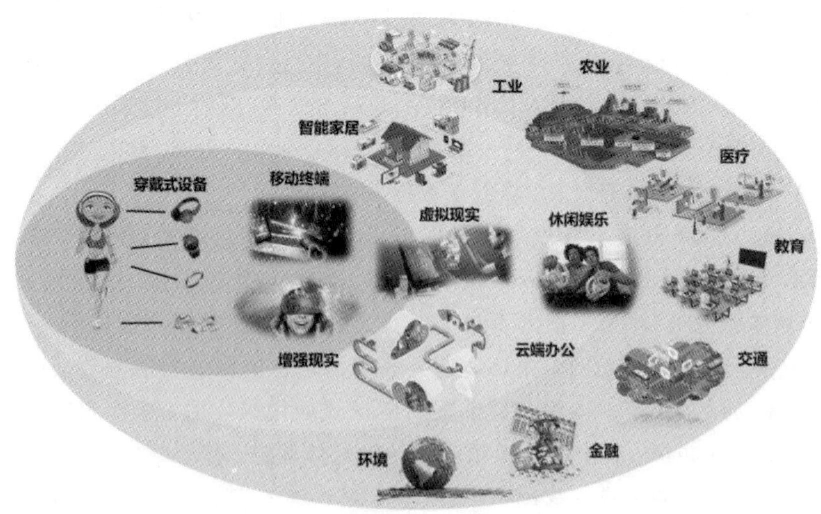

图 1.1　5G 愿景

5G 无线通信支持新的业务和应用场景，给人们的生活带来了很大的变化。5G 系统主要业务包括移动互联网及物联网业务。对于移动互联网的流类和会话类业务，由于超高清、3D 和浸入式显示方式的出现，用户体验速率对无线技术形成新的挑战，例如 8K(3D)的无压缩视频传输速率可达 100 Gb/s，经过百倍压缩后，也需要 1 Gb/s。物联网采集类业务以海量连接数量的激增对无线技术形成挑战。而控制类业务中，如车联网、自动控制等时延敏感业务要求时延低至毫秒量级，且需要保证高可靠性。

6. 移动通信发展历程

综上所述，从 2G 移动通信系统到 5G 移动通信的发展历程如图 1.2 所示。

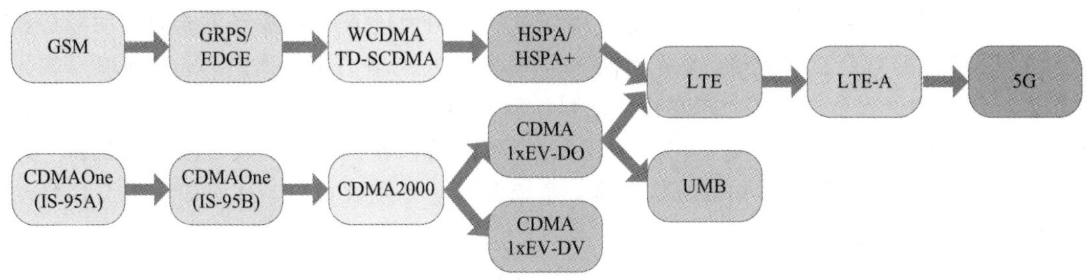

图 1.2　移动通信发展历程

从移动通信系统的发展历程可以得出以下结论：基础学科的进步是通信技术发展的基石，对速度和容量的追求是通信系统发展的重要驱动力，新的应用场景和情景为移动通信系统的发展注入新的驱动元素。

1.1.3　我国的移动通信发展

在第一代移动通信时代，我国移动通信事业刚刚起步发展，1G 设备全部要从国外进口，由于价格昂贵，只有少数人使用。比较常见的 1G 终端设备是由摩托罗拉公司生产的“大哥大”。

到了 20 世纪 90 年代中期，移动通信进入 2G 时代，我国组建了中国移动公司来专门从事移动通信业务，主要采用欧洲主导的 GSM 标准，使用 TDMA/FDMA 多址接入方式。在这一阶段，世界上知名的移动通信设备生产厂家有十几家，例如美国的摩托罗拉、朗讯，欧洲的诺基亚、爱立信、阿尔卡特，加拿大的北方电讯，日本的富士通、NEC，韩国的三星等。在我国，华为(成立于 1987 年)、中兴等通信公司在这一时期逐步建立并发展起来。

在 GSM 飞速发展的同时，美国的高通公司开发出了基于 CDMA(码分多址)的移动通信技术，其传输速度比 GSM 快了近 10 倍。中国联通公司负责承接从高通公司引进 CDMA 技术，并成为了我国第二家移动通信运营商，中兴、华为都成为生产 CDMA 基站和手机的企业。尽管 CDMA 标准的传输速率比 GSM 快，但是由于它起步晚，我国的第二代移动通信是以 GSM 为主。

此后，国际上移动通信技术开始从 2G 升级到 3G，主要形成了两种标准：欧洲的 WCDMA 和美国的 CDMA2000。我国以原属邮电部的大唐电信科技产业集团、通信研究院为主，于 1998 年 6 月提出了中国自己的 TD-SCDMA 标准，这一标准和 WCDMA、CDMA2000 一起，成为三大 3G 国际标准之一。大唐集团发起成立了 TD-SCDMA 联盟，华为、中兴、联想等十家运营商、研发部门和设备制造商参加进来，共同完善 TD-SCDMA 标准并推广应用。2002 年 10 月，信息产业部颁布中国的 3G 频率规划，为 TD-SCDMA 分配了 155 MHz 频率。

TD-SCDMA 标准为 TD-LTE 奠定了很好的技术基础。TDD(时分双工)模式支持上行链路和下行链路的不对称传输，在视频信号传输等场景下显示出其优势。TD-LTE 逐渐形成了覆盖全国的网络，占有了我国 4G 网络 40%的市场份额。此外，我国也发展了以欧洲为主导的基于 FDD(Frequency Division Duplexing，频分双工)的 4G 标准。截至 2020 年底，我国建成了全球规模最大的信息通信网络，4G 基站占全球一半以上，目前已打造出全球领先的移动通信网络。

当前，我国数字经济蓬勃发展，以 5G、工业互联网为代表的新基建正成为推动经济社会数字化转型的重要驱动力量。在产业界和学术界的共同努力下，我国 5G 发展取得领先优势，5G 专利位列全球首位。同时我国已累计建成 5G 基站超 81.9 万个，占全球比例约为 70%。我国移动通信实现了"4G 并跑"到"5G 引领"的角色转换，其发展目标是加强新一代信息通信技术与生产制造体系等深度融合，系统布局新型基础设施，从而加快第五代移动通信、工业互联网、大数据中心等建设。

1.2 5G 应用场景及性能指标

第五代(5G)移动通信系统是面向 2020 年以后移动通信需求而发展起来的新一代移动通信系统。移动互联网和物联网作为移动通信发展的两大主要驱动力，为第五代(5G)移动通信系统提供了广阔的应用前景。

1.2.1 5G 应用场景

5G 移动通信系统的设计目标是为多种不同类型的业务提供满意的服务。综合未来移动互联网和物联网的各类应用场景及业务需求特征，国际电信联盟(International Telecommunication Union，ITU)定义了 5G 的三大类应用场景：增强型移动宽带(enhanced Mobile Broadband，eMBB)业务、面向垂直行业的大规模机器类通信(massive Machine Type Communication，mMTC)业务和超可靠低时延(ultra Reliable & Low Latency Communication，uRLLC)业务。eMBB 业务多用于移动互联网场景，uRLLC 和 mMTC 则是物联网的应用场景。

1. eMBB 业务

eMBB 增强型移动宽带业务指在现有移动宽带业务场景的基础上，对用户体验等性能的进一步提升。其主要包括大带宽和低时延类业务，如交互式视频或者虚拟/增强现实(Virtual Reality/Augmented Reality，VR/AR)类业务，相对于 3G/4G 时代的典型业务而言，eMBB 业务对于用户体验带宽、时延等都有更高的要求。

由于 4G 难以满足移动互联网用户更高品质的业务应用需求，eMBB 主要面向移动互联网流量爆炸式增长，追求人与人之间极致的应用体验，这也是最接近我们日常生活的 5G 应用场景。5G 在这方面带来的最直观体验是网络速度的大幅提升。

2. uRLLC 业务

uRLLC(ultra Reliable& Low Latency Communication，超可靠低时延通信)业务主要体现了物与物之间的通信需求，对时延和可靠性都提出严苛的要求。这类业务最低要求支持小于 1 ms 的空口时延，并在一些场景中达到很高的传输可靠性。传统的蜂窝网络设计无法满足这些特殊场景通信的可靠性需求，因此为了满足此类业务的需求，5G 移动通信系统在其标准制订中考虑了传输的可靠性和实时性。

uRLLC 业务主要面向工业控制、远程医疗、自动驾驶和安防等对时延和可靠性具有极高要求的垂直行业应用需求。此外，uRLLC 在无人机和低空经济领域具有巨大的潜力。

3. mMTC 业务

mMTC(massive Machine Type Communication，大规模机器类通信)业务是 5G 新拓展的场景，重点解决传统移动通信无法很好地支持物联网及垂直行业应用的问题，这类业务具有小数据包、低功耗、海量连接等特点。mMTC 终端分布范围广、数量众多，不仅要求网络具备支持超千亿终端连接的能力，满足 105/km^2 连接数密度指标要求，而且还要保证终端的超低功耗和超低成本。因此，5G 移动通信系统需要设计合理的网络结构，在支持巨大数目 mMTC 终端设备的同时，降低网络部署成本。

mMTC 业务主要面向智慧城市、智能家居、环境监测等以传感和数据采集为目标的应用需求，作为 5G 新拓展出的场景，可重点解决传统移动通信无法很好支持海量物联网连接的问题。mMTC 服务为使用大量低功耗设备、定期传输少量数据的大规模物联网部署而设计，这些物联网设备通常需要有长达 10 年的电池寿命。

1.2.2　关键性能指标

根据 3GPP 有关标准的规定，5G 主要包括如下关键性能指标(KPI)：

峰值速率：下行链路为 20 Gb/s，上行链路为 10 Gb/s。

峰值频谱：下行链路为 30 b/(s/Hz)，上行链路为 15 b(s/Hz)。

带宽：指系统的最大带宽总和，可以由单个或多个射频载波组成。

控制面时延：目标为 10 ms。对于卫星通信链路，GEO 的控制面时延应小于 600 ms，MEO 的控制面时延应小于 180 ms，LEO 的控制面时延应小于 50 ms。

用户面时延：对于 uRLLC 业务，用户面时延在 UL(UpLink，上行链路)应不大于 0.5 ms，在 DL(DownLink，下行链路)应不大于 0.5 ms。对于 eMBB，用户面时延的目标 UL 应不大于 4 ms，DL 应不大于 4 ms。对于卫星通信链路，GEO 的用户面 RTT(Round Trip Time，往返时间)应小于 600 ms，MEO 的用户面 RTT 应不大于 180 ms，LEO 的用户面 RTT 应不大于 50 ms。

切换中断时间：目标应为 0 ms，也就是无缝切换。该 KPI 既适用于频率内切换，也适用于小区间切换。对于比较偏远的地区，可以放宽对切换中断时间的要求，为用户使用率低的地区提供最低限度的服务。不同无线接入技术间的切换可以不受该指标的限制。为了降低基础设施和设备的成本，也可以简化同一种无线接入技术内切换的要求，最低限度的要求是要保证基本空闲模式的切换。

系统间切换：支持在 IMT-2020 系统和其他系统之间的移动性。

可靠性：可以通过在一定时延内成功传输特定字节数据的概率来评估。uRLLC 业务的可靠性要求是在用户面时延是 1 ms 的前提下传输 32 字节时的丢包率小于 10^{-5}。

可移动性：可以达到预期的 QoS(Quality of Service，服务质量)时的最大用户速度(以 km/h 为单位)。5G 的可移动性目标为 500 km/h。

连接密度：指实现单位面积(每平方千米)达到目标 QoS 的设备总数。其中，目标 QoS 是在给定的分组到达速率和分组大小的前提下，确保系统丢包率小于 1%。丢包率为中断的分组数与生成的分组数的比值。如果分组在设定的时间内没有被目的地成功接收，则认为发生丢包。在城市环境中，连接密度的目标应该是每平方千米 1 百万台。

此外，5G 的 KPI 还包括覆盖、天线的耦合损耗和电池的寿命等指标。

1.3 移动通信标准化

1.3.1 移动通信标准化组织

移动通信在全球广泛应用离不开标准的制订，因此需要标准化组织。国际上通信领域的主要标准化组织有 ITU、3GPP、3GPP2 和 IEEE。

1. 国际电信联盟(ITU)

国际电信联盟(ITU)是联合国的一个重要专门机构，也是联合国机构中历史最长的一个国际组织，简称"国际电联"或"电联"。

国际电联是主管信息通信技术事务的联合国机构，负责分配和管理全球无线电频谱与卫星轨道资源，制定全球电信标准，向发展中国家提供电信援助，促进全球电信发展。作为世界范围内联系各国政府和企业的纽带，国际电联负责协调各国无线电通信规范、电信标准化和电信发展 3 个部分的工作，而且是信息社会世界高峰会议的主办机构。国际电联总部设于瑞士日内瓦，包括 193 个成员国和 700 多个部门成员及部门准成员和学术成员。每年的 5 月 17 日是世界电信日。

管理国际无线电频谱和卫星轨道资源是国际电联无线电通信部门(ITU-R)的核心工作。《国际电信联盟组织法》规定，国际电信联盟有责任对频谱和频率进行指配，以及对卫星轨道位置和其他参数进行分配和登记，以避免不同国家间的无线电电台出现有害干扰。因此，频率通知、协调和登记的规则程序是国际频谱管理体系的依据。ITU-R 的主要任务还包括制定无线电通信系统标准，确保有效使用无线电频谱，并开展有关无线电通信系统发展的研究。此外，ITU-R 从事有关减灾和救灾工作所需无线电通信系统发展的研究，具体内容由无线电通信研究组的工作计划予以涵盖。与灾害相关的无线电通信服务内容包括灾害预测、发现，预警和救灾。在有线通信基础设施遭受严重或彻底破坏的情况下，无线电通信服务是开展救灾工作的最为有效的手段。

国际电联的世界无线电通信大会(World Radiocommunication Conference，WRC)是国际频谱管理进程的核心所在，每三至四年举行一次。世界无线电通信大会审议并修订《无线电规则》，确立国际电联成员国使用无线电频率和卫星轨道框架的国际条约，并按照相关议程，审议属于其职权范围的、任何世界性的问题。

2. 第三代伙伴计划组织(3GPP)

3GPP 成立于 1998 年 12 月，多个电信标准组织伙伴共同签署了《第三代伙伴计划协议》。3GPP 最初的工作是为第三代移动通信系统制定全球适用的技术规范和技术报告，第三代移动通信系统在 GSM 核心网络及其支持的无线接入技术的基础上发展而来，主要是 UMTS。随后 3GPP 的工作范围增加了对 UTRA 长期演进系统(LTE)的研究和标准制定。

目前，欧洲电信标准化协会(European Telecommuncation Standard Institute，ETSI)，美国的 ATIS，日本的 TTC、ARIB，韩国的 TTA，印度的 TSDSI 以及我国的 CCSA(China Communication Standards Association，中国通信标准化协会)为 3GPP 的 7 个组织伙伴。3GPP 独立成员超过 550 个；此外，3GPP 还有 TD 产业联盟(Telecommunication Development Industry Alliance，TDIA)、TD-SCDMA 论坛、CDMA 发展组织(CDG)等 13 个市场伙伴。

3GPP 的组织结构图如图 1.3 所示。

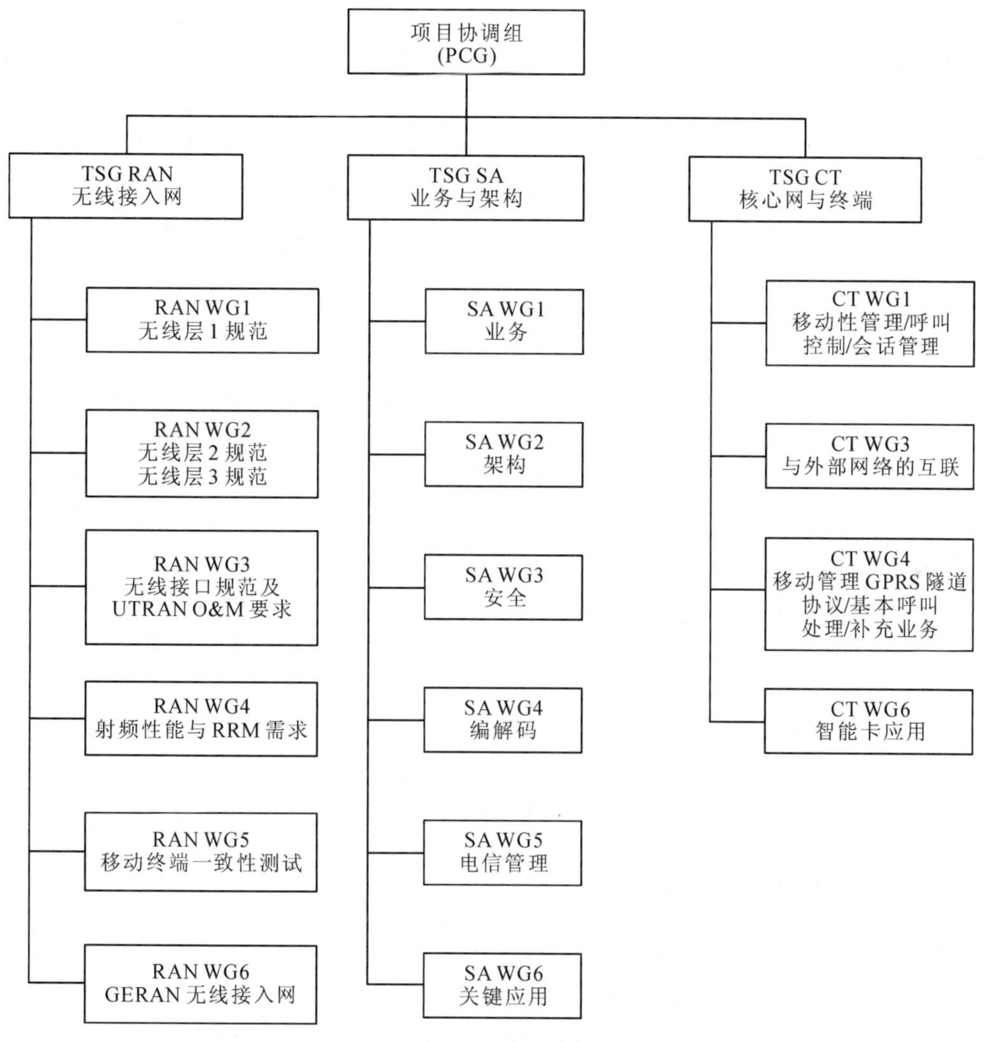

图 1.3　3GPP 组织结构图

3GPP 的组织结构中，项目协调组(PCG)是最高管理机构，负责全面协调工作，如负责 3GPP 组织架构、时间计划、工作分配等。技术方面的工作由技术规范组(TSG)完成。目前 3GPP 共分为 3 个 TSG，分别为 TSG RAN(Radio Access Network，无线接入网)、TSG SA(业务与架构)、TSG CT(核心网与终端)。每一个 TSG 下面又分为多个工作组(WG)，每个 WG 分别承担具体的任务，目前共有 16 个 WG。如 TSG RAN 分为 RAN WG1(无线层 1 规范)、RAN WG2(无线层 2 规范和无线层 3 规范)、RAN WG3(无线接口规范及 UTRAN

O&M(通用陆地无线接入网运营和管理)要求)、RAN WG4(射频性能与 RRM 需求)、RAN WG5(移动终端一致性测试)和 RAN WG6(GERAN 无线接入网)6 个工作组。

3GPP 制定的标准规范以 Release(简写为 Rel 或 R)作为版本进行管理，平均一到两年就会完成一个版本的制定，每一个版本有启动时间和冻结时间(标准版本的结束被称为冻结)。每一个版本的标准冻结之后，就不会再添加新特性。从建立之初的 Rel-99，之后到 Rel-4，目前 Rel-18 已冻结，正向 Rel-19 及后续版本演进。

3. 第三代合作伙伴计划 2 组织(3GPP2)

3GPP2 成立于 1999 年 1 月，由美国的 TIA，日本的 ARIB、TTC，韩国的 TTA 四个标准化组织发起，中国无线通信标准研究组(CWTS)于 1999 年 6 月在韩国正式签字加入 3GPP2，成为这个主要负责第三代移动通信 CDMA2000 技术标准化组织的伙伴。中国通信标准化协会(CCSA)成立后，CWTS 在 3GPP2 组织的名称更名为 CCSA。3GPP2 声称其致力于使 ITU 的 IMT-2000 计划中的(3G)移动电话系统规范在全球发展，实际上它是从 2G 的 CDMAOne 或者 IS-95 发展而来的 CDMA2000 标准体系的标准化机构，得到拥有多项 CDMA 关键技术专利的高通公司的较多支持。与之对应的 3GPP 致力于从 GSM 向 WCDMA(UMTS)过渡，因此两个机构存在一定竞争。

美国的 TIA、日本的 ARIB、日本的 TTC、韩国的 TTA 和中国的 CCSA 这些标准化组织在 3GPP2 中称为 SDO。3GPP2 中的项目组织伙伴由各个 SDO 的代表组成，下设 4 个技术规范工作组(TSG-A、TSG-C、TSG-S 和 TSG-X)，这些工作组向项目指导委员会(SC)报告本工作组的工作进展情况。SC 负责管理项目的进展情况，并进行一些协调管理工作。

3GPP2 的 4 个技术工作组每年召开 10 次会议，其中在中国、日本、韩国每年至少举行一次会议，其他会议在加拿大和美国召开。

4. 电气与电子工程师协会(IEEE)

IEEE 总部位于美国纽约，是一个国际性的电子技术与信息科学工程师协会，也是目前全球最大的非营利性专业技术学会。

电气与电子工程师协会由美国电气工程师协会和无线电工程师协会于 1963 年合并而成，目前在全球拥有 43 万多名会员。作为全球最大的专业技术组织，IEEE 在电气及电子工程、计算机、通信等领域发表的技术文献数量占全球同类文献的 30%。

1.3.2　5G 移动通信的演进

5G 移动通信系统已经成为业界广泛关注的热点，世界各国就其发展愿景、应用需求、候选频段、关键技术指标等进行了广泛的研究。2013 年初欧盟在第 7 框架计划中启动了面向 5G 研发的构建 2020 年信息社会的移动无线通信关键技术(METIS，Mobile and Wireless Communication Enablers for the 2020 Information Society)项目，由包括我国华为公司等在内的 23 个参加方共同承担。我国也成立了 5G 技术论坛和 IMT-2020(5G)推进组，对 5G 展开了全面深入的探讨。

在各标准化组织中，3GPP 主导了 5G 移动通信标准的演进，标准演进的各版本用 Release 来表述，简写为 Rel 或 R，例如图 1.4 中的 R14、R15。

从图 1.4 的标准演进图可以看出，关于 5G 的研究在 2016 年就开始着手了，R14 就是关于 5G 的标准研究版本。R15 是第一版 5G 标准，R16 是第二版 5G 标准，R17 为第三版

5G 标准，R18 则是 5G Advanced 标准版本。

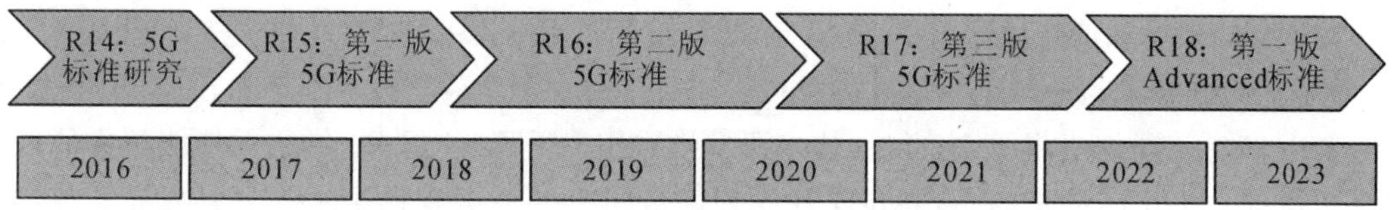

图 1.4　5G 标准进展图

在 2016 年 10 月，3GPP 组织会议为 R15 和后续的演进版本制定标准，包含 NR 新空口及 LTE 的演进。

2017 年 12 月，第 1 个 5G 非独立组网的标准冻结。2018 年 6 月，第 1 个版本的独立组网的标准冻结。

2020 年 6 月，5G 第 2 个标准的版本 R16 冻结。

2020 年 3 月，R17 标准启动，在 2022 年 6 月冻结，这个版本进一步聚焦场景的需求和网络能力的增强，属于 5G 的一个增强版本。

2021 年 4 月，3GPP 正式命名 5G 演进标准为 5G-Advanced，简称 5G-A，有的文献也描述为 5.5G。从 R18 开始，就开始研发 5G-A 的版本了。2021 年 6 月，3GPP 开始讨论 R18 候选技术与方向，2024 年 6 月 R18 冻结。

目前 R19 已启动，主要涉及卫星架构管理、人工智能和机器学习增强、传感与通信融合、边缘计算增强、无人机增强以及能源效率等技术，预计 2025 年冻结。

1.4　6G 展望

5G 商用网络将在业务与网络技术方面不断发展，并最终向 6G 网络演进。6G 网络是指 2030 年将要商用的移动通信网络，随着 5G 网络成功地规模化商用，全球产学研已在 2019 年正式启动 6G 潜在服务需求、网络架构与潜在使能技术的研究工作。

1. 国内外现状

欧盟企业技术平台 NetWorld2020 在 2018 年 9 月发布了《下一代因特网中的智能网络》白皮书，在 2020 年制定了 6G 战略研究与创新议程（SRIA）与战略开发技术（SDA），并在 2021 年第 1 季度暨世界移动通信大会上正式成立欧盟 6G 伙伴合作项目。芬兰在 2018 年 5 月成立了 6G 旗舰项目，计划在 2018—2026 年投入 2.5 亿欧元用于 6G 研发，组织了 6G 无线通信峰会，并起草 12 个技术专题的 6G 技术白皮书。

美国联邦通信委员会（FCC）在 2018 年启动了 95 GHz～3 THz 频率范围的太赫兹频谱新服务研究工作；美国电信行业解决方案联盟（Alliance for Telecommunications Industry Solutions ，ATIS）在 2020 年 5 月 19 日发布了 6G 行动倡议书。

日本政府在 2020 年夏季发布 6G 无线通信网络研究战略。韩国政府电子与电信研究所（ETRI）在 2019 年 6 月与芬兰奥鲁大学签订了 6G 网络合作研究协议；三星自 2019 年开始重点研究 6G、人工智能与机器人技术；LG 在 2019 年 1 月与韩国科学技术研究所（KAIST）合作建立了 6G 研究中心；SKT 与厂家联合研究 6G 关键性能指标与商务需求。

面向 2028－2029 年 ITU 6G 标准评估窗口，3GPP 在 2024－2025 年（Rel-19 窗口）正式启动 6G 标准需求、结构与空口技术的可行性研究工作，并预计在 2026－2027 年（Rel-20

窗口)完成6G空口标准技术规范制定工作。

在我国，工业和信息化部将IMT-2020推进组扩展到IMT-2030(6G)推进组，开展6G需求、愿景、关键技术与全球统一标准的可行性研究工作。中国科学技术部牵头在2019年11月启动了由37家产学研机构参与的6G技术研发推进组，开展6G需求、结构与使能技术的产学研合作项目，将与ITU-R的6G标准工作计划保持同步。2019年11月中国移动发布了《6G愿景与需求》白皮书。2022年中国电信研究院发布了《6G愿景与技术白皮书》，中国移动发布了《6G全息通信业务发展趋势白皮书》、《6G至简无线接入网白皮书》、《6G物理层AI关键技术白皮书》等8本6G关键技术白皮书，对6G关键技术进行了深入的阐释。IMT-2030(6G)推进组预计我国在2027年完成6G系统与频谱的研究、测试与系统试验。

2. 6G业务驱动与愿景

4G与5G、物联网、云边计算、人工智能(Artificial Intelligence，AI)与机器学习(Machine Learning，ML)、大数据、区块链、卫星火箭、无人机、可穿戴技术、机器人技术、可植入技术、超硅计算与通信技术的快速发展与应用，为6G业务创新奠定了坚实的技术基础。应用与技术的双重创新驱动，决定移动通信将在未来10年快速成长，并创造出新的生活方式、数字经济和社会结构。

为顺应人性化、全息交互、群体协作的业务发展趋势，6G时代可能诞生的全新服务将进一步扩展到感知互联网、AI服务互联网与行业服务互联网，呈现出万物智联改变世界的6G愿景，见图1.5所示。

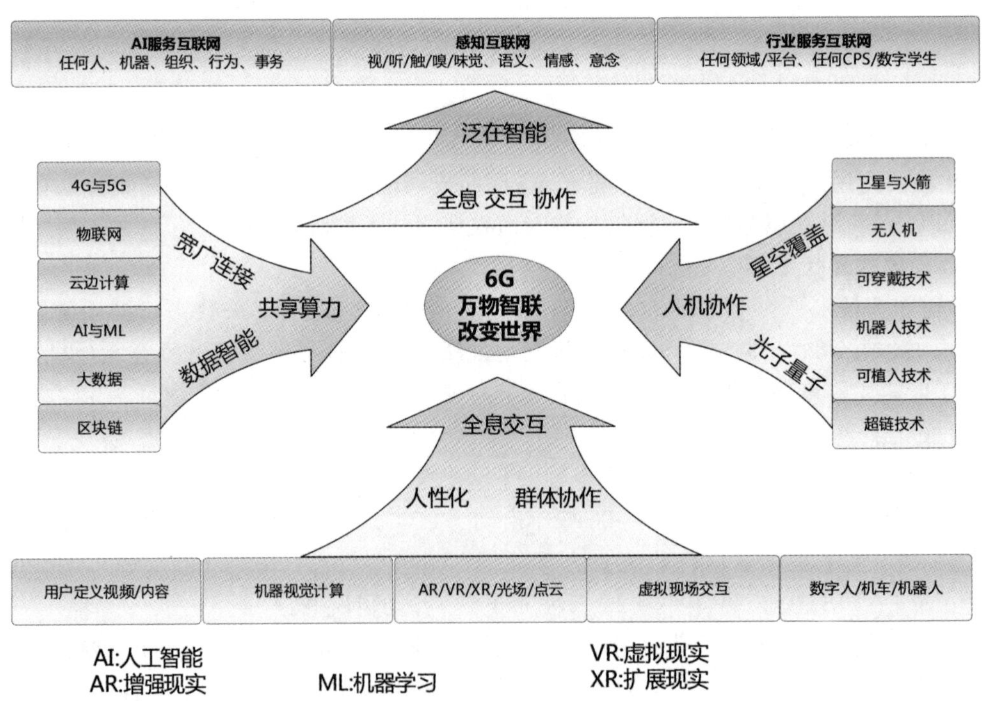

图1.5　6G业务趋势和愿景

6G时代新型服务的性能指标需求相对5G网络性能指标又有了很大提升。6G网络将支持1 Tb/s的峰值数据率、1 Gb/s的用户体验数据率、1 Gb/(s·m^2)的区域业务容量密度、每平方米 100 个终端的连接密度、低于 0.5 ms 的用户面时延、高于 7 个 9 的可靠性(99.99999%)、20 年的电池供电寿命、0.2 μs 的确定性通信时延同步精度、1 m 室外定位精度和 10 cm 室内定位精度。这些指标在峰值速率、时延、容量密度、连接密度、定位能力和可靠性等方面比 5G 提升了 10 倍甚至 100 倍。

本章小结

本章为移动通信系统的整体介绍，首先给出了移动通信的基本概念，然后介绍移动通信系统的发展历程，阐述移动通信的应用场景和关键性能指标，还描述了移动通信技术的发展方向和标准化进展。通过本章的学习，读者可以对移动通信系统有一个整体的认识，为展开移动通信系统的深入学习打下基础。

习　　题

1. 主要的第三代移动通信标准有哪些？
2. 什么是 LTE？
3. 试列举 5G 的关键指标。
4. 说说 6G 业务的发展趋势和愿景。

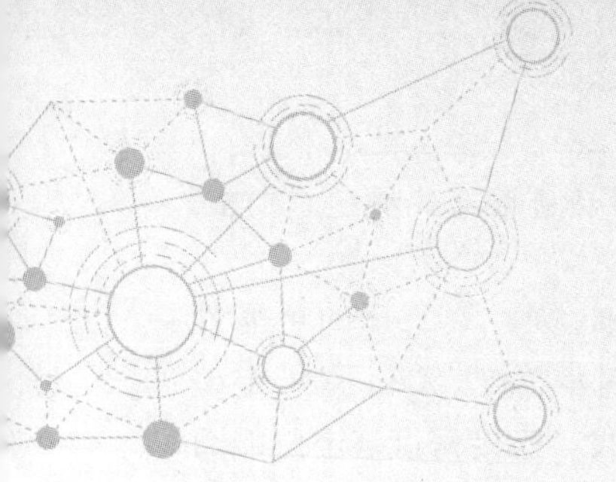

第 2 章　5G 整体架构和接口

主要内容

本章介绍了5G网络的整体架构，描述了5G核心网、接入网和承载网网络架构，重点阐述了5G网络接口。此外，还介绍了D2D(Device to Device，设备到设备)通信和无蜂窝网络架构。

学习目标

通过本章的学习，可以掌握如下知识点：

- 5G网络结构；
- SBA；
- 5G网络接口；
- CU/DU分离。

本章知识图谱

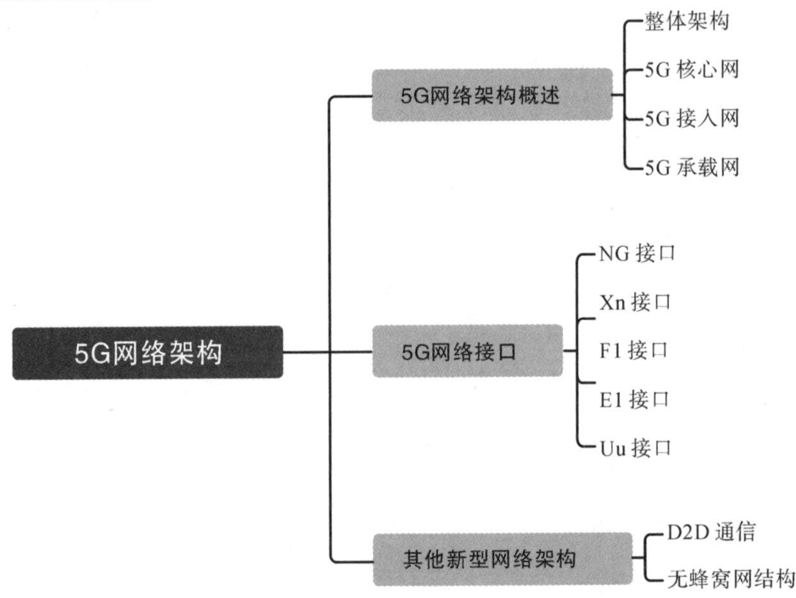

2.1　5G 移动通信网络架构

2.1.1　移动通信总体架构

5G 移动通信系统由核心网(5GC)、接入网(NG-RAN)和承载网三个主要部分组成。核心网是 5G 网络的大脑，负责处理非接入层的功能，如用户认证、服务管理和数据路由等，确保数据能够安全、有效地传输。接入网负责将终端设备连接到网络。承载网连接整个通信网络，不仅连接着核心网和接入网，也包括核心网和接入网内部的传送网络，确保数据能够在接入网和核心网之间高效传输。

5G 移动通信系统的整体结构如图 2.1 所示。

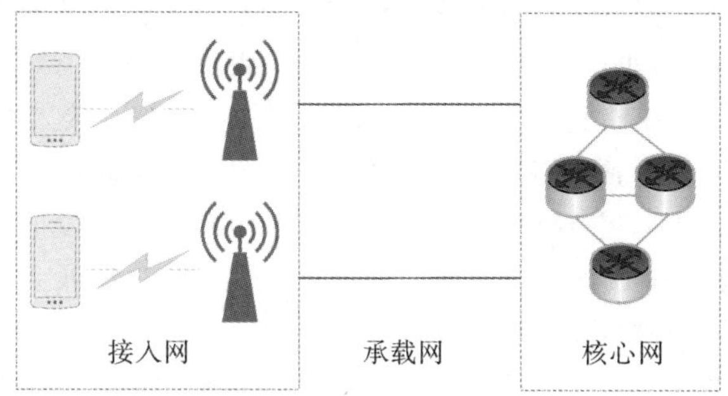

图 2.1　5G 移动通信系统的整体结构

当用户终端发起通信请求时，会通过基站接入网络。用户信号经过接入网后，再通过承载网传递给核心网。核心网负责处理用户的通信请求，包括会话管理、移动性管理等，并进行业务的分发。承载网主要用于转发用户数据，不对业务数据进行处理。常见的承载网包括光传送网络、IP 网络等。

2.1.2　4G 移动通信系统架构

为了更好地理解 5G 移动通信系统的网络架构，我们首先需要掌握 4G 移动通信系统的网络架构，如图 2.2 所示。

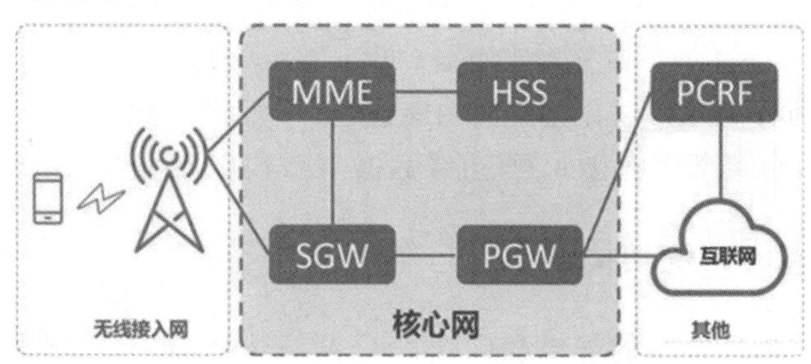

图 2.2　4G 网络架构

4G 的演进分组核心网(Evolved Packet Core，EPC)位于网络数据交换的中央，主要负责终端用户的会话管理、移动性管理和数据传输。EPC 中的主要网元包括 MME、SGW、

PGW 和 RCRF。

MME(Mobility Management Entity)是移动性管理实体，实现用户的鉴权、寻呼、位置更新和切换等移动性管理功能。

SGW(Serving Gateway)是服务网关，主要负责 UE(User Equipment，用户设备)上下文会话的管理和数据包的路由与转发，相当于数据中转站。

PGW(PDN Gateway)是 PDN 网关，实现如原 3G 网络中 GGSN 网元的功能，负责将用户的数据连接到外部网络，如互联网。

PCRF(Policy and Charging Rules Function)是策略和计费规则功能，完成实现用户数据报文的差异化服务。

除了这些核心网元，EPC 网络中还可能包括 HSS(Home Subscriber Server，归属用户服务器)，负责存储用户的相关信息，如身份信息、鉴权信息等。

在上述网元中，MME 是核心网元，它是纯信令节点，主要提供的数据业务功能是支持 NAS(Non-Access-Stratum，非接入层)信令及其安全，跟踪区域(TA)列表的管理，PGW 和 SGW 的选择，跨 MME 切换时进行 MME 的选择，在向 2G/3G 接入系统切换过程中进行 SGSN 的选择、用户的鉴权、漫游控制以及承载管理，3GPP 不同接入网络的核心网节点之间的移动性管理，以及 UE 在空闲状态下可达性管理(包括寻呼重发的控制和执行)。

为了实现网络结构扁平化，4G 网络架构中不再有 3G 中的 RNC，其功能一部分由核心网负责，另一部分由 4G 基站(e-NodeB)处理。

2016 年，3GPP 对 SGW/PGW 进行了一次拆分，把这两个网元都进一步拆分为控制面(SGW-C 和 PGW-C)和用户面(SGW-U 和 PGW-U)，称为 CUPS 架构(控制面和用户面分离架构)，如图 2.3 所示。

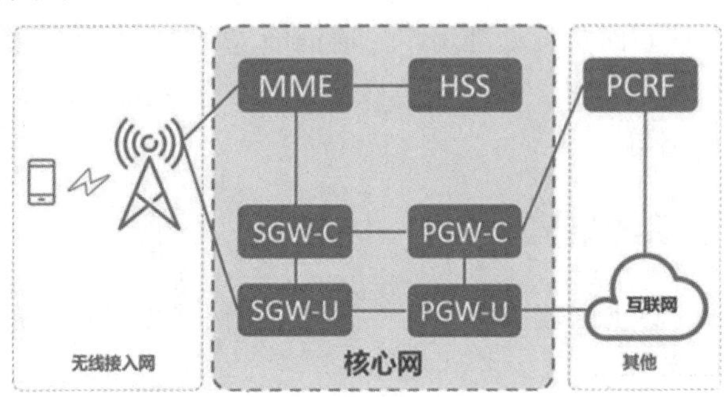

图 2.3 控制面和用户面分离架构

控制面和用户面分离还可以让用户面功能摆脱“中心化“的束缚，使其既可部署在核心网(中央数据中心)，也可部署在接入网(边缘数据中心)，从而实现分布式部署。

2.1.3 5G 移动通信系统架构

为了应对新一代信息技术的需求和挑战，5G 网络架构与 4G 相比发生了很大的变化，不断从集中式向分布式发展，从专用系统向虚拟系统发展。5G 网络具有解耦、软件化、开源化和云化等特点。解耦是指软硬件解耦，以及控制面和用户面分离；软件化包括网络功能虚拟化(Network Function Virtualization，NFV)、软定义网络(SDN)、编排和网络切片等；开源化是指软硬件开源和 API 接口开放等；全面云化指从设备、网络、业务和运营 4

个方面全面升级基础网络，带来硬件资源池化、软件架构全分布化和运营全自动化的系统优势，使得资源可以得到最大程度的共享，从而实现系统的高扩展性、高弹性和高可靠性。

5G 网络架构的演进如图 2.4 所示。

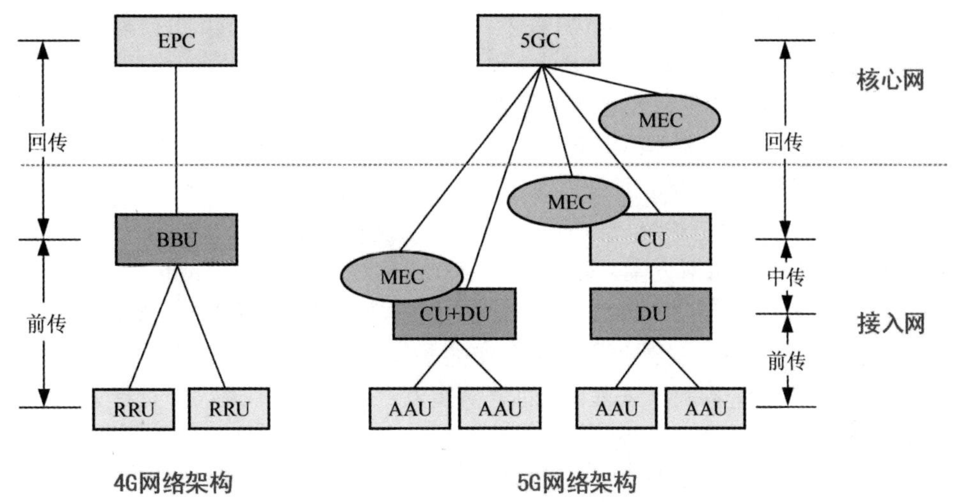

图 2.4　5G 网络架构的演进

图 2.4 中对比了 4G 和 5G 网络结构，其中 5GC 是 5G 核心网，和 4G 相比增加了 MEC（多接入边缘计算）。5G 基站称为 gNB(next Generation Node Basestaion)，由 CU（集中单元）、DU（分布单元）和 AAU（有源天线单元）组成，AAU 是由天线与部分物理层功能合并而成的。CU 与 DU 的分离是 5G 的一个重要特征。

5G 核心网采用云化技术，通过 SDN 和 NFV 技术把网元进行虚拟化处理，使得核心网网元都能在一个通用的 x86 服务器上实现，从而具有很强的通用性和灵活性。MEC 也采用了 SDN 和 NFV 的架构，核心网的数据中心（DC）（也称中央数据中心）和边缘数据中心（DC）都承担着计算和内容存储的功能。MEC 部署在更靠近用户的位置，相当于部分计算和内容存储功能下沉到了网络的边缘，由边缘数据中心承担，这样可以减少网络的流量压力，提升访问效率和用户体验。5G 网络可以设置多个 MEC，MEC 之间能够就近进行资源获取、协同交互以及容灾备份。核心网的云化有利于资源的负载均衡以及灵活扩容，MEC 之间协同交互可以有效应对时延、带宽要求的不确定性，因此 MEC 下沉能够为 5G 带来很多好处。

4G 接入网采用 BBU（BaseBand Unit，基带单元）和 RRU（Radio Remote Unit，射频拉远单元）的两级架构，而 5G 接入网则通过分离和重构形成了 CU、DU 和 AAU 的三级架构，主要目的是降低前传的带宽要求，并且能够降低核心网的信令开销以及复杂度。CU 作为集中单元，可以集中控制分布单元（DU）。当 CU 和 DU 合设时，5G 的基站（gNB）是“CU＋DU”的结构。但是当 CU 和 DU 分离的时候，一个 CU 有可能连接多个 DU，这时 CU 完成了多个 gNB 的 BBU 功能，相当于多个 BBU。

由于 5G 有多种不同的应用场景，CU 和 DU 分离的方式也不能完全适合所有的场景，因此 5G 网络允许多种接入方式并存，不同的接入方式可以适配不同的 5G 场景。例如，对于热点应用场景，用小蜂窝（small cell）的方式实现覆盖能够达到更好的效果。

2.1.4 NSA和SA架构

1. NSA和SA架构

在国际电信标准组织3GPP RAN第78次全体会议上，历经26个月的5G NR(New Radio)标准化工作迎来了新突破。会议上，5G NR首发版本被正式宣布冻结。作为5G首个标准落地，为2019年大规模试验和商业部署5G网络奠定了基础。

此次发布的5G NR版本是3GPP Rel-15标准规范中的一部分，首版5G NR标准的完成是实现5G全面发展的一个重要里程碑，极大地提高了3GPP系统能力，并为垂直行业发展创造更多机会，为建立全球统一标准的5G生态系统打下基础。

5G NR标准有两种组网方案，分别为非独立组网(Non-Stand Alone，NSA)和独立组网(Stand Alone，SA)。其中，非独立组网作为过渡方案，可利用原有4G基站和4G核心网进行升级改造来运作，其以提升热点区域的带宽为主要目标，投入较小。而独立组网则能实现所有5G的新特性，有利于发挥5G的全部能力，是业界公认的5G目标方案，不过投入会比较大。

基于NSA架构的5G载波仅承载用户数据，其控制信令仍通过4G网络传输，其部署可被视为在现有4G网络上增加新型载波进行扩容。运营商可根据业务需求确定升级站点和区域，不一定需要完整的连片覆盖。同时，由于5G载波与4G系统紧密结合，5G载波与4G载波间的业务连续性有较强保证。在5G网络覆盖尚不完善的情况下，NSA架构有利于保证用户的良好体验。

NSA架构的5G系统可以基本满足运营商在现有经营模式下的发展需求，而且网络升级所需投资门槛低，技术挑战可控，有利于运营商快速推出基于5G的移动宽带业务。但是由于重用现有4G系统的核心网与控制面，NSA架构无法充分发挥5G系统低时延的技术特点，也无法通过网络切片实现对多样化业务需求的灵活支持。4G核心网已经承载了大量4G现网用户，难以在短期内进行全面的虚拟化改造，而网络切片、全面虚拟化以及对多样业务的灵活支持才能体现出5G系统的优势和特征，可以说，只有基于SA架构的5G系统才能真正实现5G的技术承诺，并为移动通信产业界创造出新的发展机会。

总之，NSA和SA不但是5G启动阶段的两种架构，也反映了稳妥谨慎和积极进取这两种不同的5G启动思路。在不同思路指引下，可在NSA和SA架构之间有所侧重，形成不同的5G启动路径。同时也必须看到，NSA仅是从4G向5G的过渡选项，SA架构才是5G发展的真正目标。

可见，NSA和SA架构各有优势及风险，需要根据市场定位、竞争态势和投资能力以及产业成熟程度等因素进行选择。NSA和SA架构的部署也并不互相排斥，可以根据业务发展规划，针对不同应用场景，同时部署NSA与SA架构。

无论是选择NSA、SA还是二者组合，运营商都应在5G规模部署的过程中加快网络虚拟化、软件定义网络等技术的实践步伐，为5G核心网的部署积累经验、分散风险。同时，通信业界也必须认识到，5G新业务模式的建立绝非朝夕之功，随着移动通信向垂直行业的不断渗透，通信行业也需调整心态，适应垂直行业的发展节奏，做好持久战的准备。为此，通信业界需要不断优化成本结构、提高运营效率并提升合作共赢意识。只有通过与垂直行业的深度合作，通信行业才可能勾画出可行的5G新业务模式，从而充分发挥5G SA架构的优势；也只有通过通信行业内不同利益主体之间多维度、多层次的协作，通信行业才能真正提高投资效率、分担风险，实现长期可持续发展。

2. 网络架构选项

第三代合作伙伴计划(3GPP)从 2017 年 3 月后正式展开了针对 5G 新空口(New Radio，NR)技术以及网络架构的标准化工作。

5G NR 标准最初提出了 8 种选项供网络部署时选择，由于选项 6 和选项 8 已被 3GPP 排除在外，这里简单介绍一下选项 1～5 和选项 7。

1) 选项 1：传统 4G 架构

在选项 1 中，5G 的部署以 4G 目前的部署方式为基础，如图 2.5 所示。这种网络架构由 4G 核心网 EPC 和基站(evolved Node Basestation，eNB)组成。

2) 选项 2：纯 5G 网络

选项 2 是一种 5G 的 SA 架构，也是 5G 网络部署的最终目标之一，由 gNB 和 5G 核心网组成，如图 2.6 所示。

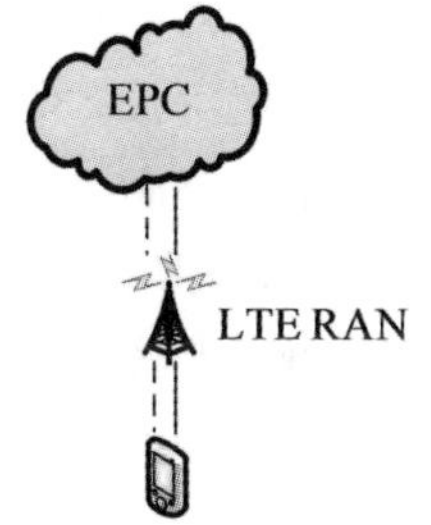

图 2.5　以 LTE 为基础的方式

图 2.6　纯 5G 的方式

这种网络架构的特点是 gNB 连接到 5G 核心网，在与现有的 4G 网络混合部署时，选项 1(传统 4G)＋选项 2(纯 5G)方式形成了两张独立的网络，为了保持业务连续性，现网 LTE 和分组核心网(EPC)需要升级去支持跨核心网的移动性。

如果想在 4G 系统(选项 1)的基础上演进到选项 2，需要完全替代 4G 系统的基站和核心网，同时还得保证覆盖和移动性管理等，部署耗资巨大，很难一步完成，因此 3GPP 还给出其他的选项供大家在研发与部署时选择。

3) 选项 3：核心网采用 EPC，基站采用 eNB 和 gNB，其中 eNB 为主基站

选项 3 的基本思想是保持 4G 系统核心网不变，先对无线接入网进行演进，即 eNB 和 gNB 都连接至 EPC，这样可以有效降低初期的部署成本。选项 3 进一步分为 3 种子选项，分别称为选项 3、选项 3a 和选项 3x。

选项 3 如图 2.7(a)所示，在这种模式中，所有的控制面信令都经由 eNB 转发，并由 eNB 将数据分流给 gNB。该方案用户面承载锚点位于 LTE 侧，常被称为主小区组(Master Cell Group，MCG)分离承载，其中该承载的分组数据汇聚协议(Packet Data Convergence Protocol，PDCP)采用 NR PDCP 协议来保证在承载转换过程中终端侧无需进行 PDCP 版本的变化。

选项 3a 如图 2.7(b)所示，在这种模式中，所有的控制面信令也都经由 eNB 转发，但由 EPC 将数据分流至 gNB。该方案用户面承载通过 gNB 进行发送，也被称为辅小区组(Secondary Cell Group，SCG)承载。

选项 3x 如图 2.7(c)所示，此时所有的控制面信令都经由 eNB 转发，gNB 可将数据分流至 eNB。选项 3x 的方案中，用户面承载的锚点位于 gNB，也被称之为 SCG 分离承载。此场景以 eNB 为主基站，所有的控制面信令都经 eNB 转发。eNB 与 gNB 采用双连接的形式为用户提供高数据速率服务。此方案可以部署在热点区域，提高系统的容量。

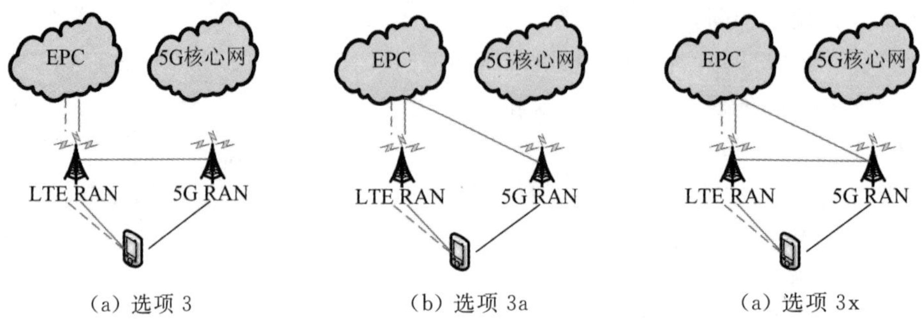

(a) 选项 3　　(b) 选项 3a　　(a) 选项 3x

图 2.7　eNB 和 gNB 都连接到 EPC 的方式

选项 3x 是最常见的非独立组网架构，也被称为 EUTRA-NR 双连接(EUTRA-NR Double Connection，EN-DC)方案，在 Rel-15 中引入。引入选项 3x 的主要原因有两个：一是减少 NR 和 LTE 之间的 Xn 接口的流量(基站间传输带宽需要满足 LTE 的峰值流量需求，而 MCG 分离承载中基站间传输带宽需要支持 5G 的峰值需求)；二是考虑到 5G 高频段(如毫米波)上信号存在不稳定的现象，在 NR 传输中一旦出现中断，可以利用 LTE 的覆盖连续性和稳定性保证用户速率的快速恢复。该方案已经在 2017 年 11 月美国召开的会议中完成标准的冻结。

4) 选项 4：核心网采用 5GC，基站采用 eNB 和 gNB，其中 gNB 为主基站

选项 4 同时引入了 5GC 和 gNB，但是 gNB 没有直接替代 eNB，而是采取“兼容并举”的方式部署。在此场景中，核心网采用 5GC，eNB 和 gNB 都连接至 5GC。

选项 4 也包含两种模式：普通选项 4 和选项 4a，如图 2.8 所示。普通选项 4 中，所有的控制面信令都经由 gNB 转发，gNB 将数据分流给 eNB。选项 4a 中，所有的控制面信令都经由 gNB 转发，5GC 将数据分流至 eNB。

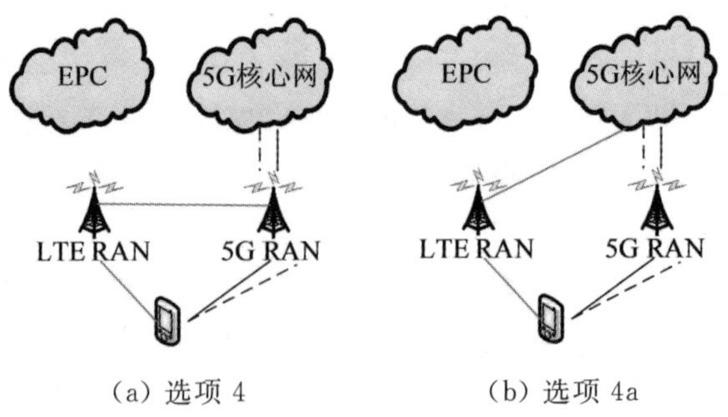

(a) 选项 4　　(b) 选项 4a

图 2.8　引入 5GC 和 gNB 的方式

与选项 3 不同，选项 4 以 gNB 为主基站，eNB 与 gNB 采用双连接的形式为用户提供高数据速率服务。选项 4 的特点是 gNB 作为主基站接入 5G 核心网 5GC 中，并实现了连续覆盖，LTE 作为一个特殊的载波类型接入，其中对于选项 4a，LTE 需要支持 NG-U 接口。在 3GPP Rel-15 标准中，选项 4 优先级较低。

5）选项 5：5GC＋eNB

选项 5 是“混搭模式”，4G 系统的 eNB 连接至 5G 的核心网 5GC，这种基站称为 NG-eNB（Next Generation eNodeB，4G 演进的 5G 基站），可以理解为已部署了 5G 的核心网 5GC，并在 5GC 中实现了 EPC 的功能，之后再逐步部署 5G 接入网，如图 2.9 所示。

图 2.9　eNB 连接到 5GC 的方式

在选项 5 中，NG-eNB 独立连接到 5G 的核心网，可以认为是选项 7 的一个子状态，无论是网络还是终端，若要支持选项 7 系列必须要支持选项 5。具体的架构特点为：

① 5G 终端通过 NG-eNB 连接到 5G 核心网；

② NG-eNB 同时连接到 4G 的 EPC，传统 4G 终端通过 NG-eNB 连接到 4G 核心网。

选项 5 需要升级 LTE 以支持其连接到 5G 核心网，基站协议栈相对选项 2 有较多改动。

6）选项 7：核心网采用 5GC，基站采用 eNB 和 gNB，其中 eNB 为主基站

同时部署了 5G RAN 和 5GC，但选项 7 以 eNB 为主基站，所有的控制面信令都经由 eNB 转发，eNB 与 gNB 采用双连接的形式为用户提供高数据速率服务。此场景可进一步分为 3 种模式：选项 7、选项 7a 和选项 7x，如图 2.10。

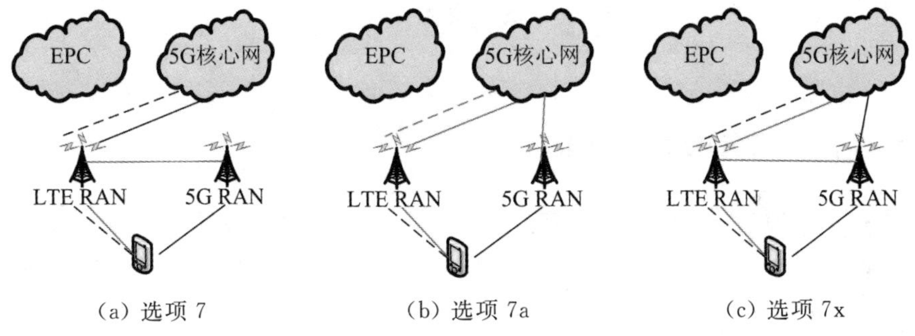

（a）选项 7　（b）选项 7a　（c）选项 7x

图 2.10　gNB 连接到 LTE EPC 的方式

选项 7 中所有的控制面信令都经由 eNB 转发，eNB 将数据分流给 gNB。选项 7a 中所有的控制面信令都经由 eNB 转发，5GC 将数据分流至 gNB。选项 7x 中所有的控制面信令都经由 eNB 转发，gNB 可将数据分流至 eNB。

选项 7、7a、7x 方案与选项 3、3a、3x 类似，都是非独立组网的方案，且都采用 eNB 作为锚点进行控制面和用户面传输。选项 7 与选项 3 系列的主要差异在于 LTE RAN 需要连接到 5G 核心网，且 LTE 需要升级支持 NG-eNB，包括支持新的服务质量（QoS）协议层服务发现应用规范（Service Discovery Application Profile，SDAP）、支持 NR 的 PDCP 协议以及支持 NG/Xn 接口等。

目前运营商的 4G 网络部署较为广泛，要想从 4G 系统升级至 5G 系统并同时保证良好的覆盖和移动性切换等非常困难。为了加快 5G 网络的部署同时降低 5G 网络初期的部署成本，各个运营商需要根据自身网络的特点，制定相应的演进计划。各个运营商的演进计划各有不同，现以中国移动向 3GPP 提交的提案中的方案为例介绍。

方案 1：LTE/EPC→选项 2 ＋ 选项 5→选项 4/4a→选项 2

方案 2：LTE/EPC→选项 2 ＋ 选项 5→选项 2

方案3：LTE/EPC→选项3/3a/3x→选项4/4a→选项2

方案4：LTE/EPC→选项7/7a→选项2

方案5：LTE/EPC→选项3/3a/3x→选项1＋选项2＋选项7/7a→选项2＋选项5

总之，5G网络架构演进的基本思路是以LTE/EPC为基础，逐步引入5G RAN和5GC。部署初期以双连接为主，LTE用于保证覆盖和切换，热点地区架设5G基站来提高系统的容量和吞吐率。最后再逐步演进，进入全面5G时代。

综上，非独立组网是5G网络的一个中间方案，最终5G组网都会是独立组网。选项1、2、5是独立组网，剩下的是非独立组网。

独立组网的特点是只需要一个核心网和一类基站就可以支撑这个网络，而不需要其他类型基站去支撑。

选项1是4G的核心网加上4G的基站，在4G的网络中已经实现了这个部署，5G独立组网不会选择这个方案。

选项5是5G的核心网加上增强型的4G基站，相当于使用了5G的核心网，是增强型4G基站，其实仍然不能够支持全部的5G新特性，所以说这个方案也不是最终的目标方案。

选项2是5G的核心网加上5G的基站，是5G最终的目标网络形态。

2.2 5G核心网

2.2.1 SBA基于服务的5G网络架构

2017年，3GPP正式确认采用中国移动牵头并联合26家公司提出的基于服务的网络架构(Service-Based Architecture，SBA)作为5G核心网的统一基础架构。SBA借鉴了业界成熟的SOA(面向服务架构)和微服务的理念，并进行了革新性的设计，用软件服务重构核心网，实现核心网软件化和灵活性。也就是说，5G系统架构中的网元被定义为一些由服务组成的网络功能，这些功能通过统一框架的接口为任何许可的其他网络功能提供服务。这种设计有助于网络快速升级、提升资源利用率、加速新能力的引入、便于网内和网外的能力开放，使得5G系统从架构上全面云化，利于快速扩缩容。

基于服务的网络架构如图2.11所示，包括网络切片选择功能(Network Slice Selection Function，NSSF)、网络开放功能(Network Exposure Function，NEF)、网络存储功能(Network Repository Function，NRF)、策略控制功能(Policy Control Function，PCF)、统一数据管理(Unified Data Management，UDM)、应用功能(Application Function，AF)、认证服务器功能(Authentication Server Function，AUSF)、接入和移动性功能(Access and Mobility Function，AMF)、会话管理功能(Session Management Function，SMF)、用户面功能(User Plane Function，UPF)和数据网络(Data Network，DN)。

核心网涉及到的网络功能服务模块最重要的是AMF。AMF负责接入和移动性管理，是与接入网相连的功能服务模块，包含NAS安全功能、空闲态移动性管理。SMF是会话管理功能，包括终端IP地址分配、PDU会话的创建。UPF与外部的网络相连，获取用户数据，是用户面功能，包括移动性锚点管理，以及跟互联网相连的PDU的处理。各服务功能

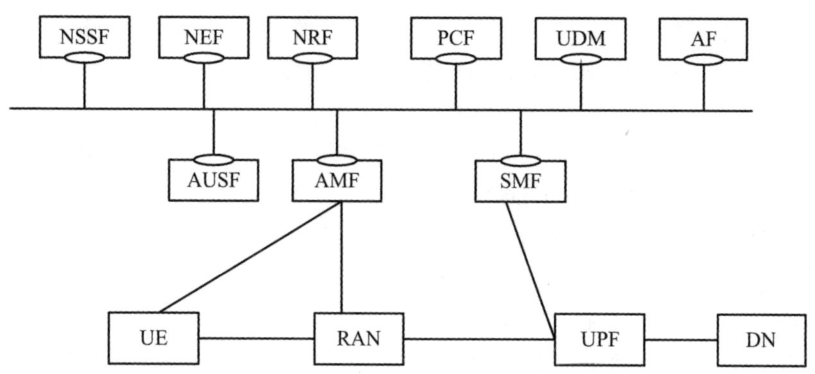

图 2.11　基于服务的网络架构

将在第 7 章进行详细介绍。

5G 的这种统一核心网络架构能够为不同类型的接入网提供服务，使得用户可以在 3GPP 接入和非 3GPP 接入之间实现无缝的移动性。通过采用分离的认证功能与统一的认证框架，允许根据不同的使用场景(如不同的网络切片)的需要来定制用户认证。为了支持网络架构的统一性和灵活性，5G 将使用网络功能虚拟化(Network Function Vitualization，NFV)和软件定义网络(Software Defined Network，SDN)。此外，5G 系统的另外一个特点就是网络切片，虽然 4G 网络在一定程度上通过“专有核心网”的特性支持网络切片，但 5G 网络切片是一个更强大的概念。5G 网络必须从动态切片角度解决网络切片问题，可以通过编排器实时调配、管理和优化网络切片，以满足大规模物联网、超可靠性和 eMBB 等不同用例的需求。网络功能虚拟化和网络切片在第 6 章进行详细介绍。

2.2.2　5G 核心网与 4G 核心网的区别

5G 核心网与 4G 核心网相比有以下 4 点区别：

(1) 5G 网络架构把网元拆分为多个网络功能服务，而 4G 网络架构是一些固定的网元，例如 MME、SGW 等。5G 把 MME 中一部分功能抽离出来成为了 AMF(接入和移动性管理模块)。又把 MME 控制面和用户面的部分拆分又合并为 SMF、UPF 等功能。这些固有的网元拆分为网络功能服务模块后，可以运行在一些 x86 服务器上，更容易实现虚拟化的核心网，而 4G 固有的网元如果实现虚拟化是比较复杂的。

(2) 5G 和 4G 接口的形式不同。在 4G 中，网元和网元之间的接口是点对点的形式，如果两个用户要通信，必须要有点对点的接口，否则就不能通信。5G 改变了以前点对点的接口，形成了基于服务化的接口，网络功能和网络功能服务之间不再是固有的连接，而是基于服务的连接，用户既是生产者，也是消费者，生产者和消费者之间的身份可以互相转换。例如 AMF 想使用 NRF 的功能，就可以建立它们之间的连接，此时 AMF 是消费者的模式，NRF 则是生产者的模式。这样，各个网络功能服务模块之间就可以根据需求进行任意的通信，从而优化通信路径，减少通信的转发，提高模块之间的通信效率。

(3) 网络功能服务可以独立扩展，并且也可以按需编排以及按分布式进行部署，类似于总线型的架构，各模块可以独立部署。增加新的功能服务模块后，对其他的功能服务模块无影响。针对于不同的场景，核心网的功能服务模块也是不同的。如果特定场景不需要某些功能服务模块，那么这个场景就可以先不部署这些功能服务模块。各功能服务模块可以独立扩展、独立删除、独立修改，而不影响其他的功能服务模块，这对于网络部署来说是非常灵活的。

(4) 新增了 NRF 功能，用来实现网络功能服务管理的自动化。4G 网元需要手动维护，而 5G 功能服务模块多，采用人工维护成本会很大。通过 NRF 可以实现服务管理的自动化，实现功能服务模块的自动注册、自动更新、发现和选择。例如 UDM 要新增加一个功能服务，就要去 NRF 注册，通知 NRF 服务的名字和能提供的服务。当其他模块要使用这些服务时，就向 NRF 发起服务发现过程，从而发现 UDM 能够提供且允许使用的服务。也就是说，两个服务之间的通信是经过 NRF 建立的。服务注册、服务发现和 API 调用的过程如图 2.12 所示。

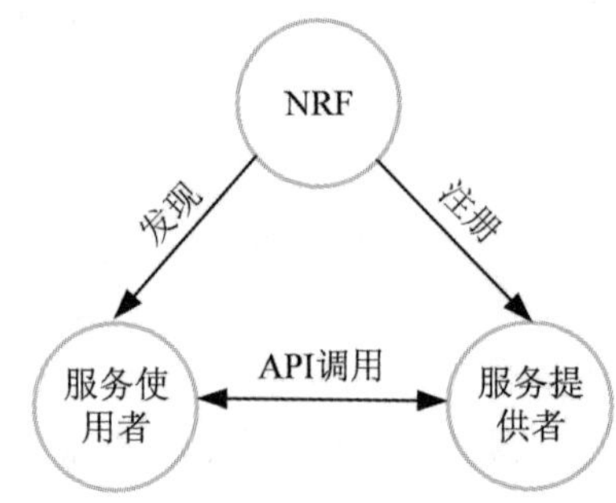

图 2.12 NRF 服务注册、服务发现和 API 调用过程

由图 2.12 可见，5G 通过 NRF 的服务注册、服务发现和 API 调用，在 SBA 服务化架构中建立起服务之间的桥梁，使用者就可以使用提供者提供的服务了。

2.2.3 5G 核心网的主要特性

除了 2.2.2 小节的描述外，5G 核心网还包括控制面和用户面的分离(CUPS)，以及计算和存储的分离等特征。

1. 控制面和用户面的分离

随着 5G 用户数据量的增加，需要扩容来满足用户面数据的需求。但是控制面数据量相对用户面数据量来说是比较小的，如果与用户面同等地扩容就会造成浪费。把控制面与用户面分开可以独立扩容，互不影响。更重要的是，CUPS 可以让用户面不再受中心化的约束。在 5G 之前，用户面是与核心网绑定的，如果能够把用户面分离出来，就可以灵活部署，可以部署在中心，也可以部署在接入网中，实现分布式部署，提高用户的体验。此外，在设备升级时也可以分别升级。

4G 中也提到了控制面与用户面分离，由 MME 实现控制功能。但是 4G 没有完全做到控制面与用户面的分离，SGW(Server GateWay，服务网关)既负责上下文会话的管理，也负责数据包的路由和转发。PGW(PDN GateWay，分组数据网关)在负责业务时，也承担一部分会话管理的功能，所以 4G 只实现了一部分分离。而 5G 做到了完全的控制面与用户面分离。5G 把 4G 的网元功能拆分为多个网络功能服务模块，并采用虚拟化(云化)的核心网，有利于控制面与用户面的分离。例如会话管理功能在 5G 由 SMF 负责，SMF 其实就是 SGW 和 PGW 间的控制面部分，用户面部分形成了 UPF，如图 2.13 所示。

由图 2.13 可以看出，5G 核心网架构中，UPF 主要负责用户面功能，其上面的各模块都是控制面功能，控制面和用户面划分得非常清楚，这样控制面和用户面就可以独立灵活地进行部署和扩容。

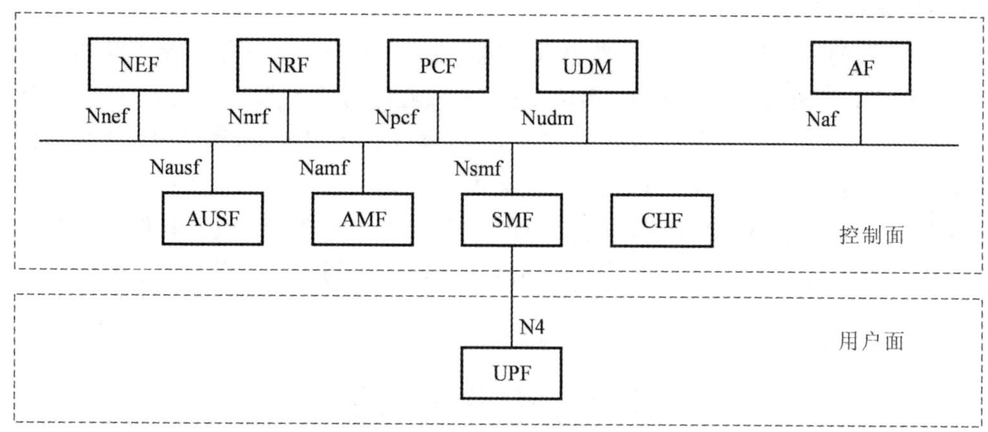

图 2.13　控制面和用户面分离

2. 计算和存储的分离

存储包含用户签约信息和用户会话信息两类。签约信息与用户身份信息对应，单独存放在一个数据库里面，也叫作结构化的数据。用户会话信息是随着核心网业务网元进行业务处理产生的，会话信息也称为非结构化的数据。计算就是各个网络功能服务模块的业务处理。

在 4G 的核心网中，用户签约信息存储在 HSS 里，而 MME、SGW 和 PGW 不仅要负责处理会话，而且还要负责存储会话产生的用户会话信息，大大降低了运算效率。在 5G 中，运算和存储由不同的网络功能服务模块承担，5G 计算和存储分离架构如图 2.14 所示。

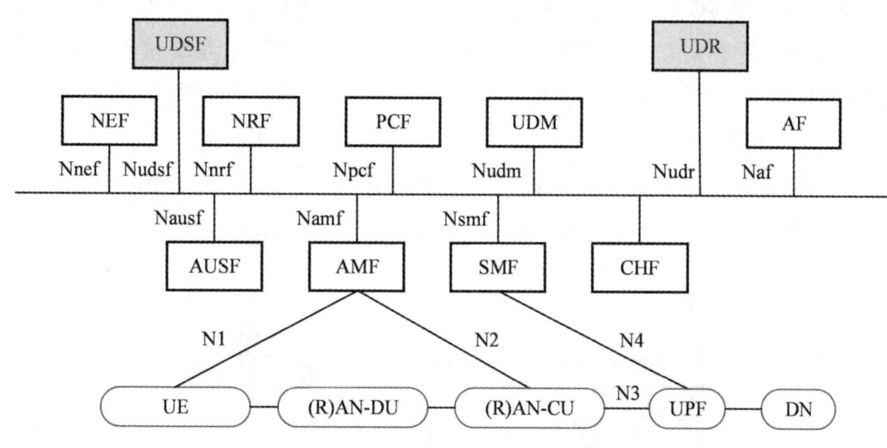

图 2.14　5G 计算和存储分离的架构

从图 2.14 中可以看到，存储功能主要由 UDR 和 UDSF 两个网络功能服务模块负责。UDR 是统一数据存储功能，主要存储签约信息等结构化数据。UDSF 负责非结构化数据的存储，存储用户会话信息。UDR 跟 UDM、PCF、NEF 交互，读取并存储用户的签约信息、策略数据信息等结构化数据。UDSF 要与 NEF、UDM、PCF、AMF、SMF、NSSF、UPF 等进行交互，也就是跟任何一个能够产生会话信息的网络功能服务模块交互，把会话信息实时存储在 UDSF 里，包括会话信息、会话状态等非结构化的数据。这种架构把网络功能服务模块的功能进行了明确的划分，大大提升了运算效率。

3. 5G核心网特点总结

5G核心网的特点包括扁平化、简洁化、集约化、柔性化和开放化。扁平化指5G核心网层次比较少，可提供快速的通道。简洁化指5G核心网的设备类型比较少，可以减少运维的复杂性。集约化指资源的统一部署。柔性化指软硬件解耦，网络资源是弹性可伸缩的。开放化指丰富便捷的开放能力，可以主动适应应用。

基于服务的网络架构和网络切片标志着5G网络真正走向服务化、软件化方向，结合云化技术，支撑大流量、大连接、低时延的万物互联应用场景，实现5G与垂直行业融合发展。

2.3 5G接入网

2.3.1 5G接入网架构

5G接入网的主要组成是5G基站(gNB)或者是4G基站的演进(NG-eNB)，其主要功能包括无线资源管理(Radio Resource Management，RRM)、资源控制、连接和移动性管理、测量配置上报和动态资源分配等。

4G接入网是由BBU(基带处理单元)、RRU(射频拉远单元)、天馈系统共同组成的。到了5G，接入网被重构为3个功能实体，CU(Centralized Unit，集中单元)，DU(Distribute Unit，分布单元)和AAU(Active Antenna Unit，有源天线单元)。

5G基站(gNB)将4G BBU的非实时部分划分出来，重新定义为CU，负责处理非实时协议和服务。BBU的剩余功能重新定义为DU，负责处理物理层协议和实时服务。BBU的另一部分物理层处理功能与原RRU及无源天线合并为AAU，以便更好地调配资源，服务于5G业务的多样性需求。

4G基站的演进(NG-eNB)是4G到5G的过渡版本，下面重点介绍采用gNB的5G接入网。图2.15给出了一种常见的5G接入网与4G接入网的比较。

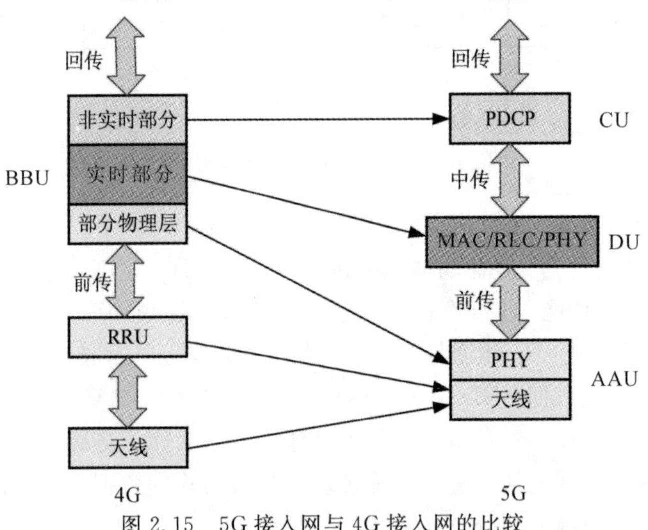

图2.15 5G接入网与4G接入网的比较

CU/DU 分离是 5G 的一个重要特征，CU/DU 分离主要实现了集中管控，能够更容易地实现网络切片、MEC 等。CU/DU 分离会增加一部分时延，但是 CU/DU 分离带来的好处远大于增加的时延。接下来重点讲述 CU/DU 分离。

2.3.2　CU/DU 分离

5G 接入网的 CU/DU 分离如图 2.16 所示，其中 CU 是集中单元，DU 是分布单元，AAU 是有源天线单元。

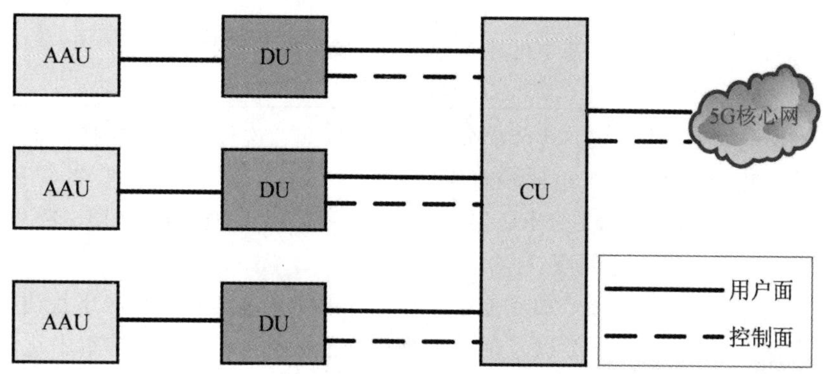

图 2.16　CU/DU 分离

在图 2.16 中，核心网到 CU 是回传部分，CU 到 DU 是中传部分，DU 到 AAU 是前传部分。与 4G 相比，5G 中有了 CU 和 DU 间的中传部分，主要是用来进行集中管控。回传、中传和前传构成了 5G 承载网。5G 承载网还包括 5G 核心网中各网元的连接，关于 5G 承载网我们将在 2.5 节和第 8 章进行详细描述。

5G 的 CU/DU 分离带来了如下好处：

首先，CU/DU 分离可以实现基带资源的共享。因为各个基站所处的区域不同，用户数和业务量也不同，所以基站的忙闲程度是不同的。传统的做法是增加容量来满足用户的需求。但是对于一些时效性明显的基站，例如学校，白天教学区的业务量比较集中，但是晚上业务量就集中到宿舍区，如果给每一个基站全都增加容量，就造成了资源浪费。采用 CU/DU分离可以由 CU 集中管控，实现基带资源的共享。

其次，CU/DU 有利于接入网的切片和云化。网络切片也是 5G 的重要特征，但是网络切片的实现基础是虚拟化，而且 5G 的实时处理部分在通用服务器上运行效率比较低，仍需专门的硬件，所以很难实现虚拟化。在这种背景下，只能用专用硬件实现 AAU 和 DU，剩下非实时部分组成 CU 运行在通用服务器上并进行虚拟化和云化，从而支持网络切片。

最后就是 5G 多场景的协同。5G 引入了毫米波，因为毫米波单基站覆盖范围小，实现一定区域覆盖所需的站点非常多，会和低频站点形成一个高低频交叠的复杂网络，为了使这样的网络获得最大的增益，CU/DU 分离有助于集中管控实现负载均衡和干扰协同。

最初业界提出了很多 CU/DU 分离的协议栈划分方案，大致分为 RRC 层、L2(即层 2)和物理层(PHY)三大块进行划分，具体划分方案及特点如表 2.1 所示。

表 2.1 CU/DU 分离的协议栈划分

<table>
<tr><th>划分方案</th><th>资源集中调度</th><th>协同性能</th><th>传输带宽要求</th><th>传输时延要求</th></tr>
<tr><td>选项 1</td><td>RRC</td><td rowspan="3">不支持</td><td rowspan="5">低</td><td rowspan="3">宽松</td></tr>
<tr><td>选项 2</td><td rowspan="3">RRC+L2(部分)</td></tr>
<tr><td>选项 3</td></tr>
<tr><td>选项 5</td><td>集中化调度</td><td>较严</td></tr>
<tr><td>选项 6</td><td>RRC+L2</td><td>集中化调度、多小区干扰协调</td><td rowspan="3">严格</td></tr>
<tr><td>选项 7</td><td>RRC+L2+PHY(部分)</td><td>集中化调度、多小区干扰协调、上行联合接收</td><td>中</td></tr>
<tr><td>选项 8</td><td>RRC+L2+PHY</td><td>集中化调度、多小区干扰协调、上行联合接收</td><td>高</td></tr>
</table>

选项 1 中 CU 只保留 RRC 层，其余部分都放在 DU 里。这种情况不支持协同性能，对传输带宽的要求比较低，时延要求也比较宽松。

选项 2、3 和 5 中 CU 协议栈是 RRC 层与层 2 的一部分，例如 PDCP 层。选项 2、3 不支持协同性，选项 5 支持集中化调度。

选项 6 把完整的 RRC 层和层 2 放到 CU 中，支持集中化调度和多小区干扰协调。

选项 7 把完整的 RRC 层和层 2 以及部分物理层功能放到 CU 中，支持集中化调度和多小区干扰协调，并支持上行联合接收。

选项 8 把所有的协议都放在 CU 里，集中化程度高，传输带宽要求高且时延要求严格。

在这些方案里面，5G 标准选择了选项 2 的方式，把 RRC 层和 PDCP 层放在了 CU 里，剩下的放到了 DU 里，如前面图 2.15 所示。

因为选项 4 不满足 5G 的需要，所以在标准制订初期直接被删除了。

2.4 5G 网络接口

本节主要介绍核心网和接入网之间以及接入网各节点之间有连接和交互的接口，如图 2.17 所示。

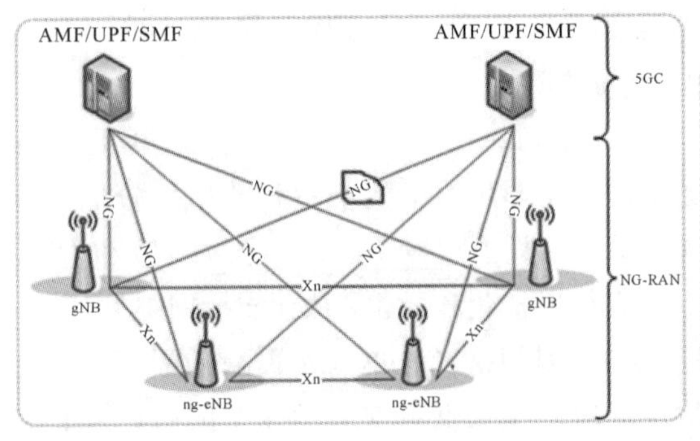

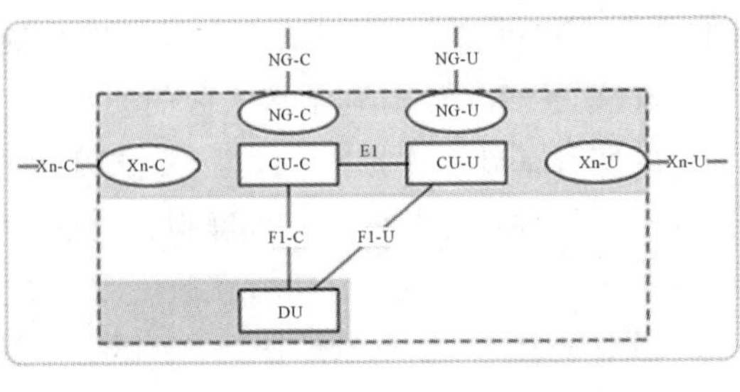

图 2.17 5G 网络架构和接口

如图 2.17 所示，接入网和 5G 核心网(5GC)连接的时候，控制面部分连接到 AMF，用户面部分连接到 UPF。gNB 和 5GC 之间的接口称为 NG 接口，可以分为 NG-C 接口和 NG-U 接口。NG-C 接口连接到 AMF，NG-U 接口连接到 UPF。5G 中基站和基站之间的接口是 Xn 接口，Xn 也可以分为 Xn-C 接口和 Xn-U 接口。基站内部也分了一些其他的接口，CU 和 DU 之间的接口是 F1 接口。CU 内部分为 CU-C 和 CU-U，DU 连接到 CU-C 和 CU-U 的接口分别是 F1-C 和 F1-U 接口。CU-C 和 CU-U 之间用的是 E1 接口。

NG 接口是基站与核心网之间的接口，基站到 AMF 采用的是 N2 接口，基站和 UPF 相连采用的是 N3 接口。N1 接口是终端和 AMF 之间的接口，它传递的是 NAS 消息。终端不能直接与核心网进行通信，NAS 消息要由基站转发给 AMF，基站在中间只起转发的作用，所以说 N1 是一个逻辑接口，实际上并不存在对应的物理接口。NG 接口分类如图 2.18 所示。

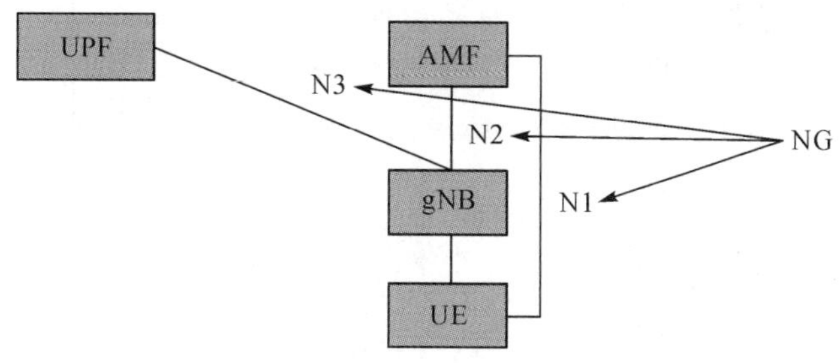

图 2.18　NG 接口分类

2.4.1　NG 接口的功能

NG 接口的控制面接口(NG-C)和用户面接口(NG-U)的协议栈有所不同，如图 2.19 所示。图 2.19 左边是 NG-C 接口协议栈，右边是 NG-U 接口协议栈。

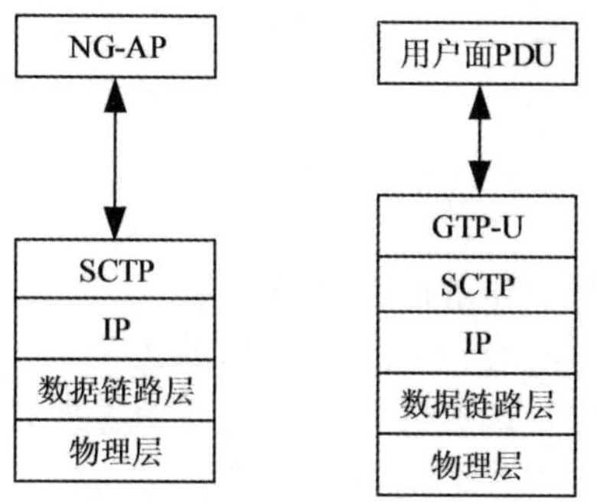

图 2.19　NG 接口协议栈

NG-C 接口最上面一层是 SCTP 协议(Stream Control Transmission Protocol，流控制传输协议)，用于在两端实现稳定可靠的以流的形式进行的数据传递。SCTP 下面是 IP 层协议，以 IP 数据包的形式去封装 SCTP 报文。再往下是 DLL(数据链路层，Data Link Layer)协议。最下面是物理层协议。NG-C 接口主要负责 PDU 会话管理、终端上下文管理、NAS 发送、寻呼、AMF 管理和 NG 接口管理。

NG-U 接口是基站和 UPF 之间的接口。用户面协议栈的顶层是 GTP-U，它是 GTP(GPRS Tunneling Protocol，GPRS 隧道协议)的用户面协议。UDP 协议是一个数据报文，协议效率比较高。底层协议跟控制面协议是一样的。用户面接口的功能主要是在NR-RAN 节点和 UPF 之间提供非保证的用户面数据的传输。

2.4.2　Xn 接口的功能

Xn 接口是 NG-eNB/gNB 与 NG-eNB/gNB 之间的接口，同样分为控制面(Xn-C)接口和用户面(Xn-U)接口。Xn 接口协议栈如图 2.20 所示。

Xn-C 接口的协议栈从上往下分别是 SCTP 协议、IP 层协议、DLL 协议和物理层协议。控制面主要包括 Xn 链路的建立、删除、重置更新和移动性管理，其中移动性管理主要包括切换、寻呼、上下文的恢复。Xn-U 接口功能包括 PDU 的非保证传送以及用户数据面的传递。

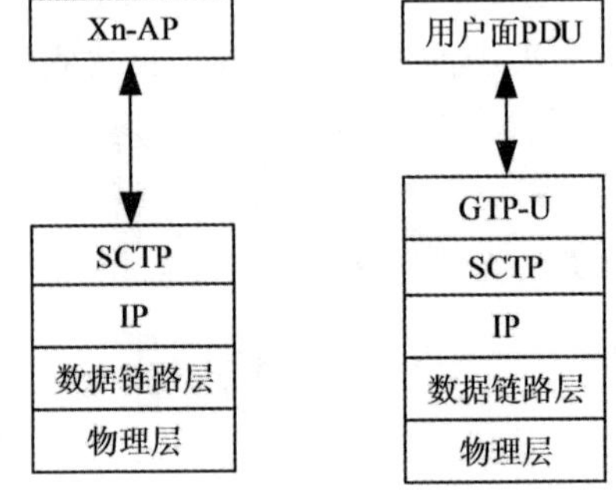

图 2.20　Xn 接口协议栈

2.4.3　F1 接口的功能

F1 接口是 gNB-CU 与 gNB-DU 之间的接口，包括 F1-C 和 F1-U。F1-C 连接到 CU 的控制面，F1-U 连接到 CU 的用户面。F1 接口的协议栈如图 2.21 所示。

F1 接口的控制面 F1-C 的功能包括 F1 接口管理、系统信息管理、上下文管理以及 RRC 消息传送。用户面的功能包括用户数据传输和流量控制功能。CU 的控制面只有一个，用户面可以有多个。

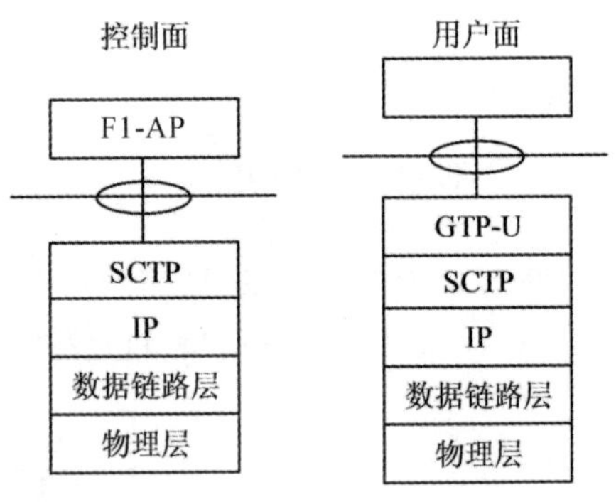

图 2.21　F1 接口协议栈

2.4.4　E1 接口的功能

E1 接口是 gNB-CU 控制面和用户面之间的接口。E1 接口只有控制面接口 E1-C，也只有控制面的协议栈，如图 2.22 所示。

E1 接口的功能可分为接口的管理功能、上下文管理功能和 TEID(隧道端点标识)分配功能。其中，E1 接口管理功能包括错误指示、控制面和用户面建立后或发生故障后的复位、配置更新等；上下文管理功能包括上下文承载建立、承载的修改与释放、QoS 流映射、下行数据通知和数据使用情况报告；TEID 分配功能包括 F1-U UL GTP TEID、S1-U DL GTP TEID、NG-U DL GTP TEID、X2-U DL/UL GTP TEID、Xn-U DL/UL GTP TEID，其中 S1 是 eNB 和 EPC 间的接口，X2 是 eNB 间的接口，DL 和 UL 分别表示下行和上行，GTP 是 GPRS 隧道协议。

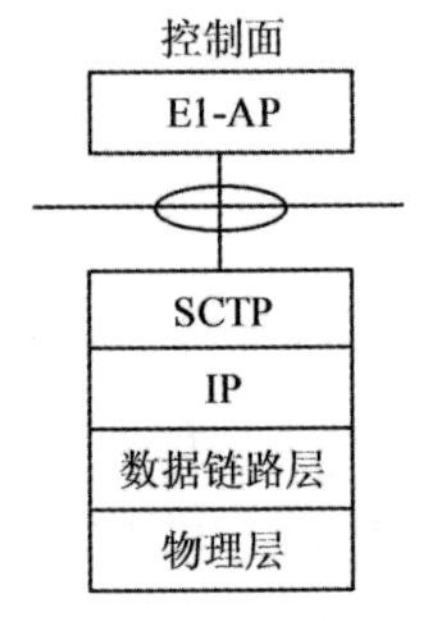

图 2.22　E1 接口协议栈

2.4.5　Uu 接口的功能

Uu 是一个比较重要的接口，是终端跟基站之间的无线空口。Uu 口分为控制面和用户面。Uu 口的控制面协议栈如图 2.23 所示。

终端的最高层是 NAS 层，基站没有 NAS 层。NAS 层消息是非接入层的消息，只能是终端和 AMF 之间进行交互、修改，基站只能转发。NAS 层完成核心网承载管理、鉴权及安全控制。

RRC 层采用无线资源控制协议，负责广播、寻呼以及 RRC 连接管理、资源控制、移动性管理，是比较重要的控制功能。

PDCP 层采用分组数据汇聚协议，在控制面主要负责报文的加密和完整性保护。

RLC(Radio Link Control，无线链路控制)层和 MAC(Medium Access Control，媒体接入控制)层的功能主要是分段重组、优先级匹配等。

物理层功能包括调制解调、纠错等。

Uu 口的用户面协议栈如图 2.24 所示。

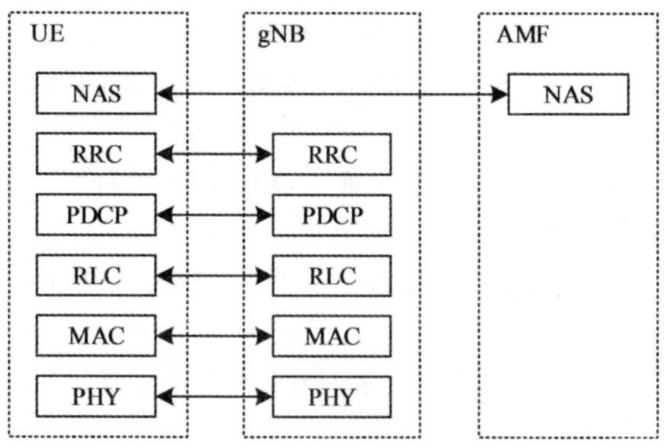

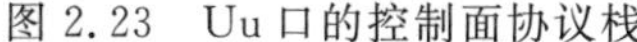
图 2.23　Uu 口的控制面协议栈

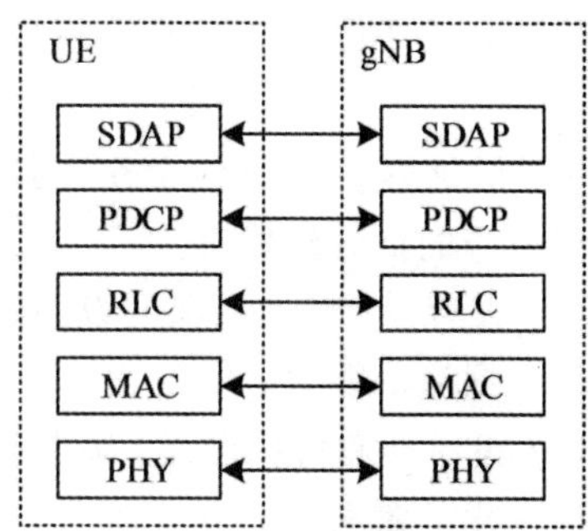

图 2.24　Uu 口的用户面协议栈

用户面的最高层是 SDAP 层，这是 5G 用户面新增加的协议层，主要完成 5G QoS 流与数据无线承载(DRB，Data Radio Bearer)网的 QoS 映射，为每个报文打上流标识(QoS Flow ID，QFI)。

Uu 口的 PDCP 层用户面功能跟控制面有所不同，具有头压缩功能。Uu 口用户面的 RLC 层、MAC 层和物理层功能跟控制面的功能一样。

2.5　5G 承载网

与 4G 相比，5G 提供了更高的数据传输速率、更低的延迟和更大的连接容量。为了支持这些先进的服务，5G 需要一个全新设计的承载网络，通常称为 5G 承载网。

1. 5G 承载网的组成

5G 承载网的组成如图 2.25 所示。

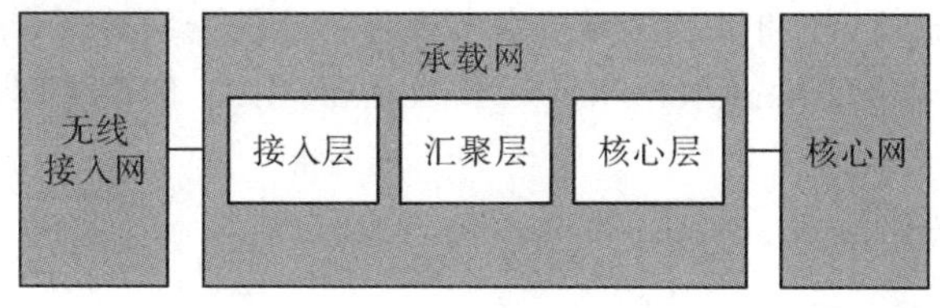

图 2.25　5G 承载网的组成

基于图 2.25 和 2.3.2 小节的内容，5G 承载网包括了如下部分。

· 前传网络(Fronthaul)：通常使用 CPRI/eCPRI 连接分布单元(DU)到有源天线单元(AAU)。CPRI 是通用公共无线接口(Common Public Radio Interface)，eCPRI 是演进的 CPRI 接口。

· 中传网络(Middlehaul)：连接分布单元(DU)到集中单元(CU)的网络，可能使用更高级的协议和传输技术。

· 回传网络(Backhaul)：连接 CU 和核心网。

· 连接核心网各网元间的网络，以及核心网与网络控制器、数据中心等设备之间的网络。

2. 5G 承载网需要满足的要求

5G 承载网的设计需满足 5G 服务的多样性和高性能要求，包括：

(1) 高速率传输需求。带宽是 5G 的基础和核心技术指标，特别是 eMBB 场景。5G 网络需支持高达 10 Gb/s 以上的用户体验速率，这意味着承载网必须具有极高的数据传输能力。

(2) 低延迟。uRLLC 业务要求超低延迟，例如远程手术或工业自动化，因此承载网需要确保信号的低时延传输。

(3) 大容量。随着物联网设备的普及，5G 网络将连接数十亿设备，承载网必须具备处理大量数据流的能力。

(4) 灵活性和可扩展性。随着服务类型和技术的不断发展，承载网需要灵活适应 5G 网络不断变化的需求。

3. 5G 承载网面临的挑战

针对 5G 业务对承载网的要求，实施 5G 承载网还面临以下诸多挑战：

· 成本和投资，新一代网络建设需要巨大的资本投入。

· 兼容性和升级，现有基础设施可能需要升级或替换以支持 5G 技术。

· 安全性和隐私，更多的连接和服务意味着更大的安全挑战。

为了满足 5G 的要求，承载网采用了以下关键技术：

· 网络切片，通过逻辑上分割网络资源，为不同的服务提供定制化的网络性能。

· 云化和虚拟化，采用云计算和虚拟化技术，实现网络资源的灵活管理和调度。

· 高密度波分复用(WDM)技术，提高了光纤的数据传输能力，满足高速率传输需求。

· 下一代 PON(Passive Optical Network，无源光网络)技术，提高光纤接入网的带宽和效率，适应固定宽带和移动融合的承载需求。

4. 5G 承载网的发展方向

5G 承载网将继续演进，以适应未来的技术发展和服务需求：

(1) 智能化，即通过 AI 和机器学习技术实现更智能的网络管理和运维。

(2) 集成接入和回传(Integrated Access Backhaul，IAB)解决方案简化网络部署，降低成本。

(3) 光传输网(Optical Transport Network，OTN)的开放化有助于降低网络建设和运营成本。

总的来说，5G 承载网不仅需要支持高速率、低延迟和大容量的传输，还需要具备灵活性和可扩展性以适应未来的挑战。通过不断地技术创新和优化，5G 承载网将为用户提供更加丰富和高效的通信服务。

2.6　其他新型网络架构

2.6.1　D2D 通信

设备到设备(D2D)通信技术是指两个对等的用户节点之间直接进行通信的一种通信方式。在由 D2D 用户组成的分布式网络中，每个用户节点都能发送和接收信号，并具有自动路由(转发消息)的功能。网络的参与者共享他们所拥有的一部分资源，包括信息处理、存储以及网络连接能力等。这些共享资源向网络提供服务，能被其他用户直接访问而不需要经过中间实体。在 D2D 通信网络中，用户节点同时扮演服务器和客户端的角色，用户能够意识到彼此的存在，自组织地构成一个虚拟或者实际的群体。

相对于其他不依靠基础网络设施的直通技术而言，D2D 更加灵活，既可以在基站控制下进行连接及资源分配，也可以在无网络基础设施的时候进行信息交互。最近又提出一种中继情况，可以使处于无网络覆盖情况下的用户把处在网络覆盖中的用户设备作为跳板，从而接入网络。

在 D2D 技术出现之前，已有类似通信技术出现，如十几年前蓝牙(短距离时分双工通信)，Wi-Fi Direct(更快的传输速度和更远的传输距离)和高通提出的 FlashLinQ 技术(极大地提高了 Wi-Fi 的传输距离)。

D2D 通信技术在不同的网络中有着不同的应用，比如 Ad hoc 网络中的 P2P(Peer to Peer，对端到对端)、物联网中的 M2M(Machine to Machine，机器到机器)等。这些不同名词之间并无本质差别，只是在各自的应用场景下对 D2D 通信技术进行了适当调整以满足其特殊需求。网格网络(Mesh Network)也称为多跳网络，就是一种由 D2D 通信用户构成的分布式网络。这里的"多跳"是相对于传统 Wi-Fi 中用户相互通信需要访问一个固定的接入点(Access Point，AP)的"单跳网络"方式而言的。

当前的蜂窝网络通信中，用户之间相互通信也必须经过中央节点基站来转接相互之间的消息。D2D 具有明显的技术特征，相比于类似技术，其最大的优势在于工作于许可频段，作为 LTE 通信技术的一种补充，它使用的是蜂窝系统的频段，即使通信双方增加了通信距离，也能保证用户体验质量(Quality of Experience，QoE)，而 Wi-Fi Direct 等技术在增大通信距离之后，势必会存在一定的干扰。由于 D2D 通信距离相对较短，信道质量较高，能够实现较高的传输速率、较低的时延和较低的功耗，增加手机续航时间。除了以上方面，D2D 还可以满足人与人之间大量的信息交互，相比于蓝牙，D2D 无需繁琐的匹配，且传输速度更快，相比于免费的 Wi-Fi Direct 有更好的 QoS 保证。

D2D 通信在 4G 时代就备受关注，在 5G 中又得到了进一步的发展。3GPP 组织从 2013 年 4 月的 RAN1＃72BIS 会议开始，着重对 D2D 技术进行研讨，D2D 技术日趋成熟。与物联网中的 M2M 概念类似，D2D 旨在使一定距离范围内的用户通信设备直接通信，以降低对服务基站的负荷。Wi-Fi Direct 等技术由于各种原因都没能大范围商用，而 3GPP 组织致力研究的D2D技术会在一定程度上弥补点对点通信的短板。3GPP组织制定的Rel-12版本中，将D2D定义为设备到设备(Device To Device)服务，并通过TR36.843技术报告不断完善D2D的标准。D2D通信在不断发展的同时，已经超越了初期定义时的局限性，可以满足多种新兴业务需求，如广告推送、大型活动资料共享以及朋友间的信息共享等。5G网络将普及D2D通信，将终端作为网络基础设施的一部分帮助其他终端接入网络，以适当地缓解无线通信系统频谱资源匮乏的问题。

通常情况下，D2D网络功能被分配在三种不同的逻辑节点上并进行互操作，包括终端、基础设施节点和中央管理设备，如图2.26所示。

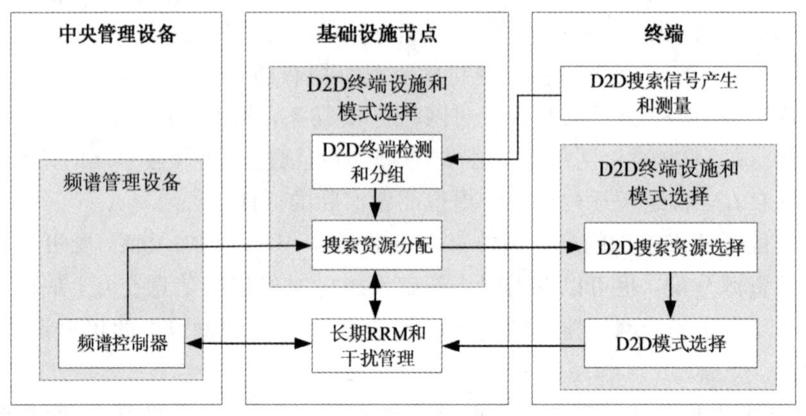

图2.26 D2D通信中的逻辑节点和网络功能

终端搜索功能由终端和基础设施节点实现。终端通过空中接口发送D2D搜索信号并对其他终端发来的D2D搜索信号进行测量。基础设施节点执行终端检测与分组功能，根据网络能力信息、业务需求、负载情况和终端测量报告进行资源分配。终端在收到基础设施的资源分配后进行资源选择和D2D模式选择，包括D2D通信和蜂窝基础设施复用频谱的D2D(复用模式)，以及D2D通信和蜂窝基础设施不复用频谱的D2D(正交模式)。长期无线资源(RRM)实现D2D通信的功率控制和干扰管理。

多运营商D2D可以采用专用频谱资源实现正交D2D通信。在这种情况下，需要中央管理设备上的频谱控制器进行频谱的集中管理。在物理网络中，中央管理设备部署在网络的数据中心，但其对应的逻辑节点位于接入网络，例如集中式无线接入网络(Centralized Radio Access Network，C-RAN)或者分布式无线接入网络(Distributed Radio Access Network，D-RAN)。

2.6.2 无蜂窝结构

传统的蜂窝移动通信架构是一种以基站为中心的网络覆盖结构，在小区中心位置通信效果较好，而在用户移动到边缘位置的过程中，无线链路的性能会急剧下降。采用虚拟化技术后，终端接入小区将由网络来为用户产生合适的虚拟基站，并由网络来调度基站为用户提供无线接入服务，形成以终端用户为中心的网络覆盖，这样就避免了传统蜂窝移动通信网络的基站边界效应，出现了无蜂窝(cell-free)网络的概念。

无蜂窝结构的一个基本特性是没有小区的概念，采用以用户为中心的方式进行操作，解决蜂窝结构中小区边缘附近的用户会受到来自邻近小区同信道干扰的问题，从而进一步提升整个系统的频谱利用率。

无蜂窝结构常常与 MIMO 技术相结合，图 2.27 给出了传统蜂窝系统与无蜂窝系统的对比。以上行链路为例给出说明：无蜂窝系统中的多个用户在多个小区的覆盖范围内构成了多点到多点(MP-2-MP)分布式大规模 MIMO 系统，用户和基站可同时同频工作。这时，基站侧的多个天线可接收来自不同小区不同用户的信号，并通过多小区联合处理大幅提升接收性能。

无蜂窝系统的另外一个优越性是消除了传统蜂窝构架在小区频率复用方面的限制。在图 2.27 中，采用传统蜂窝架构时 UE1 和 UE2 无法使用相同的频率资源，但采用无蜂窝架构时 UE1 和 UE2 可以使用相同的频率资源，其小区频率复用因子等于 1，可实现真正意义上的跨小区、全动态的频率资源调度，从而为构建资源调度灵活、频谱利用率更高的移动通信系统带来可能。

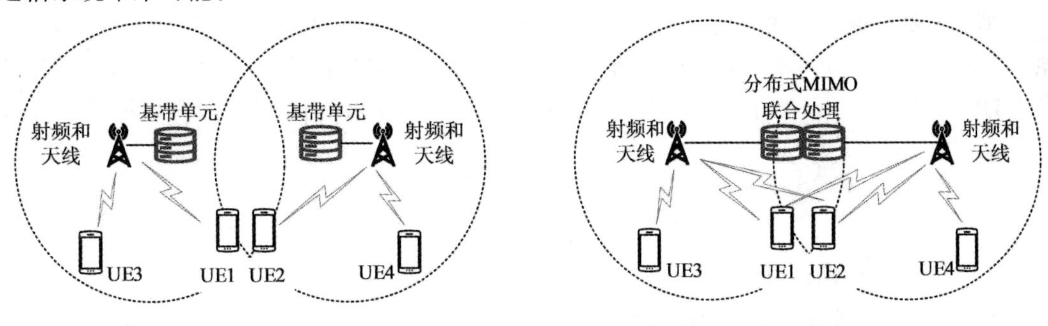

(a) 蜂窝系统架构　　(b) 基于分布式 MIMO 的无蜂窝系统架构

图 2.27　传统蜂窝系统与无蜂窝系统架构对比

无蜂窝 MIMO 可进一步与 C-RAN 相结合。C-RAN 是一种通过在多个基站之间共享计算资源来降低成本的方法，这种结构有助于实现无蜂窝 MIMO。无蜂窝网络中的联合处理单元实质上是一台 C-RAN 计算设备。

5G 基站虚拟化理念如图 2.28 所示。

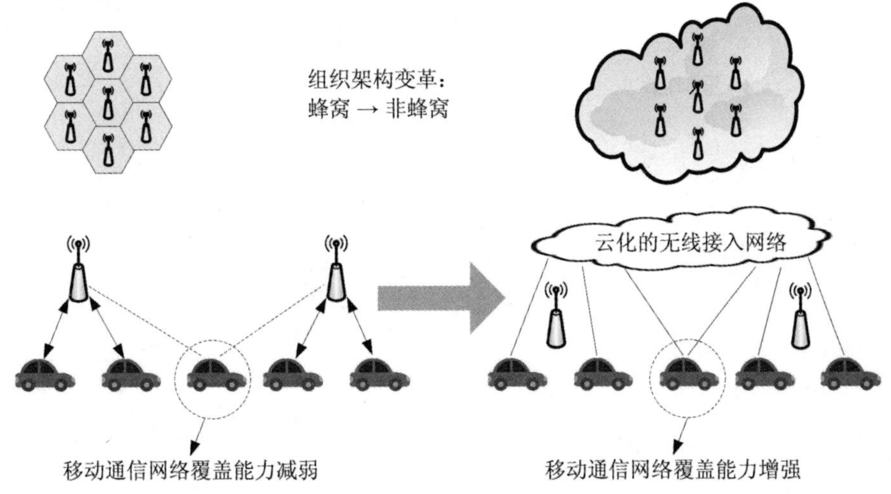

图 2.28　5G 基站虚拟化理念

构建低能耗、环境友好的网络架构将是未来移动通信发展的一个重要研究方向，分析表明，在无蜂窝系统中，基站侧所需的总发射功率与系统的频谱效率成正比，与归一化信噪比成反比；且当基站侧的天线数足够多时，增加用户侧的总天线数有利于基站总发射功率的减少。

综上所述，传统蜂窝系统以“时间-频率”域的无线资源开发利用为基础，而大规模协作无蜂窝系统则以“时间-频率-空间”域的无线资源开发利用为基础，通过构建更多天线的多用户 MIMO 蜂窝系统或无蜂窝系统，虽然需要付出的代价是增加了联合处理的复杂度，但在频谱和功率效率等方面具有明显的性能优势。

本章小结

相对 4G 移动通信系统，5G 移动通信系统需要通过更加灵活的网络功能来支持多种业务类型，还要通过标准化的接口来满足系统间互操作的需要。本章学习了移动通信网络的整体架构，介绍了 5G 核心网的特征和基于服务的核心网架构，阐述了接入网组成、接口和 CU/DU 分离概念，最后介绍了未来移动通信的新型架构 D2D 网络和无蜂窝网络的结构。

习　题

1. 简述 5G 网络的整体架构。
2. 什么是控制面和用户面的分离？
3. 试说明 5G 核心网有哪些功能模块，并给出 SBA 服务架构的示意图。
4. 什么是 CU/DU 分离？为什么要引入 CU/DU 分离？

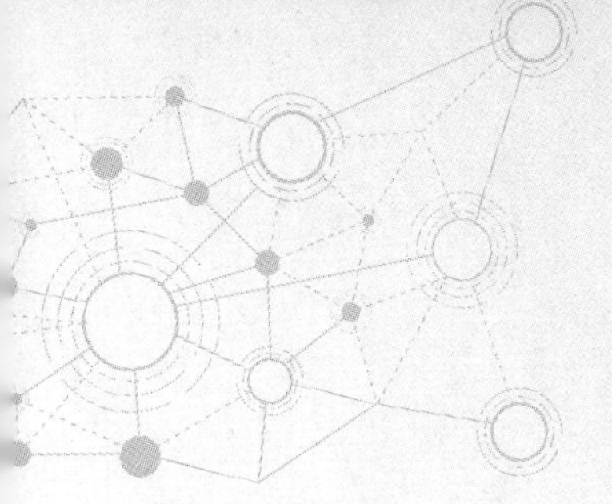

第 3 章　无线空口技术

主要内容

本章阐述了移动通信系统的无线空口技术，重点阐述了编码调制技术、OFDM 技术、广义频分复用技术和 SC-FDMA 技术。此外，还介绍了移动通信系统中的多天线技术，在此基础上，描述了 MIMO 增强技术，包括大规模 MIMO 技术和毫米波混合波束赋形技术。最后还介绍了全双工系统中的自干扰消除技术。

学习目标

通过本章的学习，可以掌握如下几个知识点：

- 信道编码与调制技术；
- OFDM 技术；
- MIMO 技术；
- 同时同频全双工技术。

本章知识图谱

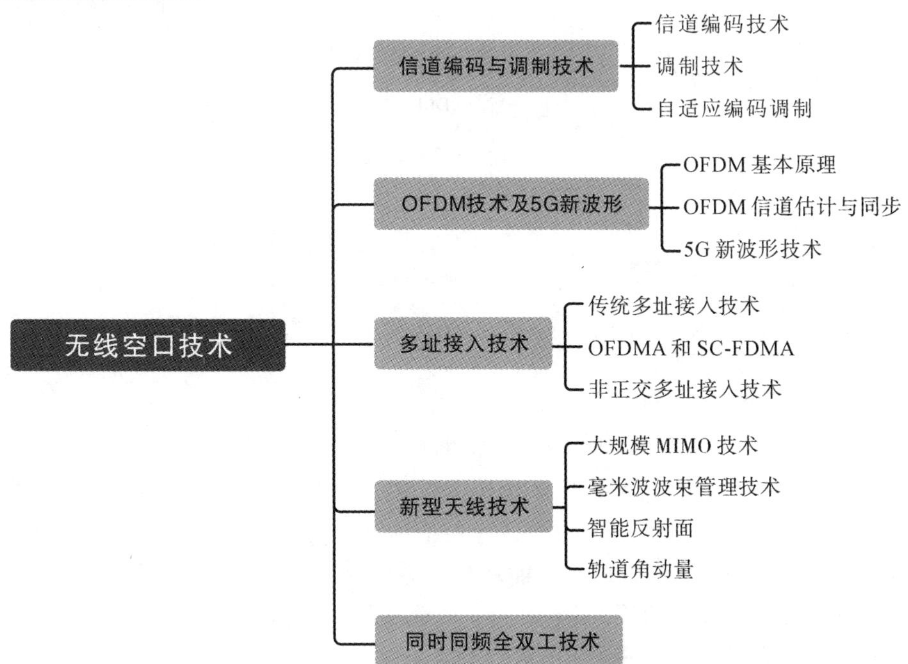

3.1　5G空口技术概述

无线空中接口(简称空口)是终端和基站间的接口。5G空口包括4G演进空口和5G新空口(5G NR)，本书重点阐述5GNR。

5G NR包含工作在6 GHz以下频段的低频新空口以及工作在6 GHz以上频段的高频新空口。5G将通过工作在较低频段(6 GHz以下频段)的新空口来满足大覆盖、高移动性场景下的用户体验和海量设备连接。同时，需要利用高频段(6 GHz以上频段)丰富的频谱资源，来满足热点区域极高的用户体验速率和系统容量需求。

5G低频新空口将采用全新的空口设计，引入大规模天线、新型多址、新波形等先进技术，支持更短的帧结构，更精简的信令流程，更灵活的双工方式，有效满足广覆盖、大连接及高速等多数场景下的体验速率、时延、连接数以及能效等指标要求，通过灵活配置技术模块及参数来满足不同场景差异化的技术需求。

5G高频新空口考虑高频信道和射频器件的影响，并对波形、调制编码、天线技术等进行优化。同时，高频频段跨度大、候选频段多，从标准、成本及运营和维护等角度考虑，也要尽可能采用统一的空口技术方案，通过参数调整来适配不同信道及器件的特性。

高频段覆盖能力弱，难以实现全网覆盖，需要与低频段联合组网。由低频段形成有效的网络覆盖，对用户进行控制、管理，并保证基本的数据传输能力；高频段作为低频段的有效补充，在信道条件较好的情况下，为热点区域用户提供高速数据传输。

5G空口技术框架如图3.1所示。

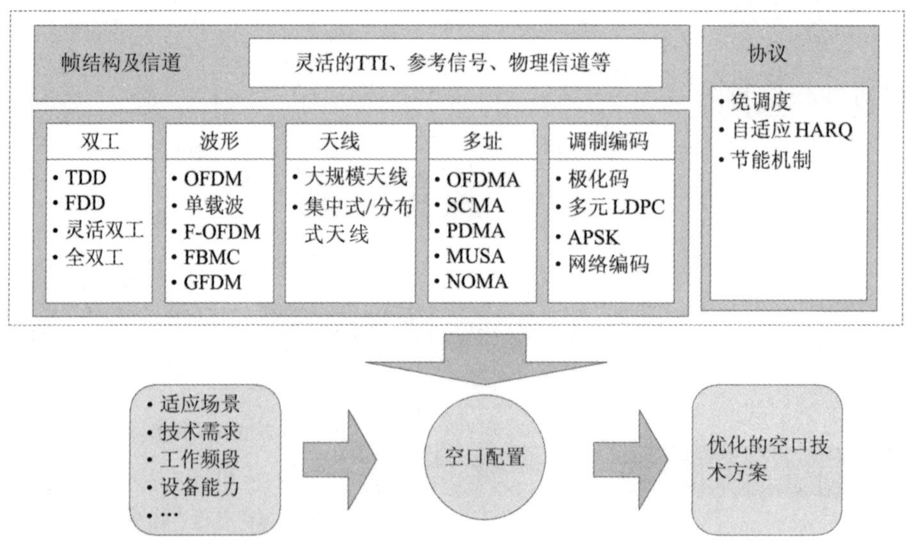

图3.1　5G空口技术框架

传统的移动通信升级换代都是以多址接入技术为主线，而5G的无线技术创新有着更为丰富的含义。从图3.1来看，5G空口技术包括帧结构、双工、波形、多址、调制编码、天线、协议等基础技术模块，通过最大可能地整合共性技术内容，从而达到“灵活但不复杂”的目的，各模块之间可相互衔接、协同工作。各模块和技术描述如下：

(1) 帧结构及信道：面对多样化的应用场景，5G帧结构的参数可灵活配置，以服务不同类型的业务。针对不同频段、场景和信道环境，可以选择不同的参数配置，具体包括带宽、子载波间隔、循环前缀(Circle Perfix，CP)、传输时间间隔(TTI)和上下行配比等。参考信号和控制信道可灵活配置以支持大规模天线、新型多址等新技术的应用。

(2) 双工技术：5G 支持传统的 FDD 和 TDD 及其增强技术，并支持灵活双工和全双工等新型双工技术。低频段将采用 FDD 和 TDD，高频段更适合采用 TDD。此外，灵活双工技术可以灵活分配上下行时间和频率资源，更好地适应非均匀、动态变化的业务分布。全双工技术支持相同频率相同时间上的同时收发，是 5G 潜在的双工技术。

(3) 波形技术：除传统的 OFDM 和单载波波形外，5G 还将基于优化滤波器设计的滤波器组多载波(Filter Bank Multiple Carrier，FBMC)、基于子带滤波的 OFDM(Filtered-OFDM)和广义频分复用(GFDM)等新波形作为候选技术。这类新波形技术具有极低的带外泄露，不仅可提升频谱使用效率，还可以有效利用零散频谱并与其他波形共存。由于不同波形的带外泄漏、资源开销和峰均比等参数各不相同，可以根据不同的场景需求选择适合的波形技术。

(4) 多址接入技术：除支持传统的 OFDMA(Orthogonal Frequency Division Multiple Access，正交频分多址)技术外，还支持非正交多址接入(Non-Orthogonal Multiple Access，NOMA)技术，包括稀疏码分多址(Sparse Code Multiple Access，SCMA)、图样分割多址(Pattern Division Multiple Access，PDMA)、多用户共享接入(Multi-User Shared Access，MUSA)等方式。这些新型多址技术通过多用户的叠加传输，可以提升用户连接数，有效提高系统频谱效率。此外，通过免调度竞争接入，可大幅度降低时延。

(5) 调制编码技术：5G 既有高速率业务需求，也有低速率小包业务和低时延高可靠业务需求。对于高速率业务，多元低密度奇偶校验码(M-aryLDPC)、极化码、新的星座映射以及超奈奎斯特 (Faster-Than-Nyquist，FTN)调制等比 4G 采用的 Turbo＋QAM 方式可进一步提升链路的频谱效率；对于低速率小包业务，极化码和低码率的卷积码可以在短码和低信噪比条件下接近香农容量界；对于低时延业务，需要选择编译码处理时延较低的编码方式。对于高可靠业务，需要消除译码算法的地板效应。此外，由于密集网络中存在大量的无线回传链路，可以通过网络编码提升系统容量。

(6) 多天线技术：5G 基站天线数及端口数将有大幅度增长，可支持配置上百根天线和数十个天线端口的大规模天线，并通过多用户 MIMO 技术，支持更多用户的空间复用传输，数倍提升系统频谱效率。大规模天线还可用于高频段，通过自适应波束赋形补偿高的路径损耗。5G 需要在参考信号设计、信道估计、信道状态信息反馈、多用户调度机制以及基带处理算法等方面进行改进和优化，以支持大规模天线技术的应用。

(7) 底层协议：5G 的空口协议需要支持各种先进的调度、链路自适应和多连接等方案，并可灵活配置，以满足不同场景的业务需求。5G 空口协议还将支持 5G 新空口、4G 演进空口及 Wi-Fi 等多种接入方式。为减少海量小包业务造成的资源和信令开销，可考虑采用免调度的竞争接入机制，以减少基站和用户之间的信令交互，降低接入时延。5G 的自适应 HARQ 协议将能够满足不同时延和可靠性的业务需求。此外，5G 将支持更高效的节能机制，以满足低功耗物联网业务的需求。

总之，5G 空口技术框架可针对具体场景、性能需求、可用频段、设备能力和成本等情况，按需选取最优技术组合并优化参数配置，形成相应的空口技术方案，实现对场景及业务的“量体裁衣”，并能够有效应对未来可能出现的新场景和新业务需求，从而实现“前向兼容”。由于篇幅限制，本章重点描述其中的编码调制技术、OFDM 技术、广义频分复用(Generalized Frequency Division Multiplexing，GFDM)技术、新型天线技术以及同时同频全双工技术。

3.2 信道编码与调制技术

3.2.1 信道编码技术

信道编码的作用是提高数据传输的可靠性，降低误码率。常用的信道编码技术包括卷积码、Turbo 码等，在第五代移动通信系统中，还引入了低密度奇偶校验码(LDPC)码和极化码。

1. 卷积码

卷积编码是有记忆编码，即对于任意给定的时段，其编码器的 n 个输出不仅与该时段 k 个输入有关，而且还与该编码器中存储的前 m 个输入有关。卷积码的编码方法可以用卷积运算形式来表达。

图 3.2 为卷积编码器的原理图，由 k 个输入端、n 个输出端，以及 m 节移位寄存器所构成，通常称为时序网络。

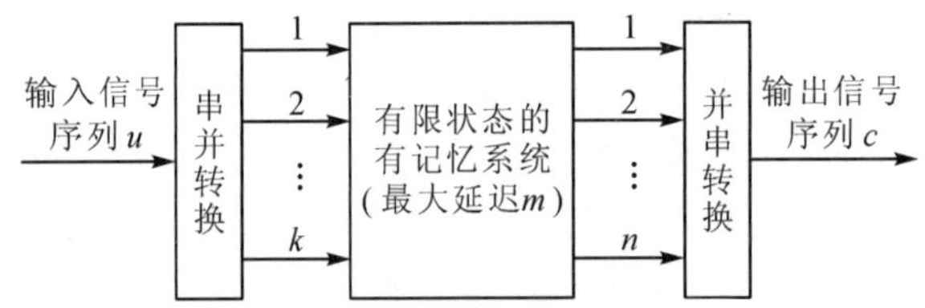

图 3.2 卷积编码器原理图

卷积编码器一般应用于速率较低的业务。图 3.3 为两种常用的卷积编码器的结构示意图。当将移位寄存器的初始值设为全 0 时，码块数据流串行依次进入编码器，每输入 1 bit，在输出端同时得到 2 bit(编码速率为 1/2)或 3 bit(编码速率为 1/3)；在需要编码的码块数据流结束时，继续输入 8 个值为“0”的尾比特；这时在输出端得到的全部信息就是码块编码后的数据。

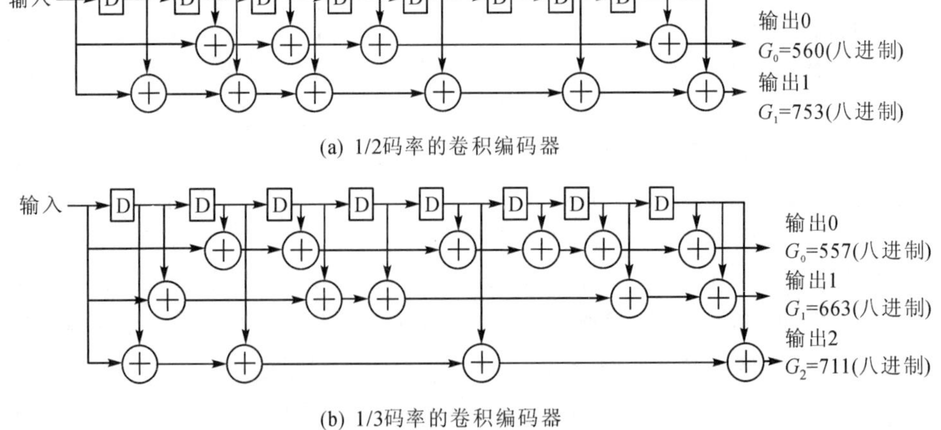

图 3.3 编码速率为 1/2 和 1/3 的卷积编码器

若以(n, k, m)来描述卷积码，其中k为每次输入到卷积编码器的 bit 数，n为每个k元组码字对应的卷积码输出的n元组码字，m为编码存储度，也就是卷积编码器的k元组的级数，称为约束长度。卷积码将k元组输入码元编成n元组输出码元，但k和n通常很小，特别适合以串行方式进行传输，具有时延小的特点。

卷积码编码生成的n元组不仅与当前输入的k元组有关，还与前面$m-1$个输入的k元组有关，编码过程中互相关联的码元个数为$n \times m$。卷积码的纠错性能随m的增加而增大，而差错率随n的增加而指数下降。在编码器复杂性相同的情况下，卷积码的性能优于分组码。

卷积码的纠错能力强，不仅可纠正随机差错，而且可纠正突发差错。卷积码根据需要有不同的结构及相应的纠错能力，但都有类似的编码规律。

描述卷积码的方法有图解法和解析法。解析法可以采用生成矩阵和生成多项式两种方法，图解法可以采用树状图、网格图、状态图和逻辑表等方法。

2. Turbo 码

从编码理论的角度来看，要想提高编码的性能，就必须加大编码中具有约束关系的序列的长度，但是直接提高分组码长度或卷积码约束长度都会使系统的复杂性急剧上升。在这种情况下，人们提出了级联码的概念，即以多个短码来构造一个长码的方法，这样既可以降低译码的复杂性，又能够得到等效长码的性能。在级联码大量研究结果中，Claude. Berrou 教授在 1993 年首次提出了 Turbo 编码。最常用的 Turbo 码是并行级联卷积码(Parallel Concatenated Convolutional Codes，PCCC)，即反复迭代的含义。Turbo 码将卷积码和随机交织器合并在一起，实现了随机编码，并采用软输出迭代译码来逼近最大似然译码。

Turbo 编译码是利用两个子译码器之间信息的反复迭代递归调用，来加强后验概率对数似然比，提高判决可靠性。Turbo 编码算法的特点是两个递归系统卷积码（Recursive System convolutional Code，RSC)编码器的输出由于交织器的存在相关性很小，从而可以互相利用对方提供的先验信息，通过反复迭代而取得优越的译码性能。

与其他信道编码方式相比，Turbo 码随着迭代次数的增加误比特率迅速减小，但下降的速度逐步变缓，10 次迭代后基本上不再有明显的下降；随着信噪比的增加，误比特率减小，当信噪比增加到一定程度时，下降速度变缓。Turbo 码的出现得到了业界的广泛关注，已应用于多种无线移动通信系统中。

1) Turbo 编码

Turbo 编码器的原理框图如图 3.4 所示，它由三部分组成，包括：直接输入部分；经过编码器Ⅰ和开关单元后送入复接器的部分；先经过交织器，再经过编码器Ⅱ和开关单元送入复接器的部分。其中编码器Ⅰ、编码器Ⅱ的输出称为 Turbo 码的二维分量码，也可以推广到多维分量码。两个分量码既可以相同，也可以不同。最常用的编码器为 RSC。

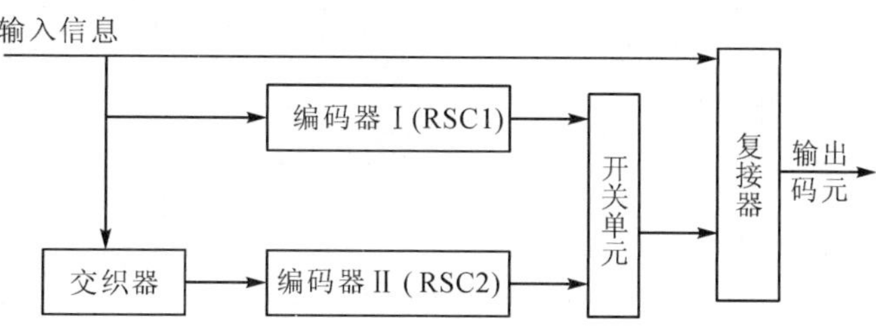

图 3.4　Turbo 编码器原理框图

交织器是 Turbo 编码器中一个关键部件，信息序列经过交织器打乱次序后能够改善码距分布，在低信噪比时仍然能够得到低误码率。如果省略图中的交织器，两个 RSC 的结果是一种重复码。

在 Turbo 编码器中，开关单元(有时称为删除器)和复接器也是不可缺少的。由于所有差错控制编码都是有冗余的，传输时除部分比特并不妨碍信息的复原，只是有可能损失一些编码增益。实际系统中通常需要结合编码增益、速率匹配等因素，对编码器输出的部分比特进行删除。当编码器有多路并行输出时，为了与后接的系统(通常是串行通信系统)匹配，需要采用复接器以时分复用的方式合成一路比特流。

Turbo 编码器有并行和串行两种形式，通常应用比较多的是并行级联 Turbo 编码器(PCCC)，由两个或更多的 RSC 并行组成，在两个 RSC 之间加入交织器。对于 1 比特信息，PCCC 编码器的输出由信息比特和两个校验比特组成，这样的编码器的编码速率为 1/3。图 3.5 是一个编码速率为 1/3 的 PCCC 编码器结构示意图。

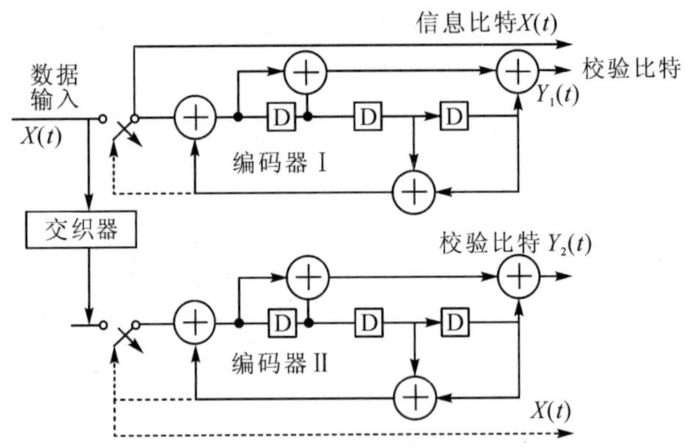

图 3.5 编码速率为 1/3 的 8 状态 PCCC 编码器结构

当所有输入比特完成编码时，需要在编码比特后添加尾比特，目的是让编码器回到初始状态，避免两个码字间的关联性。在图 3.5 中，虚线表示尾比特输出。

编码速率为 1/3 的 PCCC 再经过比特删除、复接，可以得到其他的编码速率。

2) Turbo 译码

Turbo 码采用软输入软输出的译码算法，图 3.6 表示 Turbo 码译码器的结构图，主要由一个软输入译码单元(DEC1)和一个软输出译码单元(DEC2)以及与编码器 RSC 相关的交织器、去交织器组成，如图 3.6 所示。

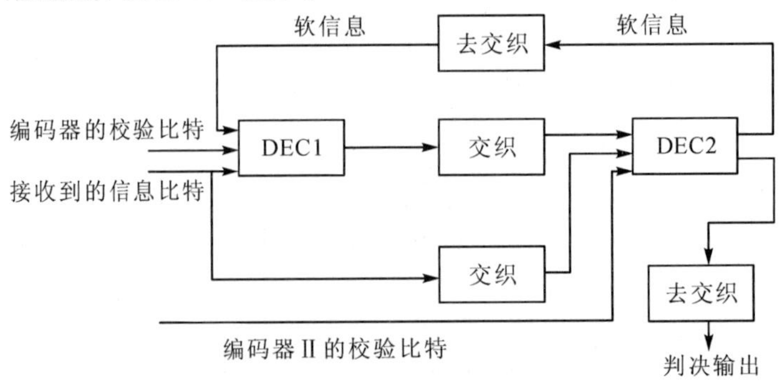

图 3.6 Turbo 码译码器结构图

首先将对应于编码器 RSC1 的信息比特和校验比特的软判决信息送入 DEC1 进行译码。DEC1 输出的软信息对 DEC2 来说是先验信息，但在次序上需要经过去交织处理才能够与 DEC2 的信息比特对应。然后 DEC2 开始译码。因为 RSC2 的系统比特与 RSC1 是相同的，译码时可以将 RSC1 的系统比特交织后送入 DEC2，作为它的系统比特输入。

DEC2 译码结束后也输出软信息，将其反馈到 DEC1 进行下一轮译码。译码过程可以多次反复进行，在迭代了一定次数后，最后通过对软信息作硬判决，便得到最终的译码输出。

Turbo 码采用具有反馈结构的伪随机译码器，由两个译码器互不影响地交替译码，通过软判决输出相互传递信息并进行递推式迭代译码，从而得到信息序列中所有比特的信息。Turbo 译码常用的算法有 MAP 算法、Log-MAP 算法、Max-Log-MAP 算法和软输出维特比译码(SOVA)算法。

3. LDPC 码

低密度奇偶校验码(Low Density Parity Check Codes，LDPC)是一种线性分组码，1962 年由 Gallager 首次提出。1981 年，Tanner 将 LDPC 码的校验矩阵用双向二分图表示，可以更直观地分析 LDPC 码的校验矩阵特性和编码译码等特性，为置信传播(BP)译码算法提供了工具并打下了坚实的基础。1993 年及以后，MACKay、Neal 等提出并构造出非规则 LDPC 码，同时验证了非规则 LDPC 码比规则 LDPC 码性能更为优异，甚至其性能可以趋近香农极限，使 LDPC 码引起了人们的充分重视。近年来，学者们在 LDPC 码校验矩阵的结构设计、编码方法、译码方法及硬件实现等方面展开了研究，并将 LDPC 码应用到很多通信标准中，例如深空通信、数字卫星电视广播(DVB-S2)和 IEEE 802.11(Wi-Fi)系列标准等。

1）原理

LDPC 码可以用(n, k)表示，k 表示信息序列包含的信息码元个数，n 表示经过信道编码后 k 个信息码元加上按照一定规则产生 r 个校验码元(冗余码元，$r=n-k$)后的输出码字长度，其中信息码元与校验码元之间的关系是线性的，可以用一个方程组来表述。LDPC 码的特殊之处在于其校验矩阵是稀疏的，这种特性使得存储 LDPC 码校验矩阵时只需存储其校验矩阵 1 的位置和相关参数，降低了开销，便于实际使用。基于这种特殊性，LDPC 码可以用 $m\times n$ 维的稀疏校验矩阵 $\boldsymbol{H}$ 来表征，$\boldsymbol{H}$ 的列表示编码之后的码字，n 即是码字长度；$\boldsymbol{H}$ 的行表示校验方程，用来限制码字，m 即是校验序列的长度。

式(3.1)是维数为 5×10 的校验矩阵 $\boldsymbol{H}$ 和其对应的校验方程，$\boldsymbol{c}=\{c_1, c_2, \cdots, c_{10}\}\in C$ 表示编码后的码字，$\boldsymbol{Hc}^{\mathrm{T}}=0$。

$$\boldsymbol{H}=\begin{bmatrix}1&0&1&0&0&0&1&0&1&0\\0&1&0&1&0&1&0&0&1&0\\1&0&0&1&1&0&0&1&0&0\\0&1&0&0&1&0&1&0&0&1\\0&0&1&0&0&1&0&1&0&1\end{bmatrix}\rightarrow\begin{cases}c_1+c_3+c_7+c_9=0\\c_2+c_4+c_6+c_9=0\\c_1+c_4+c_5+c_8=0\\c_2+c_5+c_7+c_{10}=0\\c_3+c_6+c_8+c_{10}=0\end{cases}\tag{3.1}$$

LDPC 码可以用双向二分图来表示，双向二分图又称为 Tanner 图。Tanner 图是校验矩阵的图形表示，由于 LDPC 码可以用校验矩阵表示，所以 Tanner 图也可以表征 LDPC 码。

图 3.7 是式(3.1)校验矩阵 $\boldsymbol{H}$ 的 Tanner 图，表示了变量节点和校验节点之间的关系。$\boldsymbol{p}=\{p_1, p_2, \cdots, p_5\}$为校验节点，对应 $\boldsymbol{H}$ 的行；$\boldsymbol{c}=\{c_1, c_2, \cdots, c_{10}\}$为变量节点，对应 $\boldsymbol{H}$ 的列；c_i 和 p_i 之间相连的边表示 $\boldsymbol{H}$ 中值为 1 的元素，即第 j 行第 i 列元素 $h_{ji}=1$。

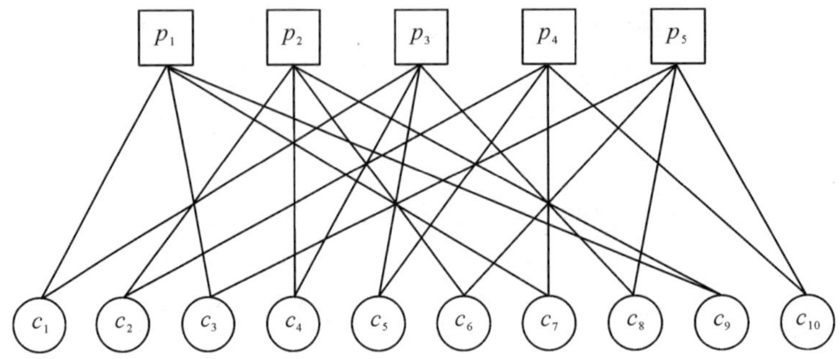

图 3.7 校验矩阵的 Tanner 图表示

在图 3.7 中，从 c_i 和 p_i 出发的边数定义为该变量节点 c_i 或校验节点 p_i 的度，从集合 $\boldsymbol{c}$ 中所有元素出发的总边数等于从集合 $\boldsymbol{p}$ 中所有元素出发的总边数，都等于校验矩阵 $\boldsymbol{H}$ 中元素为 1 的个数。从任一 c_i 和 p_i 开始，如果沿着边并且每条边只可以经过一次，可以返回 c_i 或 p_i，那么就会形成一个闭合路径，这叫作一个循环。循环中所经过的边数目叫作循环长度，其中最短的循环长度叫作围长。在译码过程中，由于循环的存在，在经过一定迭代次数译码后，消息又回到原节点，造成相关信息的叠加，降低传递消息的可靠性，从而影响译码的收敛速度和准确性。围长和循环数目对性能有很大的影响，特别是围长很小的短环，因此在构造校验矩阵时要注意去除短环且保证围长尽量地大。

在校验矩阵中，变量节点的度数等于其对应列非零元素的数目，也叫作列重；校验节点的度数等于其对应行非零元素的数目，也叫作行重。如果变量节点的度数都相等，且校验节点的度数都相等，那么这样的码字叫作规则码，可以用(n, w_r, w_c)表示，其中，n 代表码长，w_r 代表行重，w_c 代表列重，式(3.1)就是一个规则码，可以用(10,4,2)表示。否则就是非规则码，即各个变量节点的度数或各个校验节点的度数不相等，假设变量节点最大度数为 d_v，变量节点可以由度分布$\{r_1, r_2, \cdots, r_{d_v}\}$表示，$r_i$ 表示从度数是 i 的变量节点出发的边数除以总边数得到的结果，且 $\sum_{i=1}^{d_v} r_i=1$；校验节点度数最大为 d_c，校验节点可以由度分布$\{\rho_1, \rho_2, \cdots, \rho_{d_c}\}$表示，$\rho_i$ 表示从度数为 i 的校验节点出发的边数除以总边数得到的结果，且 $\sum_{j=1}^{d_c} \rho_j=1$。变量节点和校验节点的度分布可分别表示为式(3.2)和式(3.3)：

$$r(x)=\sum_{i=1}^{d_v} r_i x^{i-1} \tag{3.2}$$

$$\rho(x)=\sum_{j=1}^{d_c} \rho_j x^{j-1} \tag{3.3}$$

在进行译码时，对于规则码来说，两种节点每次迭代中接收的消息个数分别相同，所以各个变量节点译码的收敛趋势比较统一。而对于非规则码来说，变量节点的度数或校验节点的度数并不相同，在进行译码时，变量节点度数越大，从校验节点处得到的消息就越多，就越有利于自身节点完成快速、正确的译码，这些变量节点首先进入收敛阶段，从而就又可以利用已收敛的变量节点通过校验节点帮助度数较低的变量节点进行译码，这样就形成了一个良性循环、一种波浪效应，加快了整体的译码收敛速度。

2）LDPC码校验矩阵构造方法

LDPC码可以由校验矩阵唯一表征，编码算法和译码算法的本质也是根据校验矩阵进行的，校验矩阵在很大程度上可以影响码字性能和编码译码复杂度。LDPC码校验矩阵的构造方法的核心是得到可以运用低复杂度编译码算法，而且满足码长、节点度数分布、围长、环等参数的校验矩阵，以得到性能优异的码字。LDPC码校验矩阵的构造方法可以分为两大类：一类是随机化构造方法；另一类是结构化构造方法。

随机化构造校验矩阵需要规定节点度数分布等参数，然后通过计算机搜索出满足设置条件的校验矩阵，这样得到的校验矩阵具有随机性，在长码时具有良好的误码率性能，但是由于随机化构造的校验矩阵不具有固定的结构，不能使用针对具有特定结构校验矩阵的简化编码算法，使得编码复杂度很高。此外，随着码长的增大，为避免短环的出现构造过程也变得复杂。常见的随机化构造校验矩阵的方法有Gallager构造方法、MACKay构造方法、Davey构造方法、Luby构造方法、渐进的增边(Progressive Edge Growth，PEG)构造方法。

与随机化构造方法相比，结构化构造方法用经典的代数和几何理论构造校验矩阵，得到的校验矩阵具有确定的结构，通常还具有循环或准循环特性。结构化构造方法得到的校验矩阵结构是确定的，从构造原理上可以消除短环，可以根据具体的结构使用相应的编码方法，能够降低编码复杂度，实现线性编码。具有高度结构化特征的结构化构造的校验矩阵易于存储，硬件实现也相对容易。

由于校验矩阵可以唯一地表示LDPC码，且是稀疏矩阵，编码后的码字与校验矩阵也有相应的约束关系，因此可以利用稀疏的校验矩阵直接进行编码。常见的利用校验矩阵进行LDPC编码的算法有基于三角分解的编码算法、基于近似下三角矩阵的编码算法等。

4. Polar码

Polar码即极化码，也是一种线性分组码，由土耳其毕尔肯(Bilkent)大学的ErdalArikan教授提出，他从理论上第一次严格证明了在二进制输入对称离散无记忆信道下，Polar码在理论上可以达到香农容量，并且有较低的编码和译码复杂度。

近年来，随着Polar码实际构造方法和列表连续消去译码算法(list successive cancellation decoding)等技术的提出，Polar码的整体性能在一些应用场景中取得了与当前较为先进的信道编码技术Turbo码和低密度奇偶校验码(LDPC)相同或更优的性能。由于Polar码编译码复杂度比较低，性能相对比较高，2016年11月，3GPP RAN1 ＃87会议确定Polar码作为5G系统中eMBB场景的控制信道编码方案，直接奠定了Polar码在5G中的重要地位。

1）信道极化理论

对于任意一个二进制离散无记忆(Binary-Discrete Memoryless Channel B-DMC)信道W，如果重复使用N次，得到的N个信道W不仅具有相同的信道特性，而且之间是相互独立的，可表示为W^N。在经过合并运算得到信道W_N后，再将其转换为一组N个相互关联的$W_N^{(i)}$，$1<i<N$，其中定义极化信道$W_N^{(i)}: \chi \to y \times \chi^{i-1}$，运算×表示笛卡儿积。当$N$足够大时，就会出现一部分极化信道$W_N^{(i)}$的信道容量趋于0，一部分$W_N^{(i)}$的信道容量趋于1，

其中容量为“1”的信道被称为“好信道”(无噪信道)，容量为“0”的信道被称为“坏信道”(全噪信道)。Polar 码编码构造的关键在于这些好信道的选择，然后在“好信道”上传送信息位，而剩余的“坏信道”则被用来传送对应的冻结位(冻结位在发送端和接收端都是已知的，一般为 0)，这种两极分化的现象就是信道极化现象。极化现象随码块长度的增加而表现的越来越明显，容量趋于“1”的信道和容量趋于“0”的信道都越来越多。

上述信道极化现象主要是信道合并与信道拆分这两个关键步骤操作之后的结果，如图 3.8 所示。

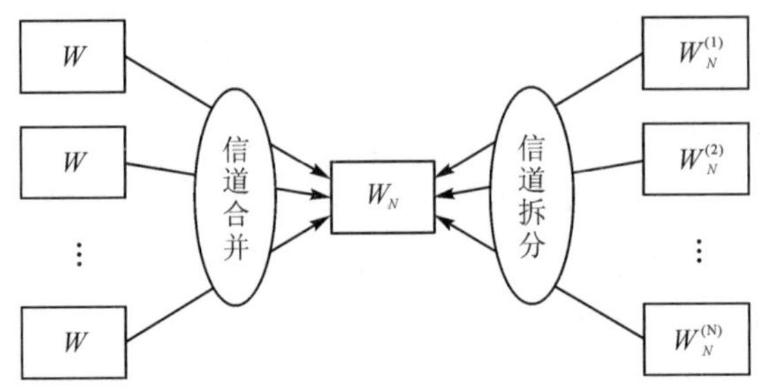

图 3.8 信道合并与拆分

下面我们分别对信道的合并和拆分进行详细的阐述。

(1) 信道合并。信道合并的原理就是通过一定的递归规律，将 N 个相互独立的 B-DMC 信道 W 合并起来，然后生成 $W_N: \chi^N \to y^N$，其中 $N=2^n$，$n\geqslant 0$，而在合并的过程中，信道的容量保持不变。合成以后的信道转移概率是 $\boldsymbol{W_N}(\boldsymbol{y}_1^N | \boldsymbol{x}_1^N)=W_N(\boldsymbol{y}_1^N | \boldsymbol{u}_1^N \boldsymbol{G}_N)$。其中，$\boldsymbol{G}_N$ 表示 Polar 码的生成矩阵，$\boldsymbol{u}_1^N$ 表示输入变量，向量 $\boldsymbol{x}_1^N=\boldsymbol{u}_1^N\boldsymbol{G}_N$。

从第 0 级($n=0$)开始递归过程，在这一级中只包含一个 W，定义 $W_1 \overset{\text{def}}{=\!=} W$。第 1 级($n=1$)的递归是结合两个相互独立的信道 W_1，得到结合后的信道 $W_2: \chi^2 \to y^2$，如图3.9 所示。

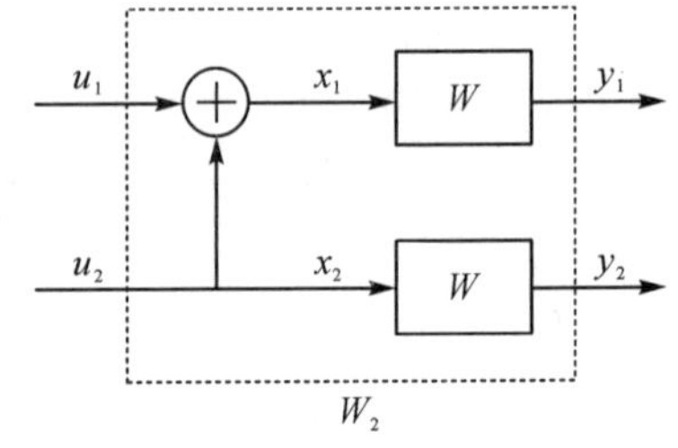

图 3.9 W_2 合成过程

在图 3.9 中，相应的映射关系可以标识为

$$[x_1, x_2]=[u_1, u_2]\begin{bmatrix}1 & 0\\ 1 & 1\end{bmatrix} \tag{3.4}$$

从而信道的转移概率为

$$W_2(y_1, y_2 | x_1, x_2)=W(y_1 | u_1 \oplus u_2)W(y_2 | u_2) \tag{3.5}$$

递归的下一级如图 3.10 所示，信道由两个相互独立的信道 W_2 结合而成，$W_4: \chi^4 \to y^4$ 的转移概率为

$$W_4(\boldsymbol{y}_1^4 | \boldsymbol{u}_1^4)=W_2(\boldsymbol{y}_1^2 | u_1 \oplus u_2, u_3 \oplus u_4)W_2(\boldsymbol{y}_4^3 | u_2, u_4) \tag{3.6}$$

在图 3.10 中，$\boldsymbol{R}_4$ 表示的是置换操作，其作用是对位索引值进行重新排列，使得 $\boldsymbol{u}_1^4 \to \boldsymbol{x}_1^4$ 的映射可以写成 $\boldsymbol{x}_1^4=\boldsymbol{u}_1^4\boldsymbol{G}_4$，其中 $\boldsymbol{G}_4=\begin{bmatrix}1 & 0 & 0 & 0\\ 1 & 0 & 1 & 0\\ 1 & 1 & 0 & 0\\ 1 & 1 & 1 & 1\end{bmatrix}$。因此在 W_4 和 W^4 之间的转移概率的关系是 $W_4(\boldsymbol{y}_1^4 | \boldsymbol{u}_1^4)=W^4(\boldsymbol{y}_1^4 | \boldsymbol{u}_1^4\boldsymbol{G}_4)$。

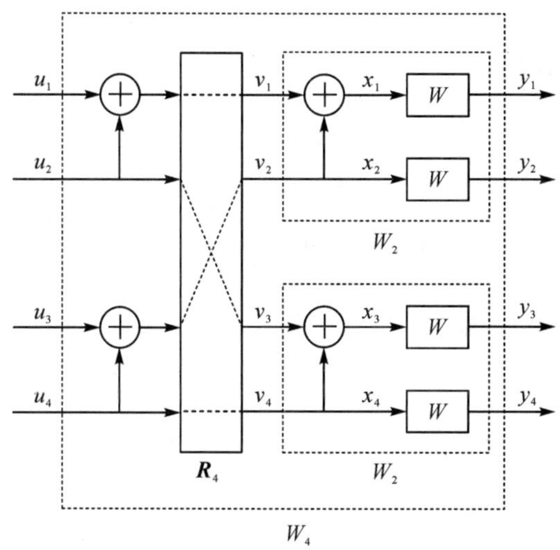

图 3.10 W_4 的合成过程

递归的一般规律如图 3.11 所示，其中信道 W_N 由两个相互独立的信道 $W_{N/2}$ 结合而成。信道 W_N 的输入向量由 $\boldsymbol{u}_1^N$ 首先变为 $\boldsymbol{S}_1^N$，变换公式为 $s_{2i-1}=u_{2i-1}\oplus u_{2i}$ 和 $s_{2i-1}=u_{2i}$。图3.11中，$\boldsymbol{R}_N$ 是置换操作，作用是使输入的 $\boldsymbol{S}_1^N$ 变为 $\boldsymbol{v}_1^N=(s_1, s_3, \cdots, s_{N-1}, s_2, s_4, \cdots, s_N)$，之后 $\boldsymbol{v}_1^N$ 作为两个独立信道的 $W_{N/2}$ 的输入。

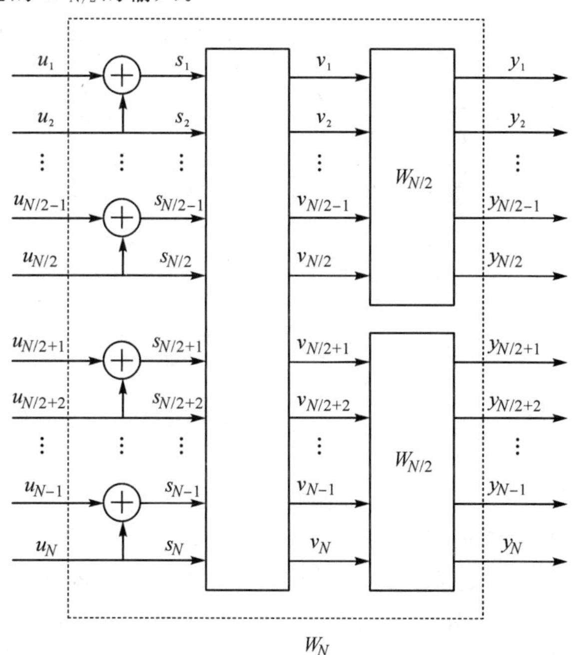

图3.11 两个相互独立的信道 $W_{N/2}$ 合成信道 W_N 的过程

通过观察可以发现，映射 $\boldsymbol{u}_1^N \to \boldsymbol{x}_1^N$ 在模 2 域是线性的，所以合成后的信道 W_N 输入到原始信道 W^N 的输入映射信息也是线性的，可以用 $\boldsymbol{G}_N$ 表示，所以令 $\boldsymbol{x}_1^N=\boldsymbol{u}_1^N\boldsymbol{G}_N$。信道 W_N 和 W^N 的转移概率关系可表示为

$$W_N(\boldsymbol{y}_1^N \mid \boldsymbol{u}_1^N)=W^N(\boldsymbol{y}_1^N \mid \boldsymbol{u}_1^N\boldsymbol{G}_N) \tag{3.7}$$

(2) 信道拆分。Polar 码的信道拆分与信道合并是相反的过程，拆分是将合成好的信道 W_N 重新分裂成一组相同的 N 个二进制输入信道时 $W_N^{(i)}:\chi\to\gamma^N\times\chi^{i-1}$，$1\leqslant i\leqslant N$，用转移概率表示为

$$W_N^{(i)}(\boldsymbol{y}_1^N,\boldsymbol{u}_1^{i-1}|u_i)\overset{\text{def}}{=}\sum_{\boldsymbol{u}_{i+1}^N\in\boldsymbol{\chi}^{N-1}}\frac{1}{2^{N-1}}W_N(\boldsymbol{y}_1^N|\boldsymbol{u}_1^N) \tag{3.8}$$

其中，$\boldsymbol{u}_1^{i-1}$ 表示输入，$(\boldsymbol{y}_1^N,\boldsymbol{u}_1^{i-1})$表示 $W_N^{(i)}$ 的输出。

根据式(3.8)，对于任意的 B-DMC 信道，当 $N=2$ 时，将组合信道 W_2 拆分为两个子信道可表示为$(W, W)\to(W_2^{(1)}, W_2^{(2)})$，有：

$$W_2^{(1)}(\boldsymbol{y}_1^2,u_1)\overset{\text{def}}{=}\sum_{u^2}\frac{1}{2}W_2(\boldsymbol{y}_1^2,\boldsymbol{u}_1^N)=\sum_{u^2}W(y_1|u_1\oplus u_2)(y_2|u_1^N) \tag{3.9}$$

$$W_2^{(2)}(y_1^2,u_1|u_2)\overset{\text{def}}{=}W_2(y_1^2,u_1^2)=\frac{1}{2}W(y_1|u_1\oplus u_2)(y_2|u_2) \tag{3.10}$$

以此类推，可将实现 W_{2N} 的信道拆分。

图 3.12 描述了信道 W_8 的拆分过程。

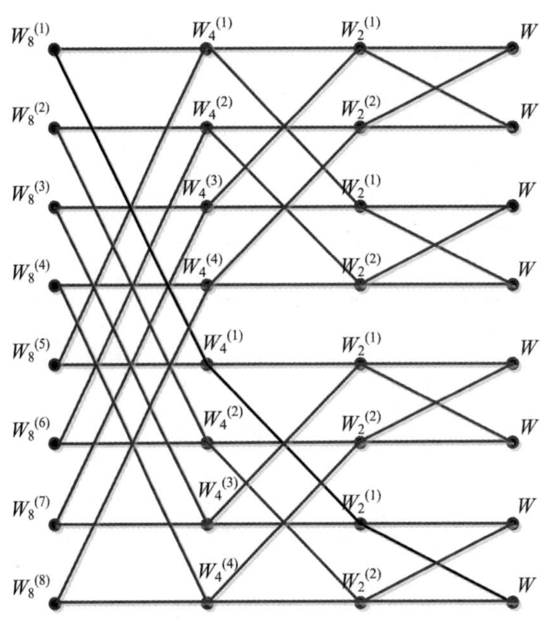

图 3.12 信道 W_8 的拆分

从图 3.12 可以看出，信道拆分和信道合并一样，都是按照递归的方式进行的，当 $N=8$ 时，相互独立的两个信道不断从下一级的信道中拆分出来，直到最后拆分产生两个相互独立的信道 W。最终把相互独立的 8 个信道 W 从信道 W_8 拆分出来。一般地，信道拆分过程可归纳为$(W_N^{(i)}, W_N^{(i)})\to(W_{2N}^{(2i-1)}, W_{2N}^{(2i)})$，对于任意的 $n\geqslant 0$，$N\geqslant 2^n$，$1\leqslant i\leqslant N$，

$$W_{2N}^{(2i-1)}(\boldsymbol{y}_1^{2N},\boldsymbol{u}_1^{2i-1}|u_{2i-1})=\sum_{u_{2i}}\frac{1}{2}W_N^{(i)}(\boldsymbol{y}_1^N,\boldsymbol{u}_{1,\text{o}}^{2i-1}\oplus\boldsymbol{u}_{1,\text{e}}^{2i-2}|u_{2i-1}\oplus u_{2i})\cdot W_N^{(i)}(\boldsymbol{y}_{N+1}^{2N},\boldsymbol{u}_{1,\text{e}}^{2i-2}|u_{2i}) \tag{3.11}$$

$$W_{2N}^{(2i)}(\boldsymbol{y}_1^{2N},\boldsymbol{u}_1^{2i-1}|u_{2i})=\frac{1}{2}W_N^{(i)}(\boldsymbol{y}_1^N,\boldsymbol{u}_{1,\text{o}}^{2i-1}\oplus\boldsymbol{u}_{1,\text{e}}^{2i-2}|u_{2i-1}\oplus u_{2i})\cdot W_N^{(i)}(\boldsymbol{y}_{N+1}^{2N},\boldsymbol{u}_{1,\text{e}}^{2i-2}|u_{2i}) \tag{3.12}$$

其中下标中的 o 表示奇数，e 表示偶数。

2) Polar 码编码方案

Polar 码编码方案建立在信道极化理论上，通过生成矩阵和信息位来实现，因此生成矩阵和信息位的选择是 Polar 码编码方案中重要的两个部分。下面主要介绍生成矩阵生成、Polar 码的构造以及信息位选择。

(1) 生成矩阵。对于 Polar 码的编码而言，给定任一个二进制输入码字 $\boldsymbol{u}_1^N=(u_1, u_2, \cdots, u_N)$，即可得到其输出码字 $\boldsymbol{\chi}_1^N=\boldsymbol{u}_1^n\boldsymbol{G}_N$。对于任意的 $n\geqslant 0$，有 $N=2^n$，定义 $\boldsymbol{I}_k$ 为 k 维单位矩阵，其中 $k\geqslant 2$。对于任意的 $N\geqslant 2$，都有：

$$\boldsymbol{G}_N=(\boldsymbol{I}_{N/2}\otimes\boldsymbol{F})\boldsymbol{R}_N(\boldsymbol{I}_2\otimes\boldsymbol{G}_{N/2}) \tag{3.13}$$

其中 $\boldsymbol{G}_1=\boldsymbol{I}_1$，$\otimes$表示 Kronecker 积，$\boldsymbol{F}$ 可以表示为

$$\boldsymbol{F}=\begin{bmatrix}1 & 0\\1 & 1\end{bmatrix} \tag{3.14}$$

式(3.13)可以进一步写成：

$$\boldsymbol{G}_N=\boldsymbol{B}_N\boldsymbol{F}^{\otimes n} \tag{3.15}$$

$\boldsymbol{B}_N=\boldsymbol{R}_N(\boldsymbol{I}_2\otimes\boldsymbol{G}_{N/2})$，$\boldsymbol{B}_N$ 的作用是进行比特翻转，$\boldsymbol{R}_N$ 的作用是对反转后的比特索引值进行排列。例如给定一个 $N=8$ 的比特索引向量 $\boldsymbol{v}_1^N=(1, 2, 3, 4, 5, 6, 7, 8)$，经过比特翻转运算后得到新的索引向量 $\boldsymbol{V}_1^N=(1, 5, 3, 7, 2, 6, 4, 8)$，其比特翻转操作运算示意图如图 3.13 所示。

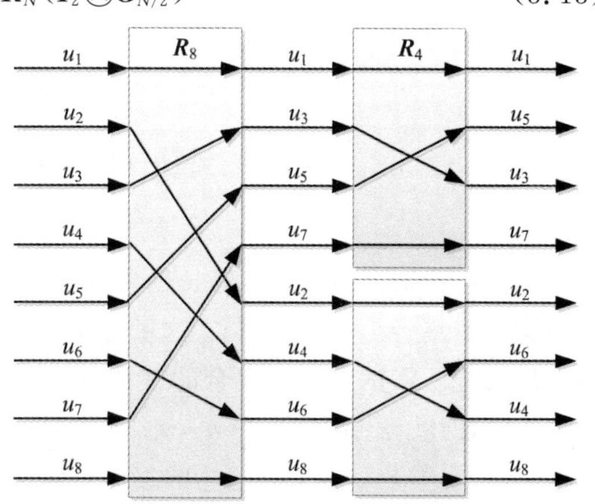

图 3.13　$N=8$ 比特翻转操作运算示意图

在图 3.13 中，我们把输入向量 $\boldsymbol{u}_1^8$ 表示为 $\boldsymbol{u}_1^8=(u_1, u_2, u_3, u_4, u_5, u_6, u_7, u_8)$，因为 $\boldsymbol{u}_1^8\boldsymbol{B}_8=\boldsymbol{u}_1^8\boldsymbol{R}_8(\boldsymbol{I}_2\otimes\boldsymbol{B}_8)$，比特翻转首先是对输入向量 $\boldsymbol{u}_1^8$ 进行 $\boldsymbol{u}_1^8\boldsymbol{R}_8$ 变换，则 $\boldsymbol{u}_1^8\boldsymbol{R}_8=(u_1, u_3, u_5, u_7, u_2, u_4, u_6, u_8)$，然后将 $\boldsymbol{u}_1^8\boldsymbol{R}_8$ 分成两个向量 $\boldsymbol{a}_1^4=(u_1, u_3, u_5, u_7)$和向量 $\boldsymbol{b}_1^4=(u_2, u_4, u_6, u_8)$。最后对($\boldsymbol{a}_1^4$, $\boldsymbol{b}_1^4$)进行($\boldsymbol{I}_2\otimes\boldsymbol{B}_4$)运算操作，最终结果为 $\boldsymbol{a}_1^4\boldsymbol{B}_4=(u_1, u_5, u_3, u_7)$和 $\boldsymbol{b}_1^4\boldsymbol{B}_4=(u_2, u_6, u_4, u_8)$。可以得到 $\boldsymbol{u}_1^8$ 经过比特翻转以后变为$(u_1, u_5, u_3, u_7, u_2, u_6, u_4, u_8)$。

进行编码运算的时候，可以先不进行比特翻转操作计算，将比特翻转操作放在译码的时候进行，这样做不仅可以降低编译码计算的复杂度，同时又可以得到排好序的译码结果。

(2) Polar 码的构造。Polar 码是基于信道极化现象来构造的，因为 Polar 码也是线性分组码的一种，所以它的编码形式和其他线性分组码类似，由输入的信息向量和生成矩阵相乘得到。Polar 码编码长度 N 是以 2 的幂次方来定义的，即 $N=2^n$，对于给定的编码长度 N，Polar 码按照如下方式进行编码：

$$\boldsymbol{x}_1^N=\boldsymbol{u}_1^N\boldsymbol{G}_N \tag{3.16}$$

可以将其改写为

$$\boldsymbol{x}_1^N=\boldsymbol{u}_A\boldsymbol{G}_N(A)\oplus\boldsymbol{u}_{A^C}\boldsymbol{G}_N(A^C) \tag{3.17}$$

其中 $\boldsymbol{G}_N(A)$表示 $\boldsymbol{G}_N$ 的子矩阵符号，在 $\boldsymbol{G}_N$ 中，索引值为 A 的行组成了 $\boldsymbol{G}_N(A)$，$\boldsymbol{G}_N(A^C)$表示 $\boldsymbol{G}_N$ 中除了$\boldsymbol{G}_N(A)$以外所表示的矩阵。若确定了 A 和 $\boldsymbol{u}_{A^C}$，而把 $\boldsymbol{u}_A$ 看做一个自由的变量，

那么可以得到从源码 $\boldsymbol{u}_A$ 到 $\boldsymbol{x}_1^N$ 的映射。这个映射也表示一种陪集码，该陪集码是线性分组码，由向量 $u_{A^C}\boldsymbol{G}_N(A^C)$决定，称为 $\boldsymbol{G}_N$-陪集码。

用参数向量$(N, K, A, \boldsymbol{u}_{A^C})$来定义 G_N-陪集码，其中 K 表示编码的信息位的长度，A 是信息位的集合，且 A 中元素个数等于 K，$\boldsymbol{u}_{A^C}$ 表示冻结位，编码码率为 K/N。

为了更加具体地说明 Polar 码的编码过程，在此给定一个参数向量(8,4,{1,3,5,6}，(1,0,1,10))，则其对应的编码码字为

$$\boldsymbol{x}_1^8=\boldsymbol{u}_1^8\boldsymbol{G}_4=(u_2, u_4, u_7, u_8)\begin{bmatrix}1&1&0&0&0&0&0&0\\1&1&1&1&0&0&0&0\\1&0&1&0&1&0&1&0\\1&1&1&1&1&1&1&1\end{bmatrix}+$$

$$(u_1, u_3, u_5, u_6)\begin{bmatrix}1&0&0&0&0&0&0&0\\1&0&1&0&0&0&0&0\\1&0&0&0&1&0&0&0\\1&1&0&0&1&1&0&0\end{bmatrix}\tag{3.18}$$

在上述参数向量中，编码长度参数向量 $N=8$，冻结位的索引集合为{1,3,5,6}，信息位的索引值集合为{2,4,7,8}。这里假定已经完成了索引值集合选择，在实际研究中，挑选发送信息位所需的索引值集合的过程就是 Polar 码的构造方法，在接下来的信息位构造中会进一步描述。给定源码块$(u_2, u_4, u_7, u_8)=(1,1,0,1)$，可以计算得到最终的编码码字为 $\boldsymbol{x}_1^8=(1,1,0,0,1,1,1,1)$。上述的编码过程如图 3.14 所示。

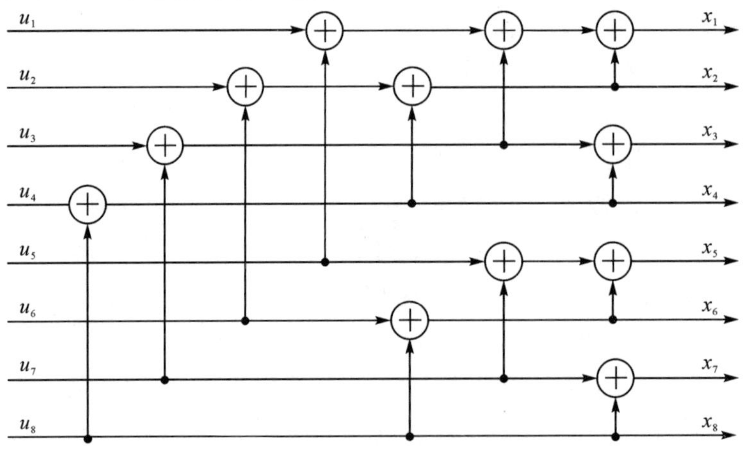

图 3.14 Polar 码编码结构示意图

(3) 信息位选择。Polar 码编译码算法的一个关键步骤就是合理选择信息位和冻结位，使其性能达到最优。根据前面的描述，选择信道容量大的传输信息位的信息，选择信道容量小的传输冻结位，冻结位的信息对于发端和收端来说都是已知的，一般默认规定为“0”。

目前，对于 Polar 码信息位的选择主要方法有 Monte-Carlo 方法、BEC 方法和密度进化(Density evolution)方法等。

3) *Polar 码译码方案*

Polar 码编码复杂度低主要是因为采取了递归变换的生成矩阵 $\boldsymbol{G}_N$ 进行编码，而 Polar 码译码之所以其复杂度较低也是因为译码过程同样是一个递归过程。主要译码算法有串行

抵消(Successive Cancellation，SC)译码算法，它的复杂度较低。由 Polar Code 编码原理可知，Polar 码的构造就是一个极化信道的选择问题，而极化信道的选择实际上是以最优化 SC 译码性能为标准的。根据极化信道转移概率函数式，各个极化信道并不是相互独立的，而是具有确定的依赖关系：信道序号大的极化信道依赖于所有比其序号小的极化信道。基于极化信道之间的这一依赖关系，SC 译码算法对各个比特进行译码判决时，需要假设之前步骤的译码得到的结果都是正确的。正是在这种译码算法下，Polar 码被证明了是信道容量可达的。因此对 Polar 码而言，最合适的译码算法应当是基于 SC 译码的，只有这类译码算法才能充分利用 Polar 码的结构，并且同时保证在码长足够长时容量可达。

SC 译码算法以对数似然比(LLR)为判决准则，对每一位进行硬判决，按位序号从小到大的顺序依次判决译码。SC 译码算法是一种贪婪算法，对码树的每一层仅仅搜索到最优路径就进行下一层，所以无法对错误进行修改。当码长趋近于无穷时，由于各个分裂信道接近完全极化(其信道容量或者为 0 或者为 1)，每个消息位都会获得正确的译码结果，可以在理论上使得 Polar 码达到信道的对称容量 $I(W)$。而且 SC 译码器的复杂度仅为 $O(N\mathrm{lb}N)$，和码长呈近似线性的关系。然而，在有限码长下，由于信道极化并不完全，依然会存在一些消息位无法被正确译码。当前面 $i-1$ 个消息位的译码中发生错误之后，由于 SC 译码器在对后面的消息位译码时需要用到之前的消息位的估计值，这就会导致较为严重的错误传递。因此，对于有限码长的 Polar 码，采用 SC 译码器往往不能达到理想的性能。

串行抵消列表(Successive Cancellation List，SCL)算法是在 SC 算法的基础上，为了避免错误路径继续传播的问题，通过增加幸存路径数提高译码性能。与 SC 算法一样，SCL 算法依然从码树根节点开始，逐层依次向叶子节点层进行路径搜索。不同的是，每一层扩展后，尽可能多地保留后继路径(每一层保留的路径数不大于 L)。完成一层的路径扩展后，选择路径度量值(Path Metrics，PM)最小的 L 条路径，保存在一个列表中，等待进行下一层的扩展，参数 L 为搜索宽度。当 $L=1$ 时，SCL 译码算法退化为 SC 译码算法；当 $L\geqslant 2K$ 时，SCL 译码等价于最大似然译码。

SCL 通过比较候选路径的度量值来判断最终给出的结果，然而度量值最大的路径并不一定是正确的结果，因此产生了通过检错码来提高译码可靠性的思想，出现了“辅助位+Polar 码”的设计方案，由此出现了循环冗余校验(Cyclic Redundancy Check，CRC)-Polar 方案。

对于 Polar 码而言，在 SCL 译码结束时得到一组候选路径，能够以非常低的复杂度与 CRC 进行联合检测译码，选择能够通过 CRC 检测的候选序列作为译码器输出序列，从而提高译码算法的纠错能力。CRC 辅助 SCL(CRC-Aided SCL，CA-SCL)译码算法在信息位序列中添加 CRC 校验位序列，利用 SCL 译码算法正常译码获得 L 条搜索路径，然后借助“正确信息位可以通过 CRC 校验”的先验信息，对这 L 条搜索路径进行挑选，从而输出最佳译码路径。给定 Polar 码码长为 N，CRC 校验码码长为 m，若 Polar 码的信息长度为 K，编码信息位的长度为 k，如图 3.15 所示，有 $K=k+m$。Polar 码的码率仍然为 $R=K/N$。

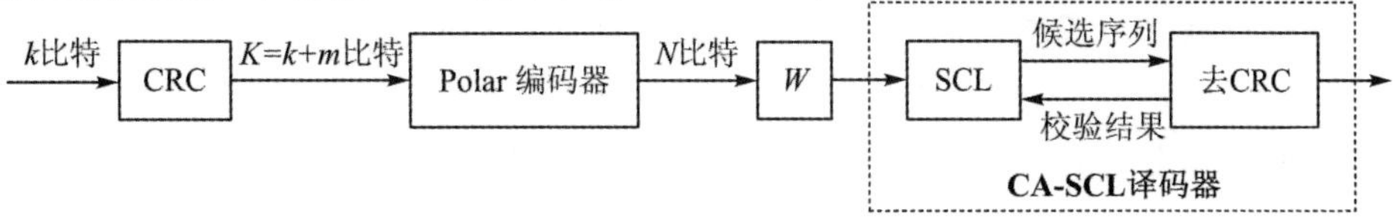

图 3.15　Polar 码与 CRC 辅助 SCL(CA-SCL)译码方案

CA-SCL 译码算法是对 SCL 算法的增强，SCL 的内核不变，只是在 Polar 编码之前给信息位添加 CRC，在 SCL 译码获得候选路径之后，进行 CRC 校验辅助路径选择，以较低的复杂度提升了 Polar 的译码性能。

3.2.2 调制技术

当信息数据在物理信道完成成帧过程之后，需要进行载波调制、扩频和加扰。

载波调制就是将基带数据信号调制到某一信道的载波频率上，以适应无线信道传输，该信号称为已调信号。调制过程用于通信系统的发送端。在接收端则需将已调信号解调还原出要传输的原始信号。调制与系统的抗干扰性能、频谱有效性和设备的复杂性有着密切的关系。移动通信对调制解调器的功能要求主要体现在实现频谱搬移、提高抗干扰性和频谱利用率上。此外，在工程上还要求调制解调器容易实现、成本低、体积小、具有较低的解调门限值等。

20 世纪 80 年代中期以前，由于对线性高频功率放大器的研究尚未取得突破性的进展，GSM 采用非线性的连续相位调制(Continue Phase Modulation，CPM)，如最小频移键控(Minimum Shift Keying，MSK)和高斯最小频移键控(Gaussian Minimum Shift Keying，GMSK)等，从而降低了对功放的线性要求，可以使用高效率的 C 类放大器，同时也降低了成本。但是 CPM 技术实现较为复杂。1987 年以后，线性高功放技术取得了实质性的进展，人们将注意力集中到了技术实现较为简单的相移键控(PSK)调制方式上。

第三代移动通信系统对于不同的传输信道所采用的调制解调方式也不相同，但多数属于 PSK 类型，主要有二进制相移键控(BIT/SK)、四相相移键控(Quardrature Phase-shifting keying，QPSK)、偏移四相相移键控(Offset-QPSK，QPSK)、平衡四相扩频调制(BQM)、复数四相扩频调制(CQM)以及 8PSK 等。PSK 调制方式的主要特点是信号的包络稳定，具有较好的抗噪声性能，但是当带宽受限时会引起幅度波动，影响其抗非线性干扰的能力。

到了第四代移动通信系统，为了提高频谱利用率，除了 PSK 调制外，还引入了 QAM 调制。QAM 调制是正交幅度调制，数据信号由相互正交的两个载波的幅度变化表示。LTE 中引入了 16QAM 和 64QAM 调制。16QAM 具有 16 个样点，每个样点表示一种矢量状态，16QAM 有 16 态，每 4 位二进制数对应 16 态中的一态，16QAM 中规定了 16 种载波和相位的组合。64QAM 则具有 64 个样点，每 6 位二进制数对应 64 态中的一态。

第五代移动通信系统的调制方式包括 π/2-BPSK、BPSK、QPSK、16QAM、64QAM 和 256QAM 等，可满足不同业务和场景的需求。

下面重点介绍 4G 和 5G 中采用的正交振幅调制(QAM)。

正交振幅调制是二进制的 PSK、四进制的 QPSK 调制的进一步推广，通过相位和振幅的联合控制，可以得到更高频谱效率的调制方式，从而可在限定的频带内传输更高速率的数据。调制的一般表达式为

$$y(t)=A_m\cos\omega_c t+B_m\sin\omega_c t,\ 0\leqslant t<T_s \tag{3.19}$$

公式(3.19)由两个相互正交的载波构成，每个载波被一组离散的振幅$\{A_m\}$、$\{B_m\}$所调制，故称这种调制方式为正交振幅调制。其中，T_s 为码元宽度；$m=1, 2, \cdots, M$，M 为 A_m 和 B_m 的电平数。

$$A_m = d_m A$$
$$B_m = e_m A \tag{3.20}$$

其中，A 是固定的振幅，(d_m, e_m)由输入数据确定，决定了已调 QAM 信号在信号空间中的坐标点。

QAM 的调制和相干解调框图如图 3.16 和图 3.17 所示。在发送端，输入数据经过串/并变换后分为两路，分别经过 2 电平到 L 电平的变换，形成 A_m 和 B_m。为了抑制已调信号的带外辐射，A_m 和 B_m 还要经过预调制低通滤波器，才分别与相互正交的各路载波相乘。最后将两路信号相加就可以得到已调输出信号 $y(t)$。

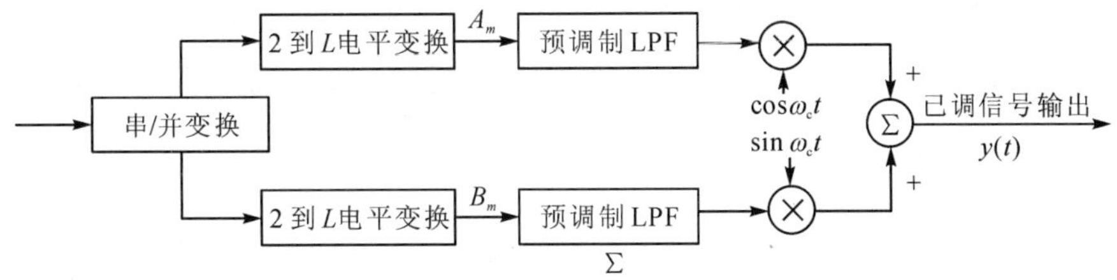

图 3.16　QAM 调制框图

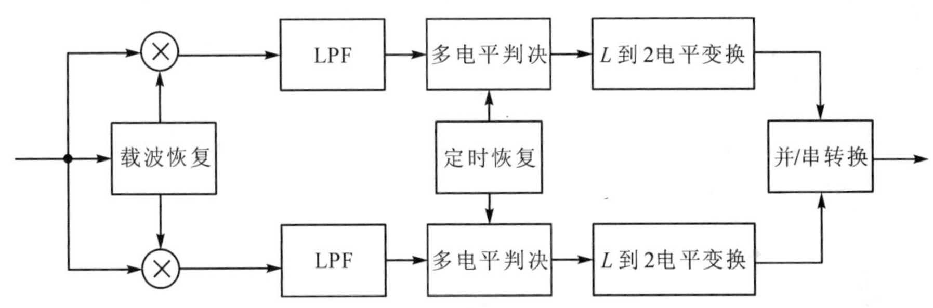

图 3.17　QAM 解调框图

在接收端，输入信号与本地恢复的两个正交载波信号相乘以后，经过低通滤波器、多电平判决、L 电平到 2 电平变换，再经过并/串变换就得到输出数据。

QAM 信号的结构不仅影响到已调信号的功率谱特性，而且影响已调信号的解调及其性能。常用的设计准则是在信号功率相同的条件下，选择信号空间中信号点之间距离最大的信号结构，当然还要考虑解调的复杂性。

在实际中，常用的是矩形 QAM 信号星座。矩形 QAM 信号星座是通过在两个相位正交的载波上施加两个脉冲振幅调制信号来产生的，具有容易产生和相对容易解调的优点。虽然对 $M \geqslant 16$ 的调制方法来说，矩形星座并不是性能最优的 M 进制 QAM 信号星座，但是矩形星座实现简单，且对于要达到的特定最小距离来说，该星座所需要的平均发送功率仅仅稍大于最好的 M 进制 QAM 信号星座所需要的平均功率，因此当前的无线通信系统常选择矩形 QAM 信号星座作为其调制方式。

常见的矩形 QAM 信号星座包括 4QAM(QPSK)、16QAM、64QAM 等，每符号分别对应的比特数为 2、4、6 等。

QPSK 的调制公式为

$$d(i) = \frac{1}{\sqrt{2}}[1 - 2b(2i) + \mathrm{j}(1 - 2b(i))] \tag{3.21}$$

16QAM 的调制公式为

$$d(i)=\frac{1}{\sqrt{10}}\{(1-2b(4i))[2-(1-2b(4i+2))]+\\ \mathrm{j}(1-2b(4i+1))[2-(1-2b(4i+3))]\} \tag{3.22}$$

64QAM 的调制公式为

$$d(i)=\frac{1}{\sqrt{42}}\{(1-2b(6i))[4-(1-2b(6i+2))[2-(1-2b(6i+4))]]+\\ \mathrm{j}(1-2b(6i+1))[4-(1-2b(6i+3))[(2-2b(6i+5))]]\} \tag{3.23}$$

矩形 QAM 调制的信号星座图如图 3.18 所示。

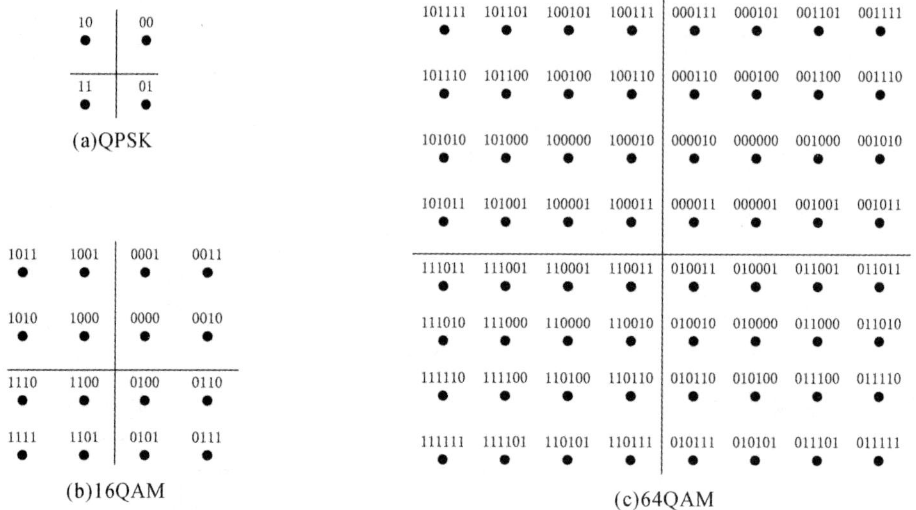

(a)QPSK (b)16QAM (c)64QAM

图 3.18 矩形 QAM 信号星座图

256QAM 的调制公式为

$$d(i)=\frac{1}{\sqrt{170}}\{(1-2b(8i))[8-(1-2b(8i+2))[4-(1-2b(8i+4))[2-(1-2b(8i+6))]]]+\\ \mathrm{j}(1-2b(8i+1))[8-(1-2b(8i+3))[(4-8b(6i+5))[2-(1-2b(8i+7))]]]\} \tag{3.24}$$

为了改善矩形 QAM 的接收性能，还可以采用星形 QAM 信号星座，如图 3.19 所示。

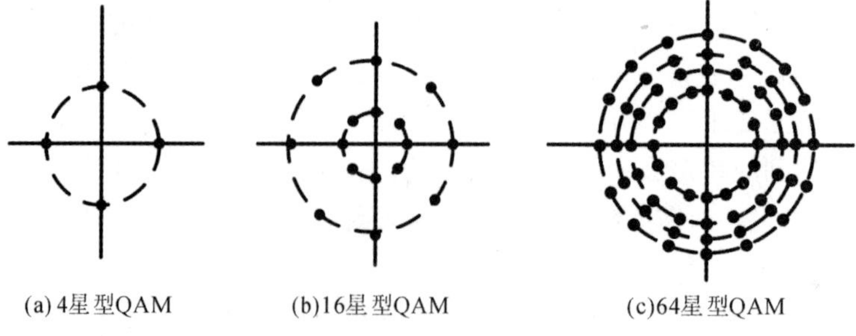

(a) 4星型QAM (b)16星型QAM (c)64星型QAM

图 3.19 星形 QAM 星座图

将十六进制矩形 QAM 和十六进制星形 QAM 进行比较，可以发现星形 QAM 的振幅环由方形的 3 个减少为 2 个，相位由 12 种减少为 8 种，这将有利于接收端的自动增益控制和载波相位跟踪。

3.2.3　自适应编码调制

4G 和 5G 都采用了自适应编码调制(Adaptive Modulation Coding，AMC)技术。自适应编码调制系统中，收发信机根据用户瞬时信道质量状况和可用资源的情况选择最合适的链路调制和编码方式，从而最大限度地提高系统吞吐率。AMC 的系统框图如图 3.20 所示。

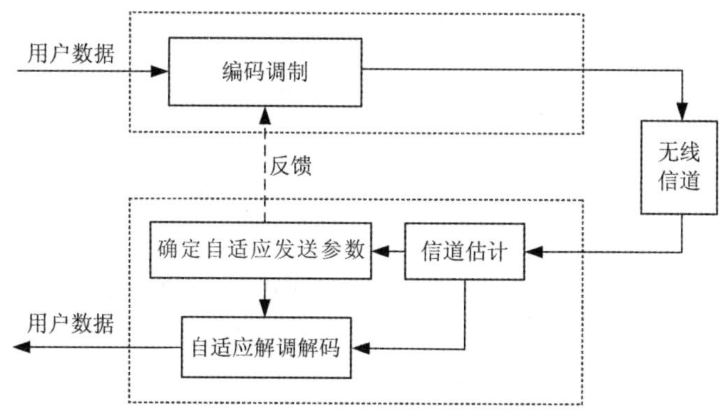

图 3.20　自适应编码调制系统框图

由于自适应调制系统是以接收端的瞬时信噪比为判断信道条件好坏的依据，因此需根据系统目标误比特率的要求将信道平均接收信噪比的范围划分为 N 个互补相交的区域，每个区域对应一种传输模式，这样根据当前信道质量，即可进行传输模式之间的切换。在接收端选择最佳调制方式后，就可以反馈给发送端并重新配置解调译码器。

固定的信道编码方式在信道条件恶化时无法保证数据的可靠传输，在信道条件改善时又会产生冗余，造成频谱资源的浪费。自适应信道编码将信道的变化情况离散为有限状态(如有限状态马尔可夫信道模型)，对每一种信道状态采用不同的信道编码方式，因此可以较好地兼顾传输可靠性和频谱效率。

对于给定的调制方案，可以根据无线链路条件选择码速率。在信道质量较差的情况下使用较低的编码率，提高无线传输的可靠性；在信道质量较好时采用较高的编码率，提高无线传输效率。自适应编码可以通过速率匹配删余码来实现。

在 3.2.1 小节的图 3.4 中，输入信息序列在被送入第一个分量码编码器的同时，还被直接送至复接器，同时输入序列经过交织器后的交织序列被送入第二个分量码编码器，两个分量码编码器的输入序列仅仅是码元的输入顺序不同。两个分量编码器的输出经过开关单元的删余处理后，与直接送入复接器的序列一起经过复接构成输出编码序列。我们用下面的例子说明如何利用删余处理来实现不同码率的 Turbo 编码。

输入信息序列和两个编码器的输出如图 3.21 所示。

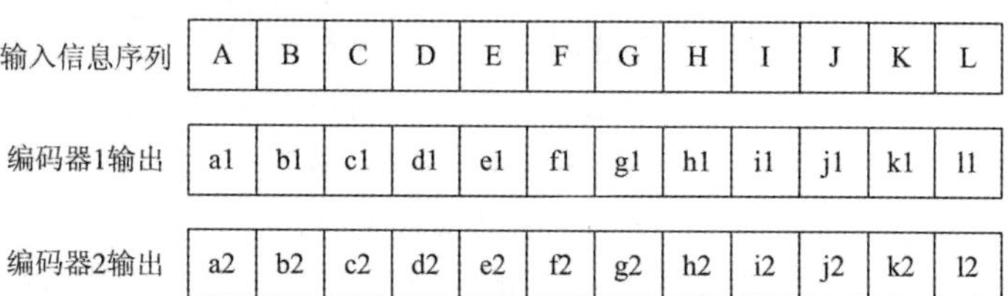

输入信息序列	A	B	C	D	E	F	G	H	I	J	K	L
编码器1输出	a1	b1	c1	d1	e1	f1	g1	h1	i1	j1	k1	l1
编码器2输出	a2	b2	c2	d2	e2	f2	g2	h2	i2	j2	k2	l2

图 3.21　输入信息序列和两个编码器的输出

图3.22给出了一种3/4码率Turbo码的生成方法，其基本思路是一次读入三个信息位，然后交替地在两个编码器输出中选择校验位。这样，复接后的序列是由每三个信息位和一个校验位排列组成，这样就能实现3/4的码率。

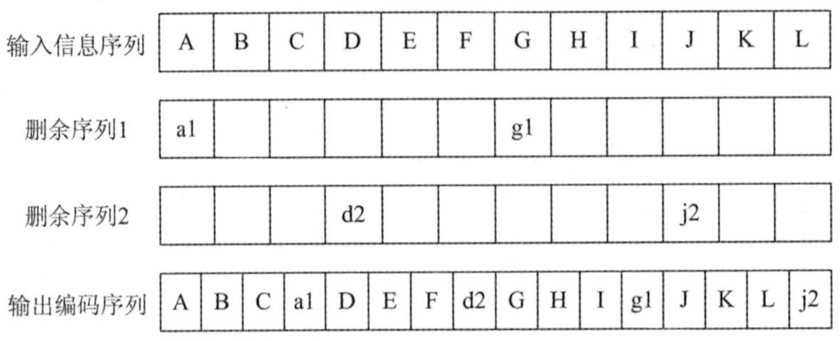

图3.22 一种3/4码率Turbo码的生成方法

在实际应用中，不同的编码和调制方式组合成多种调制编码方案(Modulaton and Coding System，MCS)供无线通信系统根据信道情况进行选择。拥有高质量的信道条件，将被分配阶数高的调制编码方案(例如64QAM，5/6 Turbo码)，这种调制编码方案的抗干扰性能和纠错能力较差，对信道质量的要求较高，但是能够赢得较高的数据速率，提高链路的平均数据吞吐量。相反，信道衰落严重或存在严重干扰的噪声(如用户位于小区边缘或者信道深衰落)时，将被分配阶数低、纠错能力强、抗噪声干扰性能好的调制编码方案(例如QPSK，1/2Turbo码)，以保证数据的可靠传输。

3.3 OFDM技术及5G新波形

1. OFDM的优点

近年来，OFDM系统得到人们越来越多的关注，其主要原因是OFDM系统存在如下的优点：

(1) 将高速数据流进行串并转换，使得每个子载波上的数据符号持续长度相对增加，从而有效地降低无线信道的时间弥散所带来的符号间干扰(Inter Symbol Interference，ISI)，这样就降低了接收机内均衡的复杂度，有时甚至可以不采用均衡器，仅通过插入循环前缀的方法消除ISI的不利影响。

(2) 传统的频分复用将频带分为若干个不相交的子频带来传输并行的数据流，在接收端用一组滤波器来分离各个子频带的数据。这种方法的优点是实现简单，缺点是子频带之间要留有足够的保护间隔，频谱利用率低。而OFDM系统由于各个子载波之间存在正交性，允许子载波的频谱相互重叠，因此与传统的频分复用系统相比，OFDM系统可以最大限度地利用频谱资源。

(3) 各个子载波上信号的正交调制和解调在形式上等同于反离散傅里叶变换(Inverse Discrete Fourier Transform，IDFT)和离散傅里叶变换(Discrete Fourier Transform，DFT)，在实际应用中可以采用反快速傅里叶变换(Inverse Fast Fourier Transform，IFFT)和快速傅里叶变换(Inverse Fast Fourier Transform，FFT)来实现。随着大规模集成电路和数字信号处理技术的发展，FFT运算的实现变得更加容易，当子载波数很大时，这一优势更加明显。

(4) 无线数据业务一般存在非对称性，即下行链路中的数据传输量要大于上行链路中的数据传输量，这就要求物理层能够支持非对称高速率数据传输，OFDM系统就可以通过使用不同数量的子载波来实现上行和下行链路中不同的传输速率。

(5) OFDM 易于和其他多种接入方法结合使用，例如正交频分多址接入(Orthogonal Frequency Division Multiple Access，OFDMA)、多载波码分多址接入(Multi-Carrier Code Deivision Multiple Access，MC-CDMA)等，使得多个用户可以同时利用 OFDM 技术进行不同的信息传输。

(6) OFDM 易于和空时编码等技术相结合，实现高性能的多输入多输出 OFDM 系统。

正是由于 OFDM 具有的上述特性，使得 OFDM 技术成为当前常见的宽带无线和移动通信系统的关键技术之一。

2. OFDM 的缺陷

然而，OFDM 技术在实际应用中也存在缺陷，主要体现在如下两个方面：

(1) OFDM 易受频率偏差的影响。OFDM 技术所面临的主要问题就是对子载波间正交性的严格要求。由于 OFDM 系统中的各个子载波的频谱相互覆盖，要保证子载波间不产生相互干扰的唯一方法就是保持它们相互间的正交性。OFDM 系统对子载波间正交性相当敏感，一旦发生偏移，便会破坏正交性，造成载波间干扰(Inter-Carrier Interference，ICI)，导致系统性能恶化。随着子载波个数的增多，子载波频率间隔会减小，使得 OFDM 系统对正交性更加敏感。然而，在 OFDM 系统的实际应用中，不可能所有条件均达到理想情况，无论是无线移动信道传输环境，还是传输系统本身的复杂性都注定了 OFDM 系统的正交性将受到多种因素的影响。

(2) OFDM 存在较高的峰值平均功率比(Peak-to-Average Power Ratio，PAPR)，也称峰均功率比。与单载波系统相比，由于多载波调制系统的输出是多个子信道信号的叠加，因此如果多个信号的相位一致，所得到的叠加信号的瞬时功率就会远远大于信号的平均功率，导致出现较大的峰值平均功率比。这样就对发射机内放大器的线性提出了很高的要求，如果放大器的动态范围不能满足信号的变化，信号会发生非线性失真，使叠加信号的频谱发生变化，影响系统性能。

3.3.1 OFDM 基本原理

正交频分复用(Orthogonal Frequency Division Multiplexing，OFDM)是一种多载波调制方式，其基本思想是把高速率的信源信息流通过串并变换，变换成低速率的 N 路并行数据流，然后用 N 个相互正交的子载波进行调制，再将 N 路调制后的信号相加得到发射信号。OFDM 调制原理框图如图 3.23 所示。

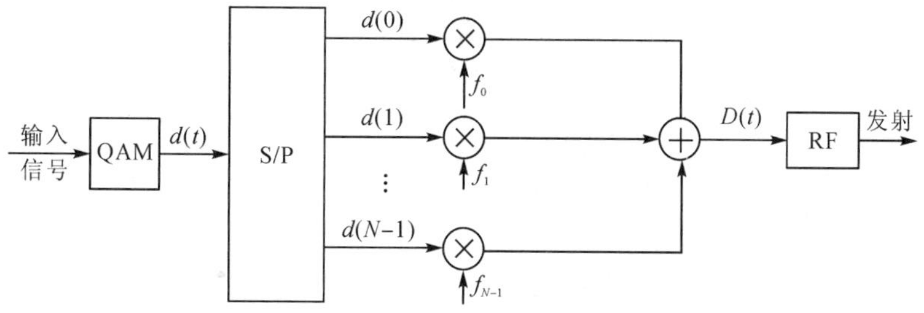

图 3.23　OFDM 调制原理框图

设基带调制信号的带宽为 B，码元调制速率为 R，码元周期为 t_s，且信道的最大时延扩展 $\Delta_m > t_s$，OFDM 的基本原理是将原信号分割为 N 个子信号，分割后码元速率为 R/N，周

期为 $T_s=Nt_s$，然后把 N 个子信号分别调制 N 个相互正交的子载波。由于子载波的频谱相互重叠，因而可以提高频谱效率。当调制信号通过无线信道到达接收端时，由于信道多径效应带来的码间串扰，子载波之间不能保持良好的正交状态，因此发送前要在码元间插入保护间隔。如果保护间隔 δ 大于最大时延扩展 Δ_m，则所有时延小于 δ 的多径信号不会延伸到下一个码元周期，因而有效地消除了码间串扰。

在发射端，数据经过调制(例如 QAM 调制)形成基带信号。然后经过串并变换成为 N 个子信号，再去调制相互正交的 N 个子载波，最后相加形成 OFDM 发射信号。

OFDM 解调原理框图如图 3.24 所示。在接收端，输入信号分为 N 个支路，分别与 N 个子载波混频和积分，恢复出子信号，再经过并串变换和 QAM 解调就可以恢复出数据。由于子载波间的正交性，混频和积分电路可以有效地分离各个子信道的信号。

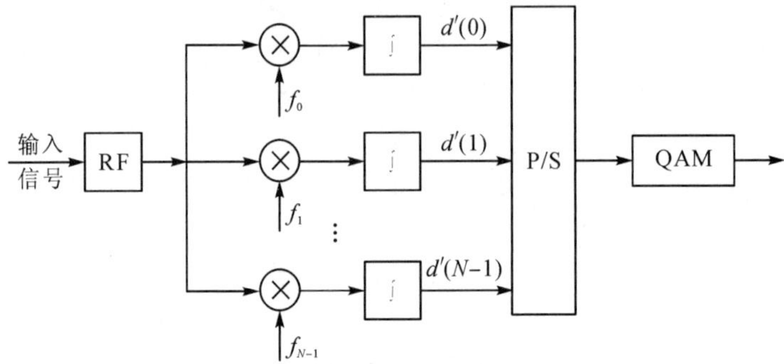

图 3.24　OFDM 解调原理框图

在图 3.24 中，f_0 为最低子载波频率，$f_n=f_0+n\Delta f$，Δf 为载波间隔。

3.3.2　OFDM 的 IFFT 实现

OFDM 调制信号的数学表达形式为

$$D(t)=\sum_{n=0}^{M-1}d(n)\exp(\mathrm{j}2\pi f_n t),\ t\in[0,\ T] \tag{3.25}$$

其中，$d(n)$是第 n 个调制码元，T 是码元周期 T_s 加保护间隔 $\delta(T=\delta+T_s)$。各子载波的频率为

$$f_n=f_0+\frac{n}{T_s} \tag{3.26}$$

其中 f_0 为最低子载波频率。由于 OFDM 符号是将 M 个符号串并变换之后并行传输出去，所以 OFDM 码元周期是原始数据周期的 M 倍，即 $T_s=Mt_s$，当不考虑保护间隔时，则由式(3.27)、(3.28)可得：

$$D(t)=\left[\sum_{n=0}^{M-1}d(n)\exp\left(\mathrm{j}\,\frac{2\pi}{Mt_s}nt\right)\right]\mathrm{e}^{\mathrm{j}2\pi f_0 t}=X(t)\mathrm{e}^{\mathrm{j}2\pi f_0 t} \tag{3.27}$$

其中 $X(t)$为复等效基带信号，且

$$X(t)=\sum_{n=0}^{M-1}d(n)\exp\left(\mathrm{j}\,\frac{2\pi}{Mt_s}nt\right) \tag{3.28}$$

对 $X(t)$进行抽样，其抽样速率为 $1/t_s$，即 $t_k=kt_s$，则有：

$$X(t_k)=\sum_{n=0}^{M-1}d(n)\exp\left(\mathrm{j}\,\frac{2\pi}{M}nk\right),\ 0\leqslant k\leqslant(M-1) \tag{3.29}$$

由式(3.29)可以看出，$X(t_k)$恰好是$d(n)$的反离散傅里叶变换(Inverse Discrete Fourier Transform，IDFT)，在实际中可用IFFT来实现。为避免多径带来的符号间干扰(ISI)，在发送端每个OFDM符号前还要添加循环前缀(Cyclic Prefix，CP)。相应地，接收端解调则可在去循环前缀后用FFT来完成信号时域到频域的转换。

图3.25给出了OFDM的系统框图。

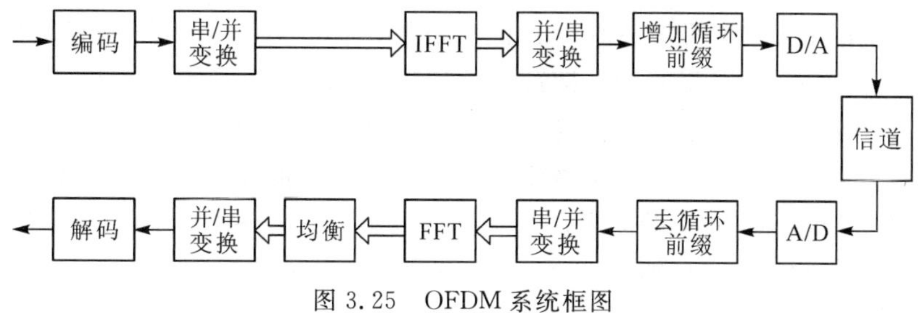

图3.25　OFDM系统框图

3.3.3　OFDM关键技术

1. OFDM同步技术

在通信系统中，由于发送端和接收端的晶体振荡器频率不同以及无线时变信道引起的多普勒效应带来的载波频率偏差，很小的偏差就会严重降低系统的性能，这就需要载波频率同步来弥补。除了频率偏移以外，发送端和接收端之间还存在着采样时钟的偏移。

在单载波系统中，载波频偏只会对接收信号造成衰减和相位旋转，可以通过均衡等技术克服。OFDM系统内存在多个正交子载波，其输出信号是多个子载波信号的叠加，由于子载波相互重叠，这就对同步精度的要求更高，同步偏差会在OFDM系统中引起符号间干扰(ISI)及子载波间干扰(ICI)。在OFDM系统中主要有以下三个方面的同步要求：

· 定时同步：包括帧同步和符号同步，保证正确检测到新数据的到达，并保证IFFT和FFT起止时刻一致；

· 载波频率同步：消除接收机的本振频率与发射机本振频率和相位的偏差引起的系统性能的降低；

· 采样时钟同步：消除接收机和发射机在进行数模/模数变换时采样频率不一致引起的偏差。

图3.26显示了OFDM系统中的同步技术及各种同步在系统中所处的位置。

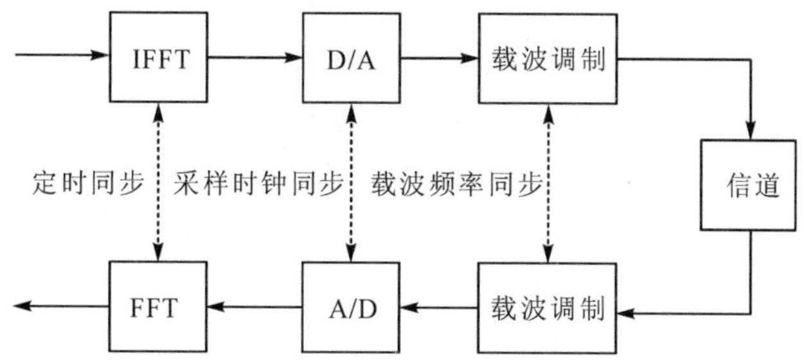

图3.26　OFDM同步位置

1) 定时同步

定时同步主要包括帧同步和符号同步两种，其中帧同步用于确定数据分组的起始位置，而符号同步的目的在于确定OFDM符号数据部分的开始位置，以进行正确的FFT操作。定时同步是通过在第一个训练符号中寻找前后相同两部分的最大相关值来实现的。

首先要进行帧同步，一个简单的解决方法是在传输帧的开始插入一个零数据组，这个零数据组不传信号，接收机能根据此数据组检测帧的起始位置。此外，也可以采用训练数据组或者周期信号来代替零数据组或同零数据组一起使用。

在建立帧同步之后，就可以通过计算 OFDM 的保护间隔获得更加精确的同步，即符号同步。在这种情况下，保护间隔必须大于信道的最大时延扩展。符号同步利用 FFT 之后的导频信号数据来完成，从而提高和保持符号同步的精度。由于采样率误差和符号误差对信号的影响是相似的，因此可以将采样时钟同步和符号同步联合在一起进行，其中一种方法就是将符号同步分为两步：第一步用路径时延估计方法来提高粗同步的准确性；第二步用数字锁相环(DLL)进行采样率的同步和保持符号同步。还有一种则是利用相邻导频信号之间的相位差的整数部分去进行细同步，利用其小数部分进行采样率同步。

OFDM 系统的符号定时和单载波系统有很大的区别，单载波系统传送的符号有一个最佳抽样点，也就是其眼图张开的最大点处；OFDM 符号由 N 个抽样点(N 为系统子载波个数)组成，也就没有所谓的最佳抽样点，符号定时就是要确定一个符号开始的时间。符号同步的结果用来判定各个 OFDM 符号的位置并用来解调各子载波的符号，当符号同步算法定时在 OFDM 符号的第一个样值时，OFDM 接收机的抗多径效应的性能达到最佳。

理想的符号同步就是选择最佳的 FFT 窗，使子载波保持正交，且 ISI 被完全消除或者降至最小。由于在 OFDM 符号之间插入了循环前缀，OFDM 符号定时同步的起始时刻可以在保护间隔内变化，而不会造成 ICI 和 ISI，如图 3.27 所示。

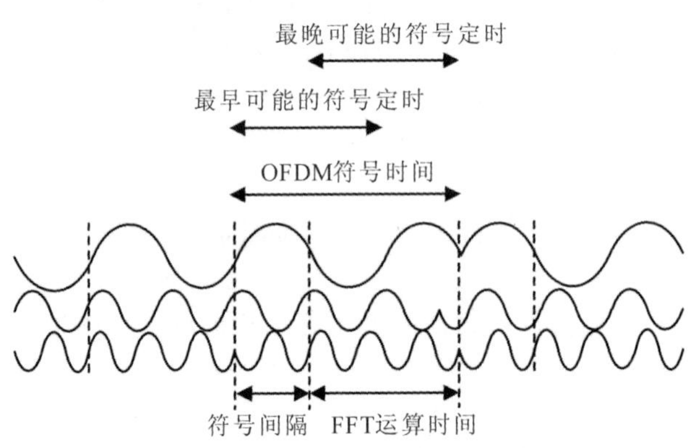

图 3.27 OFDM 符号定时同步起始时刻

在多径环境中，为了获得最佳的系统性能，需要确定最佳的符号定时。尽管符号定时的起点可以在保护间隔内任意选择，但是任何符号定时的变化，都会增加 OFDM 系统对时延扩展的敏感程度，因此系统所能容忍的时延扩展就会低于其设计值。为了降低这种负面的影响，需要减小符号定时同步的误差。

2) 载波频率同步

OFDM 技术同时在多个重叠子载波上传输信号，为了正确接收，必须严格保证子载波之间的正交性，但是由于多普勒频移和收发晶振的不完全相同，往往存在一定的载波频率偏差(Carrier Frequency Offset，CFO)，这将破坏子载波间的正交性，且这种频差对相位的影响还具有累加性。因此，为了保证 OFDM 的性能，必须进行载波频率同步。

载波频率同步的实现包括两个过程：捕获模式和跟踪模式。在跟踪模式中，只需要处理很小的频率波动；但是当接收机处于捕获模式时，频率偏差可以较大，可能是子载波间隔的若干倍。接收机中第一阶段的任务是要尽快地进行粗略频率估计，解决载波的捕获问题；第二阶段的任务是能够锁定并且执行跟踪任务。

载波频偏的估计方法可以采用相关法，即利用循环前缀、导频信号和训练序列在频域中的冗余信息，在频域中进行相关运算，因此载波频率同步是在 FFT 变换之后进行。利用导频信号进行载波整数倍频偏估计依然采用的是最大似然估计方法，而利用训练序列的方法则是对最大似然估计方法的一种改进方法，其中利用训练序列的算法更具稳健性。

3）采样时钟同步

采样时钟同步主要是使发射端的 D/A 变换器和接收端的 A/D 变换器的工作频率保持一致。采样时钟频率偏差意味着 FFT 周期的偏差，因此经过采样的子载波之间不再保持正交性，从而产生信道间干扰(ICI)，造成系统性能恶化。一般地，各个变换器之间的偏差较小，相对于载波频移的影响来说也较小，而一帧的数据如果不太长的话，只要保证了帧同步的情况，可以忽略采样时钟不同步时造成的漏采样或多采样，需要在一帧数据中补偿由于采样偏移造成的相位噪声。采样频偏产生的时变定时偏差还会引起接收端解调后的星座图旋转，相位旋转的幅度与子载波序号 k 成正比。

采样时钟同步在完成帧同步、载波同步的基础上，利用 FFT 之后的数据获得采样率误差的估计值，再利用锁相环控制压控振荡器(Voltage Controlled Oscillator，VCO)的输出，调整接收端的采样频率，这种方法通常称为直接方法。实际应用中，实现采样时钟同步还可以采用间接的内插法，即时钟仍由固定的晶振产生，当采样误差累积到一个采样时钟时从数据样值中去除或插入一个样值。最常见的是利用导频信号估计采样频偏所引起的相位旋转，然后再据此对每个采样值进行补偿。

2. 信道估计

对信道特性的认识和估计是实现各种无线通信系统传输的重要前提。为了获取实时准确的信道状态信息，准确高效的信道估计是 OFDM 系统不可缺少的组成部分。

OFDM 信道估计方法可以分为两大类：基于导频的信道估计方法和信道盲估计方法。基于导频的信道估计方法原理是，在发送信号中选定某些固定的位置插入已知的训练序列，接收端根据接收到的经过信道衰减的训练序列和发送端插入的训练序列之间的关系得到上述位置的信道响应估计，然后运用内插技术得到其他位置的信道响应估计。信道盲估计方法无需在发送信号中插入训练序列，而是利用 OFDM 信号本身的特性进行信道估计。信道盲估计方法能获得更高的传输效率，但性能往往不如基于训练序列的信道估计方法，因此 OFDM 系统更常使用的是基于导频的信道估计技术。

基于导频的信道估计方法就是在发送端发出的信号序列中某些固定位置插入一些已知的符号和序列，然后在接收端利用这些已知的导频符号和导频序列按照某种算法对信道进行估计。基于导频的信道估计 OFDM 系统框图如图 3.28 所示。

图 3.28 中，输入的二进制数据经多进制调制后进行串并变换，在特定时间和频率的子载波上插入导频符号，进行 IFFT 运算，将频域信号转换为时域信号。假定子载波个数为 N，$X_m(k)$表示第 m 个子载波上发送的数据，经过 IFFT 产生对应的第 m 个 OFDM 信号的输出序列为 $x_m(n)$。

$$x_m(n) = \mathrm{IFFT}(X_m(k)) = \frac{1}{N}\sum_{k=0}^{N-1} X_m(k)\exp\left(\mathrm{j}\,\frac{2\pi kn}{N}\right),\ n = 0,1\cdots,N-1 \tag{3.30}$$

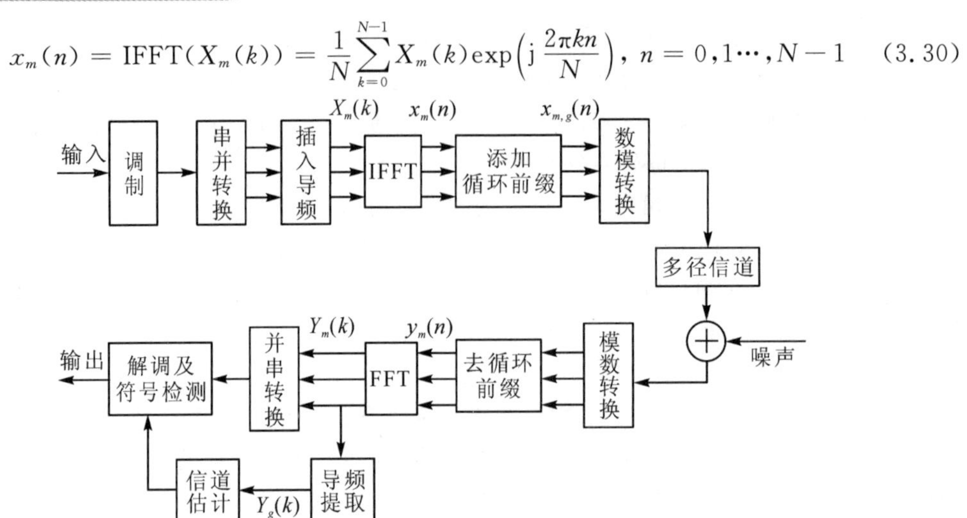

图 3.28 基于导频方法的信道估计系统组成框图

经IFFT变换后，在每个OFDM符号前添加长度为N_g的循环前缀，则时域发送信号可以表示为

$$x_{m,g}(n) = \begin{cases} x_m(N+n) & n = -N_g,\ \cdots,\ -1 \\ x_m(n) & n = 0,\ 1,\ \cdots,\ N_g \end{cases} \tag{3.31}$$

经串并转换后，发送到多径信道。多径信道可建模成为FIR滤波器，即其信道的冲激响应可以表示为

$$h(t,\ \tau) = \sum_{l=0}^{L-1} a_l(t)\delta(n-\tau_l),\ n = 0,\ 1,\ \cdots,\ N-1 \tag{3.32}$$

其中L表示多径数量，$a_l(t)$表示第l径信号的幅度响应，τ_l为第l条路径的时延。在t时刻，信道冲激响应的频率响应(Channel Frequency Response，CFR)可写成：

$$H(t,\ f) = \int_{-\infty}^{\infty} h(t,\ \tau)\mathrm{e}^{-\mathrm{j}2\pi ft}\,\mathrm{d}t \tag{3.33}$$

信道频率响应的离散形式可写成：

$$H(m,\ k) = \sum_{l=0}^{L-1} h(m,\ l)\mathrm{e}^{-2\pi kl/N} \tag{3.34}$$

则接收端接收到的信号可以表示为

$$\begin{aligned} y_{m,\,g}(n) &= x_{m,\,g}(n)h_m(n,\ l) + v_m(n) \\ &= \sum_{l=0}^{L-1} h_m(n,\ l)x_{m,g}(n-l) + v_m(n),\ n = 0,\ 1,\ \cdots,\ N-1 \end{aligned} \tag{3.35}$$

其中m表示第m个时域OFDM符号，n表示在OFDM符号内的具体位置，$h_m(n,l)$表示第m个OFDM符号传输时信道的冲激响应，$v_m(n)$为加性高斯白噪声。则对应于去掉循环前缀后接收到信号的频域形式可以表示为

$$Y_m(k) = \mathrm{FFT}(y_m(n)) = \frac{1}{N}\sum_{n=0}^{N-1} y_m(n)\exp\left(\frac{-2\pi \mathrm{j}kn}{N}\right),\ k = 0,\ 1,\ \cdots,\ N-1 \tag{3.36}$$

若CP的长度N_g远大于无线多径信道最大多径时延扩展长度，则不存在ISI，有：

$$Y_m(k) = X_m(k) \cdot H_m + V_m(k) \tag{3.37}$$

从 $Y_m(k)$ 中提取出导频符号，利用信道估计算法计算出导频处信道的频率响应，进而通过插值算法获得数据符号处的频率响应，最后通过解调及检测或均衡技术对数据进行校正。

具体的导频方式应该根据具体信道特性和应用环境来选择。一般来说，OFDM 系统中的导频图案可以分为三类，块状导频、梳状导频和离散分布导频。

在 OFDM 系统中，块状导频分布的原理是将连续多个 OFDM 符号分成组，将每组中的第一个 OFDM 符号用于发送导频信号，其余的 OFDM 符号传输数据信息。在发送导频信号的 OFDM 符号中，导频信号在频域是连续的，因此能较好地对抗信道频率选择性衰落。梳状导频是指每隔一定的频率插入一个导频信号，要求导频间隔远小于信道的相干带宽。梳状导频信号在时域上连续，在频域上离散，所以这种导频结构对信道频率选择性敏感，但是有利于克服信道时变衰落中快衰落的影响。此外，还有离散分布的时频二维导频结构，在频域和时域上插入导频信号。在实际的通信系统中，为了保证每帧边缘的估计值也比较准确，使得整个信道估计的结果更加理想，系统要求尽量使一帧 OFDM 符号的第一或最后一个子载波上是导频符号。

各种不同的导频结构如图 3.29 所示，其中 N_t 表示插入导频的时间间隔，N_f 表示插入导频的频率间隔，实心点表示导频，空心点表示发送的数据。

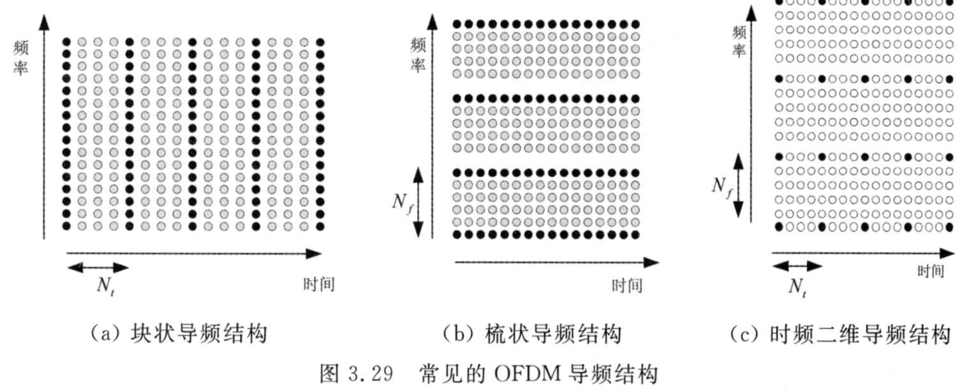

(a) 块状导频结构　　(b) 梳状导频结构　　(c) 时频二维导频结构

图 3.29　常见的 OFDM 导频结构

利用上述导频结构，就可以利用导频估计算法实现信道估计了。常用的信道估计方法包括频域最小二乘(Least Squares，LS)算法和最小均方误差(Minimum Mean Square Error，MMSE)算法等。

3.3.4　5G 新波形技术

为了解决 OFDM 带外(Out-Of-Band，OOB)辐射以及峰均功率比(Peak to Average Power Ratio，PAPR)过高的问题，业界提出广义频分复用(Generalized Frequency Division Multiplexing，GFDM)等技术作为 5G 物理层候选波形。

针对 5G 设想的应用场景，GFDM 技术具有 OFDM 不具备的优点：

第一，GFDM 的灵活性可以满足不同的业务需求。对于实时应用，要求整个系统的往返时延不能大于 1 ms。LTE 帧结构的等待时间比实时应用目标至少高一个数量级，而 GFDM 可以通过配置较大带宽的子载波来满足低时延需求。

第二，GFDM 不需要严格的同步。机器类型通信(Machine Type Comunication，MTC)以及机器间通信(Machine-to-Machine，M2M)场景要求低功耗，由于同步过程会消耗大量功率，设备必须实现宽松同步的可靠通信。OFDM 需要严格的同步来保持系统子载波间的正交性，而 GFDM 通过为符号块添加一个循环前缀(Cyclic Prefix，CP)或循环后缀(Cyclic Suffix，CS)，放松了系统同步要求。

第三，GFDM 有利于碎片化的频谱利用和频谱动态接入。频带资源稀缺一直是无线通信的主要问题之一，OFDM 带外辐射较大，而 GFDM 使用非矩形脉冲成形滤波器在时频域移位过滤子载波，使得分散的频谱和动态频谱利用成为可能，减小了带外辐射。

对于实际多载波传输系统来说，GFDM 与 OFDM 技术的主要区别有以下三点：

(1) 脉冲成形滤波器的不同。OFDM 系统每个子载波均采用矩形脉冲成形，而 GFDM 可以按照给定的要求设计滤波器使其在每个子载波上实现脉冲整形。通过有效的原型滤波器滤波，在时域与频域循环移位，减小了带外功率泄露，这是 GFDM 与 OFDM 相比最大的优势。

(2) 数据结构的不同。GFDM 允许将给定的时间与频率资源分为 K 个子载波和 M 个子符号，以适应不同的应用场合，具有很强的灵活性。在不改变系统采样率的情况下，可以将 GFDM 配置为使用大量窄带子载波或者使用少量大带宽的子载波来占据带宽。但 GFDM 仍然是基于块的方案。OFDM 与 GFDM 结构如图 3.30 所示。

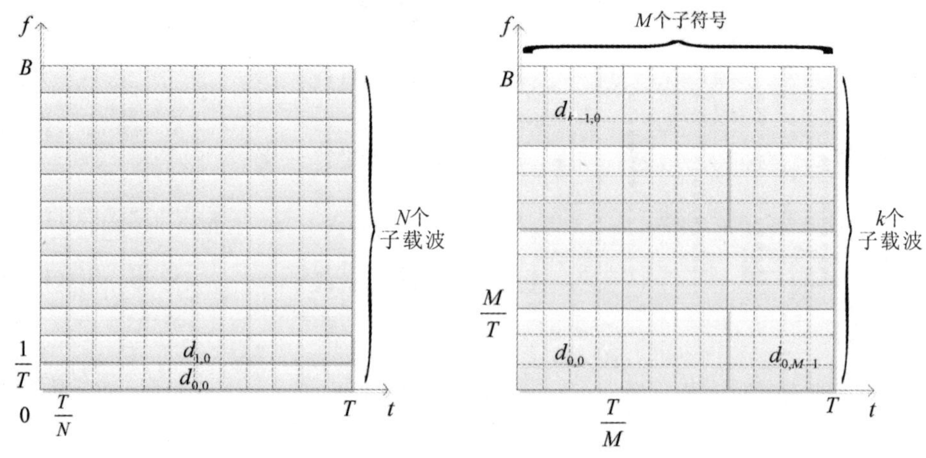

图 3.30 OFDM 与 GFDM 结构示意图

(3) 循环前缀加入方式的不同。OFDM 为每个数据符号添加 CP 或 CS，而 GFDM 通过为包含多个子符号与子载波的数据块添加单个 CP 或 CS，降低系统的额外开销，进一步提高系统的频谱效率，同时降低了 M2M 场景中多个用户的同步要求。GFDM 与 OFDM 添加 CP 的区别如图 3.31 所示。

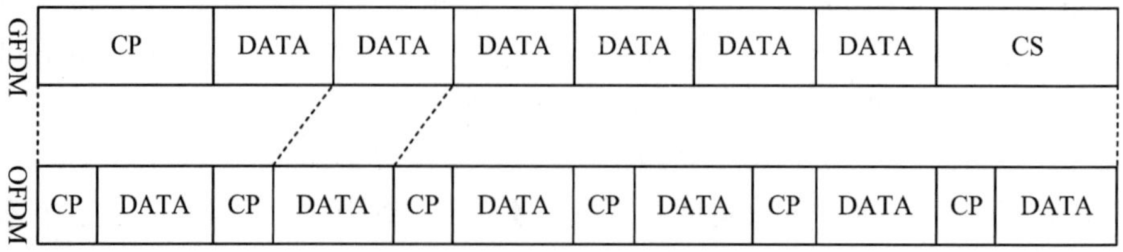

GFDM: CP | DATA | DATA | DATA | DATA | DATA | DATA | CS

OFDM: CP | DATA | CP | DATA | CP | DATA | CP | DATA | CP | DATA | CP | DATA

图 3.31 GFDM 与 OFDM 添加 CP 示意图

GFDM 系统收发机结构如图 3.32 所示。由二进制信源产生一串随机二进制比特 b，即发送的信息比特，经过信道编码模块得到 b_c，然后通过 PSK 或 n-QAM 映射得到符号 d。

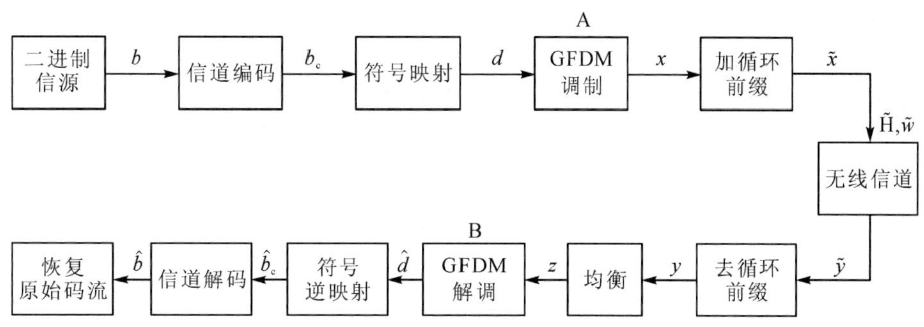

图 3.32　GFDM 收发机结构图

在 GFDM 调制模块中，数据符号序列 $\boldsymbol{d}$ 分解为 $\boldsymbol{d}=(\boldsymbol{d}_0^{\mathrm{T}}, \cdots, \boldsymbol{d}_{M-1}^{\mathrm{T}})^{\mathrm{T}}$，其中，$\boldsymbol{d}_m=(d_{0,m},\cdots,d_{K-1,m})^{\mathrm{T}}$，$K$ 为子载波的个数，M 为每个子载波上携带的子符号的个数，$N=KM$，$d_{k,m}$代表第 k 个子载波上的第 m 个子符号。

$d_{k,m}$对应的脉冲成形滤波器的时域冲击响应为

$$g_{k,m}[n]=g[(n-mK)\mathrm{mod}N]\cdot\exp\left[-\mathrm{j}2\pi\frac{k}{K}n\right] \tag{3.38}$$

其中，n 表示样点的索引，$g_{k,m}[n]$是由原型滤波器 $g[n]$的时域和频域的移位生成的。利用模运算使 $g_{k,m}[n]$为 $g_{k,0}[n]$的循环移位版本。经过调制产生一个 GFDM 符号，可以表示为

$$x[n]=\sum_{k=0}^{K-1}\sum_{m=0}^{M-1}g_{k,m}[n]d_{k,m},\ n=0,1,\cdots,N-1 \tag{3.39}$$

令 $g_{k,m}=(g_{k,m}[n])^{\mathrm{T}}$，则：

$$x=\mathbf{A}\,d \tag{3.40}$$

其中，$\mathbf{A}$ 是一个 $KM\times KM$ 的生成(发射)矩阵，定义为

$$\mathbf{A}=(g_{0,0},\cdots g_{K-1,0},g_{0,1},\cdots g_{K-1,1},\cdots g_{K-1,M-1}) \tag{3.41}$$

图 3.33 是 $K=4$，$M=7$，原型滤波器使用滚降系数 $\alpha=0.5$ 的 RRC 滤波器的 GFDM 生成矩阵。

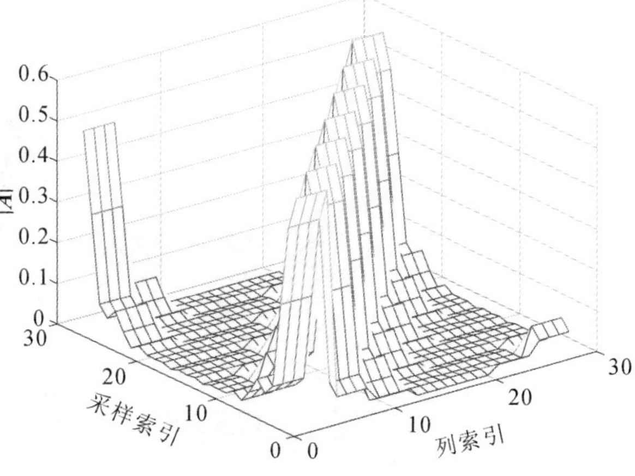

图 3.33　生成矩阵

调制后的 GFDM 符号通过循环前缀模块添加长度为 N_{cp} 的循环前缀得到$\tilde{\boldsymbol{x}}$。

假设无线信道的冲激响应为 $\boldsymbol{h}=(h_0, h_1,\cdots h_{N_{ch}-1})^{\mathrm{T}}$，则 CP 的长度 N_{cp} 必须大于信道长度 N_{ch}。通过信道之后的接收信号可以表示为

$$\tilde{\boldsymbol{y}}=\tilde{\boldsymbol{H}}\tilde{\boldsymbol{x}}+\tilde{\boldsymbol{w}} \tag{3.42}$$

其中，$\tilde{\boldsymbol{H}}$ 是维数为$(N+N_{cp}+N_{ch}-1)\times(N+N_{cp})$的具有对角结构的卷积矩阵，$\tilde{\boldsymbol{w}}$ 是均值为 0、方差为 σ_w^2 的加性高斯白噪声。经过同步模块得到 $\tilde{\boldsymbol{y}}_s$，假设时频完全同步，即 $\tilde{\boldsymbol{y}}_s=\tilde{\boldsymbol{y}}$。去掉 CP 之后得到 $\boldsymbol{y}$。$\boldsymbol{y}$ 可以表示为

$$\boldsymbol{y}=\boldsymbol{Hx}+\boldsymbol{w}=\boldsymbol{HAd}+\boldsymbol{w} \tag{3.43}$$

其中，$\widetilde{\boldsymbol{H}}$ 用 $\boldsymbol{H}$ 来代替，$\boldsymbol{H}$ 是信道冲激响应 $\boldsymbol{h}=(h_0, h_1, \cdots h_{N_{ch}-1})^{T}$ 对应的循环卷积矩阵，维数为 $N\times N$。

经过迫零信道均衡之后，接收信号 $\boldsymbol{z}$ 可以表示为

$$\boldsymbol{z} = \boldsymbol{H}^{-1}\boldsymbol{H}\boldsymbol{A}\boldsymbol{d} + \boldsymbol{H}^{-1}\boldsymbol{w} \tag{3.44}$$

令：

$$\overline{\boldsymbol{w}}=\boldsymbol{H}^{-1}\boldsymbol{w} \tag{3.45}$$

则有：

$$\boldsymbol{z}=\boldsymbol{A}\boldsymbol{d}+\overline{\boldsymbol{w}} \tag{3.46}$$

设接收矩阵为 $\boldsymbol{B}$，$\boldsymbol{B}$ 是一个 $N\times N$ 的矩阵。解调之后的信号为 $\hat{\boldsymbol{d}}$。信号 $\hat{\boldsymbol{d}}$ 再经过逆映射、解码模块，即可得到原始的数据码流。GFDM 系统的基本接收机有三种形式，分别是匹配接收机(MF)、迫零接收机(Zero-Forcing，ZF)、最小均方误差接收机(MMSE)，对应的接收矩阵如下：

$$\boldsymbol{B}_{\mathrm{MF}}=\boldsymbol{A}^{\mathrm{H}} \tag{3.47}$$

$$\boldsymbol{B}_{\mathrm{ZF}}=\boldsymbol{A}^{-1} \tag{3.48}$$

$$\boldsymbol{B}_{\mathrm{MMSE}}=(\boldsymbol{R}_w^2+\boldsymbol{A}^{\mathrm{H}}\boldsymbol{H}^{\mathrm{H}}\boldsymbol{H}\boldsymbol{A})^{-1}\boldsymbol{A}^{\mathrm{H}}\boldsymbol{H}^{\mathrm{H}} \tag{3.49}$$

其中，$\boldsymbol{R}_w^2$ 代表噪声的协方差矩阵。MF 接收机使得每个子载波的信噪比最大化，但由于使用非正交子载波调制，引入了自干扰。ZF 接收机则完全消除了自干扰，但增大了噪声。此外，在一些情况下，$\boldsymbol{A}$ 的逆矩阵可能不存在，这时无法使用 ZF 接收机。MMSE 接收机在自干扰与噪声增强之间进行折中，在实际中得到了广泛的应用。

从 GFDM 收发机的结构来看，GFDM 属于滤波器组多载波系统的范畴，提供了比传统的 OFDM 或 SC-FDE 更多的自由度。当子载波上携带的子符号数为 1，生成矩阵 $\boldsymbol{A}=\boldsymbol{F}_N^{\mathrm{H}}$，接收矩阵 $\boldsymbol{B}=\boldsymbol{F}_N$ 时，GFDM 系统变成 OFDM 系统。$\boldsymbol{F}_N$ 是一个大小为 $N\times N$ 的傅里叶矩阵。

图 3.34 给出了使用 $\alpha=0.5$ 的 RRC 滤波器时的仿真结果，可以看出，GFDM 系统的带外辐射远低于 OFDM 的辐射。

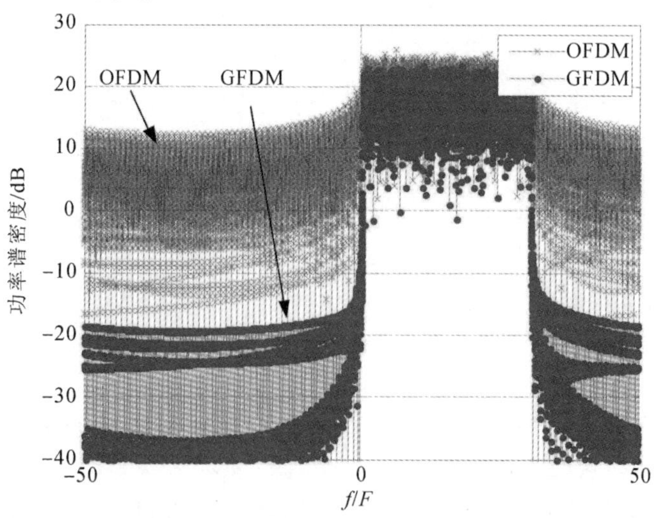

图 3.34　GFDM 与 OFDM 功率谱密度图

3.4　多址接入技术

3.4.1　多址接入技术概述

多址接入技术主要是解决如何使多用户共享系统无线资源的问题。多址接入方式的选择与移动通信传输的业务种类、系统容量、小区结构、频谱和信道的利用率有着密切的关系。为了做到这一点，在移动通信系统中，必须对不同的终端和基站发出的信号赋予不同的特征，使基站能从众多终端的信号中区分出是哪一个终端发出来的信号。而各终端又能识别出基站发出的信号中哪个是发给自己的信号。在无线通信系统中，多址接入方式是有效地提高频谱资源的利用率及衡量系统性能的关键技术。

无线电信号可以表示为时间、频率和码型的函数，对应的多址方式有频分多址(FDMA)、时分多址(TDMA)、码分多址(CDMA)和空分多址(Space Division Multiple Access，SDMA)等。此外，还有 Aloha，载波侦听多址接入(Carrier Sensing Multiple Access，CSMA)等方式，本章主要介绍 FDMA、TDMA、码分 CDMA 和 SDMA 等多址接入方式。

1. 频分多址(FDMA)

早期移动通信的模拟系统如 TACS、NMT、AMPS 等采用的是 FDMA 方式。FDMA 方式是采用频率域的正交分隔方法将无线通信的工作频段分成若干部分，每个用户在接入通信时只占用其中之一，其他用户则不能占用，相邻载频之间的间隔应该满足信号带宽要求。常见的 FDMA 系统信号带宽通常在 10～30 kHz，这种窄带 FDMA 系统不需要自适应均衡。基于 FDMA 的基站需要多部收发信机和天线，具有功率损耗大且容易产生信道间的互调干扰的不足。

FDMA 系统越区切换时终端先中断与原基站的连接再切换到新的基站，用新分配的频率进行接续，切换过程通常有 200 ms 左右的中断，可能会带来数据丢失。由于每个载波很窄，邻道选择性有限，为消除相邻信道之间的干扰，邻近小区及次邻近小区都不能使用相同的载波频率，导致频谱利用率低。

2. 时分多址(TDMA)

TDMA 是采用时间域的正交分隔方法将无线通信工作的连续时间段分割成周期性的帧，每个帧再分成若干时隙。每个用户在接入通信时，只在一个周期时间内占用所分配的一个或若干个时隙。采用 TDMA 方式时，同步技术在 TDMA 系统中占有重要的地位。

TDMA 系统的特点如下：

(1) 信号的传输速率随着占用时隙数的增大而提高，一般都在 100 kb/s 以上，每个载波占用的带宽较宽，必须采用自适应均衡措施。

(2) TDMA 系统利用不同的时隙来进行通信的发送和接收，所以不需要双工器。即使采用 FDD 双工方式，如果一个用户的上下行采用不同的时隙，其终端的收发也可以采用一个收发开关来完成。

(3) 基站设备比较简单。因为时分信道共用一个载波，只需一部收发信机。

(4) 抗干扰能力较 FDMA 强，故只需要在邻近小区不使用相同载波频率即可。在范围网中每4～7个小区载波频率就可复用一次，频谱利用率较高，系统容量比较大。

(5) 越区切换比较简单。在TDMA系统中，由于终端不是连续发送或接收信号，所以切换处理有了更多的改进空间。它可以利用空闲时隙来检测其他基站，越区切换可在无信息传输时进行，因而不必中断信息传输。但对通常的TDMA系统(如GSM)，仍然是使用先中断再连接的切换方式。

在实际中通常是将TDMA与FDMA技术结合在一起使用，先将工作频段分为若干部分，再对每一个部分执行TDMA。

3. 码分多址(CDMA)

CDMA的信号设计采用波形的正交分离，通过波形的正交性来区分不同用户。也就是说，不同用户的地址码使用不同的正交码，以区分各个用户的信息，避免相互干扰。不同用户信号在频率、时间和空间上都可能重叠，从而实现多个用户共享空间传输信道资源，并完成入网接续的功能。在系统的接收端必须使用与发送端完全相同的本地地址码来对接收的信号进行相关检测，其他使用不同码字的用户信号因为与本地地址码不同而不能正确接收信号。由于不同用户信号的传递是通过正交码来隔离，相邻小区又采用不同扰码来区分，因此相邻小区可以使用同一载波频率，频率复用系数为1，所以CDMA具有很高的频谱利用率。CDMA的关键问题是设计出更多的正交地址码，并尽可能地降低系统干扰以提高系统容量。由于CDMA多址方式具有抗干扰能力强、频谱利用率高、系统容量大、发射功率谱密度低和易于保密等特点，在20世纪90年代成为最有竞争力的多址方式，第三代移动通信的主流标准采用了CDMA方式。

4. 空分多址(SDMA)

SDMA是利用多个不同空间指向天线波束实现空间域的正交分离，将通信覆盖区域进行空间分割的多址通信。SDMA的概念最早在卫星通信中提出，在地面移动通信系统中实现SDMA的关键技术是“智能天线”。智能天线在无线基站使用，可根据通信中的用户终端的来波方向，自适应地对接收和发射波束赋形，并动态改变天线方向图，自动跟踪用户，如图3.35所示。

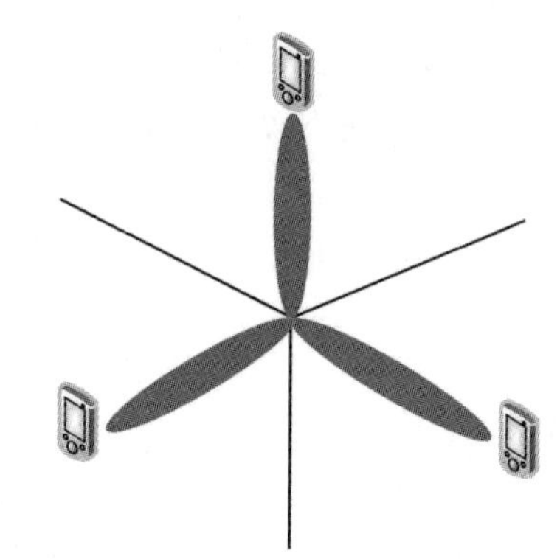

图3.35 利用智能天线多波束实现SDMA方式

如果图3.35所示的空间波束之间的干扰足够低，这些波束就可以重复使用频率、时隙、码等资源，实现空分多址通信，最大限度地利用频谱资源。由于地面移动环境复杂，用户又在不停地移动，故这些空间波束的指向也在不断变化，因此5G通信系统中引入了波束管理技术。

3.4.2 OFDMA和SC-FDMA

OFDMA(正交频分多址，Orthogonal Frequency Division Multiple Access)技术将整个频带分成多个子载波，每个子载波都具有特定的频率和相位。每个子载波可以分配给一个或多个用户同时使用，且不同用户可以分配不同数量的子载波，从而提高了频谱利用率。

OFDMA 与 OFDM 的区别在于 OFDM 是宽带数字通信的常用调制方案，而 OFDMA 是一种多址接入技术。OFDMA 系统可动态地把可用带宽资源分配给需要的用户，实现系统资源的优化利用。OFDMA 已在 WiFi、LTE 和 5G NR 等系统中得到了广泛应用。

OFDM 和 OFDMA 的区别如图 3.36 所示。

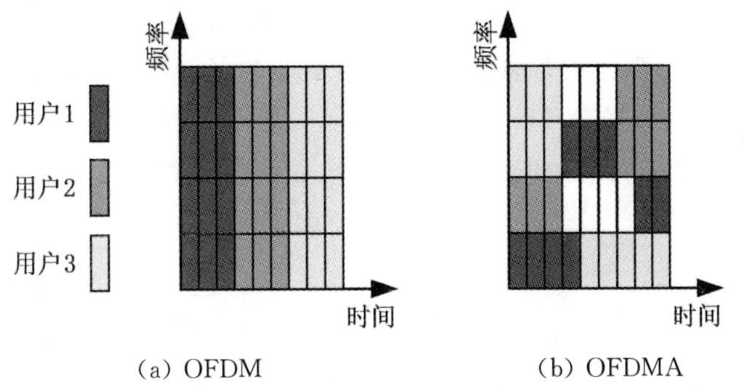

(a) OFDM　　(b) OFDMA

图 3.36　OFDM 和 OFDMA 的区别

对于 OFDMA 方式，由于不同用户的信号在频域的并行传输，叠加后形成的时域输出信号具有较大的动态范围，即峰均比(信号功率峰值与均值之比)。由于基站功率放大器的能力较强，因此在下行方向上峰均比不会成为影响系统性能的主要问题。但是在上行方向上，考虑到终端的成本和功率效率，更适合使用具有单载波特性的发送信号，有较低的信号峰均比。终端的能力有限，尤其是发射功率受限，对上行传输技术的选择有很大的影响。

围绕着 LTE 上行多址技术，3GPP 各公司提出了多个备选方案。在 LTE 研究的初期，出现了采用 PAPR 降低的 OFDM(OFDM with PAPR Reduction)技术、单载波频分多址(SC-FDMA)技术和可变扩频与码片重复系数 CDMA(VSFCR-CDMA)技术等候选方案，最终，在上行方向上 LTE 采用单载波 SC-FDMA 作为多址方式，具体实现方式又称为 DFT-S-OFDM(DFT 扩展 OFDM)，如图 3.37 所示。

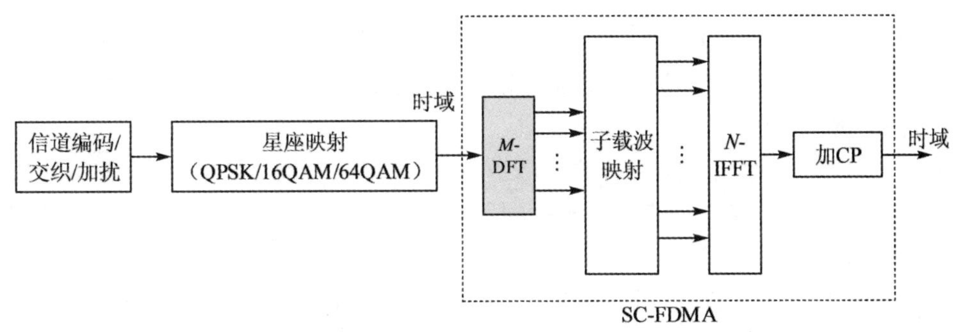

图 3.37　SC－FDMA 的信号处理流程

SC-FDMA 在子载波映射前增加了 DFT 的操作。SC-FDMA 中信号由时域输入，通过 M 点的 DFT 操作转换到频域后，再进行子载波映射和 N 点($M \ll N$)IFFT 变换，将信号转换到时域，其发射信号具有单载波的特性，具有较低的峰均比，这也是 LTE 选择单载波 SC-FDMA 作为上行多址方式的主要原因。

研究表明，根据调制方式的不同(QPSK、16QAM)，单载波信号比 OFDM 信号具有 1.5～2.5 dB 的峰均比增益。

另一方面，应该注意到的是，为了使信号真正具有单载波的特性，SC-FDMA调制过程中对于子载波的映射需要满足一定的限制。如图3.38所示，除了集中式的映射之外(此时，SC-FDMA的信号处理过程相当于对输入信号进行时域的过采样)，在分布式的映射中，为了保持单载波特性，SC-FDMA调制必需采用等间隔的子载波映射，即 $L_1=L_2=\cdots=L_N$(此时，SC-FDMA的处理过程相当于对输入信号进行时域的块重复)，不能够使用间隔不相等的分布式映射，因为那将破坏输出信号的单载波特性。实际上，出于用户间干扰和调度的灵活性等方面的考虑，在LTE中，上行方向不支持如图3.38所示的分布式的子载波映射，而是采用时隙/子帧间跳频的方式来获得频率分集的增益。

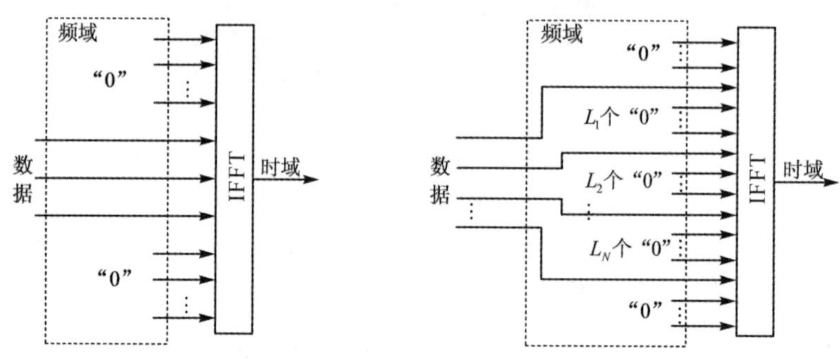

图3.38 SC-FDMA的子载波映射

3.4.3 非正交多址接入技术

非正交多址接入(Non-Orthogonal Multiple Access，NOMA)通过多用户的叠加传输，不仅可以提升用户连接数，还可以有效提高系统频谱效率，增加系统容量。此外，还可以通过免调度竞争接入大幅度降低时延。

与传统的正交多址接入(如TDMA、FDMA、CDMA和OFDMA)技术不同，NOMA允许多个用户在相同的时间和频率资源上进行通信，在功率域或码域上区分不同用户。NOMA的关键思想是利用功率分配和超定接收技术(如连续干扰消除，SIC)来区分同一时间频率资源上的多个用户信号。

功率域NOMA在发送端根据用户的信道条件(如用户与基站的距离)分配不同的功率水平给不同的用户，通常是信道条件较差的用户分配更高的功率。在接收端，采用SIC技术逐步解码和消除其他用户的信号，从而提取出目标用户的信号。

码域NOMA是通过为不同用户分配不同的扩频码(非正交码)在码域上区分信号。每个用户的信号使用不同的扩频序列编码，接收端利用特定的解码策略分离出各个用户的信号。

非正交多址接入具有如下的特点：

(1) NOMA能够显著提高频谱利用率，因为它通过叠加不同用户的信号在相同的时间和频率资源上实现多用户接入。

(2) 增加系统容量。通过允许多个用户共享同一频谱资源，NOMA可以在给定的频谱带宽内服务更多的用户。

(3) 改善用户公平性。功率域NOMA通过为信道条件不同的用户分配不同的功率，能够在系统吞吐量和用户公平性之间取得较好的平衡。

(4) 低延迟通信：NOMA 支持更灵活的资源分配，有助于实现低延迟通信，特别是对于 5G 网络中的超可靠低延迟通信(uRLLC)场景。

NOMA 技术被认为是 5G 和未来通信系统(如 6G)的关键技术之一，特别适用于以下场景：

- 密集型用户环境：如体育场、音乐会等大型活动场所，需要同时服务大量用户。
- 物联网(IoT)通信：由于物联网设备数量庞大，NOMA 可以提供更高效的接入方式，满足大规模设备连接需求。
- 蜂窝通信：提升蜂窝网络的频谱效率，尤其是在资源有限但用户密度高的城市环境中。

NOMA 技术的研究和应用正逐渐成熟，在无线通信网络中将发挥重要作用。

3.5　新型天线技术

5G 引入了大规模 MIMO、毫米波波束成形等新技术，但是在实际应用中，这些技术仍尚需进一步解决实现复杂度、硬件成本和较大能耗等关键问题。因此，下一代无线网络的研究需要寻找低成本，高频谱和能源效率的解决方案。6G 的新天线技术包括太赫兹天线、龙伯透镜天线、智能反射面、轨道角动量和液态天线等，本节介绍其中的大规模 MIMO、毫米波波束成形、智能反射面和轨道角动量天线。

3.5.1　大规模 MIMO 技术

大规模 MIMO(Large Scale MIMO，也称 Massive MIMO)的概念是贝尔实验室的 Marzetta 在 2010 年提出的。他们研究发现，对于采用 TDD 模式的多小区系统，在各基站配置无限数目天线的极端情况下，多用户 MIMO 具有了与单小区、有限数量天线时的不同特征。

在实际大规模 MIMO 中，基站只能配置有限数量天线，但天线数量非常大，通常为几十到几百根，是现有系统天线数量的 1～2 个数量级以上，在同一个时频资源上同时服务于若干个用户。在天线的配置方式上，天线可以是集中配置在一个基站上，形成集中式的大规模 MIMO，也可以是分布式地配置在多个节点上，形成分布式的大规模 MIMO。

大规模 MIMO 的无线通信环境如图3.39所示。

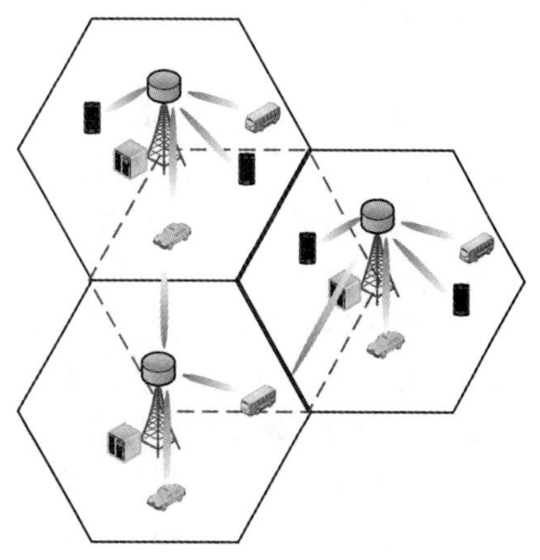

图 3.39　大规模 MIMO 无线通信环境

大规模 MIMO 技术利用基站大规模天线配置所提供的空间自由度，提升多用户间的频谱资源复用能力、各个用户链路的频谱效率以及抵抗小区间干扰的能力，由此大幅提升频谱资源的整体利用率。与此同时，利用基站大规模天线配置所提供的阵列增益，每个用户与基站之间通信的功率效率也可以得到显著提升。因此，面对 5G 系统在传输速率和系统容量等方面的性能挑战，大规模 MIMO 技术成为 5G 系统区别于现有移动通信系统的核心技术之一。

大规模天线为无线接入网络提供了更精细的空间粒度以及更多的空间自由度，因此基于大规模天线的多用户调度技术、业务负载均衡技术以及资源管理技术将获得可观的性能增益。天线规模的扩展对于业务信道的覆盖将带来巨大的增益，但是对于需要有效覆盖全小区内所有终端的广播信道而言，则会带来诸多不利影响。实际中，通常采用宽窄波束相结合的方法解决窄波束的广覆盖问题。除此之外，大规模天线还需要考虑在高速移动场景下实现信号的可靠和高速率传输问题。对信道状态信息获取依赖度较低的波束跟踪和波束拓宽技术，可以有效利用大规模天线的阵列增益提升数据传输可靠性和传输速率。

大规模天线技术的潜在应用场景主要包括宏覆盖、高层覆盖、微覆盖(异构网络)、室内外热点以及无线回传链路等。此外，大规模天线系统也可以采用分布式天线的形式构建。在需要广域覆盖的场景，大规模天线技术可以利用现有频段；在热点覆盖或回传链路等场景，则可以考虑使用更高频段。针对上述典型应用场景，要根据大规模天线信道的实测结果，对一系列信道参数的分布特征及其相关性进行建模，从而反映出信号在三维空间中的传播特性。大规模天线 MIMO 技术的应用场景如图 3.40 所示。

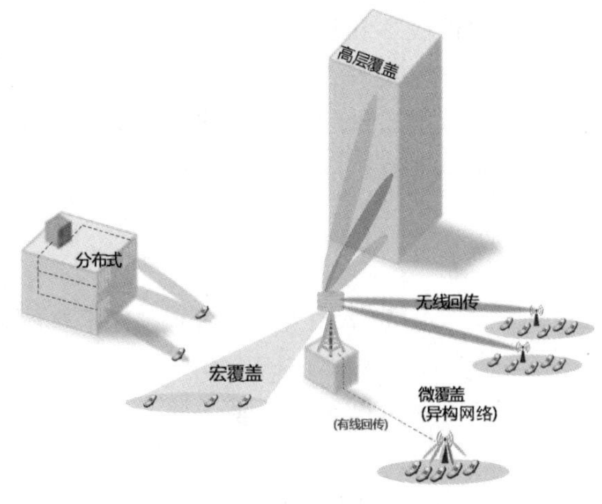

图 3.40 大规模天线 MIMO 技术的应用场景

信道状态信息测量、反馈及参考信号设计等对于 MIMO 技术的应用具有重要意义。为了更好地平衡信道状态信息测量的开销与精度，除了传统的基于码本的隐式反馈和基于信道互易性的反馈机制之外，诸如分级 CSI(信道状态信息)测量与反馈、基于 Kronecker 运算的 CSI 测量与反馈、压缩感知以及预体验式等新型反馈机制也值得考虑。

大规模天线的性能增益主要是通过大量天线阵元形成的多用户信道间的准正交特性来保证的。然而，在实际的信道条件中，由于设备与传播环境中存在诸多非理想因素，为了获得稳定的多用户传输增益，仍然需要依赖下行发送与上行接收算法的设计来有效地抑制用户间乃至小区间的同道干扰，而传输与检测算法的计算复杂度则直接与天线阵列规模和用户数相关。此外，基于大规模天线的预编码/波束成形算法与阵列结构设计、设备成本、功率效率和系统性能都有直接的联系。基于 Kronecker 运算的水平垂直分离算法、数模混合波束成形技术以及分级波束成形技术等，可以较为有效地降低大规模天线系统的计算复杂度。

当天线数目很大时，大规模 MIMO 采用线性预编码即可达到接近最优时的容量。因此，下面我们重点阐述大规模 MIMO 常用线性预编码算法，并对其进行了简单的对比分析。

大规模 MIMO 系统性能与预编码/波束成形算法有直接的联系。从理论上说，当基站天线数接近无穷，且天线间相关性较小时，天线阵列形成的多个波束间将不存在干扰，系统容量较传统 MIMO 系统大大提升。此时，最简单的线性多用户预编码，如特征值波束成形(Eigenvalues BeAMForming，EBF)、匹配滤波(Matching Filter，MF)、正则化迫零(Regularization Zero Forcing，RZF)等能够获得几乎最优的性能，且基站和用户的发射功率也可以任意小。

我们考虑由配置 M 根天线的基站和 K 个单天线用户构成的大规模 MIMO 系统。若 M 根天线到同一用户的大尺度衰落相同，且基站端天线相关矩阵为单位阵，则基站到用户的信道为 $K\times M$ 维矩阵 $\boldsymbol{H}=\boldsymbol{DV}=[\boldsymbol{h}_1, \boldsymbol{h}_2, \cdots, \boldsymbol{h}_k]^{\mathrm{T}}$，其中 $\boldsymbol{D}=\mathrm{diag}(d_1, d_2, \cdots, d_k)$表示信道的大尺度衰落信息，$K\times M$ 维矩阵 $\boldsymbol{V}$ 表示信道的快衰落信息，其各元素独立同分布且服从均值为 0 方差为 1 的复高斯分布，M 维行向量 $\boldsymbol{h}_k$ 为基站到用户 $k(k=1, 2, \cdots, K)$的信道状态信息，其中$[\cdot]^{\mathrm{T}}$ 表示矩阵或向量的转置。在大规模 MIMO 系统中，若 $M\gg K$，则有 $(\boldsymbol{HH}^{\mathrm{H}})/M=\boldsymbol{D}^{1/2}[(\boldsymbol{VV}^{\mathrm{H}})/M]\boldsymbol{D}^{1/2}\approx\boldsymbol{D}$，即各用户的信道是渐近正交的，$[\cdot]^{\mathrm{H}}$ 表示矩阵或向量的共轭转置。

1. 特征值波束成形算法

特征值波束成形(EBF)利用信道的特征值信息根据一定的准则进行波束成形。准则可以是最大信干噪比(MSINR)、最小均方误差(MMSE)或线性约束最小方差(LCMV)等，这里以 MSINR 准则为例对特征值波束成形进行分析。

设用户接收端噪声功率为 σ^2，EBF 权值矩阵为 $\boldsymbol{W}_{\mathrm{EBF}}$，则用户 k 的接收端信干噪比(SINR)为

$$\gamma_k = \frac{[\boldsymbol{W}_{\mathrm{EBF}}]_k \boldsymbol{h}_k^{\mathrm{H}} \boldsymbol{h}_k \mathrm{vec}[\boldsymbol{W}_{\mathrm{EBF}}]_k^{\mathrm{H}}}{\sum\limits_{l=1, l\neq k}^{K} [\boldsymbol{W}_{\mathrm{EBF}}]_k \boldsymbol{h}_l^{\mathrm{H}} \boldsymbol{h}_l \mathrm{vec}[W_{\mathrm{EBF}}]_k^{\mathrm{H}} + \sigma^2} \tag{3.50}$$

其中$[\cdot]_k$ 表示矩阵的第 k 列。

EBF 权值矩阵 $\boldsymbol{W}_{\mathrm{EBF}}$应使得 γ_k 最大，对 γ_k 求导并使其导数为 0，可知最优的$[\boldsymbol{W}_{\mathrm{EBF}}]_k^{\mathrm{H}}$ 对应于 $\boldsymbol{h}_k^{\mathrm{H}}\boldsymbol{h}_k$ 的最大特征值 $\lambda_{\max}$，进一步可得最优特征值波束成形权值矩阵 $\boldsymbol{w}_{\mathrm{EBF}}$。若 $M\gg K$，则此时用户 k 的接收端 SINR 为

$$\gamma_k = \frac{d_k^2}{\sum\limits_{l=1, l\neq k}^{K} d_l^2 + \sigma^2} \tag{3.51}$$

2. 匹配滤波

基站对 K 个用户的匹配滤波(MF)多用户预编码矩阵为

$$\boldsymbol{W}_{\mathrm{MF}} = \boldsymbol{H}^{\mathrm{H}} \tag{3.52}$$

若基站发射信号向量为 $\boldsymbol{s}=(s_1, s_2, \cdots, s_K)^{\mathrm{T}}$，$K$ 个用户的接收噪声向量为 $\boldsymbol{n}=(n_1, n_2, \cdots, n_k)^{\mathrm{T}}$，$\boldsymbol{s}$、$\boldsymbol{n}$ 各元素独立同分布且服从均值为 0、方差分别为 1 和 σ^2 的复高斯分布。$M\gg K$ 时，K 个用户的接收信号向量为

$$\boldsymbol{r}=\boldsymbol{HW}_{\mathrm{MF}}\boldsymbol{s}+\boldsymbol{n}\approx M\boldsymbol{Ds}+\boldsymbol{n} \tag{3.53}$$

用户 k 的接收端 SINR 与公式(3.51)相同。

3. 正则化迫零

正则化迫零(RZF)多用户预编码在莱斯信道下具有良好的性能，其预编码矩阵为

$$\boldsymbol{W}_{\mathrm{RZF}}=(\boldsymbol{H}^{\mathrm{H}}\boldsymbol{H}+M\alpha\boldsymbol{I}_K)^{-1}\boldsymbol{H}^{\mathrm{H}} \tag{3.54}$$

其中，α 是正规化系数。当 α 趋近于 0 时就是 ZF 预编码；当 α 趋近于无穷大时就是 MF 预编码。

$M\gg K$ 时，K 个用户的接收信号向量为

$$\boldsymbol{r}=\boldsymbol{H}\boldsymbol{W}_{\mathrm{RZF}}\boldsymbol{s}+\boldsymbol{n}=M\alpha\boldsymbol{D}\boldsymbol{s}+\boldsymbol{n} \tag{3.55}$$

利用正则化迫零预编码时，用户 k 的接收端 SINR 也与公式(3.51)相同。

由上述分析可知，在基站天线数趋于无穷大且发端天线相关矩阵为单位阵时，EBF、MF 与 RZF 性能相近且接近最优。然而，脱离了这一理想条件时情况则不同。当基站天线相关矩阵为单位阵但天线数目有限时，可以利用大规模随机矩阵理论(RMT)推导得到几种线性多用户预编码算法下的近似系统容量。通过理论分析和仿真表明，在基站天线数有限的情况下，与 MF 和 EBF 算法相比，RZF 算法可以利用更少的天线获得更大的系统容量。

3.5.2 毫米波波束管理技术

5G 移动通信系统引入了 6 GHz 以上的高频空口，支持毫米波段的无线传输。与6 GHz 以下的低频段相比，毫米波(mmw)具有丰富的空闲频谱资源，能够满足热点高容量场景的极高传输速率要求。但是，毫米波在实际应用中还有很多极具挑战性的问题。毫米波传播中的路径损耗大，因此覆盖范围要比 6 GHz 以下频段小。此外，在毫米波通信中可能出现长达几秒的深衰落，严重影响着毫米波通信的性能。

毫米波通信系统的应用场景可以分为两大类：用户和微基站间的接入链路和无线回程(Backhaul)链路。毫米波微基站的主要作用是为微小区提供 Gb/s 级的数据传输速率，毫米波无线回程的目的是提高网络部署的灵活性。在 5G 网络中，微基站的数目非常庞大，全部部署有线回程链路会非常复杂，因此可以通过使用毫米波无线回程随时随地根据数据流量增长需求部署新的微基站，并可以在空闲时段或轻流量时段灵活、实时关闭一些小基站，从而可以节能降耗。

高频段覆盖能力弱，难以实现全网覆盖，需要与低频段联合组网。低频段与高频段融合组网可采用控制面与用户面分离的模式，低频段承担控制面功能，高频段主要用于用户面的高速数据传输，低频与高频的用户面可实现双连接，并支持动态负载均衡。其组网示意图如图 3.41 所示。

图 3.41 中，工作在 6 GHz 以下的宏基站提供广域覆盖，并提供毫米波频段 Gb/s 级传输的微小区间的无缝移动。用户设备采用双模连接，能够与毫米波微基站和宏基站建立连接，与毫米波微基站间建立高速数据链路，同时还通过传统的无线接入技术与宏基站保持连接，提供控制面信息(如移动性管理、同步和毫米波微小区的发现与切换等)。这些双模连接需要支持高速切换，提高毫米波链路的可靠性。微基站和宏基站间的回程链路可以采用光纤、微波或毫米波链路。

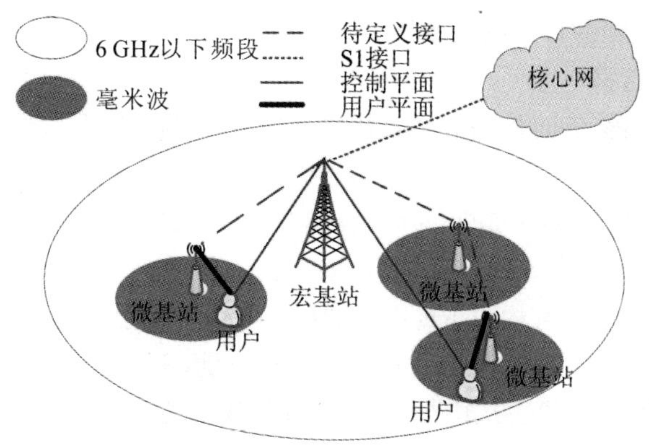

图 3.41　毫米波组网示意图

由于毫米波频段路径损耗大，通常要采用大规模阵列天线并通过高方向性模拟波束成形来补偿高路损的影响；同时还可以利用空间复用支持更多用户，通过多用户波束搜索算法增加系统容量。在帧结构方面，为满足超大带宽需求，与 LTE 相比，子载波间隔可增大 10 倍以上，帧长也将大幅缩短；在波形方面，上下行可采用相同的波形设计，OFDM 仍是重要的候选波形，但考虑到器件的影响以及高频信道的传播特性，单载波也是潜在的候选方式；在双工方面，TDD 模式可更好地支持高频段通信和大规模天线的应用；编码技术方面，考虑到高速率大容量的传输特点，应选择支持快速译码、对存储需求量小的信道编码，以适应高速数据通信的需求。

为了支持多用户多流传输，毫米波系统往往采用混合波束成形的方法，如图 3.42 所示。

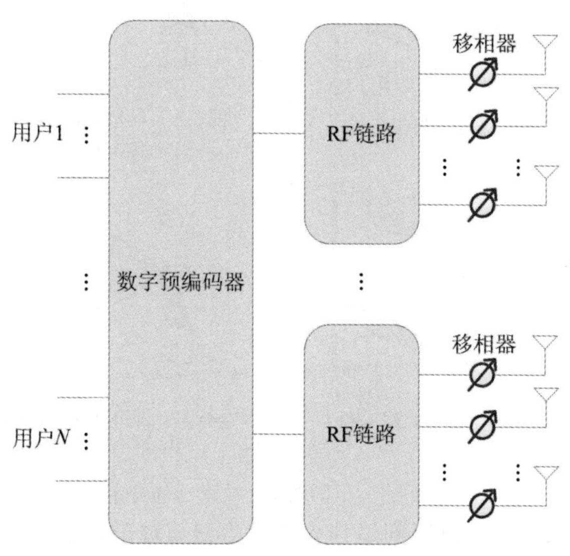

图 3.42　多用户混合波束成形

在图 3.42 中，有 $N>1$ 个用户，设计预编码器要考虑如何消除用户间的干扰，以最大化系统容量。多用户混合波束成形分为两步：首先需得到基站端和相关的用户最佳 RF 波束成形矩阵；然后再从得到的 RF 波束成形矩阵获得的 $\boldsymbol{H}_{\mathrm{eff(multi\text{-}user)}}$，计算 MU-MIMO 数字

预编码器 $\boldsymbol{P}$。这两个步骤的详细描述如下：

1. 最佳 RF 波束选择

对于具有渐进式相移值的控制矢量，基站端的 RF 链路和用户端的 RF 链路为 θ 和 δ 的控制矢量：

$$\boldsymbol{w}(\theta)=[1,\ \exp(\mathrm{j}\pi\sin\theta),\ \cdots,\ \exp(\mathrm{j}(N_{\mathrm{BS}}^{\mathrm{RE}}-1)\pi\sin\theta)]^{\mathrm{T}} \tag{3.56}$$

$$\boldsymbol{v}(\delta)=[1,\ \exp(\mathrm{j}\pi\sin\delta),\ \cdots,\ \exp(\mathrm{j}(N_{\mathrm{MS}}^{\mathrm{RE}}-1)\pi\sin\delta)]^{\mathrm{T}} \tag{3.57}$$

由式(3.56)和式(3.57)可构成 RF 链路的码本集，为了便于实际操作，我们从 RF 码本集中选择用于基站端和用户端每条 RF 链路的控制矢量，RF 链路控制矢量的数目设为每条链路移相器数，并根据信道状态从中分别选出用于基站端 RF 链路的 $N_{\mathrm{BS}}^{\mathrm{RF}}$个波束和用户端 RF 链路的 $N_{\mathrm{MS}}^{\mathrm{RF}}$个波束。

通过采用 RF 波束码本方法，每个 RF 链路具有固定波束集，与信道响应的有限集相对应，TDD 模式下的信道响应可以通过上行信道探测来测量。通过假定上行链路(用户端到基站)和下行链路(基站到用户端)信道是互易的，对每一个用户，用于每一个发送机和接收机波束合并的信道响应都在上行信道探测时测量，并在接收端进行校准，基站利用信道信息选择出最优波束用于后续下行链路数据传输。

图 3.43 考虑了四种不同多用户 RF 波束选择方案，分别用图(a)～(d)来表示，N_{B}表示基站的天线数，N_{U}表示用户的天线数。

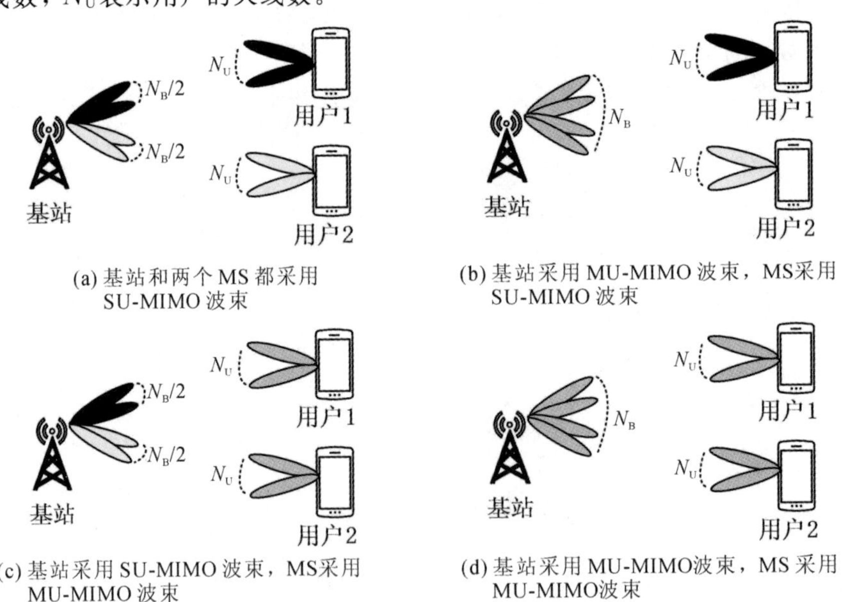

图 3.43 不同的 RF 波束选择方案

在图 3.43 中，方案(d)可以得到最佳多用户容量。对于方案(d)，基站和用户的 RF 波束都以最优的方式从码本中选择出，基站和用户首先计算每一种可能的波束组合对应的 MIMO 容量，然后选择出最优的 RF 波束，并根据相应的等效信道信息计算数字预编码矩阵。然而，这种方案的缺点是随着同时调度的用户数的增加，需要评估的 RF 波束组合数目会指数增长。因此，在实际中可以考虑图(a)、(b)和(c)等所示的低复杂度方案。对于方案(a)，基站为每个用户分别分配 RF 链路，并选择相应的 RF 波束来优化每个用户的容量。

这种方法不考虑用户间干扰，其性能会有损失，但是要评估的 RF 波束组合数最少。对于方案(b)，用户采用与方案(a)相同的 RF 波束方式，基站进行多用户 RF 波束的联合优化来提高容量。与方案(a)相比，方案(b)的优点是改进了 MU-MIMO 的性能，与方案(d)相比，方案(b)具有较低的复杂度。方案(c)与方案(b)类似，不同的是，方案(c)基站为不同用户分别选择 RF 波束，用户在选择波束时通过考虑用户间干扰来优化性能。

2. 计算数字预编码器

在 RF 波束选择之后，根据等效信道矩阵，可以通过 MMSE 和 BD 算法来得到数字预编码矩阵。MMSE 算法使用等效信道矩阵来计算数字预编码矩阵，具体如下：

$$\begin{aligned}\boldsymbol{P}_{\text{MMSE}} &= \boldsymbol{H}^{\text{H}}_{\text{eff(multi-user)}}(\boldsymbol{H}_{\text{eff(multi-user)}}\boldsymbol{H}^{\text{H}}_{\text{eff(multi-user)}}+c\boldsymbol{I})^{-1}\\ &=[\boldsymbol{P}_{\text{MMSE},1},\ \boldsymbol{P}_{\text{MMSE},2},\ \boldsymbol{L},\ \boldsymbol{P}_{\text{MMSE},N_u}]\end{aligned} \tag{3.58}$$

其中，常数 c 是根据等效信道矩阵 $\boldsymbol{H}_{\text{eff(multi-user)}}$ 的范数和噪声协方差来计算得到的参数，$\boldsymbol{P}_{\text{MMSE},i}$ 是用户 i 的 $N_{\text{BS}}\times N_{\text{MS}}$ 数字预编码矩阵。由于矩阵 $\boldsymbol{P}_{\text{MMSE}}$ 的维数是 $N_{\text{BS}}\times N_{\text{MS}}N_u$，最终所需的预编码矩阵 $\boldsymbol{P}$ 的维数是 $N_{\text{BS}}\times N_sN_u$，当数据流数与用户端的 RF 链路数相同时，$\boldsymbol{P}_{\text{MMSE}}$ 是最终预编码矩阵 $\boldsymbol{P}$。但是当数据流数低于用户端的 RF 链路数($N_s\leqslant N_{\text{MS}}$)时，需要从 $\boldsymbol{P}_{\text{MMSE}}$ 提取列矢量以得到最终预编码矩阵 $\boldsymbol{P}$，此时可以采用 SVD(Singular Value Decomposition，奇异值分解)得到。

SVD 算法通过对基带信道进行 SVD 分解，在生成的子空间中找出每个用户 i 的最优预编码器。为了实现上述目标，我们首先将基带信道映射到生成的子空间中，并且对相应的信道进行 SVD 分解，可表示为

$$\text{SVD}(\boldsymbol{H}_{\text{eff},i}\boldsymbol{P}_{\text{MMSE},i})=\widetilde{\boldsymbol{X}}_i\widetilde{\boldsymbol{\Sigma}}_i[\widetilde{\boldsymbol{Z}}_i^{(N_s)}\quad \widetilde{\boldsymbol{Z}}_i^{(N_{\text{MS}}-N_s)}]^{\text{H}} \tag{3.59}$$

则预编码矩阵为

$$\boldsymbol{P}_i^{\text{final}}=\boldsymbol{P}_{\text{MMSE},i}\widetilde{\boldsymbol{Z}}_i^{(N_s)} \tag{3.60}$$

对于 BD 算法，用户 i 的数字预编码矩阵需要分步计算。首先是形成除用户 i 以外所有用户的等效信道矩阵

$$\overline{\boldsymbol{H}}_{\text{eff(multi-user,删除用户}i)}=\begin{bmatrix}\boldsymbol{H}_{\text{eff},1}\\ \vdots\\ \boldsymbol{H}_{\text{eff},i-1}\\ \boldsymbol{H}_{\text{eff},i+1}\\ \vdots\\ \boldsymbol{H}_{\text{eff},N_u}\end{bmatrix} \tag{3.61}$$

对该等效信道矩阵进行 SVD 分解

$$\text{SVD}(\widetilde{\boldsymbol{H}}_{\text{eff(multi-user,删除用户}i)})=\widetilde{\boldsymbol{X}}_i\widetilde{\boldsymbol{\Sigma}}_i\widetilde{\boldsymbol{Z}}_i^{\text{H}}=\widetilde{\boldsymbol{X}}_i\widetilde{\boldsymbol{\Sigma}}_i[\overline{\boldsymbol{Z}}_i^{(N_{\text{BS}}-N_0)}\quad \overline{\boldsymbol{Z}}_i^{(N_0)}]^{\text{H}} \tag{3.62}$$

其中 $\widetilde{\boldsymbol{X}}_i$ 和 $\widetilde{\boldsymbol{Z}}_i^{\text{H}}$ 是左和右奇异矢量的正交矩阵，$\widetilde{\boldsymbol{\Sigma}}_i$ 是以降序排列的奇异值为对角元素的对角矩阵，$\widetilde{\boldsymbol{Z}}_i^{(N_0)}$ 表示从 $\widetilde{\boldsymbol{Z}}_i$ 提取的 N_0 列，形成 $\widetilde{\boldsymbol{H}}_{\text{eff(multi-user,删除用户}i)}$ 的零空间(在式(3.58)中是假定它已经存在)。假定 $N_0\geqslant N_s$，SVD 实现了用户 i 有效信道在该零空间矢量的投影

$$\text{SVD}(\boldsymbol{H}_{\text{eff},i}\widetilde{\boldsymbol{Z}}_i^{(N_0)})=\boldsymbol{X}_i\boldsymbol{\Sigma}_i[\boldsymbol{Z}_i^{(N_s)}\quad \boldsymbol{Z}_i^{(N_0-N_s)}]^{\text{H}} \tag{3.63}$$

最后用户 i 的数字预编码矩阵可以用如下的方式计算

$$\boldsymbol{P}_{\text{BD},i}=\overline{\boldsymbol{Z}}_i^{(N_0)}\boldsymbol{Z}_i^{(N_s)} \tag{3.64}$$

所有用户的数字预编码矩阵均可通过上述方法得到，形成最终的矩阵 $\boldsymbol{P}$。为了优化性能，可以使用注水算法来进行功率分配。

3.5.3　智能反射面

虽然5G的物理层技术通常能够适应时间空间的无线环境变化，但信号在传播过程中本质上是随机的，环境存在诸多不可控制的因素，因此最近有很多工作讨论能否将人造超表面(metasurface)应用到现有的无线通信系统中去，并且已经有一些工作应用了超表面去解决能耗问题和控制通信传输环境。

超表面由亚波长金属或介电散射粒子的二维阵列组成，可以通过不同的方式转换入射到它上面的电磁波。在下一代网络中，智能可调节超表面(Reconfigurable Intelligent Surface，RIS)成为业界的研究热点。RIS也称智能反射面(Intelligent Reflecting Surface，IRS)，其主要思想是在无线通信环境中通过引入可调节超表面有效控制入射信号的波形，例如相位、幅度、频率和极化方式，无需复杂的编译码和射频处理操作，创建智能无线环境，实现覆盖增强和能效提升。

图3.44给出了可调节超表面辅助的智能无线网络环境的几种常见场景。图3.44(a)中，当用户与服务基站之间的直视路径被障碍物阻塞时，可以部署与基站和用户都具有直视路径连接的IRS使信号绕过障碍物，从而创建一条虚拟直视路径，扩展通信的覆盖范围。图3.44(b)使用IRS改善物理层的安全性，可以在窃听者附近部署IRS，则可以调整IRS的反射信号以抵消窃听者从基站接收到的信号，从而有效地减少信息泄漏。图3.44(c)中，在小区边缘部署IRS可以对相邻小区干扰进行抑制。图3.44(d)中，IRS可以在大规模D2D通信中充当信号反射集线器，通过干扰缓解来支持同时进行的低功率传输。图3.44(e)中，IRS可以实现物联网(IoT)中各种设备的同时无线信息和功率的传输，其中IRS的大口径被用于无源波束赋形，从而补偿远距离的功率损耗，提升功率传输的效率。

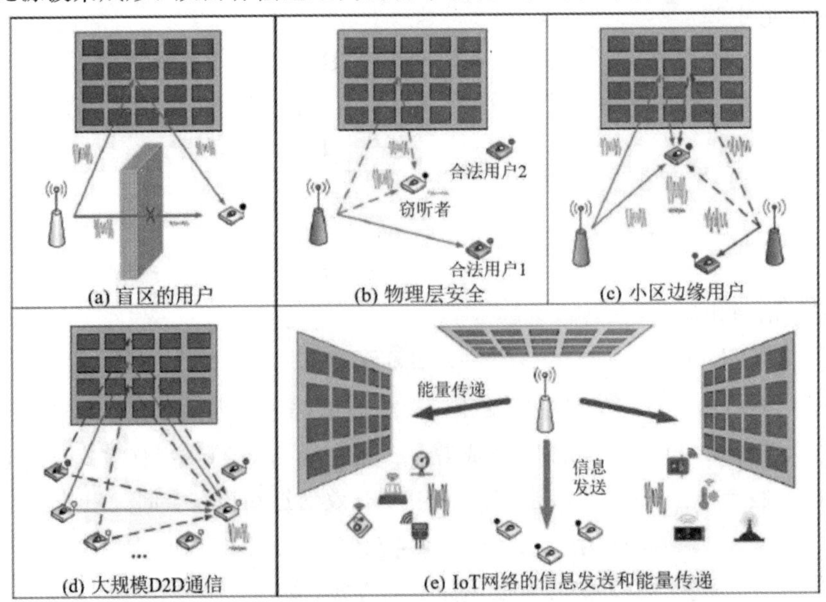

图3.44　智能反射表面(IRS)在无线网络中的典型应用

基于 IRS 的智能无线环境的工作原理是，可调节超表面上的每个反射元都能灵活控制反射信号相位和幅度等特性，所以对每个反射元进行不同的控制可以实现反射信号的波束赋形，从而实现覆盖的增强。使用超表面实现覆盖增强实质上是一种无源波束赋形。

IRS 改善无线环境的研究方向包括如何使用 IRS 来重新分析和设计无线网络，比如需要建立信息与传播理论模型，如何估算优化所需的信道并将这些信息反馈给发射机，IRS 与其他新兴技术的集成问题等。

3.5.4　轨道角动量

提高系统的频谱资源利用率一直是发展移动通信技术的主要目标。移动通信蜂窝网的系统架构为复用技术提供了广阔舞台，从频分复用、时分复用、码分复用到空分复用等技术，在时域、空域或者码域内划分不同的子信道，一定程度上提高了信道传输效率，但在不拓宽频谱带宽的前提下对于频谱资源利用率的提升仍然有限。

近些年学术界研究的轨道角动量(Orbital Angular Momentum，OAM)电磁波凭借携带的多种 OAM 模式为移动通信系统提供了一种新型信道复用技术，利用自身的模式正交性可以实现以相同频率发射但不同 OAM 模式编码的独立信道。

如何产生蜗旋电磁波束是实现 OAM 通信的关键，也是当前研究的热点。在微波频段利用圆形阵列天线是一种产生 OAM 波束的常用方法，并作为各种 OAM 通信实验以及链路分析的基本模型。其中，圆环天线阵列将天线单元等间距分布在同一圆周上，利用阵元之间不同的馈电相位差即可产生不同模式的 OAM 波束。另外产生 OAM 波束的方法是平面四臂等角螺旋多模 OAM 天线，以实现在不改变天线结构的前提下，通过具有等幅、不同相差的馈电方案对端口进行激励，天线能辐射携带不同模式的 OAM 波束。但是阵列天线馈电网络复杂，产生的 OAM 波束发散角较大，而且产生的 OAM 模式受到阵元个数的限制。贴片天线和行波天线结构简单、易于加工和集成，但是增益低、波束发散角大。反射和透射阵列天线以及超表面天线由于可以改变阵面的相位分布实现波束赋形，也可用来产生 OAM 波束，因而得到广泛的关注。石墨烯具有电可调性，通过改变外加电压可以改变化学势，影响石墨烯的电导率进而实现石墨烯超表面工作状态的动态调控，因此可以实现 OAM 模式的可重构。2017 年，我国设计出了一款可重构石墨烯反射超表面天线，可改变石墨烯贴片大小和化学势，实现了 360°的相移范围，产生了模式可重构的 OAM 涡旋波束。

此外，还有其他很多 OAM 波束形成方法。随着 6G 通信研究的不断深入，对多模、多频/宽带、多极化等 OAM 电磁波束的研究也将进入一个新的阶段。

3.6　同时同频全双工技术

双工方式主要是解决系统中用户双向通信的问题，常见的双工方式包括频分双工(FDD)、时分双工(TDD)和码分双工。近年来，为了进一步提高频谱效率，业界提出了同时同频全双工的概念。

1. 全双工系统的干扰分析

在同时同频全双工无线系统中，所有发射节点对于非目标接收节点来说都是干扰源。发射机的发射信号会对本地接收机产生很强的自干扰。应用于蜂窝网络时还会存在较为复杂的系统内部干扰，包括单个小区内的干扰和多小区间的干扰。

1）全双工系统单小区干扰分析

采用全双工基站与半双工终端混合组网的全双工系统如图3.45所示，其中，基站端配置一根发射天线和一根接收天线，两者同时同频工作。由于手机体积和成本等因素的限制，这里考虑手机只配备一根天线并以半双工的方式工作，即每一时刻只能进行接收或者发射操作。由于基站工作在全双工方式，因此能够同时同频地服务一个上行用户和一个下行用户。除了基站全双工引起的自干扰外，由于上行用户和下行用户同时同频工作，也会造成用户间干扰。

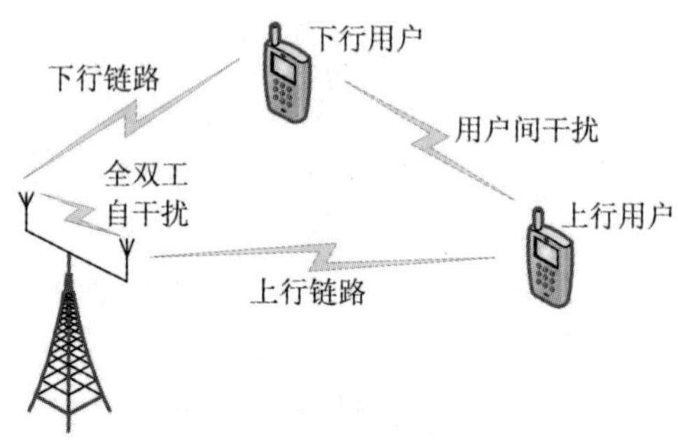

图3.45 全双工蜂窝系统单小区干扰分析

用户间干扰可以采用信号处理方法进行抑制，如干扰抑制合并技术，或者通过资源调度，选择距离较远的上行和下行用户减少同时同频传输带来的用户间干扰，因此这里重点阐述全双工系统的自干扰消除技术。

2）全双工系统多小区干扰分析

在多小区组网的环境下，全双工蜂窝系统中同样存在传统半双工蜂窝系统内的小区间干扰，包括基站对相邻小区下行用户的干扰，以及上行用户对相邻小区基站的干扰。此外，由于全双工蜂窝系统每个基站都是同时同频地进行收发操作，还存在用户间干扰以及基站的收发天线之间的全双工自干扰，如图3.46所示。

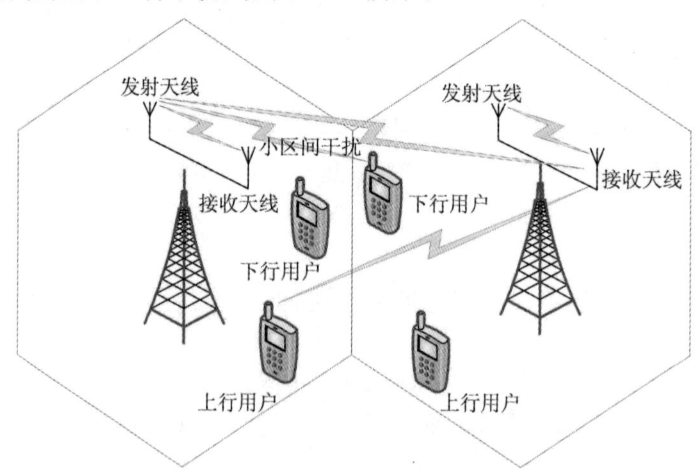

图3.46 全双工蜂窝系统多小区干扰分析

小区间干扰有传统的解决办法，如联合多点传输技术和软频率复用等。与单小区干扰分析一样，多小区的学习重点也是全双工系统的自干扰消除技术。

2. 全双工系统的干扰消除

全双工的核心问题是如何在本地接收机中有效抑制自己发射的同时同频信号(即自干扰)。为了分析全双工系统的自干扰，在图 3.47 中给出了同频同时全双工节点的结构。

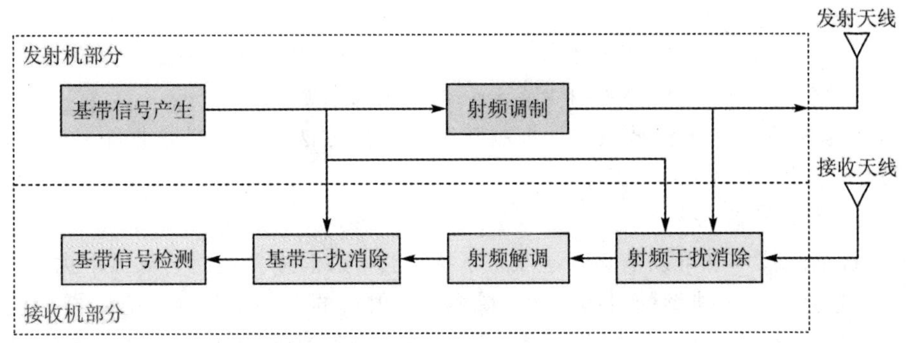

图 3.47　同频同时全双工节点结构图

在图 3.47 中，基带信号经射频调制，从发射天线发出。同时，接收天线正在接收来自期望信源的信号。由于节点发射信号和接收信号处在同一频率和同一时隙上，进入接收天线的信号为节点发射信号和来自期望信源的信号之和，而节点发射信号对于期望的接收信号来说是极强的干扰，这种干扰被称为双工干扰(自干扰)。双工干扰消除对系统频谱效率有极大的影响。如果双工干扰被完全消除，则系统容量能够提升一倍。可见，有效消除双工干扰是实现同频同时全双工的关键。

常见的自干扰抑制技术包括空域、射频域、数字域的自干扰抑制技术。空域自干扰抑制主要依靠天线位置优化、空间零陷波束、高隔离度收发天线等技术手段实现空间自干扰的辐射隔离；射频域自干扰抑制的核心思想是构建与接收自干扰信号幅度相反的对消信号，在射频模拟域完成抵消，达到抑制效果；数字域自干扰抑制针对残余的线性和非线性自干扰进一步进行重建消除。

1) 空域抑制方法

空域抑制方法是将发射天线与接收天线在空中接口处分离，从而降低发射机信号对接收机信号的干扰。常用的天线抑制方法包括：

(1) 加大发射天线和接收天线之间的距离。采用分布式天线，增加电磁波传播的路径损耗，以降低双工干扰在接收机天线处的功率。

(2) 直接屏蔽双工干扰。在发射天线和接收天线之间设置一个微波屏蔽板，减少双工干扰直达波在接收天线处的泄漏。

(3) 采用鞭式极化天线。令发射天线极化方向垂直于接收天线，有效降低直达波双工干扰的接收功率。

(4) 利用多天线技术进行自干扰抑制。用多天线技术抑制自干扰，还可以进一步分为配置多根发射天线和配置多根接收天线两种方案。图 3.48(a)给出了用于自干扰抑制的两发一收天线，其中两发射天线到接收天线的距离差为载波波长(λ)的一半，而两发射天线的信号在接收天线处幅度相同、相位相反，使接收天线处于发射信号空间零点，以降低双工干扰。图 3.48(b)给出了用于自干扰抑制的一发两收天线，与两发射天线情况类似，两接收天线分别距发射天线的距离为载波波长的一半，这样两个接收天线接收的双工之和为零，有效降低了双工干扰。

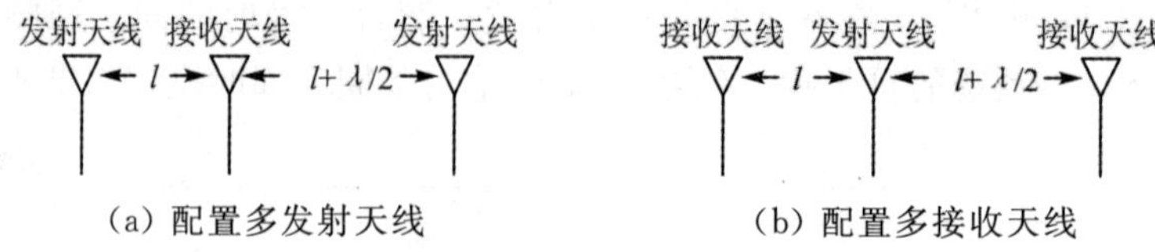

图 3.48 利用多天线配置进行自干扰抑制

此外，还有更多采用天线波束成形抑制双工干扰的方法。上述空域的自干扰抑制方法一般可将双工干扰降低 20～40 dB。

2）射频干扰消除方法

射频干扰消除技术既可以消除直达双工干扰，也可以消除多径到达双工干扰。

图 3.49 描述了一个典型的射频干扰消除器，发射机的射频信号通过分路器分成 2 路，一路经过天线辐射给目标节点，另外一路作为参考信号经过幅度调节和相位调节，使接收天线从空中接口收到的双工干扰幅度相等、相位相反，并在合路器中实现双工干扰的消除。

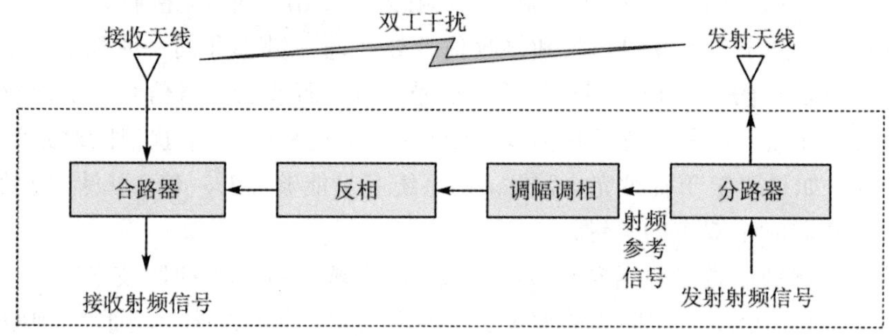

图 3.49 射频干扰消除的典型结构

为了进行幅度调节和相位调节，就要准确地估计出自干扰信号的参数，因此目前射频干扰消除的研究主要集中在如何根据射频参考信号来进行调幅调相。常用的方法是以正交、同相参考支路构成的自干扰估计结构为基础，通过分析接收信号强度与两支路权矢量之间的关系，实现射频域的自适应干扰抵消算法。

射频干扰消除方法还可用于多载波系统的双工干扰消除，主要思路是将干扰分解成多个子载波，先估计每个子载波上的幅值和相位，对有发射机基带信号的每个子载波进行调制，使得它们与接收信号幅度相等、相位相反，再经混频器重构与双工干扰相位相反的射频信号，最后在合路器中消除来自空口的双工干扰。

3）数字干扰消除方法

在一个同频同时全双工通信系统中，通过空中接口泄露到接收机天线的双工干扰是直达波和多径到达波之和。射频消除技术主要消除直达波，数字消除技术则主要消除多径到达波。

数字干扰消除器包括一个数字信道估计器和一个有限阶数字滤波器(FIR)。信道估计器用于双工干扰的信道参数估计，滤波器用于双工干扰的重构。由于滤波器多阶时延与多径信道时延具有相同的结构，将信道参数用于设置滤波器的权值，再将发射机的基带信号通过上述滤波器，即可在数字域重构经过空中接口的双工干扰，并实现对该干扰的消除。

此外，由于双工干扰是可知的，因此也可以通过一个自适应滤波器完成干扰消除。

同频同时全双工是一项极具潜力的新兴无线通信技术，已显示出广阔的应用前景。全双工技术实用化的关键问题在于如何消除干扰信号，尽可能减小残余干扰的影响。此外，单天线的同频同时全双工终端、组网和MIMO等相关领域的研究也在逐渐展开。随着研究和开发工作的不断深入，同时同频全双工技术将会作为提高频谱效率的方法而被广泛应用。

本章小结

本章阐述了5G移动通信系统的关键技术，重点阐述了编码调制技术、OFDM技术、广义频分复用技术和SC-FDMA技术。此外，描述了MIMO增强技术，包括大规模MIMO技术和面向5.5G的毫米波混合波束赋形技术。最后还介绍了全双工系统中的自干扰消除技术。本章的内容可作为读者进一步展开学习5G技术的基础。

习　　题

1. 为什么要进行自适应编码调制？
2. 试列出几种5G新波形，并给出各自的优缺点。
3. 给出SC-FDMA的实现框图，并说明SC-FDMA和OFDMA的异同点。
4. 什么是混合波束赋形？
5. 给出同时同频全双工通信中常用的干扰消除技术。

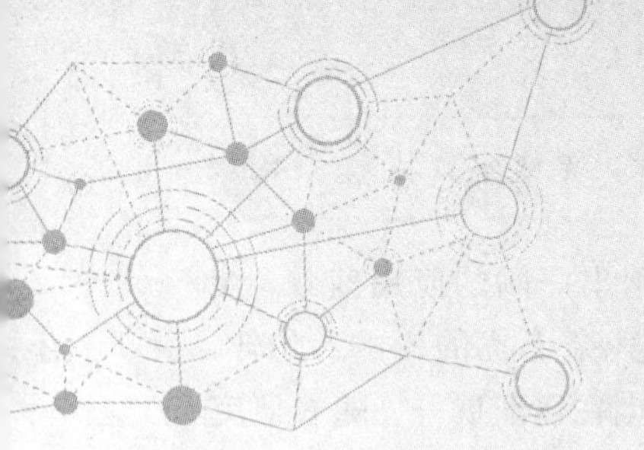

第 4 章　5G NR 技术规范

主要内容

本章结合 5G 移动通信的最新发展趋势，介绍 5G NR 的相关概念，包括帧结构、参数集，信道和参数集等。此外，还介绍了 5G 信道及映射关系。最后还介绍了带宽部分和天线端口等概念。

学习目标

通过本章的学习，可以掌握如下几个知识点：

- 5G NR 系列规范的组成；
- 5G 频谱规划；
- 帧结构和参数集；
- 5G 信道及映射关系；
- 5G 物理层资源。

本章知识图谱

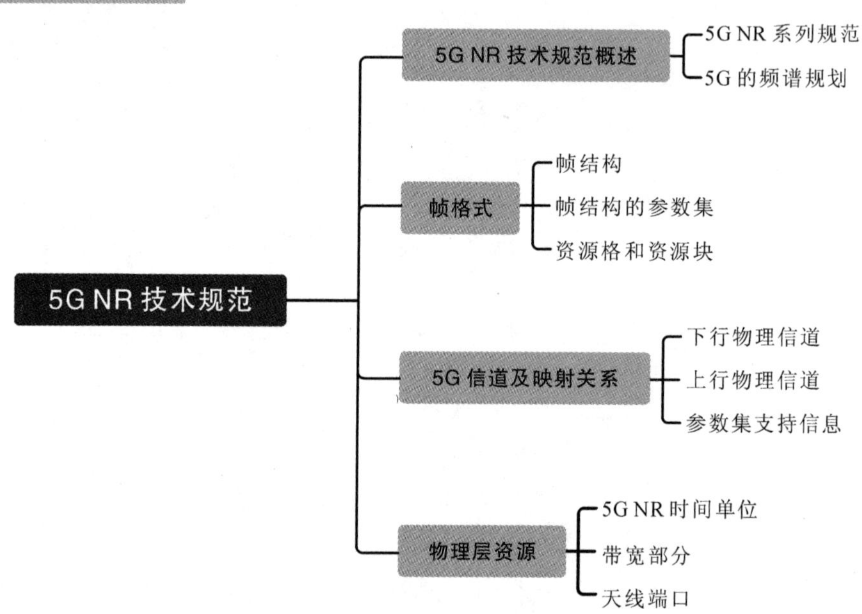

4.1　5G NR 技术规范概述

4.1.1　5G NR 系列规范

3GPP 组织在 TS 38.200 系列规范中对 5G NR 进行了描述，主要包括如下所述的七个规范。

TS 38.201 是概述性文档，对物理层做了基本概述，给出了 5G NR 协议的总体架构，描述了物理层与媒体控制接入层(Medium Access Control，MAC)、无线资源控制层(Radio Resource Control，RRC)的关系，如图 4.1 所示，椭圆表示接入服务点，不同层之间的连线表示此两层之间存在无线接口。

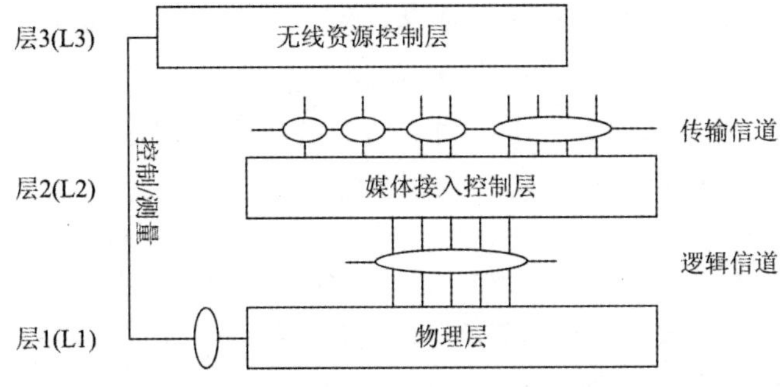

图 4.1　物理层与其他层的无线接口

TS 38.202 描述 NR 物理层提供的服务，规定了物理层的服务和功能、用户终端的物理层模型、物理层信道和探测参考信号(Sounding Reference Signal，SRS)的并行传输、物理层提供的测量。

TS 38.211 确定 NR 物理层信道的特性、物理层信号的产生和调制，规定了上行和下行物理信道的定义、帧结构和物理资源、调制映射、正交频分复用(Orthogonal FRequency Division Multiplexing，OFDM)符号映射、加扰、调制、上变频、层映射和预编码、上行和下行物理共享信道、上行和下行参考信号、物理随机接入信道、主同步信号、辅同步信号。

TS 38.212 描述了对 NR 数据信道和控制信道的数据处理，规定了信道编码方案、速率匹配、上行数据信道和 L1(物理层)/L2(MAC 层)控制信道的编码、下行数据信道和 L1/L2控制信道的编码。

TS 38.213 确定了控制物理层过程的特性，规定了同步过程、上行功率控制、随机接入过程、用来报告控制信息的用户终端过程、用来接收控制信息的用户终端过程。

TS 38.214 确定了数据物理层过程的特性，规定了功率控制、物理下行共享信道相关过程、物理上行共享信道相关过程。

TS38.215 确定了 NR 物理层测量的特性，规定了对用户设备/下一代无线接入网络(User Equipment/Next Generation Radio Access Networks，UE/NG-RAN)的控制测量、对 NR 能力的测量。

4.1.2 5G的频谱规划

以中、美、日、韩、欧为代表的多个国家和地区分别发布了3.5 GHz、4.3 GHz附近的中频段以及26 GHz、28 GHz附近的高频段的5G频谱规划。我国在2017年11月确定将3.3～3.6 GHz和4.8～5 GHz频段作为5G频段。

3.5GHz已经成为大多数运营商首选的5G建网频段，可应用于全球网络漫游的5G移动通信系统频段。5G移动通信系统的建设需要同时兼顾容量和覆盖性能，3.5 GHz频段借助大规模多输入多输出(Massive MIMO)等新型无线传输技术，覆盖范围接近1800 MHz，运营商可以复用现有站点来建设5G移动通信网络。高频段具有更宽的连续频段，频谱资源丰富，但实现大范围的网络覆盖仍存在挑战。

不同应用场景在不同频段下也有不同的技术需求，具体描述如下：

eMBB主要面向大流量的移动宽带业务，除了在6 GHz以下频段进行技术开发外，eMBB也考虑开发6 GHz以上的频谱资源和相关技术。目前eMBB主要使用的仍然是6 GHz以下的频谱，大多采用以宏小区为主的传统网络模式，此外还采用微小区(Small Cell)来提升速度。6 GHz以上频段将用于热点区域的超高速率数据传输。

uRLLC主要采用6 GHz以下的频段，主要应用于需要快速反应才能有效避免意外事故发生的场景，例如智能工厂和自动驾驶等。在智能工厂中，大量的机器都内置有传感器，传感器采集的数据经过后端网络传到前台，前台再将指令发送回机器，4G网络传输存在很明显的延迟，可能引发事故，因此5G的uRLLC业务对此提出了更高的要求，将网络等待时间降低到1毫秒以下。

mMTC也主要发展在6 GHz以下的频段，主要是应用在大规模物联网上，目前常见的是NB-IoT。以往普遍的Wi-Fi、Zigbee、蓝牙等属于家庭用的小范围技术，回传链路(BACKhaul)主要是靠LTE。随着大范围覆盖的LoRa、Redcap等技术标准的出炉，有望让物联网的发展有更为广阔的前景。

5G主要涉及两个频段范围，分别是FR1和FR2。

FR1通常指Sub 6GHz，但因为协议是在不断地更新，FR1的频率范围为450 MHz～7125 MHz。FR1中的NR工作频带如表4.1所示。

表4.1 FR1中的NR工作频带

NR工作频带	基站收用户发的上行链路	基站发用户收的下行链路	双工模式
n1	1920～1980 MHz	2110～2170 MHz	FDD
n2	1850～1910 MHz	1930～1990 MHz	FDD
n3	1710～1785 MHz	1805～1880 MHz	FDD
n5	824～849 MHz	869～894 MHz	FDD
n7	2500～2570 MHz	2620～2690 MHz	FDD
n8	880～915 MHz	925～960 MHz	FDD
n12	699～716 MHz	729～746 MHz	FDD

续表

NR 工作频带	基站收用户发的上行链路	基站发用户收的下行链路	双工模式
n20	832～862 MHz	791～821 MHz	FDD
n25	1850～1915 MHz	1930～1995 MHz	FDD
n28	703～748 MHz	758～803 MHz	FDD
n34	2010～2025 MHz	2010～2025 MHz	TDD
n38	2570～2620 MHz	2570～2620 MHz	TDD
n39	1880～1920 MHz	1880～1920 MHz	TDD
n40	2300～2400 MHz	2300～2400 MHz	TDD
n41	2496～2690 MHz	2496～2690 MHz	TDD
n50	1432～1517 MHz	1432～1517 MHz	TDD
n51	1427～1432 MHz	1427～1402 MHz	TDD
n66	1710～1780 MHz	2110～2200 MHz	FDD
n70	1695～1710 MHz	1995～2020 MHz	FDD
n71	663～698 MHz	617～652 MHz	FDD
n74	1427～1470 MHz	1475～1518 MHz	FDD
n75	N/A	1432～1517 MHz	SDL
n76	N/A	1427～1432 MHz	SDL
n77	3300～4200 MHz	3300～4200 MHz	TDD
n78	3300～3800 MHz	3300～3800 MHz	TDD
n79	4400～5000 MHz	4400～5000 MHz	TDD
n80	1710～1785 MHz	N/A	SUL
n81	880～915 MHz	N/A	SUL
n82	832～862 MHz	N/A	SUL
n83	703～748 MHz	N/A	SUL
n84	1710～1780 MHz	N/A	SUL
n86	1710～1780 MHz	N/A	SUL

注：符合本规范中 NR 频带 n50 最低要求的 UE 也应符合 NR 频带 n51 最低要求。符合本规范中 NR 频带 n75 最低要求的 UE 也应符合 NR 频带 n76 最低要求。

FR2 的频率范围是 24 250～52 600 MHz，其中有一部分落在了毫米波的范围。毫米波就是波长为毫米范围，频率对应的是 30～300 GHz。虽然 FR2 有一部分不在毫米波的范围，但是大家习惯上还是经常把 FR2 称为毫米波频段。FR2 中的 NR 工作频带如表 4.2 所示。

表 4.2　FR2 中的 NR 工作频带

NR 工作频带	基站收用户发的上行链路	基站发用户收的下行链路	双工模式
n257	26 500～29 500 MHz	26 500～29 500 MHz	TDD
n258	24 500～27 500 MHz	24 500～27 500 MHz	TDD
n260	37 000～40 000 MHz	37 000～40 000 MHz	TDD

由表 4.2 可以看到，FR2 频段分了 3 段，分别是 N257、N258 和 N260。值得注意的是，FR2 分配的双工方式均为 TDD 双工方式。

FR1 一共有 4 列，第 1 列是频带号，例如 n41、n78。第 2 列和第 3 列即对应上行的频带范围和下行的频带范围，第 4 列即对应双工方式，包括 FDD 和 TDD 双工方式。此外还有两种特殊的双工方式——SDL(Supplementary Downlink，辅助下行)和 SUL(Supplementary Uplink，辅助上行)。辅助代表的含义是用于增强相应的下行覆盖，或者是用于增强相应的上行覆盖。

在链路预算过程中，下行和上行覆盖估算相比较而言，由于终端的发射功率是有限的，上行覆盖更容易受限。5G 参数工作频段比 4G 的频率要高，而频率越高意味着衰减就越大，因此在进行 5G 组网的时候，上行的覆盖跟 4G 相比较弱，可以通过一些辅助的上行频段来帮助增强上行的覆盖，比如常见的一种组合方式是 3.5 GHz 加上 1.8 GHz。例如，一个小区的下行频段是 3.5 GHz，其上行频段有两个，一个是 3.5 GHz，另外一个是 1.8 GHz。当无线信道环境比较好的时候，上行可以考虑用 3.5 GHz；当无线信道环境比较差的时候，上行就可以用 1.8 GHz。也就是说，小区一个下行频段对应两个上行频段，但两个上行载波不能同时使用，需要一个控制机制来确定上行什么时候用 3.5 GHz，什么时候用 1.8 GHz。

4.2　帧　格　式

4.2.1　帧结构

5G 采用无线帧、半帧、子帧、时隙符号的结构，如图 4.2 所示。

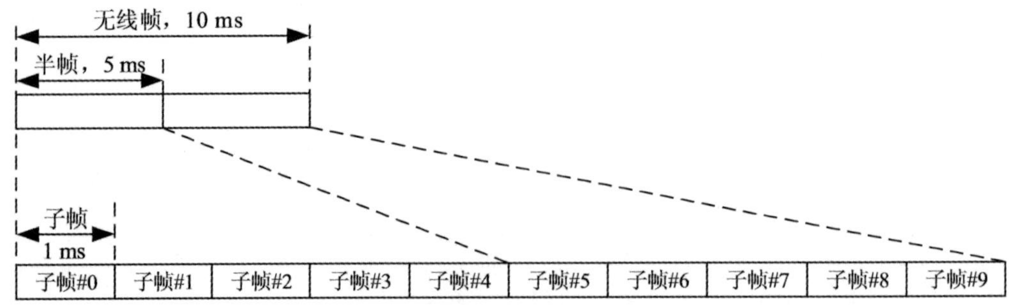

图 4.2　5G 帧结构

5G NR 的帧和子帧长度与 LTE 一致，一个无线帧是 10 毫秒，包含 10 个子帧，用子帧 0 到子帧 9 分别进行编号。每一个子帧的长度固定为 1 ms，帧长度为 10 ms。

5G 的帧结构跟 4G 有所不同，每个帧被分成两个同样大小的半帧。4G 中只有 TDD 模式才有半帧的概念，但是在 5G 里 TDD 和 FDD 模式都有半帧。半帧由 5 个子帧构成，前 5 个子帧构成前半帧，后 5 个子帧构成后半帧，一个半帧是 5 毫秒。子帧 0～4 组成半帧 0，子帧 5～9 组成半帧 1。

4.2.2　帧结构的参数集

与 LTE 相比，3GPP 定义的 5G NR 具有更为灵活的帧结构。由于 5G 要支持更多的应用场景，例如超高可靠性(uRLLC)需要比 LTE 更短的帧结构。为了支持灵活的帧结构，5G NR 中定义了帧结构的参数集(Numerologies)，包括子载波间隔、符号长度和 CP 等，该参数集在 TR38.802 中进行了定义。

5G 中一个子帧包含的时隙数跟参数集有关，这个参数集可用 μ 表示(μ 的取值包括 0、1、2、3、4，共五种)。μ 的取值不同，子帧的时隙数不同，时隙长度也不同。当 $\mu=0$ 时，1 个子帧只有 1 个时隙，时隙的长度是 1 毫秒。当 $\mu=1$ 时，1 个子帧里有 2 个时隙，每个时隙的长度是 0.5 毫秒。

5G NR 支持多种子载波间隔，这些子载波间隔也是由 μ 扩展而成的，如表 4.3 所示。

表 4.3　发送参数集

μ	$\Delta f=2^{\mu}\cdot 15[\text{kHz}]$	循环前缀
0	15	普通 CP
1	30	普通 CP
2	60	普通 CP，扩展 CP
3	120	普通 CP
4	240	普通 CP

表 4.3 中的 Δf 是子载波间隔，μ 的取值不同，子载波间隔也不同。当 $\mu=0$ 时，子载波间隔是 15 kHz。$\mu=1$ 时，子载波间隔是 30 kHz，依次类推。5G 频段分成了 FR1 和 FR2 两大频段。FR1 支持 $\mu=0$，1，2。后面两种是 FR2 的子载波间隔。

在普通 CP 情况下，1 个时隙里的符号数是固定的，为 14 个符号。1 个无线帧里的时隙数随着 μ 取值的变化成倍增加。普通 CP 里每个子帧的时隙数如表 4.4 所示。

表 4.4　普通循环前缀每个时隙的 OFDM 符号数量以及每个帧/子帧的时隙数量

μ	$N_{\text{symb}}^{\text{slot}}$	$N_{\text{slot}}^{\text{frame},\mu}$	$N_{\text{slot}}^{\text{subframe},\mu}$
0	14	10	1
1	14	20	2
2	14	40	4
3	14	80	8
4	14	160	16
5	14	320	32

表 4.4 给出了采用普通循环前缀时每个时隙的 OFDM 符号数量、每帧和子帧的时隙数量，N_{symb}^{slot} 为一个时隙内的 OFDM 符号数，$N_{slot}^{frame,\mu}$ 是一个帧内的时隙数，$N_{slot}^{subframe,\mu}$ 是一个子帧内的时隙数。

当采用扩展 CP 时，每个时隙支持的符号数不再是 14，而是 12 个符号。扩展 CP 只有 $\mu=2$时才使用，μ 取其他值时不支持扩展 CP。$\mu=2$ 意味着一个子帧里包含的时隙数是 4 个。表 4.5 给出了采用扩展循环前缀时每个时隙的 OFDM 符号数、每帧和每个子帧的时隙数。

表 4.5　扩展循环前缀的每个时隙的 OFDM 符号数，每帧和每个子帧的时隙数

μ	N_{symb}^{slot}	$N_{slot}^{frame,\mu}$	$N_{slot}^{subframe,\mu}$
2	12	40	4

可见，虽然 5G 的无线帧结构与 4G 有些相似，但是在细节上还是有了很大变化。5G 引入了参数集 μ，它的取值不同导致了子帧的时隙数不同、时域的长度不同、频域的带宽和子载波间隔也不同。

在 4G 里，小区上下行子帧的配置是通过子帧进行配比的，包括下行子帧、上行子帧和特殊子帧。但是 5G 把上下行的概念下沉到了符号级别，如表 4.6 所示。

表 4.6　5G 上下行符号示例

格式	时隙内的符号													
	0	1	2	3	4	5	6	7	8	9	10	11	12	13
0	D	D	D	D	D	D	D	D	D	D	D	D	D	D
1	U	U	U	U	U	U	U	U	U	U	U	U	U	U
2	X	X	X	X	X	X	X	X	X	X	X	X	X	X
3	D	D	D	D	D	D	D	D	D	D	D	D	D	X
4	D	D	D	D	D	D	D	D	D	D	D	D	X	X
5	D	D	D	D	D	D	D	D	D	D	D	X	X	X
6	D	D	D	D	D	D	D	D	D	D	X	X	X	X
7	D	D	D	D	D	D	D	D	D	X	X	X	X	X
8	X	X	X	X	X	X	X	X	X	X	X	X	X	U
9	X	X	X	X	X	X	X	X	X	X	X	X	U	U
10	X	U	U	U	U	U	U	U	U	U	U	U	U	U
…														
53	X	X	X	X	U	U	U	X	X	X	X	U	U	U
54	D	D	D	D	D	X	U	D	D	D	D	D	X	U
55	D	D	X	U	U	U	U	D	D	X	U	U	U	U
56	D	X	U	U	U	U	U	D	X	U	U	U	U	U
57	D	D	D	D	X	X	U	D	D	D	D	X	X	U
58	D	D	X	X	U	U	U	D	D	X	X	U	U	U
59	D	X	X	U	U	U	U	D	X	X	U	U	U	U
60	D	X	X	X	X	X	U	D	X	X	X	X	X	U
61	D	D	X	X	X	X	U	D	D	X	X	X	X	U
…														

表 4.6 给出了 5G 的时隙符号配比的格式(Format)。5G 中一个时隙里固定有 14 个符号，用 0～13 来进行编号，不同格式的每一个符号用下行(“D”)或上行(“U”)表示。此外，“X”表示可以灵活地配置成上行或下行。需要注意的是上行和下行之间需要有转换点，每个时隙最多有两个转换点。

前面我们已经了解了 5G 主要的三大应用场景，对于用户来说，应用场景是多变的且多种场景可能同时存在。因此，5G 的帧结构会随着业务类型的变化有所调整，通过无线资源控制(RRC)和下行控制信息(Downlink Control Information，DCI)相结合的方式进行灵活配置。RRC 配置包括小区专用和 UE 专用两种方式；DCI 配置包括时隙格式指示(SFI)和 DCI 调度两种方式。

在这种上下行配置结构里，可以支持不同周期的配置，例如 2.5 毫秒双周期，如图 4.3 所示。图中，每 5 ms 包含 5 个全下行时隙，3 个全上行时隙和 2 个特殊时隙，具体配置为 DDDSUDDSUU，其中时隙 3 和时隙 7 为特殊时隙，配比为 10∶2∶2。在实际应用中，符号的上下行配比和具体配置是可调整的。

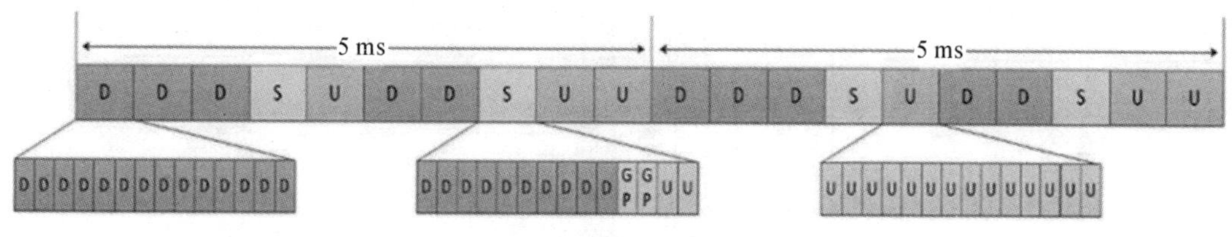

图 4.3　2.5 毫秒双周期示例

图 4.3 是一个典型的帧结构，当子载波间隔为 30 kHz，也就是 $\mu=1$ 时，在时域上一个子帧里包含 2 个时隙，因此 1 个无线帧里的 10 个子帧就会对应 20 个时隙，前半帧 10 个时隙，后半帧 10 个时隙。

在 $\mu=1$ 时，1 个时隙是 0.5 毫秒，5 个时隙的长度加起来就是 2.5 毫秒。在 5 毫秒内，前后 2 个 2.5 ms 的配置有所不同。前面 2.5 毫秒的配置是 DDDSU，下行和上行是 3∶1 的结构，表示 3 个下行，1 个上行和 1 个特殊时隙；后面 2.5 毫秒下行和上行是 2∶2 的结构，表示 2 个下行、2 个上行和 1 个特殊时隙。5G 里的特殊时隙依然借鉴 4G，1 个时隙固定配置成 14 个符号，有专门用于下行的符号和专门用于上行的符号，D 与 U 之间需要转换点，因此配置一个 GP(Guranteed Period，保护周期)。前 2.5 毫秒和后 2.5 毫秒的配置可以统一为 10∶2∶2，这是目前联通常用的一个典型配置。

前面已经提到，这种配置可以有几种方式去通知 UE：一种是 RRC 的半静态的控制，另一种是 DCI，用 4 元组参数广播告诉 UE 整个网络的子帧配置结构。4 元组参数可表示为(nrofDownlinkSlots、nrofDownlinkSymbols、nrofUplinkSlots、nrofUplinkSymbols)，其中 nrofDownlinkSlots 指下行时隙，nrofDownlinkSymbols 指下行符号，nrofUplinkSlots 是上行时隙，nrofUplinkSymbols 是上行符号。

中国移动常用的配置是 7∶2，对应的子载波间隔是 30 kHz，也就是说 $\mu=1$，10 个时隙里面有 7 个下行，2 个上行和 1 个特殊符号，具体形式是 DDDDDDDSUU。特殊时隙配置为 6∶4∶4，6 个下行符号，4 个上行符号和 4 个 GP。

采用 2.5 毫米双周期的原因是如果一个时隙长度是 0.5 毫秒，2 个上行时隙加起来就是 1 毫秒。一些 PRACH(Physical Random Access Channel，物理随机接入信道)的前导

(Preamble)码的长度是 1 毫秒，可以用 2 个上行时隙来发送前导码。而单个时隙是 0.5 毫秒，适用于短的 PRACH 的结构，这样可以配合 5G 不同业务的需求(见第 5.3 节)。

4.2.3　资源格和资源块

1. 资源格

5G NR 资源格的整体结构与 LTE 类似，由资源单元(RE)、资源块(RB)组成，如图 4.4 所示。

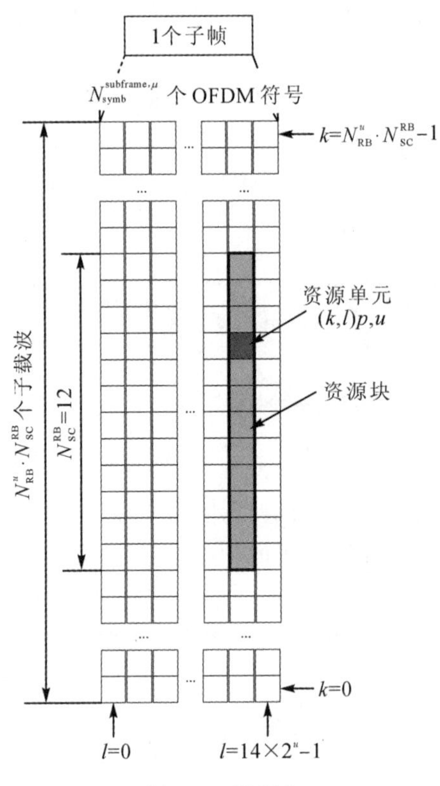

图 4.4　资源格

如图 4.4 所示，5G NR 的子帧由资源单元(RE)、资源块(RB)和 OFDM 符号组成。与 4G 不同的是，5G NR 资源格的子载波间隔、时隙包含的 OFDM 符号数等要根据参数集的不同而变化。

2. 资源单元

资源单元(Resource Element，RE)有时也称为资源粒子，是资源格中的最小单元，由频域上的一个子载波和时域上的一个符号组成。资源单元被唯一标识为$(k, l)_{p,\mu}$，表示在天线端口 p 上 μ 所对应的子载波间隔的资源格中的资源单元，其中 k 是频域上相对于特定参考点的子载波索引，l 是指相对于参考点的时域上的码元位置。资源单元$(k, l)_{p,\mu}$对应于复数值 $a_{k,l}^{(p,\mu)}$。在没有指定特别的天线端口和子载波间隔时，索引 p 和 μ 可以省略，即资源单元表示为 $a_{k,l}^{(p)}$或者 $a_{k,l}$。

3. 资源块

资源块(Resource Block，RB)由频域上的 12 个连续的子载波组成，表示为 $N_{SC}^{RB}=12$。

上下行频域上的资源块数及带宽范围如表 4.7 所示。

表 4.7　上下行频域的资源块数及带宽范围

μ	最小 RB 数	最大 RB 数	子载波间隔	最小带宽	最大带宽
0	24	275	15	4.32	49.5
1	24	275	30	8.64	99
2	24	275	60	17.28	198
3	24	275	120	34.56	396
4	24	138	240	69.12	397.44
5	24	69	480	138.24	397.44

图 4.4 中的资源格包含了 $N_{\text{RB}}^{\mu}N_{\text{SC}}^{\text{RB}}$个子载波和 $N_{\text{symb}}^{\text{subframe},\mu}$个 OFDM 符号。每个天线端口 p、每个子载波间隔配置 μ 及每个传输方向(下行或者上行)对应一个资源格。

5G NR 规范中还给出了参考资源块、公共资源块(CRB)、物理资源块(PRB)和虚拟资源块(VRB)的定义。

参考资源块频域上的编号是从 0 开始的。参考资源块 0 的子载波 0 表示为“参考点 A (Point A)”，它是不同子载波配置 μ 下的资源格的公共参考点，需从高层获取主小区上/下行链路的 PRB(Physical Resource Block，物理资源块)公共索引、辅小区上/下行链路的 PRB 专用索引以及辅助上行链路的 PRB 索引等参数。

物理资源块(PRB)是用于实际传输的资源。虚拟资源块 VRB 是 L2 MAC 层时频资源，通常 MAC 层在资源分配时按 VRB 分配，然后再映射到 PRB。

对于任意子载波间隔配置 μ，公共资源块 CRB 在频域上都从 0 开始向上编号。子载波间隔配置 μ 的公共资源块 0 的子载波 0 的中心频率与“参考点 A”一致。由于不同 μ 对应的子载波间隔不同，所以不同子载波间隔配置下的 CRB 边界并不对齐。

子载波间隔配置 μ 在频域中的公共资源块编号与资源单元(k, l)的关系为

$$n_{\text{CRB}}^{\mu}=\left\lfloor\frac{k}{N_{\text{SC}}^{\text{RB}}}\right\rfloor$$

其中 k 相对于参考点 A 定义，$k=0$ 对应的子载波中心与参考点 A 重合。

4.3　5G 信道及映射关系

图 4.5 给出了 5G 的逻辑信道、传输信道和物理信道，并给出了逻辑信道和传输信道之间的映射关系，以及传输信道和物理信道之间的映射关系。

在图 4.5 中，最上面是逻辑信道，包括 PCCH(Paging Control Channel，寻呼控制信道)、BCCH(Broadcast Control Channel，广播控制信道)、CCCH(Common Control Channel，公用控制信道)、DCCH(Dedicated Control Channel，专用控制信道)和 DTCH(Dedicated Traffic Channel，专用业务信道)。中间是传输信道，包括 PCH(Paging Channel，寻呼信道)、BCH(Broadcast Channel，广播信道)、DL-SCH(DownLink Sharing Channel，下行共享信道)、UL-SCH(UpLink Sharing Channel，上行共享信道)和 RACH(Random Access Channel，随机接

入信道)。下面是物理信道，包括下行物理信道和上行物理信道。下面重点介绍物理信道。

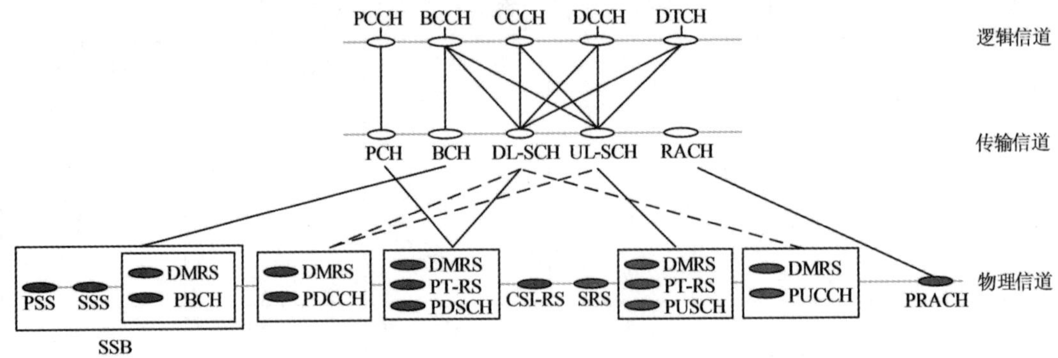

图 4.5　5G信道及映射关系

4.3.1　下行物理信道与物理信号

1. 下行物理信道

下行包括物理信道和物理信号。物理信道包括物理广播信道(Physical Broadcast Channel，PBCH)，物理下行控制信道(Physical Downlink Control Channel，PDCCH)以及业务信道PDSCH(Physical Downlink Shared Channel，物理下行共享信道)。5G和4G不同的是，4G的控制信道除了PDCCH，还有两个信道：一个控制信道是PCFICH(Physical Control Format Indicator Channel，下行物理控制格式指示信道)，其主要作用是确定PDCCH传输的符号位数，即指示了PDCCH时域上的长度；另外一个控制信道是PHICH(Physical Hybrid ARQ Indicator Channel，物理混合自动重传指示信道)，其主要是对上行数据进行HARQ反馈。5G里没有这两个信道，但是这两个信道的功能依然存在。

5G里不再使用PCFICH给PDCCH分配资源，而改用高层信令的方式来推送。PDCCH的资源集在5G中称为CORESET(控制资源集)。CORESET包括时域上的起始符号位置和时域的长度，频域上的起始符号位置和长度，以及其他参数集合(例如DCI)。CORESET中分配的频率可以是连续的，也可以是非连续的，时间跨度是1～3个连续的OFDM符号。5G NR中将PDCCH设计为可以在一个可配置的CORESET上传输，提升了灵活性。

5G也不再使用PHICH，而是由基站直接通过PDCCH或者PDSCH来通知UE要重传哪些信息。

2. 下行物理信号

5G下行物理信号包括同步信号和下行参考信号。同步信号包括主同步信号(PSS)和辅同步信号(SSS)，在5.2节会详细阐述。下行参考信号包括解调参考信号，CSI参考信号和相位跟踪参考信号。

4G里还有CRS(Cell Reference Signal，小区参考信号)，其主要作用是进行信道估计。在5G里，在空闲态下的信道估计是用SSB(Synchronization Signal/PBCH Block，同步信号块)实现的。

5G同4G一样，也有主同步信号和辅同步信号。除了在空闲态下使用SSB进行信道估计，还在空闲态使用 SSS 进行 L3 移动性管理。在连接态时，可以通过 CSI-RS(Channel Status Information Reference Signal)来进行信道估计。

5G 的 PBCH、PDCCH 和 PDSCH 上面都有 DMRS(DeModulation Reference Signal，解调参考信号)，通过 DMRS 来进行数据的解调。

此外，5G NR 新引入的一种下行参考信号 PT-RS(Phase-Tracking Reference Signal，相位跟踪参考信号)，可以看作是 DMRS 的扩展。PT-RS 的主要作用是跟踪相位噪声的变化。由于 5G 使用的频率范围大部分比 4G 高，频率越高相位噪声越高，频率偏移也会越严重，从而破坏 OFDM 子载波间的正交性，因此 PT-RS 主要应用在高频段，例如毫米波频段。PT-RS 必须与 DMRS 一起发送，gNB 可以配置 PDSCH 中是否存在 PT-RS。

4.3.2　上行物理信道

5G 上行物理信道包括 PUSCH(物理上行共享信道)、PUCCH(物理上行控制信道)和 PRACH(物理随机接入过程)。此外，还有探测参考信号、DMRS 和 PT-RS，这是因为上行也需要相位偏移跟踪。

4.3.3　参数集支持信息

4.2.2 节介绍了无线帧、子帧、时隙和符号及参数集的作用，在此基础上，给出了参数集支持的信道情况，如表 4.8 所示。

表 4.8　不同参数集支持的信道信息

μ	子载波间隔/kHz	CP 类型	对数据的支持(PDSCH，PUSCH 等)	支持同步(PSS，SSS，PBCH)	PRACH
N/A	1.25		否	否	长前导
N/A	5		否	否	长前导
0	15	普通	是	是	短前导
1	30	普通	是	是	短前导
2	60	普通，扩展	是	否	短前导
3	120	普通	是	是	短前导
4	240	普通	否	是	

表 4.8 给出了参数集在时域和频域上对应的取值和在不同信道的应用情况。表中 μ 的取值包括 0、1、2、3、4。第 2 列对应的是子载波间隔，包括 15 kHz、30 kHz，……。第 3 列指不同 μ 取值时的 CP 类型，包括普通 CP 和扩展 CP。第 4 列表示 μ 为不同取值时支持的下行和上行业务信道(PDSCH、PUSCH 等)，可以看出业务信道对应的 μ 的取值只能是 0～3。第 5 列表示 μ 对同步信号和广播信道(包括 PSS(Primary Synchronization Signal，主同步信号)、SSS(Secondary Synchronization Signal，辅同步信号)和 PBCH)的支持情况，μ 的取值可以是 0、1、3 和 4；最后 1 列是 PRACH 的前导码和 μ 取值的对应关系，支持 0、1、

2、3 共 4 种类型。此外，PRACH 还支持其他两种类型的子载波间隔，一种是1.25 kHz的，另一种是 5 kHz 的，对应的是长序列，μ 取值 0～3 对应的 4 种序列为短序列。

4.4 物理层资源

物理层资源包括无线帧、子帧、时隙、OFDM 符号、子载波和天线端口。4.2 节已经介绍了帧结构上下行的配置，本节介绍物理层的基本资源单位。

4.4.1 5G NR 时间单位

5G NR 的基准时间单位表示为 T_c。T_c的计算方法是在 480 kHz 上再进行 4096 次抽样后得到的时间单位，可以表示为

$$T_c = \frac{1}{\Delta f_{\max} \times N_f}$$

其中，$\Delta f_{\max} = 480 \times 10^3$，$N_f = 4\ 096$。

前面已提到，5G 里子载波间隔最大是 240 kHz，但由于 3GPP 在起草标准初期有480 kHz的子载波间隔，因此就以 480 kHz 为基准来进行 4096 次抽样得到基准时间单位。虽然后来 5G 标准不再采用 480 kHz，但是这个基准时间单位保留了下来。从时域上来讲，不管是无线帧、子帧、时隙还是 OFDM 符号的时间长度，都是这个基准时间单位 T_c 的整数倍。

4.4.2 带宽部分

5G NR 的最大载波带宽远大于 4G，且支持多种类型的 UE，并非所有 UE 都能够使用完整的载波带宽，因此 5G NR 提出了一种终端带宽自适应的方法。为了支持终端带宽适配和无法接收全带宽两个方面的问题，引入了 BWP(带宽部分)的概念。BWP 在不必要使用全部带宽时可以节省能耗，还能实现灵活的调度来适应不同的业务需求。

BWP 是小区整个载波带宽的子集，是在整个载波带宽内形成一组连续的公共资源块(Common Resource Block，CRB)。在整个载波带宽内，BWP 从一个 CRB 开始，跨越一组连续的 CRB。每个 BWP 都有自己的参数集，例如：SCS(Subcarrier Spacing，子载波间隔)和 CP 等。载波带宽部分(Bandwidth Part，BWP)是在给定参数集和给定载波上的一组连续物理资源块，起始位置 $N_{\text{BWP},i}^{\text{start}} \geqslant 0$ 和载波带宽部分的资源块数量 $N_{\text{BWP},i}^{\text{size}} > 0$，且应满足

$$0 \leqslant N_{\text{BWP},i}^{\text{size},\mu} < N_{\text{grid},x}^{\text{size},\mu}$$

UE 在每个服务小区最多可以配置 4 个下行链路 BWP 和 4 个上行链路 BWP。如果 UE 配置了辅助上行链路(SUL)，UE 还可以在辅助上行链路配置 4 个 BWP。UE 不能在有效带宽部分之外传输 PUSCH 或 PUCCH。

从 PBCH 接收的 CORESET 配置信息定义了下行链路中的初始带宽部分和上行链路的初始带宽部分，是通过解码广播系统信息(System Information Block，SIB)获得的，这些 SIB 由 PDCCH 调度。如果初始 BWP 未配置，则默认为 CORESET0。默认 BWP 用于 UE 长时间没有业务需求的情况下，让 UE 切换到默认的带宽较小的 BWP 上，用于降低功耗。

4.4.3　天线端口

天线端口(Antenna ports)在移动通信系统中被定义为传送数据符号的信道。在 5G NR 中，如可以从另一个天线端口上传输符号的信道推断出一个天线端口上传输符号的信道的特性，则这两个天线端口被称为是准共址(to be quasi co-located)的。无线信号在传输过程中的信道特性(The large-scale properties)包括延迟扩展、多普勒扩展、多普勒频移、平均增益、平均延迟和空间 Rx 参数等。

在无线网络中每个天线端口都有自己的资源网格，而在网格上有特定的参考信号。假定参考信号的资源单元的信道属性与其他业务信道(如 PDSCH)的资源单元相同(或非常接近)，基于这一属性，我们可以利用参考信道分析获得的信道信息来帮助解调数据。

5G 与 4G 一样，不同的无线信号在不同的天线端口上发送。定义天线端口的目的是使得能够根据在天线端口上传输某个符号的信道推断出同一天线端口上传输另一个符号的信道。

不同的物理信道和物理信号的天线端口的起始位置如下：

(1) 上行链路。

- PUSCH 和 DMRS-PUSCH：天线端口从 0 开始；
- SRS：天线端口从 1000 开始；
- PUCCH：天线端口从 2000 开始；
- PRACH：天线端口从 4000 开始。

(2) 下行链路。

- PDSCH：天线端口从 1000 开始；
- PDCCH：天线端口从 2000 开始；
- CSI-RS：天线端口从 3000 开始；
- SS/PBCH 块：天线端口从 4000 开始。

4.5　RRC 连接控制

5G NR 中除了物理层技术规范外，还包括高层规范，本节介绍其中的 RRC 状态和连接控制。

4.5.1　UE 状态

5G NR 中，UE 分为三种状态：RRC 空闲态(RRC_IDLE)，RRC 连接态(RRC_CONNECTED)和 RRC 非激活态(RRC_INACTIVE)。处于空闲态的 UE 需要发起业务时，首先需要发起 RRC 建立请求，触发空闲态到连接态的过程就是 RRC 的建立过程。非激活态到连接态的过程就是 RRC 的恢复过程。RRC 的状态转换如图 4.6 所示。

在图 4.6 中连接态用户持续一段时间没有数据传输，则进入非激活态。非激活态用户需要发起数据传输时，通过 RRC 恢复过程迁移到连接态。非激活态用户持续一段时间仍然没有数据传输，则进入空闲态。

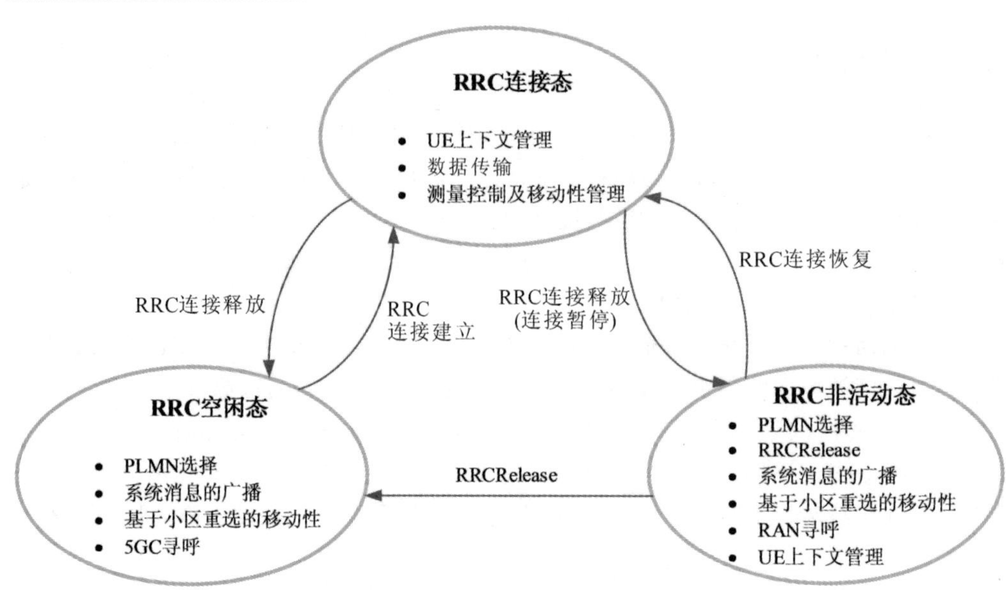

图 4.6 RRC 状态转换

与 LTE 相比，5G 引入一个新的状态 RRC_INACTNVE，新状态对于用户体检来说，优点在于两方面，首先能够满足 5G 控制面时延要求，其次在于终端节能。

在 RRC_INACTIVE 状态下，终端处于省电的“睡眠(Sleep)”状态，但它仍然保留部分 RAN 上下文(安全上下文，UE 能力信息等)，始终保持与网络连接，并且可以通过类似于寻呼的消息快速从 RRC_INACTIVE 状态转移到 RRC_CONNECTED 状态，且减少信令数量。

4.5.2 连接建立

用户设备(UE)与无线接入网(RAN)要取得连接首先要完成 RRC(无线资源连接)的建立，如图 4.7 所示。RRC 连接建立需要 SRB(Signal Radio Bearer，信令无线承载)的建立，首先是 SRB1 的建立。网络在完成 NG-RAN 连接建立过程前，即在从 5G 核心网(5GC)接收 UE 上下文信息之前完成 RRC 的连接建立。因此，在 RRC 连接的初始阶段，不激活接入层(AS)安全，网络可以配置 UE 执行测量报告，但是 UE 仅在 AS 安全成功激活之后才发送相应的测量报告。当 AS 安全被激活后，UE 才接收同步消息的重配。

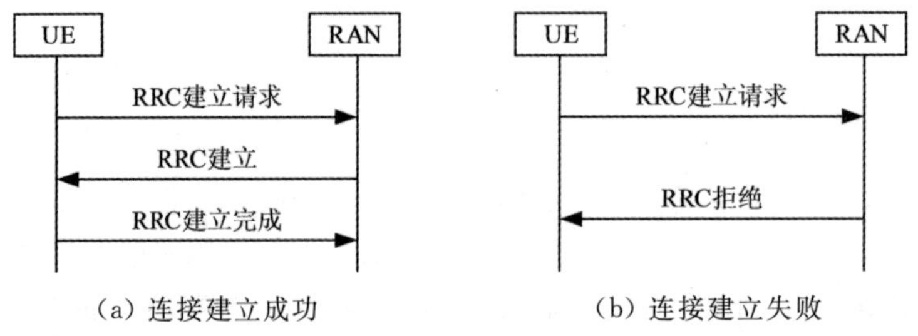

(a) 连接建立成功　　(b) 连接建立失败

图 4.7 RRC 连接建立过程

一旦 UE 从 5GC 接收到 UE 上下文后，RAN 就使用初始 AS 安全激活过程来激活 AS 安全(加密和完整性保护)。用于激活 AS 安全(命令和成功响应)的 RRC 消息是有完整性保护的，而加密只有当安全激活过程完成后才开始。也就是说，响应激活 AS 安全的消息不加密，而后续消息(例如用于建立 SRB2 和 DRB 的消息)既有完整性保护又有加密，初始 AS 安全激活过程启动以后，网络可以发起 SRB2 和 DRB 的建立，即网络可以在从 UE 接收到初始 AS 安全激活的确认之前执行此操作。在任何情况下，网络将对用于建立 SRB2 和 DRB 的 RRC 重新配置消息，应用加密和完整性保护。如果初始 AS 安全激活或无线承载建立失败，则网络应释放 RRC 连接。

4.5.3　连接暂停和释放

RRC 连接的暂停由网络发起。当 RRC 连接被暂停时，UE 存储 UE 非活动 AS 上下文和从网络接收的任何配置，并且转换到 RRC INACTIVE 状态。暂停 RRC 连接的 RRC 消息是完整性保护和加密的。

RRC 连接的释放通常由网络发起，该过程可用于将 UE 重定向到 NR 频率或 EUTRA 载波频率。

4.5.4　连接恢复

当 UE 需要从 RRC_INACTIVE 状态转换到 RRC_CONNECTED 状态时，可通过 RRC 层执行 RAN 更新或者通过来自 NG-RAN 的 RAN 寻呼启动对暂停的 RRC 连接的恢复。在 RRC 连接恢复的过程中，网络根据存储的 UE 非活动 AS 上下文和从网络接收的任何 RRC 配置，根据 RRC 连接恢复过程来配置 UE。RRC 连接恢复过程重新激活 AS 安全性并重新建立 SRB 和 DRB。

通过响应恢复 RRC 连接的请求，网络可以恢复暂停的 RRC 连接并且将 UE 转换到 RRC_CONNECTED 状态，或者拒绝恢复 RRC 连接的请求并且将 UE 转换到 RRC_INACTIVE。此外，还可以重新暂停 RRC 连接并将 UE 转换到 RRC_INACTINVE，或者直接释放 RRC 连接并将 UE 转换到 RRC_IDLE。此外，还可以指示 UE 发起 NAS 级别的恢复(在这种情况下，网络发送 RRC 建立消息)。

本章小结

本章介绍了 5G NR 技术规范中的基本内容，包括 5G NR 的频谱规划、帧结构、参数集等，重点阐述了 5G 逻辑信道、传输信道、物理信道的概念、组成和映射关系，介绍了各信道的基本功能，并给出了 PSS、SSS 及各种参考信号的作用。最后，还介绍了 5G RRC 层的连接控制，包括 RRC 状态转换以及连接建立、暂停、释放和恢复的过程。

习　题

1. 5G NR 中子载波间隔存在多种取值的原因是什么?
2. 5G NR 物理层有哪些上行物理信道和下行物理信道?
3. 5G NR 物理层资源包括哪些?
4. 5G NR 为什么要引入 BWP?

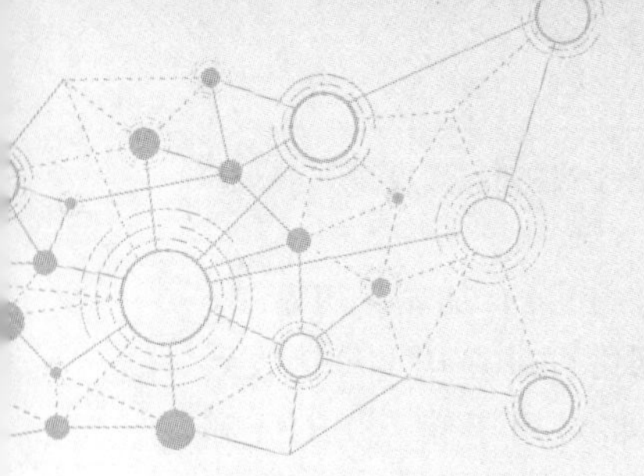

第 5 章　5G 物理层传输过程

主要内容

本章学习 5G 物理层传输的一般过程、小区搜索和选择过程、随机接入过程、功率控制、波束管理和混合 ARQ(HARQ)处理过程，此外还介绍了定位技术。

学习目标

通过本章的学习，可以掌握如下几个知识点：

- 5G 物理层传输的一般过程；
- 小区搜索过程；
- 随机接入过程；
- 功率控制；
- 波束管理 HARQ；
- 定位技术。

本章知识图谱

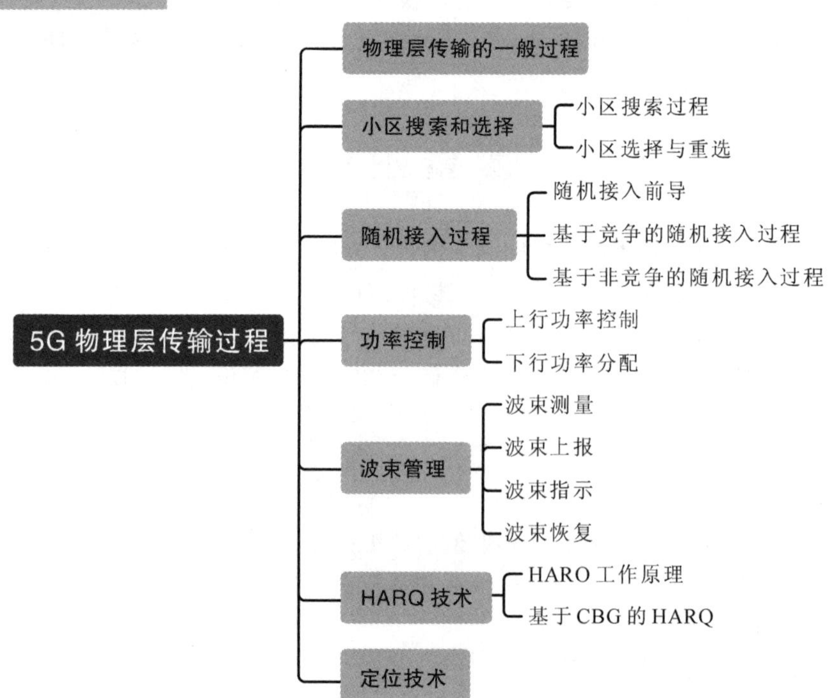

5G NR 物理层主要实现数据 MAC(媒体接入控制)层和无线发送之间的转换，物理层的一般过程包括编码、调制和资源映射等步骤。用户进行数据传输前要完成小区搜索、随机接入等过程。此外，在数据的发送过程中，还需要功率控制、波束管理以及 HARQ(混合自动请求重传)等过程来保证数据传输的有效性和可靠性。本章将简单介绍这些过程。

5.1　物理层传输的一般过程

5.1.1　物理层传输的一般过程

5G NR 信道传输的一般过程与 LTE 类似，包括编码、调制、OFDM 符号生成和天线端口映射等步骤。图 5.1 以上行链路为例给出了 5G 物理层一般过程的示意图。

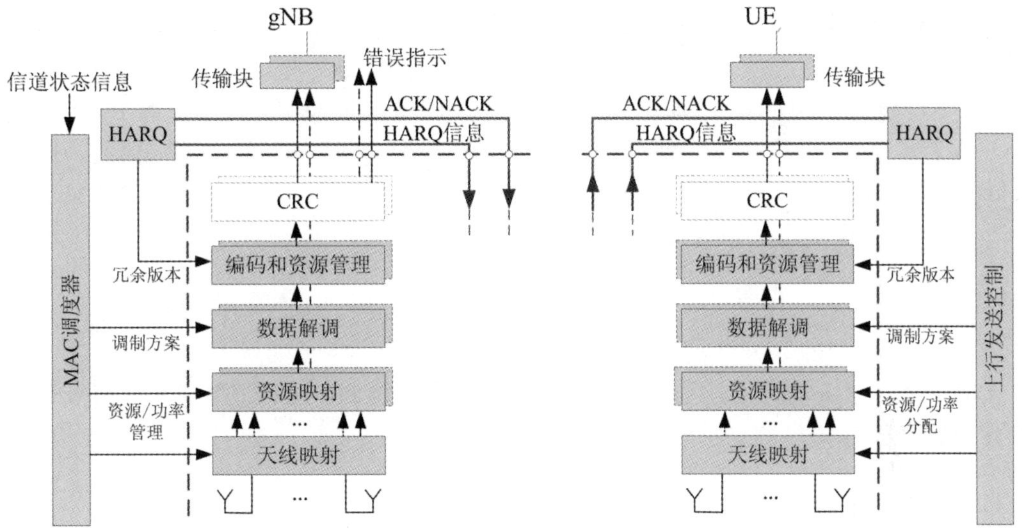

图 5.1　5G 物理层上行链路一般过程示意图

5.1.2　5G NR 的编码方案

5G NR 各信道使用的编码方案有所不同。5G NR 传输信道的编码方案如表 5.1 所示。

表 5.1　传输信道的编码方案

传输信道	编码方案
UL-SCH	LDPC
DL-SCH	
PCH	
BCH	极化码

从表 5.1 中可以看出，上行共享信道(UL-SCH)、下行共享信道(DL-SCH)和寻呼信道(PCH)使用 LDPC 码，广播信道(BCH)使用极化码。

控制信息的编码方案如表 5.2 所示。

表 5.2　控制信息的编码方案

控制信息	编码方案
DCI	极化码
UCI	块码(Block Code)
	极化码

表 5.2 中，上行控制信息(UCI)的编码方案包括块码和极化码，而下行控制信息(DCI)只使用了极化码。

5.1.3　5G NR 的调制技术

调制将编码并添加 CRC 校验后的二进制数字 0 或 1 作为输入，生成复值调制符号的星座图。

与 LTE 相比，5G NR 增加了 256 阶高阶调制，在 256 QAM 调制情况下，8 个比特 $b(i)$，$b(i+1)$，$b(i+2)$，$b(i+3)$，$b(i+4)$，$b(i+5)$，$b(i+6)$，$b(i+7)$根据式(5.1)映射到复值调制符号 x。

$$x=\frac{1}{\sqrt{170}}\{(1-2b(i))[8-(1-2b(i+2))[4-(1-2b(i+4))[2-(1-2b(i+6))]]]+\\ \mathrm{j}(1-2b(i+1))[8-(1-2b(i+3))[4-(1-2b(i+5))[2-(1-2b(i+7))]]]\} \tag{5.1}$$

5G NR 在 R18 规范中，还引入了 1024 QAM 高阶调制，这时每个复调制符号可携带 10 比特的信息。

5.1.4　序列生成

5G NR 用到了伪随机(PN)序列和 ZC 序列。伪随机序列主要用于加扰，ZC 序列用于前导序列生成、信道估计等。下面分别介绍 5G NR 中的伪随机序列和 ZC 序列的生成原理。

1. 伪随机序列

伪随机序列由长度为 31 的 Gold 序列定义。长度为 M_{PN} 的输出序列 $c(n)$由式(5.2)定义：

$$c(n)=(x_1(n+N_C)+x_2(n+N_C))\bmod 2 \tag{5.2}$$

其中

$$x_1(n+31)=(x_1(n+3)+x_1(n))\bmod 2$$
$$x_2(n+31)=(x_2(n+3)+x_2(n+2)+x_2(n+1)+x_2(n))\bmod 2$$

$N_C=1600$ 并且第一个 m-序列应该被初始化为 $x_1(0)=1$，$x_1(n)=0$，$n=1, 2, \cdots, 30$。第二个 m-序列的初始化记为 $c_{\text{init}}=\sum_{i=0}^{30}x_2(i)\cdot 2^i$，其值取决于序列的应用。

2. 低峰均功率比 ZC 序列的生成

序列 $r_{u,v}^{(\alpha,\delta)}(n)$由基序列 $\bar{r}_{u,v}(n)$根据循环移位 α 来定义：

$$r_{u,v}^{(\alpha,\delta)}(n)=\mathrm{e}^{\mathrm{j}\alpha\left(n+\delta\frac{\omega \bmod 2}{2}\right)}\bar{r}_{u,v}(n),\quad 0\leqslant n<M_{ZC}-1 \tag{5.3}$$

其中 $M_{ZC}=mN_{SC}^{RB}/2^{\delta}$ 是序列长度，其中 $1\leqslant m\leqslant N_{RB}^{max, UL}$。通过不同的 α 和 δ 值，多个序列可以从基序列被定义，数量 $\omega=0$。

基序列 $\bar{r}_{u,v}(n)$ 被分成组，其中 $u\in\{0, 1, \cdots, 29\}$ 是组编号，v 是组内基序列编号。每个组包含一个长度为 $M_{ZC}=mN_{SC}^{RB}$ 的基序列($v=0$)，$1\leqslant m\leqslant 5$，以及两个长度均为 $M_{ZC}=mN_{SC}^{RB}$ 的基序列($v=0, 1$)，$6\leqslant m\leqslant N_{RB}^{max, UL}$。基序列 $\bar{r}_{u,v}(0)$，…，$\bar{r}_{u,v}(M_{ZC}-1)$ 的定义取决于序列长度 M_{ZC}。

当序列长度为 36 位或更长(即 $M_{ZC}\geqslant 3N_{SC}^{RB}$)时，基序列 $\bar{r}_{u,v}(0)$，…，$\bar{r}_{u,v}(M_{ZC}-1)$ 由式(5.4)给出：

$$\begin{cases}\bar{r}_{u,v}(n)=x_q(n\bmod N_{ZC})\\ x_q(m)=\mathrm{e}^{-\mathrm{j}\frac{\pi q m(m+1)}{N_{ZC}}}\end{cases}\tag{5.4}$$

其中，$q=\left\lfloor \bar{q}+\frac{1}{2}\right\rfloor+v\cdot(-1)^{\lfloor 2\bar{q}\rfloor}$，$\bar{q}=N_{ZC}\cdot\frac{(u+1)}{31}$。

长度 N_{ZC} 由最大的素数给出，使得 $N_{ZC}<M_{ZC}$。

当基的序列长度小于 30 位(即 $M_{ZC}\in\{6, 12, 18, 24\}$)时，基序列由式(5.5)给出：

$$\bar{r}_{u,v}(n)=\mathrm{e}^{\mathrm{j}\phi(n)\pi/4},\quad 0\leqslant n\leqslant M_{ZC}-1\tag{5.5}$$

对于 $M_{ZC}=30$，基序列 $\bar{r}_{u,v}(n)$ 由式(5.6)给出：

$$\bar{r}_{u,v}(n)=\mathrm{e}^{-\mathrm{j}\frac{\pi(u+1)(n+1)(n+2)}{31}},\quad 0\leqslant n\leqslant M_{ZC}-1\tag{5.6}$$

5.1.5　OFDM 符号生成和天线映射

上述各种信息在经过组帧后，通过层映射和时频资源映射至块上，生成 OFDM 符号。OFDM 符号通过数模(DA)转换后在天线端口发射出去，完成 5G NR 的物理层传输的一般过程。

5.2　小区搜索和选择

小区搜索包括网络的选择、频点的选择和小区的选择。通过小区搜索，在满足小区选择算法之后，用户就驻留在该小区。如果有更好的小区能够提供服务，则发起小区重选的过程，具体流程如图 5.2 所示。

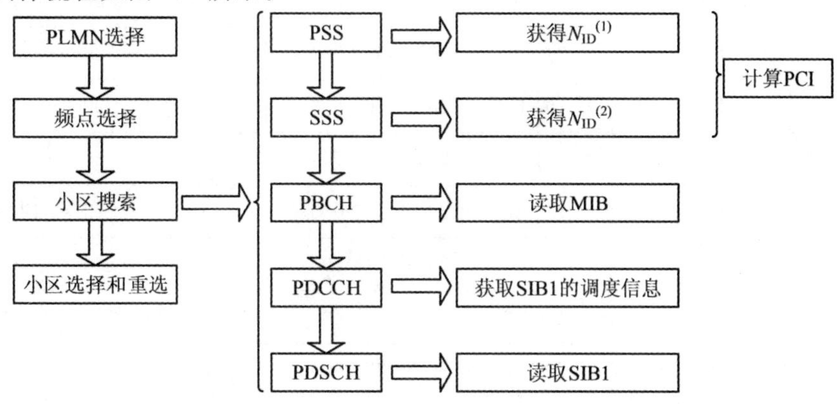

图 5.2　小区搜索和选择流程

从图 5.2 中可以看出，小区搜索和选择可以进一步分为 4 个步骤：PLMN(公共陆地移动网，Public Land Mobile Network)选择、频点选择、小区搜索、小区选择和重选。

5.2.1 小区搜索过程

1. PLMN 选择

公共陆地移动网(PLMN)可以唯一标识一个通信运营商，由移动国家代码（Mobile Country Code，MCC)和移动网络代码(Mobile Network Code，MNC)组成。

5G 的 PLMN 选择跟 4G 一样，分为手动模式和自动模式。

在自动模式下，用户开机后先检查 SIM 卡是否存在。如果 SIM 卡不可用，则进入无 SIM 卡状态；如果 SIM 卡可用，则判断注册的 PLMN 是否存在(用户保存的上一次成功注册的 PLMN)，如果注册 PLMN 存在，则尝试接入该网络；如果不存在注册的 PLMN，则从 PLMN 选择列表中按照优先级从高到低的顺序选择 PLMN 尝试注册。如果注册成功，则驻留在该 PLMN；如无可用 PLMN，则发起新的 PLMN 尝试注册。

与自动模式相比，手动模式非常简单，对于用户选择的 PLMN，UE 能注册上就驻留在 PLMN 上，注册不成功则提示用户。

2. 频点选择

无线通信中用于标识发射和接收参考频率的代码称为绝对射频信道号(Absolute Radio-Frequency Channel Number，ARFCN)，也称绝对频点号。ARFCN 的概念从 2G 开始使用，到了 3G WCDMA 称为 UARFCN，到了 4G LTE 时代，ARFCN 被命名为 EARFCN，在 5G NR 系统中，称为 NR-ARFCN。

4.1 节已经介绍了 5G 的两个频段：FR1 和 FR2。这里重点介绍 FR1 上行和下行对应的绝对频点号，如表 5.3 所示，其中，ΔF_{Raster}是信道栅格，N_{REF}就是 NR-ARFCN，上下行链路范围中的＜·＞表示频点搜索的步长。

表 5.3 各频带的绝对频点号(ARFCN)

NR 工作频带	ΔF_{Raster}/kHz	N_{REF}的上行链路范围	N_{REF}的下行链路范围
n1	100	384 000-＜20＞-396 000	422 000-＜20＞-434 000
n2	100	37 0000 -＜20＞- 382 000	386 000 -＜20＞- 398 000
n3	100	342 000 -＜20＞- 357 000	361 000 -＜20＞- 376 000
n5	100	164 800 -＜20＞- 169 800	173 800 -＜20＞- 178 800
n7	100	500 000 -＜20＞- 514 000	524 000 -＜20＞- 538 000
n8	100	176 000 -＜20＞- 183 000	185 000 -＜20＞- 192 000
n12	100	139 800 -＜20＞- 143 200	145 800 -＜20＞- 149 200
n20	100	166 400 -＜20＞- 172 400	158 200 -＜20＞- 164 200
n25	100	370 000 -＜20＞- 383 000	386 000 -＜20＞- 399 000
n28	100	140 600 -＜20＞- 149 600	151 600 -＜20＞- 160 600

续表

NR 工作频带	ΔF_{Raster}/kHz	N_{REF}的上行链路范围	N_{REF}的下行链路范围
n34	100	402 000 -<20>- 405 000	402 000 -<20>- 405 000
n38	100	514 000 -<20>- 524 000	514 000 -<20>- 524 000
n39	100	376 000 -<20>- 384 000	376 000 -<20>- 384 000
n40	100	460 000 -<20>- 480 000	460 000 -<20>- 480 000
n41	15	499 200 -<3>- 537 999	499 200 -<3>- 537 999
	30	499 200 -<6>- 537 996	499 200 -<6>- 537 996
n50	100	286 400 -<20>- 303 400	286 400 -<20>- 303 400
n51	100	285 400 -<20>- 286 400	285 400 -<20>- 286 400
n66	100	342 000 -<20>- 356 000	422 000 -<20>- 440 400
n70	100	339 000 -<20>- 356 000	399 000 -<20>- 404 000
n71	100	132 600 -<20>- 139 600	123 400 -<20>- 130 400
n74	100	285 400 -<20>- 290 000	295 000 -<20>- 303 600
n75	100	N/A	286400 -<20>- 303 400
n76	100	N/A	285400 -<20>- 286 400
n77	15	620 000 -<1>- 680 000	620 000 -<1>- 680 000
	30	620 000 -<2>- 680 000	620 000 -<2>- 680 000
n78	15	620 000 -<1>- 653 333	620 000 -<1>- 653 333
	30	620 000 -<2>- 653 332	620 000 -<2>- 653 332
n79	15	693 334 -<1>- 753 333	693 334 -<1>- 733 333
	30	693 334 -<2>- 753 332	693 334 -<2>- 753 332
n80	100	342 000 -<20>- 357 000	N/A
n81	100	176 000 -<20>- 183 000	N/A
n82	100	166 400 -<20>- 172 400	N/A
n83	100	140 600 -<20>- 149 600	N/A
n84	100	384 000 -<20>- 396 000	N/A
n86	100	342 000 -<20>- 356 000	N/A

例如，频带 n41 对应的信道栅格一共有两种，分别为 15 kHz 和 30 kHz。从表 5.3 可以看出，终端如果使用频带 n41，在 ΔF_{Raster} 为 30 kHz 的情况下，绝对频点号的步长为 6，N_{RER}的上行链路范围为 499 200，499 206，499 212，…，537 996。

各频点与绝对频点号之间有一个运算关系，可表示为

$$F_{REF} = F_{REF-Offs} + \Delta F_{Global}(N_{REF} - N_{REF-Offs}) \tag{5.7}$$

其中，F_{REF}是射频参考频率，用以识别 RF 信道、同步信号块的频率位置；$F_{REF-Offs}$是频率的起点；$N_{REF-Offs}$为绝对频点号的起点；ΔF_{Global}是全球频率栅格(raster)颗粒度，以 kHz 为单位，如表 5.4 所示。

表 5.4 全球频率栅格(raster)的 NR-ARFCN 参数

频率范围/MHz	ΔF_{Global}/kHz	$F_{REF-Offs}$/MHz	$N_{REF-Offs}$	N_{REF}范围
0～3000	5	0	0	0～599 999
3000～24 250	15	3000	600 000	600 000～2 016 666

NR-ARFCN 的范围是[0～2 016 666]，其中 3 GHz 以下的绝对频点号范围是[0～599 999]，对于频带 n41，其绝对频点号范围是[499 200～537 996]。

3 GHz 以上的频段是以 3 GHz 为起点的，绝对频点号范围是[600 000～2 016 666]。

3. 小区搜索

小区搜索是下行同步的过程，首先要通过主同步信号获取到 PSS 的取值，然后再通过辅同步信号获取 SSS 对应的取值，两者计算得出 PCI(Physical Cell Identifier，物理小区标识)。之后可以获得 PBCH 的解调参考信号 DMRS 的相对位置，并提出 PBCH 的 DMRS 并解调出 PBCH。解调出 PBCH 后要读取到 MIB 消息，因为 UE 要在小区驻留需要用到相应的系统消息。

5G 最小系统消息由 MIB 和 SIB1 构成。与 4G 一样，SIB1 在 PDSCH 信道里，但是要读取 PDSCH 信道首先要知道相应的调度控制信息，而调度控制信息保存在 PDCCH 上，所以还需要获取 PDCCH 相应的资源信息。PDCCH 相应的资源信息可以从 PBCH 获取。

1) SSB 的时频结构

5G 的主同步信号和辅同步信号放在一个 SSB(同步信号块)中，SSB 中除了同步信号外，还包括 PBCH。SSB 的时频结构如图 5.3 所示。

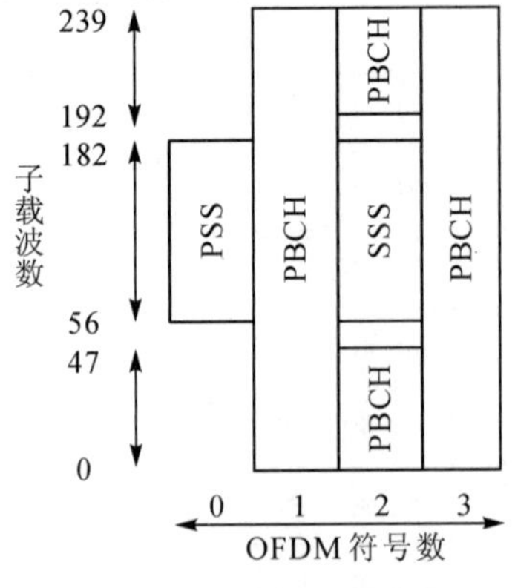

图 5.3 SSB 的时频结构

由图 5.3 可知，SSB 在时域上为 4 个 OFDM 符号，在频域上为从 0～239 共 240 个子载波，也就是 20 个 RB，可以兼容所有的系统带宽。SSB 具有如下特征：

(1) PSS 位于符号 0 的中间。PSS 是长度为 127 位的伪随机序列，占用中间的 127 个子

载波，两边均有保护间隔。保护间隔并不对称，一边是 8 个，另外一边是 9 个。PSS 一共占用了 144 个子载波，子载波编号范围为 56～182。PSS 的取值有三种，为 0、1、2。UE 搜到 PSS 后，可以获取 PCI 中的 $N_{ID}^{(2)} \in \{0, 1, 2\}$。

(2) SSS 位于符号 2 的中间，SSS 的取值是 0～335，一共有 336 种。SSS 为 336 条长度为 127 的伪随机序列，结构与 PSS 一致，占用中间的 127 个子载波，两边各自有一些保护间隔，一边是 8 个，另外一边是 9 个，一共占用 144 个子载波。UE 搜到 SSS 后，可以获取 PCI 中的 $N_{ID}^{(1)} \in \{0, 1, \cdots, 335\}$。

与 4G 不同，5G 主同步信号(PSS)和辅同步信号(SSS)采用的序列是 m-序列，不再是 ZC 序列。PSS/SSS 序列的频率组成如图 5.4 所示。

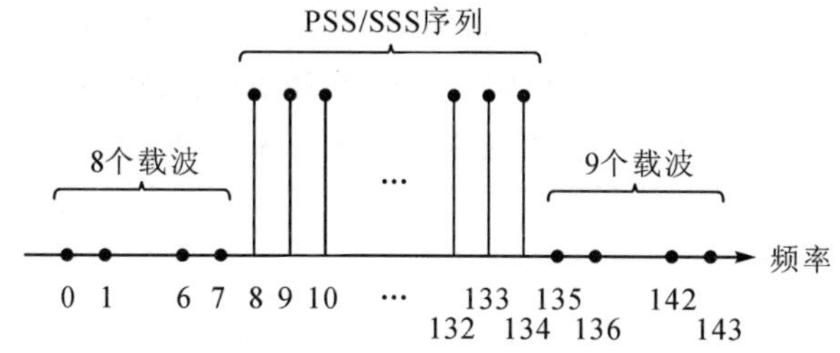

图 5.4 PSS/SSS 序列的组成

在 4G 中，前半帧和后半帧 SSS 是不同的。在 5G 中，前半帧和后半帧的 PSS、SSS 都是一致的，两者通过运算(运算法则跟 4G 是一致的)可以获取 PCI 的取值

$$N_{cell} = 3N_{ID}^{(1)} + N_{ID}^{(2)} \tag{5.8}$$

其中 $N_{ID}^{(1)} \in \{0, 1, \cdots, 335\}$，$N_{ID}^{(2)} \in \{0, 1, 2\}$。

可见，5GNR 中有 1008 个唯一的物理层小区 ID，其 PCI 的取值范围比 4G 大很多。

(3) PBCH 位于符号 1～3，其中符号 1 和符号 3 上占用 0～239 所有子载波，符号 2 上占用除去 SSS 占用的子载波及保护 SSS 的子载波 Set 0 以外的所有子载波。PBCH 的解调参考信号也称为 DMRS，位于图 5.3 中 PBCH 中间。符号 1 和符号 3 上 60 个 DMRS 信号，间隔 4 个子载波。DMRS 的起始位置与 PCI 有关。在搜到 PSS 和 SSS 后，就可以计算出 PCI。UE 获取 PCI 后，就可以提取 PBCH 中的 DMRS，并获取 SSB 的位置索引的全部/部分比特。PSS、SSS 和 PBCH 构成 SSB 块，对应的天线端口号 $P=4000$，采用的参数集配置为 $\mu \in \{0, 1, 3, 4\}$。

SSB 的子载波间隔与 μ 有关。SSB 中 μ 的取值有 0、1、3、4 几种情况，对应的子载波间隔可以是 15 kHz、30 kHz、120 kHz 和 240 kHz。前面 2 个属于 FR1，后面 2 个属于 FR2。4G 的 PBCH 在整个带宽的中心频点，但 5G 的 SSB 不再固定在整个载波中间频点处，是可以灵活配置的。结合参数的运算，可以最终获取 SSB 整个带宽里的具体位置，本小节后半部分将详细描述。

2) SSB 的频域位置和时域位置

(1) SSB 的频域位置。

SSB 的带宽是 240 个子载波乘以对应的子载波间隔，频域不再位于整个频段的中心位置。SSB 也有绝对频点号。SSB 频域位置的确定有两种方式，一种是接收到的 SIB1 显性地指示 SSB 的频域位置，另一种是 SIB1 没有显性地指示位置，这时就要根据下面的方式来确定 SSB 的位置。

在终端刚开机进行小区搜索时，只能根据运营商以及终端支持的频段检测SSB信号，进行下行时频同步。由于全局频率栅格的颗粒度比较小，导致NR-ARFCN的取值范围较大，如果直接根据全局频率栅格进行搜索，则同步时延会比较大。为了降低同步时延，定义了同步栅格(Synchronization Raster)的概念，此外还定义了全球同步信道号(Global Synchronization Channel Number，GSCN)来限定搜索范围。

全球同步信道号(GSCN)用一个无量纲的参数表示，SSB的频率范围SS_{REF}可由表5.5计算。

从表5.5中可以看到，对于不同的频段、不同的频率范围，SSB有相应的范围。根据SSS的频点，就可以得到GSCN。另外还可以得到绝对频点。

例如，当频率小于3 GHz时，同步栅格为1200 kHz，表示以1200 kHz为周期进行SSB搜索，根据N和M，就可以得到相应的GSCN和SSB的频率位置。

表5.5 全球频率栅格的GSCN参数

频段	频率范围	SSB频率范围SS_{REF}	GSCN	GSCN范围
FR1	0～3000 MHz	$N\times1200$ kHz$+M\times50$ kHz，$N=1, 2, \cdots 2499$，$M\in\{1, 3, 5\}$	$3N+(M-3)/2$	2～7498
FR1	3000～24 250 MHz	3000 MHz$+N\times1.44$ MHz，$N=0, 1, \cdots 14\ 756$	$7499+N$	7499～22 255
FR2	24 250～100 000 MHz	24 250.08 MHz$+N\times17.28$ MHz，$N=0, 1, \cdots 4383$	$22\ 256+N$	22 256～26 639
备注：对于使用SCS间隔(信道栅格)的工作频带，M的默认值为3。				

SSB使用同步栅格来确定频域位置，与其他载波使用信道栅格的频点位置可能不一致，这就导致SSB与UE所使用的公共资源块(CRB)的子载波未对齐，因此NR中引入了K_{SSB}，如图5.5所示。

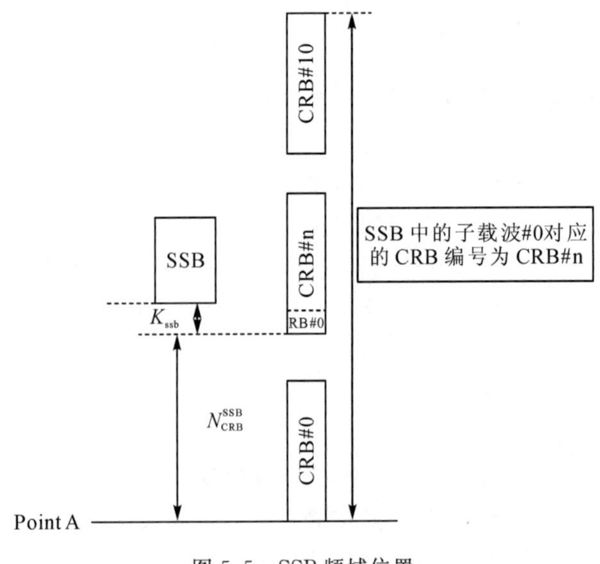

图5.5 SSB频域位置

由于5G支持不同的子载波间隔(SCS)，不同SCS的RB在频率上占用的大小也是不同的。为了保证频域对齐，5G NR引入了Point A，我们在第4章已做了介绍。Point A是不同子载波间隔配置μ下的资源格的公共参考点，其RB0的中心频点与CRB 0的子载波0的中心重合。

第4章还介绍了公共资源块。CRB从0编号，1个CRB里面包含12个子载波，可以根据整个带宽计算CRB数。SSB一共有240个载波，子载波的编号从0到239。

SSB有两种类型，分别是类型A和类型B。类型B的SSB对应mmWave，子载波间隔为60 kHz，$\mu \in \{3,4\}$。资源块的子载波0的中心与公共资源块(CRB)的子载波0的中心一致，该公共资源块与SSB的第一个资源块的子载波0重叠。

类型A的SSB对应Sub 6G，子载波间隔为15 kHz，$\mu \in \{0,1\}$。SSB子载波0对应的CRB编号就是N_{CRB}^{SSB}，例如$N_{CRB}^{SSB}=5$就是频域上有5个RB，每个RB里有12个子载波，每一个子载波间隔是15 kHz。由于SSB跟CRB不一定是对齐的，可能会有一定的偏差，用K_{SSB}表示。这个偏差是以子载波间隔为单位的，如果偏差是12个子载波间隔，就到了下一个CRB的边缘。K_{SSB}的取值通过MIB消息通知UE。K_{SSB}的取值再乘以对应的子载波间隔就可以得到SSB相对于Point A的具体频域位置。

需要注意的是，对于类型B的SSB，K_{SSB}和N_{CRB}^{SSB}的子载波间隔要分开计算，N_{CRB}^{SSB}的子载波间隔是60 kHz，而K_{SSB}的子载波间隔在MIB里给出。通过这两个参数就可以获取SSB频率上的绝对位置。

(2) SSB的时域位置。

对于具有SSB的半帧，候选SSB的数目和第一个符号索引位置根据SSB的子载波间隔和频率确定，SSB时域位置见表5.6。

表 5.6　SSB 时域位置

SSB的子载波间隔	OFDM符号(S)	$f <= 3$ GHz	$f > 3$ GHz (在FR1内)
15 kHz	{2, 8}+14n	n=0, 1	n=0, 1, 2, 3
		S=2, 8, 16, 22 ($L_{max}=4$)	S=2, 8, 16, 22, 30, 36, 44, 50 ($L_{max}=8$)
30 kHz	{4, 8, 16, 20}+28n	n=0	n=0, 1
		S=2, 8, 16, 20 ($L_{max}=4$)	S=2, 8, 16, 22, 30, 36, 44, 48 ($L_{max}=8$)
30 kHz (成对频谱操作)	{2,8}+14 n	n=0, 1	n=0, 1, 2, 3
		S=2, 8, 16, 22 ($L_{max}=4$)	S=2, 8, 16, 22, 30, 36, 44, 50 ($L_{max}=8$)

从表5.6可以看出，对于不同的SSB子载波间隔，当频率在3 GHz以下时，一个半帧内最多可以有4个SSB。3 GHz到6 GHz之间一个半帧内最多可以有8个SSB。而在6 GHz以上的高频段，一个半帧内最多可以有64个SSB。不同情况的SSB的时域长度不同，位置可能也不同，如图5.6所示。

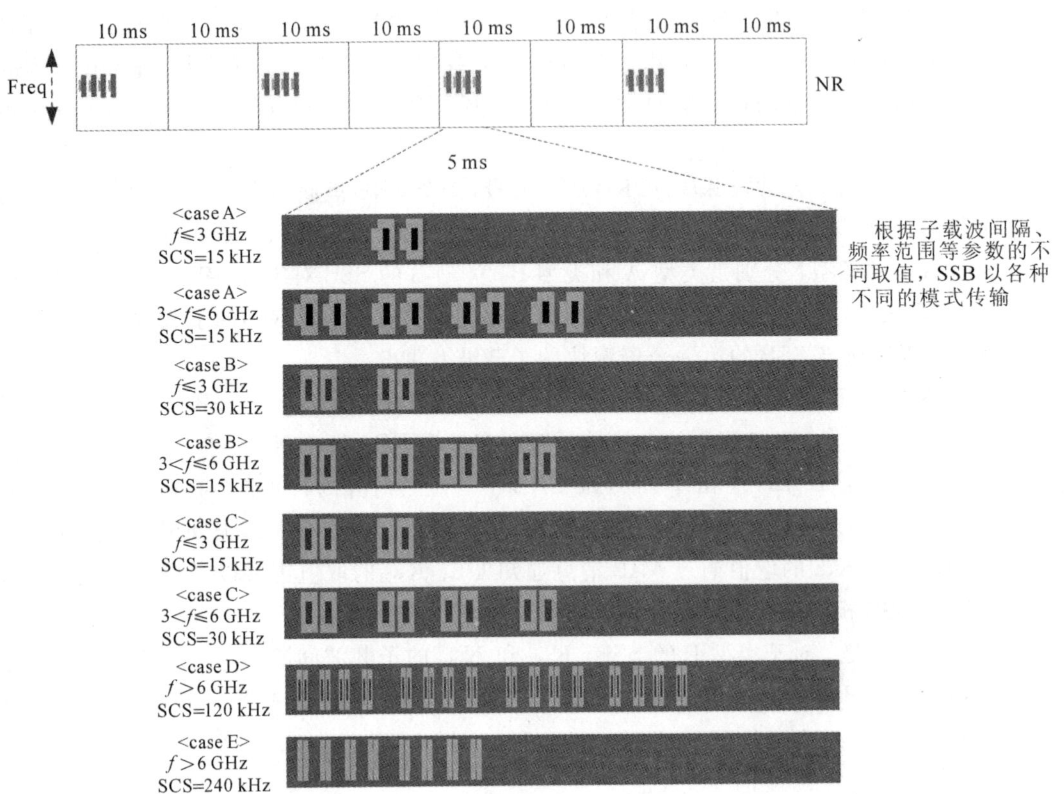

图 5.6 不同情况下的 SSB

由图 5.6 可以看到，SSB 在半帧(5 ms)内重复的最大次数有 4、8 和 64 三种情况，在实际传输过程中 SSB 的个数小于等于最大值，具体数目跟很多因素有关，例如基站的处理能力、上下行子帧配置等。

一个半帧里用 Index 来表征具体读取哪一个 SSB。UE 随机接入时与对应的 SSB 的位置有关系，所以必须清楚 SSB 的 Index 的取值。

不同情况表征 SSB 的比特数不同，例如，用 L_{max} 表示 SSB 最大重复次数，当 $L_{max}=4$ 时需要 2 个比特；当 $L_{max}=8$ 时需要 3 比特；当 $L_{max}=64$ 时需要 6 比特。当 $L_{max}=4$ 或 8 时，SSB Index 与 PBCH 的解调参考信号序列存在一一映射关系。如果 $L_{max}=64$，则 SSB Index 分成了两部分，一部分是低 3 位，一部分是高 3 位。高 3 位由 PBCH 净荷比特携带，低 3 位与 PBCH 的解调参考信号 DMRS 是一一映射的。

需要注意的是，SSB 可能在前 5 ms，也可能在后 5 ms。当搜索完之后，就能知道整体的无线帧号和半帧的位置。

我们以子载波间隔为 30 kHz 为例进一步介绍 SSB 构成，这时无线帧有 20 个时隙，2 个无线帧有 40 个时隙，编号为 0～39。如果最大的 SSB 个数是 8，标号分别是 SSB0～SSB7。SSB0 和 SSB1 在时隙 0 上发送，那么 SSB0 和 SSB1 就构成一个 SSB 突发(SSB burst)。SSB2 和 SSB3 在时隙 1 上发送，构成另外一个 SSB burst。这两个 SSB burst 一个是偶 SSB burst，一个是奇 SSB burst。2 个 SSB 构成一个 SSB burst，8 个 SSB 构成一个 SSB 突发集(SSB burst set)，如图 5.7 所示。

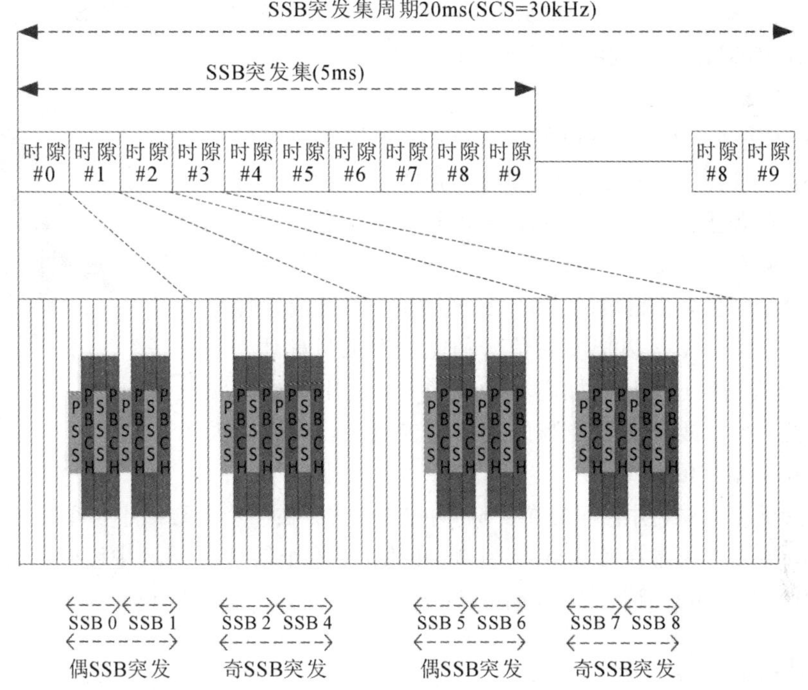

图 5.7　SSB 突发集

在图 5.7 中，SSB 突发集周期是 20 ms，里面有 4 个半帧。SSB 一般是在 5 ms 内发送，具体使用的半帧有多种选择。如果设置成 80 ms，可能的选择会更多。例如：如果 SSB 最大个数为 8，当周期是 20 ms 时，4 个半帧里有 8 个 SSB，即 20 ms 里有 8 个 SSB；如果 80 ms 里有 8 个 SSB，则 SSB 密度相对稀疏，可用于时延不敏感的业务。SSB 密集更利于下行同步，但 SSB 会带来开销，因此实际中 SSB 周期配置要平衡业务需求和同步资源需求的关系。

在多波束情况下，每个 SSB 还会对应一个 BeamID(波束号)。用户随机接入时，不同的 SSB 可以代表不同的波束。

3) PBCH 中的 DMRS

通过 PSS 和 SSS 可以获取 PCI，从而进一步得到 PBCH 的 DMRS 的初始位置。PBCH 的 DMRS 在时域上占用和 PBCH 相同的符号数，在频域上间隔 4 个子载波，初始偏移位置由 PCI 模 4 确定。DMRS 的位置如图 5.8 所示。

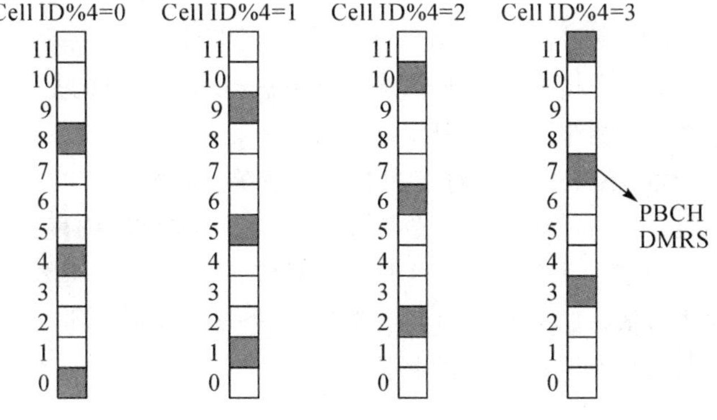

图 5.8　DMRS 的位置

DMRS一共有8种序列。分别用8种序列去盲检，就能检出DMRS。通过前面PSS，SSS找到了DMRS之后，就可以解析出PBCH。

4) SSB发送

5G NR改进了LTE宽波束的广播机制，采用窄波束轮询扫描覆盖整个小区，如图5.9所示。波束管理的目的是通过合理设计窄波束来增强系统的覆盖面。广播波束最多设计为N个方向固定的窄波束，在不同时频资源上发送不同的窄波束，完成广播信号的覆盖。UE通过扫描每个窄波束，获得最优波束，完成同步和系统消息解调。

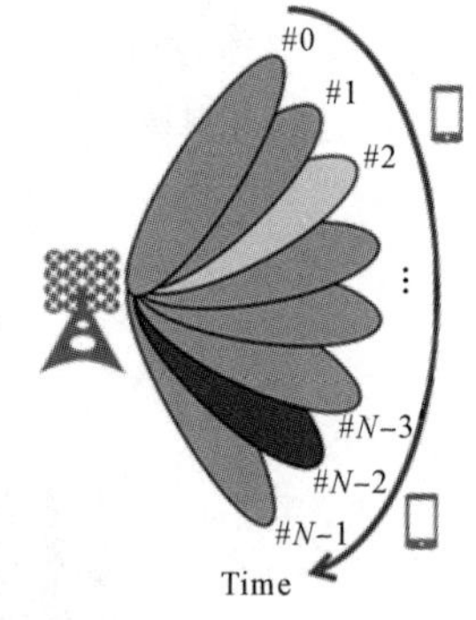

图5.9 波束扫描

通过窄波束设计，可以把发射信号的能量对准目标用户，提高目标用户的解调信噪比，从而提高传输成功率，适用于更高频段信号的传输。此外，窄波束增强控制信道的覆盖范围，从而扩大了小区半径，提高了系统覆盖率。

SSB支持波束扫描，并且需要在5 ms内扫描完成。在一个无线帧中，可以支持SSB在前5 ms(前半帧)中发送还是在后5 ms(后半帧)中发送，这个信息在MIB中可以获取；网络可以通过SIB1配置SSB的广播周期，周期支持5 ms、10 ms、20 ms、40 ms、80 ms和160 ms。

5.2.2 小区选择与重选

1. 小区选择

5G中UE增加了一种状态，叫作RRC_INACTIVE状态。小区选择在RRC_IDLE和RRC_INACTIVE状态下进行。UE首先需要完成PLMN选择，在已选择的PLMN上寻找合适的小区，并监听控制信道，这个过程即小区选择过程。

小区选择过程中，UE接收小区的系统消息，在选择的小区上发起随机接入过程、RRC连接建立过程并发起初始接入；然后还可监听寻呼消息。

小区禁止(cellBarred)指示小区是否禁止接入，该值为barred，代表小区禁止接入，当终端读到该值后，将忽略该小区。如果该值为notbarred，则表示可以接入。4G中小区禁止是在SIB1中给出的，在5G中是在MIB中给出的。

另外一个概念是小区预留(cellReserved)，小区预留是在SIB1对应的参数里给出的。

对于小区选择的策略，5G跟4G一样，可分成两大类型。一类是初始的，就是刚开卡时需要在进行小区选择时把所有支持的频段都进行一次扫描，然后找一个信号最强的小区。进行判决之后，一旦找到合适的小区，UE进入正常驻留。另一种类型是基于已存储信息的小区进行选择，系统先按照存储的载频信息去进行搜索，目的是为了节省时间。

对于小区测量来讲，测量的是RSRP(Reference Signal Receiving Power，参考信号接收功率)，以获取SSB中SSS的值。对于多波束的情况，因为每个波束的测量情况不同，这时需要制定一个门限。例如，当为8个波束的时候，有的波束的强度是低于这个门限值的。如果所有的波束都低于某一个门限值，这时小区最终的测量值是将8个波束里面信号最强的作为小区最终的测量值。如果所有的波束都高于这个门限值，那么这个小区的测量值就是以8个波束的平均值作为它的最终的测量值。

小区选择准则如下：

$$S_{\text{rxlev}}>0 \text{ 且 } S_{\text{qual}}>0$$

$$S_{rxlev}=Q_{rxlevmeas}-(Q_{rxlevm\ in}+Q_{rxlevm\ in\ offset})-P_{compensation}-Q_{offset\ temp} \tag{5.9}$$

其中

$$P_{compensation}=\max(P_{EMAX1}-P_{PowerClass},0)(\text{dB})$$

$$S_{qual}=Q_{qualmeas}-(Q_{qualm\ in}+Q_{qualoffset})-Q_{offset\ temp}$$

这个算法结构上跟 4G 大致相同，依然是考虑电平和质量，两者是“且”的关系，需要两者都满足来作为小区选择的准则。

首先来看电平的框架结构。S_{rxlev} 计算值由多个参数得到，$Q_{rxlevmeas}$ 是当前测得的 RSRP 值，$Q_{rxlevm\ in}$ 是系统最小的接入电平值；$Q_{rxlevm\ in\ offset}$ 是针对最小接入电平的 offset 偏置，一般用于网络优先级不同时相应的设置，在运营商不同的网络之间，会通过该参数做一些小区选择的调整。参数 $P_{compensation}$ 是 UE 无法达到系统规定的最大发射功率的补偿机，P_{EMAX1} 是系统规定的 UE 最大的发射功率，$P_{PowerClass}$ 是 UE 发射功率的能力。

5G 中前面几个参数跟 4G 一致，主要区别体现在参数 $Q_{offset\ temp}$ 上，这是作用于小区的一个临时偏置，在 TS38.311 里给出了详细的解释，其与 T300expiry 定时器有关系。T300 指的是 UE 发起 RRC 连接请求的时候开始计时，等到回复一个 RRC 连接建立的过程。如果这个过程连续超时达到一定次数(这个次数由 SIB1 里的参数提供)或直接接收到 RRC 连接拒绝，会给定一个周期，在这个周期进行小区选择和重选时，用户可以决定是否使用 $Q_{offset\ temp}$，它是一个惩罚值，目的是当前没有更好的小区接入或者驻留，UE 自行考虑要不要把 $Q_{offset\ temp}$ 值置为 0，目的是帮助 UE 调整在选择小区时的优先级，避免持续尝试连接失败的小区，提高网络连接的稳定性和效率。$Q_{offset\ temp}$ 参数在小区选择和小区重选时都会用到。

2. 小区重选

根据小区重选准则，UE 寻找其他更合适的小区进行小区重选。重选后的小区若不属于 UE 已注册的 TAC 列表内的小区，UE 需要发起位置登记。

如果有必要，可以接收 ETWS(Earthquake and Tsunami Warning System，地震和海啸预警系统)和 CMAS(Commercial Mobile Alert System，商用移动预警系统)通知消息进行重选。重选所需要的参数需要从 UE 在驻留小区上接收的系统消息里获取。

小区重选是基于频点的优先级去判决的，频点优先级取值是0～7，取值越高，优先级也越高。频点的概念前面介绍小区搜索时提到过，小区有信道频点和 SSB 频点。这里的频点指的是 SSB 频点。

重选流程主要分为三步，分别是：UE 获取重选参数；计算是否满足启动测量条件；根据重选算法进行判决。

表 5.7　给出了重选参数消息块和对应的内容。

表 5.7　重选参数消息块

消息块	对 应 内 容
SIB2	同频、异频、异系统间小区重选公共参数
SIB3	同频小区重选的邻小区参数
SIB4	异频小区重选的邻小区参数
SIB5	异系统小区重选的邻小区参数

5G 中，从 SIB2 开始就包含了重选的一些公共参数，SIB3 是同频邻小区的重选参数，SIB4 是异频邻小区的重选参数，SIB5 是异系统的邻小区重选参数。

SIB2～SIB5 的获取可以采用广播式方法，也可以采用请求式方法，这可由系统设定，目前大多数情况采用广播式方法。

参数获取之后就开始启动测量，启动测量按照优先级来进行分类，并根据相应的启动测量条件进行测量。

• 对于高优先级的邻小区，始终要进行测量，也就是说系统鼓励重选高优先级的小区。

• 对于同优先级的邻小区，要满足一定的条件，也就是说目前小区的 S 计算值低于设置的门限才进行测量，否则就不进行测量。

• 对于低优先级的邻小区，也要当服务小区 S 的计算值低于门限值时才启动测量，否则不进行测量。

具体启动测量条件如表 5.8 所示。

表 5.8 邻区启动测量条件

	优先级	参数含义
同频	相同	满足 $S_{\text{rxlev}} \leqslant S_{\text{intraSearchP}}$ 以及 $S_{\text{qual}} \leqslant S_{\text{intraSearchQ}}$，需测量，否则不进行测量
异频/异系统	高	始终需要测量
	同/低	满足 $S_{\text{rxlev}} \leqslant S_{\text{intraSearchP}}$ 以及 $S_{\text{qual}} \leqslant S_{\text{intraSearchQ}}$，需测量，否则不进行测量

需要注意的是，对于高优先级而言，邻小区可以属于同系统，也可以属于异系统，但邻小区的频点与当前服务小区一定是异频的。

对于异系统，优先级可设置为"高"，也可设置为"低"，还会设置成与当前服务小区一致的优先级。

对于同系统同频的小区，优先级都是相同的，可以按照表 5.8 给出的条件去启动测量。

需要注意的是，5G 还引入了两个参数，一个是 IntraSearch，另一个是 nonIntraSearch，分别用于同系统搜索和异系统搜索。

1）高优先级小区重选准则

启动测量的目的是要进行判决，看满足不满足重选条件。如果满足，UE 就重选过去，如果不满足，UE 就还待在原来的小区里。判决过程最主要的依据就是优先级，即根据优先级来进行判决，先看高优先级的，然后看同优先级的，最后看低优先级的。

对于高优先级的邻小区，是否发生重选还与下发门限 threshServingLowQ 有关。如果下发 threshServingLowQ，就按照质量判决；如果不下发这个参数则用电平作为判决。

2）同优先级小区重选准则

同优先级小区重选包括邻小区与服务小区同频同系统和异频异系统两种情况。

同优先级小区重选准则如下：

(1) UE 在服务小区驻留超过 1 s。

(2) 邻区满足 S 准则。

(3) 在 $Treselection_{RAT}$ 内，满足 R 准则：$R_n > R_s$，其中 $R_s = Q_{meas,s} + Q_{hyst} - Q_{offset\ temp}$，$R_n = Q_{meas,n} - Q_{offset} - Q_{offset\ temp}$，代表着邻小区的 R 计算值要高于服务小区的 R 计算值。

当邻小区与服务小区同频同系统时，Q_{offset} 就等于邻小区的小区个性偏移 $Q_{offset} = Q_{offset\ temp}$。如果两者异系统异频，$Q_{offset}$ 等于小区个性偏移加上异频的频偏，$Q_{offset} = Q_{offset\ s,n} + Q_{offset\ frequency}$，最后再减去 $Q_{offset\ temp}$。

同优先级小区重选参数描述如表 5.9 所示。

表 5.9 同优先级小区重选参数

参数	参数含义
Q_{meas}	服务小区的 RSRP 测量值
Q_{hyst}	服务小区的滞后余量
$Q_{offset\ s.n}$	小区间的偏移量
$Q_{offset\ frequency}$	NR 同优先级的异频频偏
$Treselection_{RAT}$	重选定时器

3) 低优先级小区重选准则

对于低优先级小区来讲，同样也是根据参数是否下发 threshServingLowQ 来确定小区重选准则，如表 5.10 所示。如果不下发 threshServingLowQ，则按照电平情况来考虑。首先要满足时间长度的要求，同时服务小区和邻小区中的 S 值要低于门限，而低优先级的小区 S 值要高于门限，系统才会重选。

表 5.10 低优先级小区重选参数

<table>
<tr><th>优先级</th><th colspan="3">重 选 条 件</th></tr>
<tr><td rowspan="3">低</td><td colspan="3">UE 在服务小区驻留超过 1 s</td></tr>
<tr><td rowspan="2">参数
threshServingLowQ</td><td>下发</td><td>在 $Treselection_{RAT}$ 时间内，满足：
S_{qual} < thresh Serving LowQ(服务小区)
和
S_{qual} < thresh X LowQ(低优先级小区)</td></tr>
<tr><td>不下发</td><td>在 $Treselection_{RAT}$ 时间内，满足：
S_{rxlev} < thresh Serving LowQ(服务小区)
和
S_{rxlev} < thresh X LowP(低优先级小区)</td></tr>
</table>

从整个判决准则来看，高优先级相对比较简单，这是因为系统鼓励 UE 重选到高优先级邻区上。低优先级条件比较苛刻，系统不鼓励 UE 往低优先级的小区发生重选。高优先级和低优先级的重选算法都遵循 S 准则，而同优先级采用的是 R 准则。

3. UE 不同移动状态下的小区重选

除了小区重选的三个过程，5G 还有缩放准则用于对小区重选进行缩放。缩放具体指的是根据 UE 的移动速度来进行时间上和电平值上的缩放。

UE 的移动状态可分为低速、中速和高速三种，判断 UE 是否处于高速移动状态的主要依据是一定时间段内UE发生小区重选的次数。

在UE处于高速移动状态时(例如在高铁上)，5G引入了缩放因子(scaling factor)来实现小区的快速重选，从而提高系统的服务质量。当UE处于中速移动状态时，缩放因子会有相应的调整。如果UE处于低速移动状态，则不使用缩放准则。

5.3 随机接入过程

随机接入最主要的目的是UE要跟基站完成上行的同步。在小区搜索完成下行同步后，如果要进行业务，需要根据不同的触发场景完成UE和基站之间的上行同步，通过随机接入过程来实现。跟4G一样，5G随机接入分成竞争的和非竞争的两大类型。

触发随机接入有下面几种情况：

① UE在RRC_IDLE下的初始接入；

② RRC连接重建过程；

③ 在RRC连接态时，上行失步状态下，上行数据到达；

④ 在RRC连接态时，上行失步状态下，下行数据到达；

⑤ 切换：UE处于RRC_CONNECTED态(连接态)时需要与新的小区建立上行同步；

⑥ 从RRC_INACTIVE到RRC连接态；

⑦ 波束失败恢复；

⑧ 请求其他系统消息。

其中①～⑤与4G是相同的，⑥～⑧为5G独特的情况。我们重点看⑥～⑧。从RRC_INACTIVE到RRC的连接态，需要UE进行随机接入过程；波束失败恢复也需要一个随机接入；系统消息的获取有基于Msg1和基于Msg3的方式，都需要进行一个随机接入过程。

5.3.1 随机接入前导

1. 随机接入前导整体结构

随机接入前导(preamble)码的时域结构如图5.10所示。在协议中，规定的preamble码就是CP和前导序列，没有GT(Guard Time，保护时间)这一部分。但实际中，PRACH或者说preamble的时域时长要凑够时间段，后面有一部分GT。

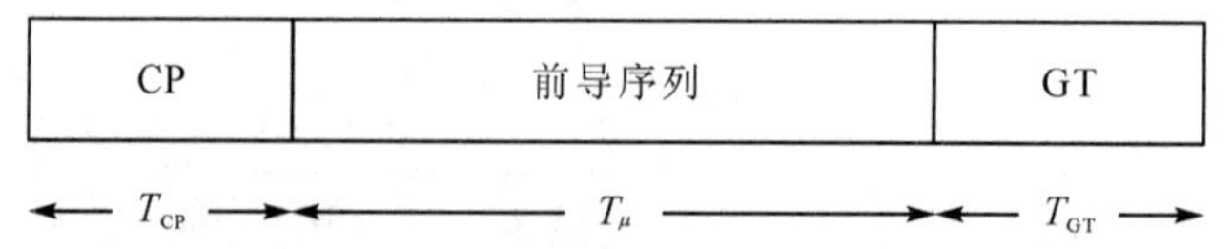

图5.10 随机前导码

估算覆盖半径时主要看GT的长度。跟4G一样，前面CP是保护间隔，中间序列依然是ZC序列。对应时间上的长度分别用T_{CP}、T_{μ}和T_{GT}来表示。

随机接入过程用到的ZC序列大体上可以分为两大类型：长序列和短序列。长序列的长度是839个子载波，子载波的带宽是1.25 kHz或5 kHz。短序列的长度是139个子载波，子载波间隔与μ有关系。

2. 长序列

长序列的四种格式如表 5.11 所示。

表 5.11　长序列格式

格式	L_{RA}	Δf^{RA}	N_u	N_{CP}^{RA}	支持的限制集
0	839	1.25 kHz	24576κ	3168κ	type A，type B
1	839	1.25 kHz	$2\times24\ 576\kappa$	$21\ 024\kappa$	type A，type B
2	839	1.25 kHz	$4\times24\ 576\kappa$	4688κ	type A，type B
3	839	5 kHz	$4\times6144\kappa$	3168κ	type A，type B

从表 5.11 可以看到，长序列主要的子载波间隔是 1.25 kHz 和 5 kHz，第 4 列和第 5 列分别是序列长度和 CP 长度，其中 κ 与 4G 和 5G 的基本时间单位有关。5G 的基本时间单位是 T_c，4G 的基本时间单位是 T_s，它们之间是 64 倍的关系，这个 64 倍的关系用 κ 表示。序列长度乘上 T_c 才是序列的时间长度。例如：Format 0 中的 sequence 长度是 24 576×64 再乘以 T_c，$T_c=1/(480\ \text{kHz}\times4096)=0.509\ \text{ns}$。

表 5.11 最后一列是长序列支持的限制集。主要用于非限制集短序列，而长序列可以用于限制集，也可以用于非限制集。所谓的限制集指的是当 UE 在高速移动的场景下，由于移动速度比较快，会产生多普勒效应，为避免多普勒效应的影响，就要在特殊的场景选择一些相关性能比较好的根序列，这些根序列就称为限制集。限制集又分成了两个类型，一个是 type A，一个是 type B，type B 的相关性会更好一些。

表 5.12 给出了长序列支持的覆盖半径。

表 5.12　长序列支持的覆盖半径

格式	L_{RA}	Δf^{RA}	N_u	N_{CP}^{RA}	N_{gap}	T/ms	支持的覆盖半径/km
0	839	1.25 kHz	$24\ 576\kappa$	3168κ	2976κ	1	14.53
1	839	1.25 kHz	$2\times24\ 576\kappa$	$21\ 024\kappa$	$21\ 984\kappa$	3	107.34
2	839	1.25 kHz	$4\times24\ 576\kappa$	4688κ	4528κ	3.5	22.11
3	839	5 kHz	$4\times6144\kappa$	3168κ	2976κ	1	14.53

不同格式的长序列时长是 CP 的长度加上序列的长度，再加上 GT 的长度，就构成了整个 PRACH 的时域长度。Format 0 的时间长度是 1 ms，正好是 1 个子帧的长度。Format 1 是 3 个子帧的长度。Format 2 是 3.5 ms，即 3 个半子帧的长度。Format 3 也是一个子帧长度。

覆盖半径可按照 GT 来计算，通常采用(GT/2)×c，其中 c 是光速。Format 1 的 GT 长，能够覆盖 107.34 km，也就是 21 984κ。此外，覆盖半径还与序列传输的次数、载波宽度有关。例如 Format 2 和 Format 3 同样都是传 4 次，但 Format 2 的覆盖半径要比 Format 3 长。

3. 短序列

短序列的序列长度是 139 个子载波，格式包括 A1、A2、A3、B1、B2、B3、B4，还有 C0、C2，每一种格式的子载波间隔跟 μ 的取值有关。短序列只支持非限制集，不支持限制集。多数短序列时间比较短，适合一些覆盖半径比较小的场景，具体如表 5.13。

表 5.13 前导序列格式——短序列支持的覆盖半径

格式	L_{RA}	Δf^{RA}	N_u	T_μ/ms	N_{CP}^{RA}	T_{CP}/ms	N_{GAP}	T_{GAP}/ms	T/ms	覆盖半径/km
A1	139	$15\cdot 2^\mu$kHz	$2\cdot 2048\kappa\cdot 2^{-\mu}$	0.13333	$288\kappa\cdot 2^{-\mu}$	0.00938	0	0.00000	0.14281	0.94
A2	139	$15\cdot 2^\mu$kHz	$4\cdot 2048\kappa\cdot 2^{-\mu}$	0.26667	$576\kappa\cdot 2^{-\mu}$	0.01875	0	0.00000	0.28562	2.11
A3	139	$15\cdot 2^\mu$kHz	$6\cdot 2048\kappa\cdot 2^{-\mu}$	0.40000	$864\kappa\cdot 2^{-\mu}$	0.02813	0	0.00000	0.42843	3.52
B1	139	$15\cdot 2^\mu$kHz	$2\cdot 2048\kappa\cdot 2^{-\mu}$	0.13333	$216\kappa\cdot 2^{-\mu}$	0.00703	72κ	0.00234	0.14281	0.47
B2	139	$15\cdot 2^\mu$kHz	$4\cdot 2048\kappa\cdot 2^{-\mu}$	0.26667	$360\kappa\cdot 2^{-\mu}$	0.01172	216κ	0.00703	0.28562	1.06
B3	139	$15\cdot 2^\mu$kHz	$6\cdot 2048\kappa\cdot 2^{-\mu}$	0.40000	$504\kappa\cdot 2^{-\mu}$	0.01641	360κ	0.01172	0.42843	1.76
B4	139	$15\cdot 2^\mu$kHz	$12\cdot 2048\kappa\cdot 2^{-\mu}$	0.80000	$936\kappa\cdot 2^{-\mu}$	0.03047	792κ	0.02578	0.85688	3.87
C0	139	$15\cdot 2^\mu$kHz	$2048\kappa\cdot 2^{-\mu}$	0.66667	$1240\kappa\cdot 2^{-\mu}$	0.04036	1096κ	0.03568	0.14281	5.30
C2	139	$15\cdot 2^\mu$kHz	$4\cdot 2048\kappa\cdot 2^{-\mu}$	0.26667	$2048\kappa\cdot 2^{-\mu}$	0.06667	2912κ	0.09479	0.42843	9.30

4. 前导序列频域资源

在 4G 中，PRACH 在频域上固定为 6 个 RB 的大小。5G 中 PRACH 的频率大小不再固定，而是随着 PRACH 的子载波间隔和 PUSCH 子载波间隔的组合不同而不同，这就导致了带宽能力也不同。

表 5.14 中前面是长序列，后面是短序列。例如，PRACH 是 1.25 kHz 的子载波间隔，PUSCH 的子载波间隔是 15 kHz，PRACH 在频域上的宽度是 6 个 RB，$\bar{k}$是 PRACH 下边缘的保护子载波的间隔，有 7 个子载波来进行保护。

表 5.14 前导序列频域资源

L_{RA}	Δf^{RA}(PRACH)/kHz	Δf(PUSCH)/kHz	N_{RB}^{RA}，PUSCH 的 RB 的分配表示数	$\bar{k}$
839	1.25	15	6	7
839	1.25	30	3	1
839	1.25	60	2	133
839	5	15	24	12
839	5	30	12	10
839	5	60	6	7
139	15	15	12	2
139	15	30	6	2
139	15	60	3	2
139	30	15	24	2
139	30	30	12	2
139	30	60	6	2
139	60	60	12	2
139	60	120	6	2
139	120	60	24	2
139	120	120	12	2

频域上涉及两个参数 n_{RA} 和 n_{RA}^{start}。n_{RA} 的取值范围是 0，1，…，$m-1$。m 是随机接入在频率上复用的次数，取值是 1，2，4，8。如果 $m=4$，则 n_{RA} 为 0，1，2，3，也就是在频域上复用了 4 次。n_{RA}^{start} 指 PRACH 第 1 个频域资源在 BWP 里的起始位置，频率差就是参数是 n_{RA}^{start}。一旦确定了某一个 BWP 的频域位置，就可以在 SIB1 消息里得到这两个参数。

5G 随机接入与 4G 过程整体是一样的，最主要的区别是 UE 随机接入时要选择最优波束来完成随机接入过程。随机接入过程发送的时刻(RO)与 SSB 的索引值相对应，所以 5G 引入了 SSB Index。UE 在 preamble 中需要用到的具体时域和频率资源可通过 SIB1 消息里的参数获取。

5.3.2　基于竞争的随机接入过程

随机接入过程分成两种，一种是竞争的，一种非竞争的。5G 竞争随机接入与 4G 是相同的，包括 Msg1～Msg4 共 4 条消息，如图 5.11 所示。

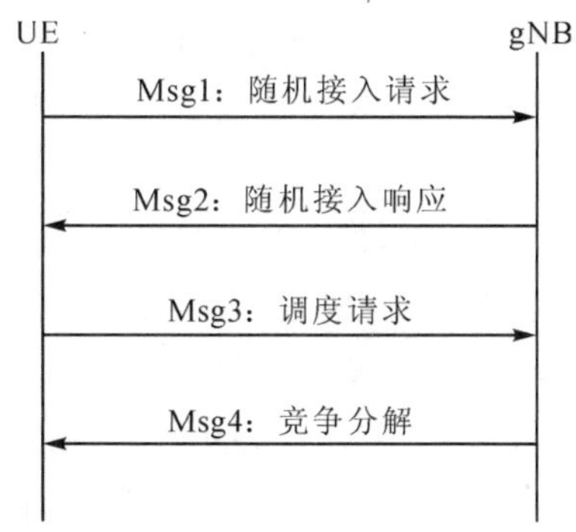

图 5.11　基于竞争的随机接入过程

对于 Msg1，UE 在最优波束对应的 SSB 上发 PRACH preamble 码。发送 Msg1 后需要等待 Msg2，这里有一个等待的时间接收窗，Msg2 消息会携带 Msg1 的 preamble 码 ID，还有 Msg3 的资源分配情况等，基站会通过 PDSCH 或者随机接入响应来告诉 UE 时间提前量，实现 UE 的上行同步。Msg3 根据 Msg2 给出的时频资源位置发送，然后等待 Msg4，这里有一个竞争分解定时器。收到 Msg4 后，UE 确定随机接入是成功还是失败。

UE 在发送 Msg1 后，在接收窗内有可能接收不到 Msg2，这样就要尝试第 2 次发送 Msg1。此外，如果收到了 Msg2 消息，但 Msg2 消息里有一些参数不可用，也需要再请求重新发送一次 Msg1，UE 需要在 0 到最大退避时间之间的随机间隔里再发送 Msg1 消息。

Msg2 还要携带随机接入 preamble 码的标识 RAPID，此外还包括 UE 在 Msg1 上发送的 preamble 码。UE 通过 preamble 码的 Index 与时域资源、频域资源和发送的无线帧号进行运算，得到 RA-RNTI 值。在 PDSCH 上才会有随机接入响应消息。想要解析 PDSCH 就得先到 PDCCH 上找它对应的调度信息的资源。UE 要用 RA-RNTI 在 PDCCH 进行检索。

此外，Msg2 还要携带时间提前量 TA 值以及一些关于 Msg3 的信息资源，包括 Msg3 在 PUSCH 的频域资源分配、时域资源分配以及所采用的 MCS 等级等。另外还有一个临时的小区标识 T- RNTI。当竞争分解完之后，这个临时的 T-RNTI 就变成 C-RNTI。

5.3.3 基于非竞争的随机接入过程

基于非竞争的随机接入过程比较简单，首先是基站给 UE 分配 preamble 码，UE 获取 preamble 码后进行 PRACH 申请，然后在接收窗里等待 Msg2 消息，如图 5.12 所示。

5G 与 4G 随机接入过程的一个最主要的区别在于 SSB Index 相关的时域资源和频率资源映射到 RO 的方法不同，以及用于 RO 上的 preamble 码的个数不同。

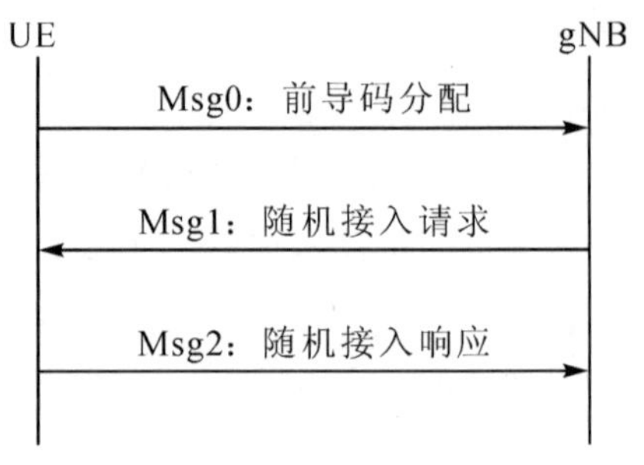

图 5.12 基于非竞争的随机接入过程

5.3.4 5G NR 两步法随机接入过程

3GPP 在 k01-16 版本中为 5G NR 引入了两步法随机接入，以实现快速及时的接入。两步法随机接入的主要思想是减少 UE 等待 Msg2 和 Msg4 的等待时间，将竞争性随机接入(Contention Based Random Access，CBRA)过程由四步优化为两步，缩短接入过程中的等待时间，其实现方法如下：

(1) 将 PRACH(Msg1)和 PUSCH(Msg3)一起发送，该消息称为 MsgA。

(2) 接入响应 RAR(Msg2)和竞争解决方案(Msg4)一起发送，称为 MsgB。

在两步法接入中不仅减少了接入流程涉及的等待时间，还减少了控制信令开销。两步法随机接入适用于 RRC_INACTIVE、RRC_CONNECTED 和 RRC_IDLE 状态的终端，传统的四步法随机接入的触发对两步法随机接入依然有效。在使用两步法随机接入时，网络应预先在 RRC 配置中为 MsgA 提供 PUSCH 的 MCS 和时频资源，并为 MsgB 的接收定义一个新的 RNTI-MsgB-RNTI。在两步法接入中也可以执行基于非竞争的随机接入(CFRA)流程，CBRA 和 CFRA 如图 5.13 所示。

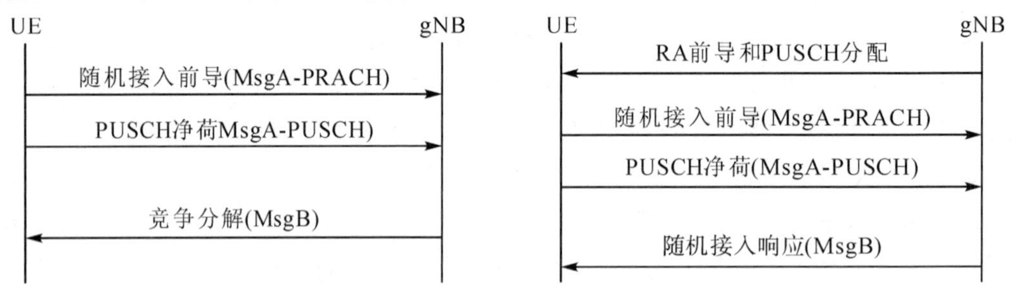

(a) 基于竞争的两步法随机接入过程　(b) 基于非竞争的两步法随机接入过程

图 5.13 两步法随机接入过程

1. 两步接入中的竞争接入(CBRA)

两步接入中的竞争接入(CBRA)流程如下：

(1) 终端在发送 MsgA 之后，将在配置的窗口(由 RRC 参数 msgB-ResponseWindow-r16 配置)内监控网络的响应。

(2) 如果收到网络响应竞争成功解决，UE 结束接入 RA 过程。

在两步法接入中，MsgA 是包括在 PRACH 上的前导码传输和 PUSCH 上的有效净荷传输中的。而在四步法接入中，UE 在接收到 Msg2(RAR)之前是不在 PUSCH 发送的。如在多次 MsgA 传输后未完成两步接入过程，则可将 UE 切换到四步法竞争随机接入。

接入响应和竞争分解方案一起称为 MsgB，而四步法接入中使用 Msg2＋Msg4。在某些情况下，MsgB 中网络可能会要求 UE 退回到四步法接入，然后 UE 执行 Msg3 传输并监视竞争解决方案。如果在 Msg3(重新)传输之后竞争失败，则 UE 返回 MsgA 传输，切换回两步随机接入方式。

2. 两步接入中的非竞争接入(CFRA)

两步接入中的非竞争接入(CFRA)流程如下：

(1) UE 在发送 MsgA 之后，将在配置的窗口(msgB-ResponseWindow-r16)内监视网络的响应。

(2) 对于非竞争接入，UE 收到 MsgB 后，结束接入 RA 过程。

如果 MsgA 多次传输后未完成两步法接入过程，则可将 UE 切换到四步法竞争性随机接入(CBRA)方式。

5.3.5　两步法与四步法接入选择

UE 根据网络配置，在随机接入流程启动时选择两步或四步法进行接入：

对于竞争性接入(CBRA)场景，当网络同时配置了四步和两步接入类型时，UE 将使用 RSRP 阈值在两步接入和四步接入之间进行选择。RSRP 阈值由 msgA-RSRP-Threshold 字段配置。如果 RSRP 高于此阈值，则 UE 选择两步接入类型，否则选择四步接入类型。

对于非竞争接入(CFRA)场景，当配置了四步接入的 CFRA 资源时，UE 终端将执行四步接入类型的随机接入，配置了两步接入的 CFRA 资源后，UE 会执行两步接入类型的随机接入，网络不会为 UE 同时配置四步和两步接入的非竞争接入(CFRA)，仅支持两步非竞争接入(CFRA)向四步竞争随机接入进行切换。

为了在配置有辅助上行链路(SUL)的小区中进行随机接入，网络可以发出信号，通知 UE 使用哪个载波(UL 或 SUL)。否则只有在测得的下行(DL)质量低于广播阈值时 UE 才选择 SUL 载波。UE 在选择两步和四步接入类型之前先进行 UL 或 SUL 载波的选择。网络可分别为 UL 和 SUL 配置选择两步和四步随机接入的 RSRP 阈值(msgA-RSRP-Threshold)。

5.4　功率控制

功率控制最主要的作用是降低发射功率，抑制小区间的干扰，在小区内补偿路损和阴影衰落。5G 功率控制的逻辑架构与 4G 是一样的，上行是功率控制，下行是功率分配。

5.4.1　上行功率控制

上行功率控制可以分为如下几类：

① PRACH 信道的功率控制；

② PUSCH 信道 Msg3 的功率控制(传递信令单独区分开)；

③ PUSCH 信道的功率控制；

④ PUCCH 信道的功率控制；

⑤ SRS 探测参考信号的功率控制。

1. PRACH 信道的功率控制

UE 在载波的 UL BWP 上确定物理随机接入信道(PRACH)的发送功率，如式(5.10)所示：

$$P_{\text{PRACH},b,f,c}(i)=\min\{P_{\text{CMAX},f,c}(i),P_{\text{PRACH,target},f,c}+PL_{b,f,c}+\Delta_{\text{pre}}+(N_{\text{pre}}-1)*P_{\text{rampup}}\} \tag{5.10}$$

式(5.10)各参数的含义如表 5.15 所示。

表 5.15 PRACH 功率控制参数

参数名	单位	意　义
$P_{\text{CMAX},f,c}$	dBm	UE 的最大发射功率
$P_{\text{PRACH,target},f,c}$	dBm	PRACH 目标接收功率
$PL_{b,f,c}$	dB	UE 估计的下行链路路损
Δ_{pre}	dB	不同前导格式偏移
N_{pre}	次数	前导最大传输次数
P_{rampup}	dB	随机接入功率爬坡步长

PRACH 信道功率控制借鉴了 4G 功率控制的思想，UE 向 gNB 发送 preamble 码，通常 UE 上行发射功率最大是 23 dBm，如果可以使用 3 dBm 的增量，最大功率也可以是26 dBm。通过 UE 最大发射功率和实际需要功率，就可以得到最终的发射功率。

对于 PRACH 来讲，gNB 有一个成功接收 preamble 码的期望接收功率。UE 需要知道 gNB 期望的接收功率，并考虑传输过程中的路径损耗来计算发送功率。此外，UE 发 PRACH 时有不同的格式(长序列、短序列均有多种格式)，每种格式时长不同，对应不同传输格式，其功率补偿也不同。

如果 UE 第 1 次发送不成功，可以发送第 2 次，直到达到最大次数。每一次重发的时候都会有一个相应的爬坡步长。UE 没有收到 Msg2 时，并不清楚是什么问题，就会认为可能是功率不够，所以发射功率比之前功率高，这样就会有一个爬坡步长和最大次数。

跟 4G 不同是路径损耗，5G 路径损耗可表示为 $PL_{b,f,c}$，其中 b 是正在使用的激活的 BWP，f 是载波频率，c 是 UE 当前所处的服务小区。4G 的路径损耗是通过 CSI 来获取得到的。而 5G 中，如果在连接态，UE 需要估计 CSI-RS。但是对于初始接入，更多采用 SSB 评估。这时 UE 还没有处于连接态，UE 的路径损耗要借助于 SSB 评估。

长前导码格式的功率偏移量 Δ_{pre} 跟前导码格式有关，不同的格式的偏移量是不同的，如表 5.16 所示。

表 5.16 功率偏移量

前导码格式	功率偏移量
0	0 dB
1	−3 dB
2	−6 dB
3	0 dB

2. PUSCH 信道 Msg3 的功率控制

这里指的是用于传输 Msg3 的 PUSCH 信道的功率控制。因为是传输 Msg3 的，前提是 Msg1 和 Msg2 已经成功接收，所以只要在 Msg2 的基础上或者说在 PRACH 的 Msg1 的基础上有一个相应的功率增量，可以表示为

$$P_{\mathrm{O\_NOMIMAL}_{\mathrm{PUSCH}},f,c}(0)=P_{\mathrm{O\_PRE}}+\Delta_{\mathrm{PREAMBLE\_Msg3}}$$

其中 $P_{\mathrm{O_PRE}}$是 PRACH 成功发射的功率，$\Delta_{\mathrm{PREAMBLE_Msg3}}$是 Msg3 的期望功率增量。

3. PUSCH 信道的功率控制

PUSCH 功率控制的整体思路可以借鉴 4G，要考虑小区级和 UE 级的期望接收功率和路径损耗，可以表示如下：

$$P_{\mathrm{PUSCH},b,f,c}(i,j,q_d,l)=\min\{P_{\mathrm{CMAX},f,c}(i),P_{\mathrm{O\_PUSCH},b,f,c}(j)+10\lg(2^{\mu}\cdot M_{\mathrm{RB},b,f,c}^{\mathrm{PUSCH}}(i)+a_{b,f,c}(j))\cdot PL_{b,f,c}(q_d)+\Delta_{\mathrm{TF},b,f,c}(i)+f_{b,f,c}(i,l)\}\qquad(5.11)$$

其中，

$$P_{\mathrm{O\_PUSCH},b,f,c}(j)=P_{\mathrm{O\_NOMIMAL}_{\mathrm{PUSCH}},f,c}(j)+P_{\mathrm{O\_UE\_PUSCH},b,f,c}(j)$$

$$\Delta_{\mathrm{TF},b,f,c}(i)=10\lg[(2^{\mathrm{BPRE}\times K_s}-1)\cdot\beta_{\mathrm{offset}}^{\mathrm{PUSCH}}]$$

在式(5.11)中，$M_{\mathrm{RB},b,f,c}^{\mathrm{PUSCH}}(i)$代表的是为数据传输分配的带宽。当 μ 等于 0 的时候，子载波间隔是 15 kHz，$M_{\mathrm{RB},b,f,c}^{\mathrm{PUSCH}}(i)$的取值就是给 UE 分配的用来传输数据的 RB 个数。如果 μ 等于 1，子载波间隔翻倍，功率也是翻倍，所以要在 $M_{\mathrm{RB},b,f,c}^{\mathrm{PUSCH}}(i)$前面乘 2^{μ}。$PL_{b,f,c}(q_d)$是路径损耗，采用部分补偿的机制，兼顾了小区整体以及小区边缘用户的频谱效率。TF 代表的是传输格式，即 PUSCH 传输数据时会根据 MCS 等级去进行相应的功率调整。

$f_{b,f,c}(i,l)$是闭环的功率控制参数，与 4G 是一致的，如表 5.17 所示。

表 5.17 PUSCH 闭环功率控制参数

TPC 命令字段	累积值/dB	绝对值/dB
0	−1	−4
1	0	−1
2	1	1
3	3	4

PUSCH 信道功率控制的参数比较复杂，我们理解其主要思想和框架就可以了。

4. PUCCH 信道的功率控制

PUCCH 信道的功率控制为

$$P_{\mathrm{PUCCH},b,f,c}(i, q_u, q_d, l)=\min\{P_{\mathrm{CMAX},f,c}(i), P_{\mathrm{O\_PUCCH},b,f,c}(q_u)+10\lg(2^{\mu}\cdot M_{\mathrm{RB},b,f,c}^{\mathrm{PUCCH}}(i))+ PL_{b,f,c}(q_d)+\Delta_{\mathrm{TF},b,f,c}(i)+g_{b,f,c}(i, l)\} \quad (5.12)$$

其中，

$$P_{\mathrm{O\_PUCCH},b,f,c}=P_{\mathrm{O\_NOMIMAL\_PUCCH}}+P_{\mathrm{O\_UE\_PUCCH}}$$

$$\delta_{\mathrm{PUCCH},b,f,c}(i_{\mathrm{last}}, i, K_{\mathrm{PUCCH}}, l) = \delta_{\mathrm{PUCCH},b,f,c}(i_{\mathrm{last}}, i, K_{\mathrm{PUCCH}}, l)+\sum_{m=0}^{M-1}\delta_{\mathrm{PUCCH},b,f,c}(i_{\mathrm{last}}, i, K_{\mathrm{PUCCH}}(m), l)$$

对于 PUCCH，$P_{\mathrm{O_PUCCH},b,f,c}(q_u)$也是期望接入功率，是 PUCCH 相关的 RB 数。跟 PUSCH 相比，PUSCH 路径损耗没有α，其路径损耗是全补偿，$\alpha=1$。用全补偿主要是因为 PUCCH 更多考虑的是覆盖，而不是吞吐量。具体的参数和含义如表 5.18 所示。

表 5.18　PUCCH 信道的功率控制参数和含义

参数名	单位	意　义
$P_{\mathrm{CMAX},f,x}(i)$	dBm	UE 的最大发射功率
$PL_{b,f,c}(q)$	dB	UE 估计的下行链路路损
$M_{\mathrm{RB},b,f,c}^{\mathrm{PUSCH}}(i)$		PUCCH 分配的 PRB 数
$P_{\mathrm{O\_NOMINAL\_PUCCH},f,c}(j)$	dBm	小区专属部分期望接收功率
$P_{\mathrm{O\_UE\_PUCCH},b,f,c}(j)$	dB	UE 专属部分期望接收功率增量
$\Delta_{F_{\mathrm{PUCCH}}}(F)$	dB	传输格式相关调整量(高层配置)
$\Delta_{\mathrm{TF},b,f,c}(i)$	dB	传输格式相关调整量
$g_{b,f,c}(i, l)$	dB	闭环功率调整参数

闭环功率控制依然有累积的和非累积的两种方式。

5. SRS 信号的功率控制

SRS 信号的发射功率可表示为

$$P_{\mathrm{SRS},b,f,c}(i, q_s, l)=\min\{P_{\mathrm{CMAX},f,c}(i), P_{\mathrm{O\_SRS},b,f,c}(q_s)+10\lg(2^{\mu}\cdot M_{\mathrm{SRS},b,f,c}(i))+ \alpha_{\mathrm{SRS},b,f,c}(q_s)\cdot PL_{b,f,c}(q_d)+h_{b,f,c}(i, l)\} \quad (5.13)$$

其中，

$$h_{b,f,c}(i, l)=f_{b,f,c}(i, l)$$

$$h_{b,f,c}=h_{b,f,c}(i_{\mathrm{last}})+\delta_{\mathrm{SRS},b,f,c}(i_{\mathrm{last}}, i, K_{\mathrm{SRS}})$$

式(5.13)中，$P_{\mathrm{O_SRS},b,f,c}(q_s)$探测参考信号期望接收功率，$M_{\mathrm{SRS},b,f,c}(i)$是 RB 数，$PL_{b,f,c}(q_d)$是路径损耗，$h_{b,f,c}(i, l)$是闭环功率调整参数。

5.4.2　下行功率分配

下行功率分配主要涉及 PSS、SSS 信号的功率分配，PDCCH 信道的功率分配，PDSCH 信道的功率分配和 CSI-RS 信号的功率配置。

1. PSS、SSS 信号的功率分配

SSB 的发送功率指的是 SSB 中 SSS 的功率，或 PBCH 用来传数据的功率，或者是解析

PBCH 的 DMRS 的功率。

对于 SSB 中 PSS 的功率，根据协议，PSS 没有频偏，设置为 0 dB。协议还规定，PSS 的发送功率可以等于 SSS 的发送功率，也可以在它的功率基础上再加 3 dB。

2. PDCCH 信道的功率分配

PDCCH 上的 DMRS 的功率需要根据 AAU 的型号来进行配置，例如 AAU 配置为 17 dBm。如果 160 MHz 的带宽里包含 LTE 和 NR，发射总功率是 320 W，相当于 5G 系统 100 MHz 的发射功率是 200 W。PDCCH 的 DMRS 的功率可以由 5G 空口的发射功率对应的 dBm 值减去整个带宽中的 RB 数乘以 12 个子载波来得到。

3. PDSCH 信道的功率分配

PDSCH 的功率分配与 PDCCH 信道的功率分配一样，根据 AAU 的型号来进行分配。

4. CSI-RS 信号的功率分配

CSI 主要考虑两个参数。一个是相对于 PDSCH RE 的功率偏移，另外一个是相对于 SSS RE 的功率偏移。为了保证 CSI 跟 SSB 有相同的覆盖半径，所以会配置 CSI 相对于 SSB 的应用功率的偏移。

5.5　波束管理

5.5.1　波束管理概述

当天线仅有一个振子时，发射方向图是全向的，如图 5.14(a)所示。如果天线有两个天线振子，形成的波束如图 5.14(b)所示。天线振子数越多，波束越窄，从而可以提高覆盖方向的信号质量，但是不在覆盖范围内的其他用户信号就很弱甚至没有信号，如图 5.14(c)所示。

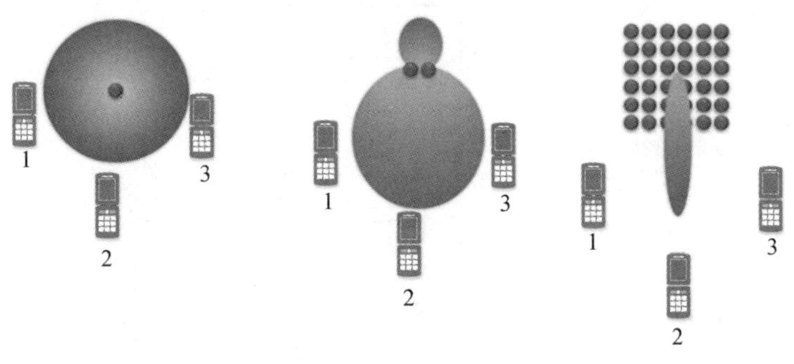

(a) 一个天线振子　　(b) 两个天线振子　　(c) 多个天线振子

图 5.14　不同天线振子的方向图示意

5G 的天线有很多天线振子，为了满足整个小区的覆盖，就要形成很多波束，不同的波束在不同的时间朝着不同的方向进行辐射，满足小区所有用户的覆盖要求。5G 中不同时段的波束位置不同，因此要进行波束管理。

5G 的基站和终端都采用天线阵列形成一系列波束，基站的波束和终端的波束之间要进行一个匹配，匹配之后完成上下行数据的传送。波束管理协议规定了 TRP(Tx/Rx

Point，传输和接收点），UE 采用一系列 L1/L2 的过程来获取，并且保持一组 TRP 和 UE 之间的波束，用于上下行传输。

5G 系统中 UE 在空闲态和连接态都要进行波束管理，对应的上下行波束管理的信道或信号如表 5.19 所示。也就是说，当终端在各种时间状态或者上下行方向时，通过这些信号来帮助基站和终端确定最强的发送波束和接收波束，形成一个波束对。

表 5.19 上下行波束管理采用的信号

状态	下 行	上 行
空闲态	SSB	PRACH
连接态	CSI-RS 或 SSB	SRS

5.5.2 波束管理过程

波束管理过程包括波束测量、波束上报、波束选择、波束指示、波束恢复。波束测量是利用 RSRP 进行的。波束上报是 UE 进行上报，上报的值就是 RSRP，一般来讲是层 1 的 RSRP，基站根据 RSRP 选择波束。波束指示告诉对方用哪一个波束来进行数据的发送或接收。因为无线环境是比较复杂的，有很多种情况会导致波束失败，波束失败的情况下，需要进行波束恢复，这个恢复过程类似于无线链路失败的过程，设定了达到条件或者门限，RSRP 低于门限会认为波束失败。波束失败之后需要进行恢复，在恢复的过程中就要涉及随机接入过程，随机接入过程前文已做介绍，这里不再赘述。

波束管理的整个过程如图 5.15 所示。

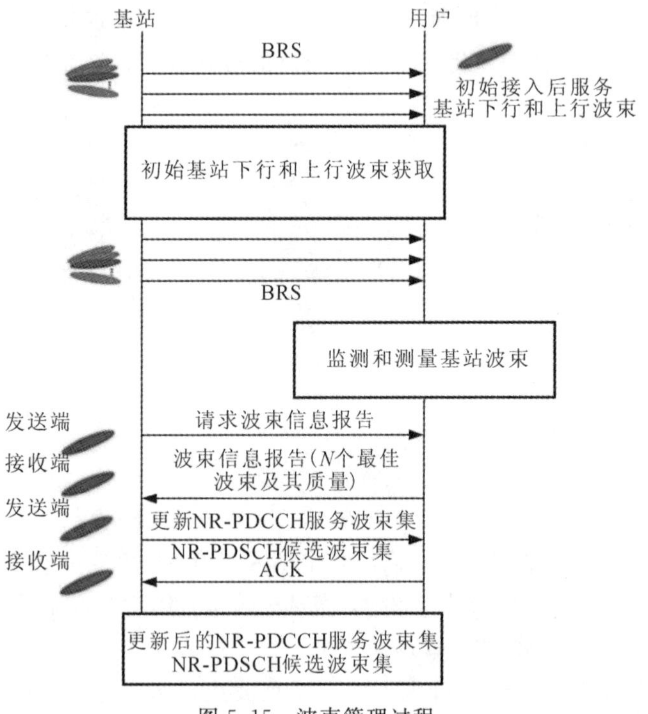

图 5.15 波束管理过程

在空闲态下，基站会根据 SSB 的个数在不同时间发送不同的波束。例如，SSB 最多发 4 个波束，小区或说是基站就会在不同的时刻去发 SSB0、SSB1、SSB2 和 SSB3。终端检测每一个 SSB 的信号强度，并利用最强波束发起随机接入过程，这是空闲态下行和空闲态上行之间的波束管理过程。

当进入连接态，基站也会发送一系列的波束。终端监测波束，基站可能会要求终端去上报所测得的波束的基本信息，那么 UE 就按照要求把满足条件的波束上报上去。这个波束可能是分组的，也可能是不分组的，所以可能会有很多满足条件的波束一起进行上报，基站根据上报的结果通知 UE 用来进行接收或发送数据的波束。当 UE 收到结果通知后，需要给基站回送一个 ACK 消息。

在实际实现中，波束管理常采用由宽波束到窄波束的过程。首先基站采用轮询的方式使用宽波束，终端也用轮询的方式实现粗对准。UE 检测发现某个波束无线信号比较强后，就上报给基站，告诉基站测得的信号强度。基站收到上报的结果后将做一个调整，将波束变成窄波束，且波束范围缩小到 UE 上报的大致方向，并进一步采用轮询的方式进行发送，同时通过 TCI(Transmission Configuration Indicator，传输配置指示)的状态通知 UE 采用的波束。在基站波束扫描时 UE 采用固定波束，这样基站侧就能够比较精准地定位到最强波束。

UE 也需要上报它的测量结果，根据上报的测量结果，基站就可以获取精准的用户波束方向。UE 开始采用窄波束的轮询方式，并测量哪一个波束收到的信号强度最强，从而最终确定精准的接收方向。

上述就是整个连接态下行方向上的波束管理过程，通过波束管理找到了一个发送和接收波束对。

5.5.3　波束测量

波束测量有三种方式，如图 5.16 所示。

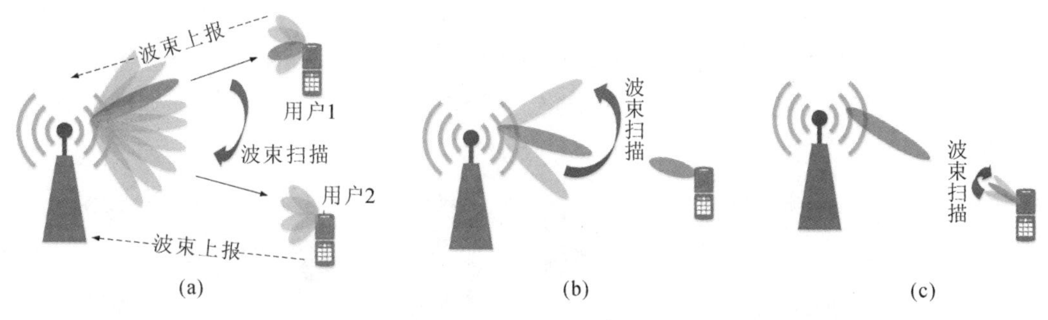

图 5.16　波束测量的方式

第一种方式是收发联合波束测量，如图 5.16(a)所示，基站有 8 个波束，有 2 个用户，每个用户有 4 个波束。收发联合测量方式中，基站和 UE 都通过轮询实现波束测量。

第二种方式是发送波束测量，如图 5.16(b)所示。在这种方式中，基站或 UE 通过轮询方式发送波束，接收方采用固定波束来进行接收。

第三种方式是接收波束测量，指基站或 UE 固定波束发送，接收端采用轮询方式测试不同接收波束，如图 5.16(c)所示，终端有 3 个波束，基站用 1 个固定波束进行波束测量。

5.5.4 波束上报

波束测量后要上报波束相关信息，包括L1的波束电平质量(RSRP)和波束对应的其他一些信息。

UE支持基于CSI-RS或SSB的测量上报，上报之后，gNB通过波束指示告诉UE选择哪一个波束。

值得注意的是，可能有N个波束上报，包括分组的情况和非分组的情况。基于分组的上报中，UE上报多组测量结果，每组中包含组信息、N_i个下行波束的指示信息与测量值。基于非分组的上报中，上报UE测量的最大波束数、实际测量的最大波束数以及L1的RSRP。

5.5.5 波束指示

波束指示分为下行方向和上行方向，接下来分别进行介绍。

在连接状态情况下，下行波束指示是在RRC建立之后通过传输配置指标(TCI)状态来指示波束，这里对应具体高层信令的方式。在接入时或者空闲态初始接入时不像TCI状态这样显式指示波束，这时基站和UE使用SSB索引，在PRACH发送时刻隐式指示波束。PRACH发送时刻与SSB索引值之间有一定的关联，基站收到了PRACH，就得到了PRACH发送时刻对应的SSB索引，用户也就得到了在下行方向上最强的波束。

上行方向通过SRS进行波束训练，当SRS配置为“beamManagement”时表示用于波束管理。基站通过参数指示SRS的发送波束SRS resourceID，告诉终端所使用波束的ID。需要注意的是，在上行方向上，SRS除了波束管理之外还能够用于信道估计等功能。

5.5.6 波束恢复

波束失败的示例如图5.17所示，其中，场景1是基站发送时，UE移动导致了基站发送波束发生变化。UE移动不仅会导致发送波束发生变化，还会导致UE接收波束发生变化，如场景2和场景3所示。此外，UE转向、UE阻塞以及发送接收点的改变都会导致原有波束失败。

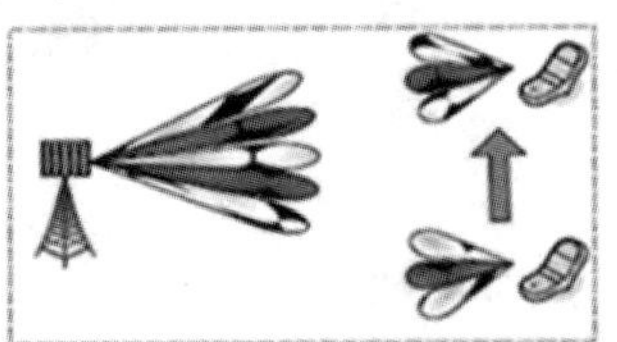
场景1：Tx波束的变化

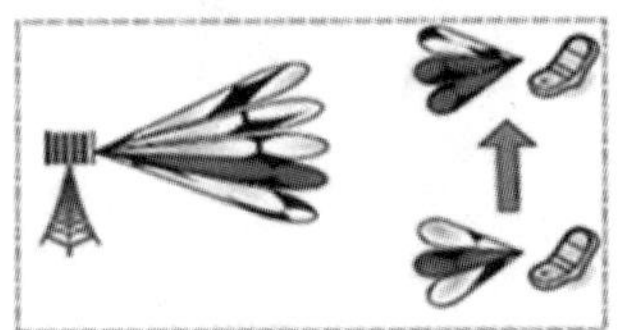
场景2：Rx波束的变化

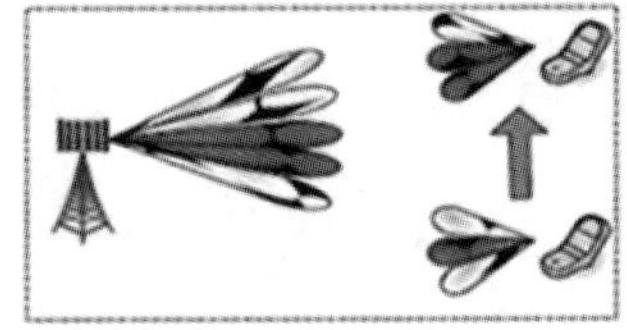
场景3：Tx和Rx波束的变化

场景4：UE转向

场景5：UE阻塞

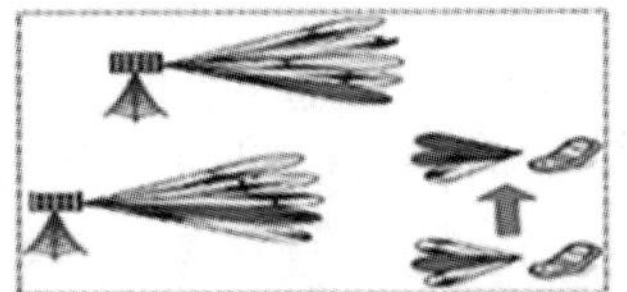
场景6：发送接收点的改变

图5.17 波束失败的示例

发生波束失败后就需要进行波束恢复，波束恢复过程包括波束失败检测、新波束选择、UE 上报波束失败恢复请求(BFRQ)、向基站发送失败恢复响应(BFRP)。

波束失败检测主要是通过检测一些参数实现的。在下行方向上，检测 SSB-Index 和 CSI-RS-resourceID 这两个用于波束管理的参考信号。根据关联的参考信号作为失败检测的一个依据。在失败检测定时器时长内，失败次数达到一定的门限值，就判定为波束失败，需要进行波束恢复。

终端检测到波束失败后，需要选择新的波束。当参考信号的测量高于一定门限时，可以作为新的波束候选，新的 RS 包括 SSB、CSI-RS 和 SSB+CSI-RS。

终端通过波束失败恢复请求(BFRQ)消息上报终端及新的候选波束信息，5G 可以通过非竞争的随机接入方式，还可以通过 PUCCH 方式来进行波束恢复请求上报。此外，还有基于随机竞争的 PRACH 方式。

基站收到 BFRQ 之后就需要给终端回复一个响应，终端需要检测 PDCCH 中的 CORESET。通过特定的 CORESET 来判断波束恢复是否成功。终端检测波束恢复响应的起始位置和 BFRQ 之间存在的固定时隙偏移，并根据这个参数配置去监听 PDCCH 里面是不是有对应的 DCI 消息。此外，波束恢复还有一些其他的内容，如判断波束恢复失败后的终端处理等。

5.6　HARQ 技术

本节主要讲述 HARQ 的基本概念以及 NR 系统的 HARQ 相关过程、涉及的参数，另外还将讲述 5G 里 HARQ 基于码块组的重传。

5.6.1　HARQ 总体介绍

1. HARQ 的基本概念

5G NR 的用户面协议栈包括 MAC 层、RLC 层、PDCP 层和 SDAP 层。HARQ(混合自动重传请求)是 MAC 层的快速传输机制，采用 FEC(前向纠错编码)和 ARQ 相结合的机制，来提高系统的可靠性和传输效率。5G NR 也用到了其他的重传机制，例如 RLC 层的 ARQ。HARQ 的主要特点是反馈比较快，但仍存在一定的错误概率。RLC 层 ARQ 的特点是可靠性比较高，但反馈频率较低。因此，5G NR 中采用 HARQ 与 RLC 的 ARQ 相结合的方式，从而获得较短的时延和较高的可靠性。

2. 5G NR 中的 HARQ 技术

HARQ 可以分为同步 ARQ 和异步 ARQ。同步 HARQ 传输和重传之间有一定的时序关系，接收端需要事先知道重传发生在哪一时刻，不需要用额外的控制信令通知接收端。对于异步来讲，接收端不知道什么时候需要重传，必须通过控制信令来告诉接收端，这样就有一定的信令开销。在 4G 中，下行采用异步 HARQ，上行采用同步 HARQ。5G NR 与

4G 有所不同，5G 中上行和下行都采用异步 HARQ，这是因为 NR 系统场景比较复杂，由于多种业务场景的需求不同，如果要满足多种业务场景，采用同步 HARQ 会很复杂，因此采用异步方式。当需要重传时，通过控制消息告诉接收端在哪里重传。

5G 的 HARQ 跟 4G 一样，采用的是多个并行的停等(stop-and-wait)式进程，当一个进程在等待确认消息(ACK 或 NACK)时，另外一个进程可以继续发送数据，同时等待已发送数据的确认消息。这些进程由一个 HARQ 实体来完成，能够充分利用系统资源。每个进程对应一个进程号，进程号通过 PDCCH 的 DCI 来指示。

5G 还有一个特点，就是 HARQ 可以针对传输块(Transport Block，TB)进行反馈。在整个 NR 系统中，最多针对两个 TB 块进行反馈。对 TB 块进行反馈存在的问题是，即便仅有一小部分出错，整个 TB 块也得进行重传，这会浪费资源。所以一个大的 TB 块分成了很多的码块组(Code Block Group，CBG)，通过 CBG 来反馈和重传就减少了资源浪费。

1) 5G HARQ 进程概述

图 5.18 一共有 4 个并行的进程，每个进程有一个进程号(0，1，2，3)，例如 TB1 在进程 0 发送。在进程结束后，到 MAC 层解复用。图 5.18 中 TB2 在进程结束后没有得到正确的解码，所以需要反馈 NACK 来进行重传。TB3 在进程 2 发送，传输结束之后收到了确认消息。

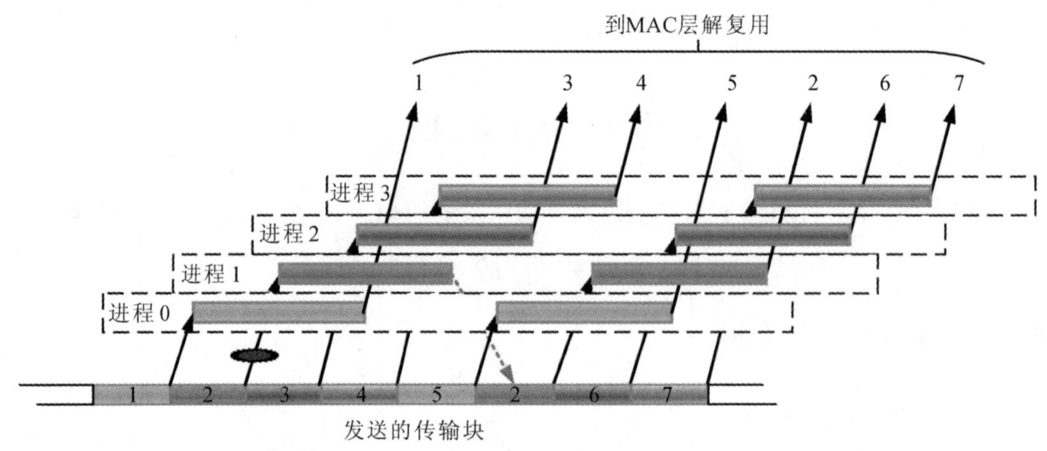

图 5.18 HARQ 反馈

HARQ 可以针对一个 TB 块进行反馈，也可以针对 CBG 进行反馈，但不支持跨小区的 HARQ 重传。

2) DCI 格式

DCI 有多种格式，Format0 一般是对 PUSCH 的调度信息，所以这里是 PDCCH DCI Format0。终端收到后，通过 DCI Format0 得到上行资源调度的位置，然后发数据包。网络发现需要重传，通过 PDCCH 的 DCI 来通知 UE 重传的位置。

每一个小区都有 HARQ 实体，上下行的 HARQ 实体是相互独立的，而 HARQ 实体里可以包含多个 HARQ 进程。每个 HARQ 进程对应一个进程编号，称为 process ID。

下行 HARQ 进程数量是由高层参数进行配置的，最多不能超过 16。而上行 HARQ 的进程数量是固定的 16 个。

表 5.20 给出了 DCI Format 1_0 和 Format 1_1 携带的部分 HARQ 相关信息。

表 5.20　HARQ 相关信息

Format 1_0		Format 1_1	
字　段	比特数	字　段	比特数
DCI 格式标识符	1 bit	DCI 格式标识符	1 bit
新数据标识符	1 bit	新数据标识符	1 bit
冗余版本	2 bit	冗余版本	2 bit
HARQ 进程编号	4 bit	HARQ 进程编号	4 bit
PDSCH 到 HARQ 反馈定时标识符	4 bit	PDSCH 到 HARQ 反馈定时标识符	0/1/2/3 bit
下行链路分配索引	2/4 bit	CBG 传输信息(CBGTI)	0/2/4/6/8 bit
		CBG 清除信息(CBGFI)	0/1 bit

表 5.20 中包含了新数据标识符、冗余版本等信息。新数据标识符(New Data Indicator，NDI)用于显示信息有没有翻转。如果翻转就是新的数据，如果不翻转就是重传的数据。

3）下行 HARQ

HARQ 下行进程最多处理 2 个 TB 块。在关闭下行空分复用时，对应 1 个 TB 块。开启下行空分复用时，对应 1～2 个 TB 块。

如果 PDSCH 配置了重复发送(时隙聚合)，则可以在多个时隙上发送数据，不过发送的版本可能不同，这种重复发送的 PDSCH 称为一个 bundle，这个 bundle 用同一个 HARQ 进程号。UE 在接收 PDCCH 时，有专用的 HARQ 进程来处理。

UE 首先根据 DCI 中的 NDI(New Data Indicator)判断 TB 块是新的还是重传的。如果当前的 NDI 和前一次调度的 NDI 相比发生了翻转，就认为是一个新的数据块。如果没有翻转，就是一个重传块。NDI 一般只有 0 和 1 两个取值。如果接收到的 TB 块之前没有收到过 NDI，这种情况也是新传块。

如果接收到的是新传块，则直接对接收数据进行解码。如果是重传块，则可能有两种情况，即解码失败和未解码。对于解码失败的情况，HARQ 进程指示物理层和以前 HARQ 缓冲区的数据进行合并解码。如果之前未解码(例如丢失了一些信息导致无法解码)，这时数据就放在缓冲区里直接进行解码，并根据解码结果来反馈 ACK 和 NACK。

下面以两个进程(进程 1 和进程 2)为例介绍下行 HARQ 的总体思路。数据发送时，有一定的发送时间。接收端经过解调、解码、FFT 变换以及 CRC 校验等处理过程，然后反馈 ACK 或 NACK，需要一定的处理时间，这是一个进程。

进程 2 跟进程 1 一样。HARQ 处理时间 Δt 就是从数据包的起始位置到下一个数据包开始进行传输的时长。HARQ 进程及处理时间参见图 5.19。

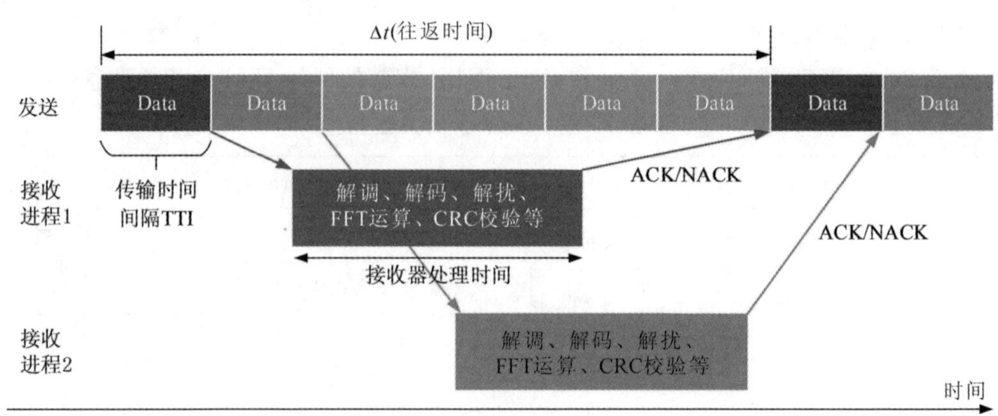

图 5.19 HARQ进程及处理时间

4）上行 HARQ

5G NR 系统的上行 HARQ 机制不像下行有专门 PUCCH 或者 PUSCH 发送的 HARQ，上行 HARQ 没有专门的信道去传输 HARQ 信息。基站直接在 PDCCH 里向终端发送上行数据的 HARQ 指示，终端得到指示后直接发送数据。

上行 HARQ 实体和进程的处理过程整体思路跟下行相似，但也有一些区别，例如上行每个 HARQ 进程仅对应一个 TB 块来进行重传。此外，上行传输取消了 HARQ 反馈信道，由基站直接通过 PDCCH 来通知终端进行重传。

MSG3 也有 HARQ 进程，其 HARQ 进程号固定为 0。上行 PUSCH 重复发送时，要用同一个 HARQ 进程来重复发送一个 bundle，并在 bundle 内无需 HARQ 反馈直接进行重复发送。

5.6.2 基于 CBG 的 HARQ

当一个 TB 块(含 CRC)超过最大长度后，TB 块会被切分成多个码块组(CBG)进行发送。如果一个 TB 块里有一部分受到干扰或者被高优先级低时延业务抢占，就需要重传整个 TB，传输效率较低。把 TB 分成 CBG 就可以针对每个 CBG 去反馈，然后基于反馈来进行重传，提高传输效率。基于 CBG 的 HARQ 参见图 5.20。

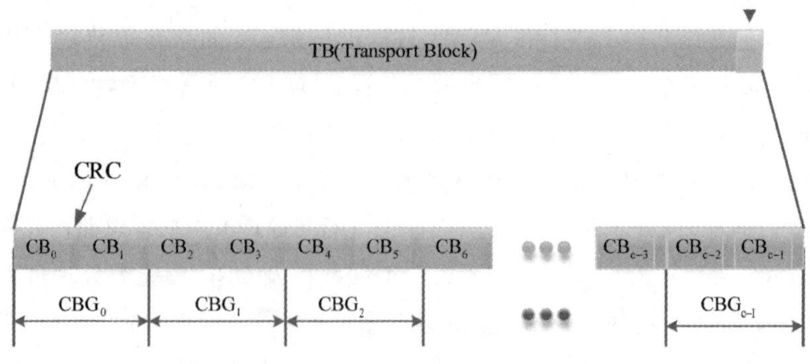

图 5.20 基于 CBG 的 HARQ

具体一个 TB 可以分成的 CBG 个数是有限制的。如果 CBG 过多，一方面上行反馈的比特数比较多，开销比较大；另一方面，TB 的大小不同，CBG 对应的大小也会不同，对应的 DCI 比特数也不同，用户盲检多种 DCI 比特数，就会造成资源浪费。一个 TB 中，最大的 CBG 个数设定为 2、4、6、8 共 4 种情况，通过 RRC 高层参数进行指示，例如 PDSCH 和 PUSCH 的高层就配了 CBG 的个数。HARQ 基于 CBG 重传需要 UE 能力支持。

CBG 的划分公式可表示为 $M=\min(N, C)$，其中 N 是高层 maxCodeBlockGroupsPerTransportBlock 配置的 CBG 最大个数，也就是高层给的最大 CBG 的能力，C 表示 TB 中 CBG 的个数。

此外，5G NR 协议中还设计了参数 M_1、K_1、K_2。$M_1=\min(C, M)$，$K_1=\left\lceil \frac{C}{M} \right\rceil$，$K_2=\left\lfloor \frac{C}{M} \right\rfloor$。

当 $M_1>0$ 时，码组块 CBG_m 中($m=0, \cdots, M_1-1$)，包含的码块索引为 $m \cdot K_1+k$($k=0, \cdots, K_1-1$)。

除此之外，码组块 CBG_m 中($m=M_1, \cdots, M-1$)，包含的码块索引为 $M_1 \cdot K_1+(m-M_1) \cdot K_2+k$($k=0, \cdots, K_2-1$)。

5G 中码组块分组见下面的例子：

假如网络规定的 CBG 最大传输能力是 8 个，TB 块实际包含的码块个数分别是 5、9 和 50，具体码块分组如表 5.21 所示，可以按照公式进行计算。

表 5.21　CBG 码块示例

示例一：
$N=8$，$C=5$
5 个码块，分为 5 组

CBG	码块
0	0
1	1
2	2
3	3
4	4

示例二：
$N=8$，$C=9$
9 个码块，分为 8 组

CBG	码块	
0	0	1
1	2	
2	3	
3	4	
4	5	
5	6	
6	7	
7	8	

示例三：
$N=8$，$C=50$
50 个码块，分为 8 组

CBG	码　块						
0	0	1	2	3	4	5	6
1	7	8	9	10	11	12	13
2	14	15	16	17	18	19	
3	20	21	22	23	24	25	
4	26	27	28	29	30	31	
5	32	33	34	35	36	37	
6	38	39	40	41	42	43	
7	44	45	46	47	48	49	

可以看到，示例一中，一个 TB 块里有 5 个 CBG，即 CBG0～CBG4，每个 CBG 对应一个码块。

示例二中共有 8 个 CBG，第 1 个 CBG 对应 2 个码块，剩下的 CBG 对应一个码块。

示例三中同样也是 8 个 CBG，每个 CBG 对应的码块数不同。

5.7 定位技术

随着5G万物互联的发展，出现了高精确度的定位服务LBS(Location Based Service，基于位置服务)需求。在各种无人系统或远程系统(如无人机、无人车船等)中，精确定位是必备的关键技术。此外，在备受关注的工业互联网与5G融合的应用场景中，需要为室内环境的机器人及其他制造与搬运装备等随时提供厘米级精确度的位置信息，从而为云端控制的智能制造提供便利。

全球导航卫星系统(Global Navigation Satellite System，GNSS)在开阔的室外场景可以提供10 m级精确度的位置服务。更进一步，若通过卫星导航地面基准站为移动用户提供实时动态(Real Time Kinematic，RTK)载波相位差分信息，可使室外GNSS的定位服务精确度达到厘米级。但对于室内以及高楼林立的城市密集区来说，GNSS信号难以有效接收，较大程度上限制了LBS的应用。

为了支持城市密集区和室内的高精度定位，基于公众移动通信基础设施的LBS技术得到了持续发展。5G NR R15标准通过引入更多样化的参考信号CSI-RS，为开发更高精确度的LBS技术提供了基础手段。3GPP已公布5G NR R17研究计划，定位增强被列为核心内容之一，其目标是为物联网及V2X(Vehicle to everything)等物联网应用提供3D厘米级精确度的LBS技术。

基于公众移动通信基础设施的定位技术可以概括为两大类：间接定位法和直接定位法。与直接定位法相比，间接定位法更为常见，其基本原理是：运用移动终端至三个基站的到达时间(Time of Arrival，ToA)或到达时间之差(Time Difference of Arrival，TDoA)，或者运用移动终端至两个基站的到达角度(Angle of Arrival，AoA)，再由基站侧LBS服务器综合计算移动终端位置。直接定位法最初被应用于解决多个主动式目标源的定位问题，近年来被扩展应用于解决多基站环境下的移动终端定位问题。该类方法的基本原理是：利用多个基站至移动终端的无线信道模型，建立有关移动终端位置的最大似然函数，并通过迭代方法直接求解。直接定位法计算过程较复杂，但可以提供远好于间接定位法的精准度；在基站采用单天线配置且基站数较多时，定位精确度可达亚米级，且可以解决严重的多径时延扩展问题。若基站采用大规模天线配置，则定位精确度可得到进一步提升，预期可达厘米级精确定位。直接定位法的另外一种形式是基于多天线信道特征的指纹识别技术，但需要处理的数据量较大。

未来10年，基于公众移动通信系统的精确定位技术将进入重要的潜在突破期，网络架构的创新将使精确定位的实施更便利，C-RAN、分布式MIMO以及无蜂窝构架等技术将使基站间的联合处理更便捷迅速。随着载频的升高，移动通信信号带宽将从现有5G的100 MHz提高到500 MHz，多径时延分辨率可与超宽带(Ultra WideBand，UWB)定位技术相当；此外，基站侧天线阵元数将达到1000～10 000个，角度分辨率可达1°甚至更小；相关技术发展与演进将为厘米级精确定位提供潜在的技术可行性。毫米波及太赫兹频段的电波二次反射相对较弱，制约精确定位的多径时延扩展问题将更加易于解决。基于上述有利条件，发展基于公众移动通信系统的厘米级精确定位会成为5.5G和6G研究的一个重要分支。

本章小结

本章结合 5G 移动通信的最新发展趋势，介绍了 5G 的物理层传输的一般过程以及小区搜索过程、随机接入过程，还介绍了功率控制和波束管理过程。最后介绍了 HARQ 和定位技术。本章的内容是 5G NR 的深入研究和探讨，是对 5G 移动通信进行全面认识的核心内容。

习　　题

1. 给出 SSB 的时频结构。
2. SIB2、SIB3、SIB4 分别包含哪些重要信息?
3. 试述 5G 随机接入过程与 4G 有什么不同。
4. 为什么会产生随机接入冲突? 产生随机接入冲突之后应如何解决?
5. 在功率控制过程中，损耗补偿因子 α 取值大小会造成什么影响?
6. 为什么要进行波束管理? 波束管理包括哪些主要过程?
7. 试述 HARQ 的基本流程。

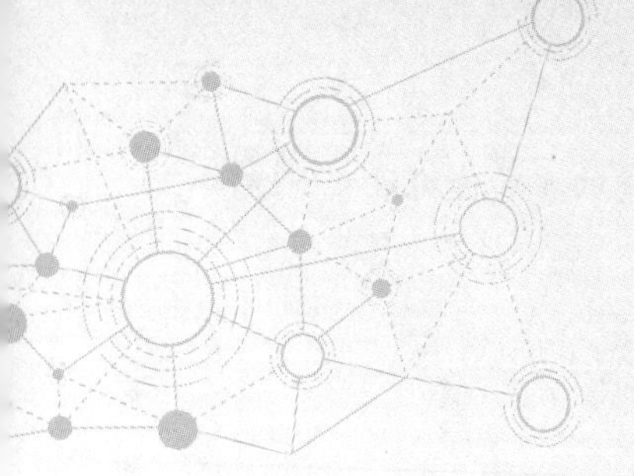

第 6 章　5G 网络关键技术

主要内容

本章介绍了核心网和承载网涉及的关键技术，重点阐述了 SDN 和 NFV 技术、云计算和边缘计算技术、网络切片技术；给出了各技术的基本概念、发展历程、工作原理及相互之间的关系。

学习目标

通过本章的学习，可以掌握如下几个知识点：

- SDN；
- NFV；
- 云计算；
- 边缘计算；
- 网络切片。

本章知识图谱

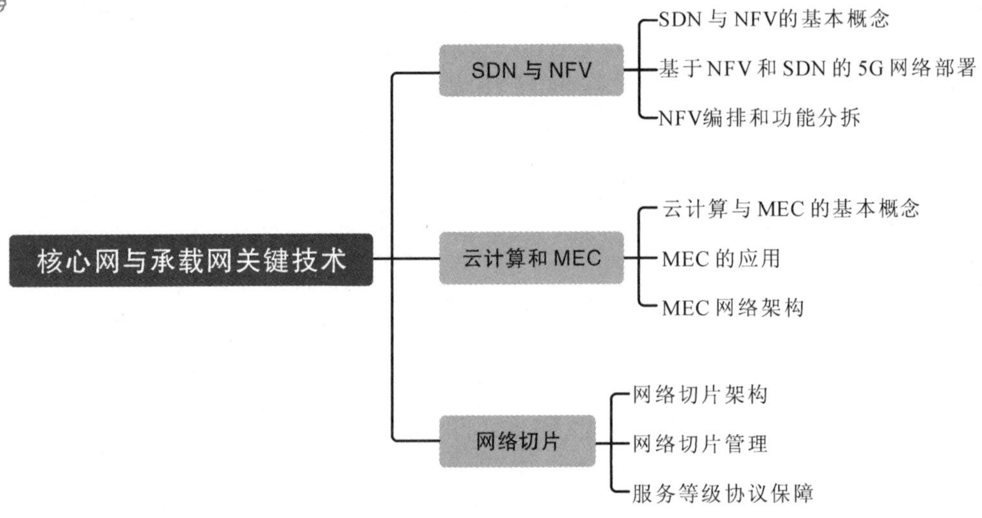

6.1 引　　言

5G 移动通信为了保证垂直行业的应用，采用了网络功能虚拟化(NFV)、软件定义网络

(SDN)、网络切片和边缘计算(MEC)等核心技术，共同支撑起 5G 网络的高效、灵活和智能化运行。

网络功能虚拟化通过使用标准的商用服务器硬件替代传统的专用网络设备，将网络功能如路由器、交换机等转变为软件形式的虚拟网络功能(Virtual Network Function，VNF)。这样可以大幅降低硬件成本，提高网络服务的部署速度和灵活性。

软件定义网络通过将控制层与数据转发层分离，实现了对网络流量的集中式管理和动态调度。软件定义网络使得网络管理更加智能化和自动化，能够根据实时需求快速调整网络配置，优化数据传输路径。

通过网络切片技术，运营商能够在一个通用的物理网络之上构建多个逻辑上隔离的网络切片，每个切片都能提供特定的服务质量(QoS)和网络安全等级。这使得不同业务或应用能够在同一网络基础设施上获得定制化的网络服务，满足其独特的性能和安全要求。

5G 的发展目标是万物互联，因此数据产生的源头越来越分散。针对这一情况，边缘计算应运而生。它将计算能力布置在网络的边缘，靠近数据源，从而减少数据传输延迟，提高响应速度，并减轻数据中心的负担。

上述四项技术相互关联，虽然 NFV 和 SDN 分别关注计算资源的虚拟化和网络控制管理的集中化，但它们在实现网络功能和服务的灵活部署上相互补充，共同构建更加灵活、高效的网络架构。网络切片的实现依赖于 NFV 和 SDN 技术的支撑，NFV 提供了构建各个切片所需的虚拟化网络功能，而 SDN 则负责管理和调度这些功能之间的连接，确保每个切片具有所需的网络特性和性能。边缘计算与 NFV、SDN 以及网络切片技术的结合，能够为 5G 网络提供更加优化的服务，特别是在低延迟、高带宽的应用场景中，如自动驾驶、远程医疗等。

综上所述，NFV、SDN、网络切片和边缘计算是 5G 网络中的关键技术。通过网络切片技术，运营商能够提供定制化的网络服务；边缘计算则进一步提升了数据处理的速度和效率。通过这些技术的融合，不仅优化了网络资源的配置和管理，还为各种新兴的 5G 应用提供了强大的支持，为用户带来了全新的体验。

6.2 SDN 与 NFV

6.2.1 SDN 与 NFV 概述

5G 核心网采用基于服务的网络架构(Service-Based Architecture，SBA)作为统一基础架构来满足 5G 的应用需求。基于服务的网络架构通过基础设施平台和网络架构两个方面进行技术创新和协同发展。基础设施平台方面通过 NFV 和 SDN 虚拟化技术，解决现有基础设施成本高、资源配置不灵活、业务上线周期长的问题。网络架构方面基于控制转发分离和控制功能重构来简化结构，提高接入性能。

由于 5G 移动通信系统必须满足多种业务的不同需求，且一些需求之间还存在矛盾，为了实现未来网络的灵活性，5G 移动通信系统(特别是核心网)引入了网络功能虚拟化(NFV)和软件定义的网络(SDN)等赋能工具，因此 5G 移动通信系统需要考虑基于 NFV

和SDN技术的网络架构设计。

SDN技术是一种将网络设备的控制平面与转发平面分离，并将控制平面集中实现的软件可编程的新型网络体系架构。在传统网络中，控制平面功能是分布式地运行在各个网络节点(如集线器、交换机、路由器等)中的，因此如果要部署一个新的网络功能，就必须将所有网络设备进行升级，这极大地限制了网络的演进和升级。SDN通过网络功能重构全面解决了控制平面和转发平面的耦合问题，实现了网络功能组合的全局灵活调度，进而优化网络功能及资源管理和调度。

NFV技术将网络功能整合到服务器、交换机和存储硬件上，并且提供优化的虚拟化数据平面，可通过将传统物理设备的网络功能封装成独立的模块软件，用服务器上运行的软件取代传统物理网络设备。通过使用NFV可以减少甚至去除现有网络中部署的中间件，能够在单一硬件设备上实现多样化的网络功能，从而促进软件网络环境中网络功能和服务的创新，NFV适用于任何数据平面和控制平面功能、固定或移动网络，也适合需要实现可伸缩性的自动化管理和配置。

综上所述，SDN和NFV在5G中的作用可以概括如下：

SDN技术是针对控制平面与用户平面耦合问题提出的解决方案，通过将用户平面和控制平面解耦，从而使得部署用户平面功能变得更灵活，可以将用户平面功能部署在离用户更近的地方，从而提高用户的服务质量体验，比如降低时延。NFV技术是针对EPC软件与硬件严重耦合问题提出的解决方案，这使得运营商可以在通用的服务器、交换机和存储设备上部署网络功能，极大地降低时间和成本。

相对于3G或4G移动通信系统，5G移动通信系统需要更快地响应市场变化。在网络架构方面，5G移动通信系统采用以用户为中心的多层异构网络架构，通过宏站和微站的结合，容纳多种接入技术，提升小区边缘协同处理效率，提高无线和回传资源利用率，从而提高复杂场景下的整体性能。5G移动通信系统支持多接入和多连接、分布式和集中式、自回传和自组织的复杂网络拓扑，并且具备无线资源智能化管控和共享能力，支持基站的即插即用。通过灵活的网络功能部署促使功能更好地分拆，从而满足服务要求、用户密度变化以及无线传播条件。既要确保网络功能之间通信的灵活性，又要通过限制需要标准化的接口来满足多厂商互操作的需要，二者的平衡是系统设计的根本。

6.2.2 SDN的工作原理

在传统的网络中，各个转发节点独立工作，内部管理命令和接口由厂商私有，不开放给外部。这种模式导致了网络管理的复杂性，限制了网络的灵活性和可扩展性。为了解决传统网络架构控制和转发一体的封闭式架构而造成难以进行网络技术创新的问题，软件定义网络(Software-Defined Networking, SDN)的概念被提出，并迅速发展成为网络技术领域的一次重大变革。其基本思想是：将路由器/交换机中的路由决策等控制功能从设备中独立出来，统一由集中的控制器来进行控制，从而实现控制和转发的分离。

SDN起源于斯坦福大学的Clean Slate研究课题，旨在通过简化网络设计来改善和促进互联网的创新与发展。2008年，SDN概念的先驱者Nick McKeown教授及其团队在ACM SIGCOMM发表了题为“OpenFlow: Enabling Innovation in Campus Networks”的论文，详细地介绍了 OpenFlow 的概念、工作原理和 OpenFlow 的应用场景，及其为网络带来的可编程特性。2009 年，SDN 概念入围 Technology Review 年度十大前沿技术，自此获得了学术界和工业界的广泛认可和大力支持。同年 12 月，OpenFlow 规范发布了具有里程碑意义的可用于商业化产品的 1.0 版本。

SDN 的核心思想是控制平面与数据转发平面的分离，以及网络资源的软件可编程性。这意味着网络的控制智能被集中到了一个或多个基于软件的 SDN 控制器中，而这些控制器则通过标准的 API 与底层的网络设备交互。这种架构使得网络能够更加灵活、动态地响应业务需求的变化。

2011 年创立了开放网络基金会，主要致力于推动 SDN 架构、技术的规范和发展工作。ONF 成员有 140 多家，其中创建该组织的核心会员有 7 家，分别是 Google、Facebook、NTT、Verizon、德国电信、微软、雅虎。也是从这一年开始，传统公司如 Cisco、HP 和 IBM 以及初创公司 Nicira、Plumgrid、Contrail 等纷纷开始投资 SDN。

自 2012 年起，随着 SDN 技术的成熟，越来越多的企业开始探索其在数据中心、企业网络、云服务等领域的应用。例如，Facebook 和 Google 都公开了他们如何利用 SDN 技术优化数据中心的运营的应用案例。这些实际应用案例进一步证明了 SDN 的商业价值和技术可行性。

随着时间的推移，SDN 技术不断演进，涵盖了更多功能和应用场景，如网络功能虚拟化 NFV、网络切片、5G 等。同时，SDN 也促进了网络自动化和智能化的发展，为未来的网络技术革新奠定了基础。SDN 的发展不仅推动了网络技术的创新，也为企业和服务提供商提供了更加高效、灵活的网络解决方案。

SDN 有三个核心理念，包括：控制和转发分离、集中化的网络控制和开放的编程接口(Application Program Interface，API)。SDN 的典型架构分为应用层、控制层和数据转发层三个层面。应用层包括各种不同的业务应用，以及对应用的编排和资源管理；控制层负责数据平面资源的处理，维护网络状态、网络拓扑等；数据转发层负责处理和转发基于流表的数据，以及收集设备的状态。

基于 SDN 的 5G 网络架构如图 6.1 所示。

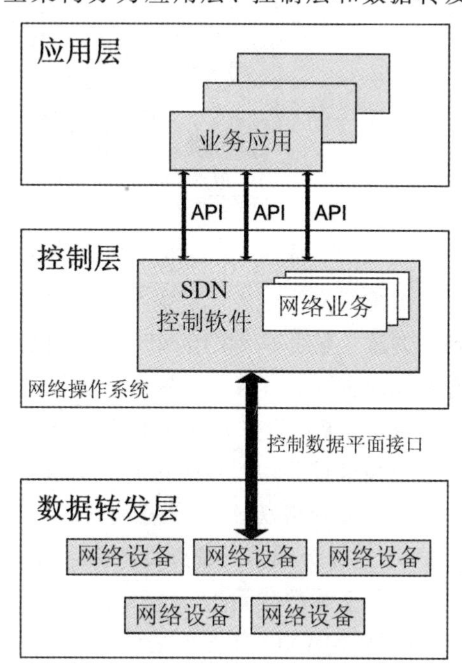

图 6.1　基于 SDN 的 5G 网络架构

尽管 4G 网络中部分控制功能已独立出来，但是其网络没有中心式的控制器，使得无线业务的优化并没有形成一个统一的控制，还需要复杂的控制协议来完成对无线资源的配置管理。5G 的核心网的演进和 SDN 深度融合，通过将分组网的功能重构，进一步进行控制和承载分离，将网关的控制功能进一步集中化，可以简化网关转发面的设计，使不同接入技术构成的异构网络的无线资源管理、网络协同优化、业务创新变得更为方便。

通过引入 SDN 技术大量的虚拟基站组成虚拟化的无线网络，不同的运营商可以通过中心控制器实现对同一网络设备的控制，支持基础设施共享，从而降低成本，提高效益。目前基站虚拟化还面临资源分片和信道隔离、监控与状态报告和切换等技术挑战，未来 5G 研究中还需解决这些技术难题。

6.2.3　NFV 编排和功能分拆

2012 年 10 月，欧洲电信标准化协会(European Telecommuncations Standard Institute，ETSI)成立了 NFV 行业规范工作组(Industry Specification Group，ISG)，致力于推动网络功能虚拟化(Network Function Virtualization，NFV)，ETSI NFV ISG 关注的主要问题包括网络功能分类、NFV 架构、性能、可移植性/可复制性、编排和管理、安全、接口等。

ETSI 提出的通用 NFV 网络架构如图 6.2 所示，包括虚拟化资源架构层、虚拟化网络功能(Virtual Network Function，VNF)层、运营支撑系统/业务支撑系统(Operation Support System/BusinessSupport System，OSS/BSS)及协同层、NFV 管理和编排功能(NFV M&O)层。其中 NFV 管理和编排是整个 NFV 的核心。当前 NFV 的解决方案大多是采用云计算和虚拟化技术，将传统的网元软件部署到虚拟机上，实现对硬件资源更高效的利用，目前核心网的虚拟化是 NFV 的关注点。

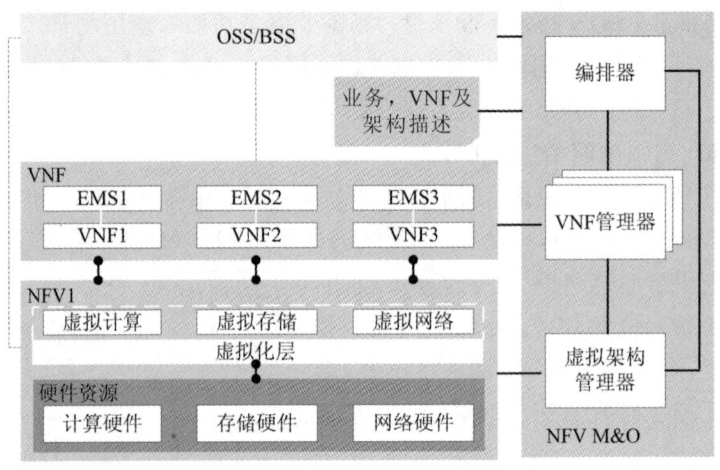

图 6.2　ETSI 的通用 NFV 网络架构

传统的网络业务部署需要经过漫长的流程，包括业务网络容量测算、硬件设备集采、到货调试、上线等。采用 NFV 虚拟化技术后，打破了现行的设备采购和运维，对虚拟化核心网集成方式、网络运维带来巨大挑战。

由于 NFV 需要大量的虚拟化资源，因此需要高度的软件管理，业界称之为编排。NFV 中管理和编排(MANagement& Orchestration，MANO)是业务部署的核心，实现了资源的充分共享和网络功能的按需编排，可进一步提升网络的可编程性、灵活性和可扩展性。MANO 给业务编排、虚拟资源需求计算及申请，以及网络能力部署带来了极大的便利，缩短了业务上线的时间。

NFV MANO 有三个主要的功能模块：NFV 编排器、VNF 管理器和虚拟设施管理器(Virtualized Infrastructure Manager，VIM)。这些模块在整个网络需要时负责部署、连接功能和服务。NFV 编排器由两层构成：服务编排和资源编排，可以控制新的网络服务并将 VNF 集成到虚拟架构中，NFV 编排器还能够验证并授权 NFV 基础设施(NFV Infrastructure，NFVI)的资源请求。VNF 管理器能够管理 VNF 的周期。VIM 能够控制并管理 NFV 基础设施，包括计算、存储和网络等资源。NFV MANO 必须与现有系统中的应用程序接口(Application Program Interface，API)集成，从而能够跨多个网络域使用多厂商技术。

网络架构设计的目标是将技术元素集成为完整系统并合理的协同操作。目前，如何获得关于系统架构的共识变得十分重要，即如何使多厂商设计的技术元素能够相互通信，并实现有关功能。在现有的标准化工作中，这种共识通过逻辑架构的技术规范来实现，包括逻辑网络单元(Network Elements，NE)、接口和相关的协议。接口在协议的辅助下实现 NE 之间的通信，协议包括过程、信息格式、触发和逻辑网络单元的行为等。例如，3GPP 定义的 EUTRAN 架构中，网络单元(NE)包括无线基站(gNB)和终端设备(UE)，gNB 之间通过 Xn 接口连接，5G NR UE 和 gNB 之间通过 Uu 空口连接，由于 5G 系统采用了扁平化架构，因此 gNB 通过 NG 接口直接连接到核心网。

每个网络单元(NE)包括一组网络功能(Network Function，NF)并基于一组输入数据来完成操作。网络功能生成一组输出数据，这些数据用于与其他网络单元的通信。每个网络功能必须映射到网络单元，并对网络单元进行功能分拆。把网络功能分配到网络单元的过程可以由图 6.3 所示的功能架构来描述。

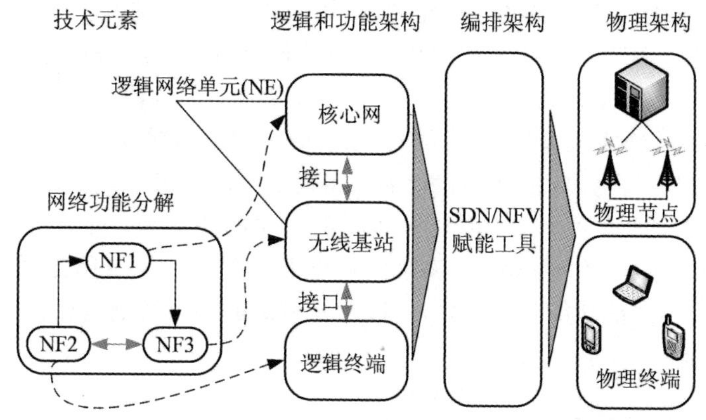

图 6.3　功能、逻辑、编排和物理架构之间的关系

在实际应用中，有可能需要将网络单元涉及的网络功能分置在逻辑架构的不同位置，例如信道测量在终端或者基站的空中接口直接进行，而基于信道测量的资源分配可以在基站完成。

网络功能对不同接口的时延和带宽提出要求，这意味着在具体的部署时需要通盘考虑网络单元的结构。物理架构描述了网络单元或者网络功能在网络拓扑结构中的位置，有的网络功能可能倾向于集中放置，而有的功能需要在接近空中接口的位置运行，这就需要分布式部署。

对每个特定的部署来说，传统的将 NF 分配到 NE 以及将 NE 分配到物理节点的方式是定制的，但是用户需求、服务和用例的差异化要求 5G 系统架构更为灵活，需要新型的架构赋能技术(例如 NFV 和 SDN)提升网络灵活性。SDN/NFV 已经应用于 4G 网络，但主要是核心网功能，5G 网络的架构从开始就考虑采用 SDN/NFV 技术，需要强调的是这种新型网络更聚焦于网络功能，而不是网络单元。

标准化组织制定的技术规范起着关键的作用，确保来自世界范围内不同厂商的设备能够互操作。尽管传统网络单元 NE、协议和接口由技术规范约定，实现的过程中网络和终端设备厂商仍然有相当的自由度。

第一个自由度是将网络单元映射到物理网络的自由度。例如，尽管 EUTRAN 本质上是分布式逻辑架构，网络设备厂商仍然能够设计一个集中化的解决方案，例如将物理控制设备放置在一个集中的接入地点，执行 eNB 的部分功能，其他的功能在接近无线单元的地方执行。从这个角度看，网络厂商将标准的网络单元分开部署在多个物理节点，来实现集中化部署架构。此外，也可以在同一物理节点合并网络单元的自由度，如市场上的有些核心网节点中，厂商提供集成的分组数据网网关(P-GW)和业务网关(S-GW)。

第二个自由度是各厂商采用的硬件和软件平台架构的自由度。到目前为止，3GPP 还没有定义特定软件或者硬件架构，以及面向网络单元的平台。

第三个自由度是厂商实现不同网络功能的决策逻辑(decision Logic)。例如，3GPP 规范了空中接口的信息交换协议，规定了基站如何传递调度信息，以及终端设备解读并响应这些信息的方式。但是，eNB 仍然具有如何使用信息进行资源分配的自由。

在传统的网络中，将 NF 和 NE 分拆到物理节点是针对特定的部署进行的。SDN 和 NFV 技术使新的网络架构成为可能，允许以新的方式部署移动网络。除了空中接口，近来 5G 研究突出了基于 NF 定义和功能之间接口的逻辑架构，而不是基于 NE 定义和节点之间接口的架构，可以灵活优化地布置 NF，仅采用必要的 NF，避免冗余。但是这种方式需要定义大量的接口，从而实现多厂商互操作。运营商必须能够根据功能使用情况灵活地定义和配置自己的接口。因此 5G 的架构设计需要平衡复杂性和灵活性。

在逻辑架构设计时，可以通过功能分拆将网络功能映射到各个协议层，并将各协议层分配到不同的网络单元中。在 5G 中实现了 CU/DU 分离，集中单元(CU)和分布式单元(DU)之间有多种不同的功能分拆方式，CU/DU 分离的协议线划分已在 2.3.2 小节做了介绍，这里不再赘述。

6.2.4 基于 NFV 和 SDN 的 5G 网络部署

逻辑架构有助于我们制定接口和协议的技术规范，功能架构描述了如何将网络功能集成为完整系统。将功能分拆到物理架构中，便于网络实际的部署。将网络功能映射到物理节点可以优化全网成本和性能。由于 5G 引入了 NFV 和 SDN 的概念，这需要我们重新考虑制定协议栈和接口的方法。例如可以在网络功能之间而不是网络单元之间定义接口，功能之间的接口不必是协议，而是软件接口。

5G 引入 SDN 和 NFV 的思路主要是由核心网灵活性的需求推动的。同时，二者也被引伸到了 RAN 领域。图 6.4 展示了 5G 逻辑、功能、物理和协作架构的关系。

在图 6.4 中，网络功能在网络功能池中进行编译，通过功能池实现数据处理和控制功能，使其可集中使用，包括接口信息、功能分类(同步和非同步)、分布选择，以及输入和输出的关系。

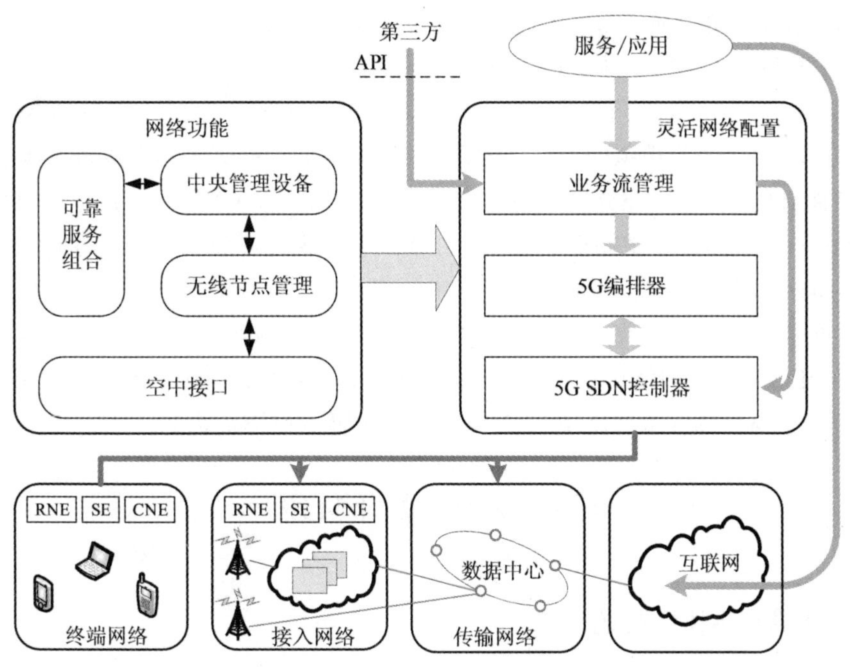

图 6.4 5G 逻辑、功能、物理和协作架构的关系

RAN 相关的功能可以分配到各个模块，包括中央管理设备、无线节点管理功能、空中接口功能和可靠服务组合功能。中央管理设备负责主要的网络功能，主要部署在一些中央物理节点(数据中心)，典型的例子是运行环境和频谱管理。无线节点管理提供影响多个被选择的不同物理站址的无线节点(D-RAN(Distributed Radio Access Network，分布式无线接入网)或者 C-RAN)的功能。空中接口功能提供的功能直接和无线基站与终端的空中接口相关。可靠服务组合功能集成到业务流管理的中央控制面，也作为和其他功能模块的接口，使用这个功能来评估超可靠链路的可用性，或者为 uRLLC 业务开通超可靠链接服务。

灵活网络配置模块根据业务和运营商的需要来实现功能有效集成。将数据和控制的逻辑拓扑单元映射到物理单元和物理节点，同时配置网络功能和数据流。灵活网络配置模块包括业务流管理，5G 编排器和 5G SDN 控制器。业务流管理功能是分析客户订制的业务的要求，并分析出网络传输该业务数据流的需求。来自第三方的业务需求(例如最小时延和带宽)可以包含在专有的 API 内。这些需求被发送给 5G 编排器和 5G SDN 控制器。5G SDN 控制器和 5G 编排器可以按照业务和运营商的需求，灵活地配置网元，进而通过物理节点(用户面)建立数据流，并执行控制面功能，包括调度和切换功能。SDN 概念允许创建定制化的虚拟网络以及用于分享的资源池(网络切片)。虚拟网络可以用于实现多样化的业务，实现优化网络资源分配的目的，例如，mMTC 和 MBB，同时也允许运营商分享网络资源。5G 编排器负责建立或者实体化虚拟网络功能(VNF)、NF 或者物理网络中的逻辑单元。

物理网络包括传输网络、接入网络和终端网络，传输网络实现数据中心之间通过高性能链接技术进行连接。

传输网络站址(数据中心)容纳了处理大数据流的物理单元，包括固定网络流量和核心网络功能。

对于接入网络，可以使传统的核心网络功能部署在更靠近无线接口的位置，本地分流的需求导致无线网络单元(Radio Network Element，RNE)、逻辑交换单元(Switch Element，SE)和核心网络单元(Core Network Element，CNE)在接入网络共存。RNE 和 CNE 是逻辑节点，可作为虚拟网络功能的宿主或者硬件(非虚拟)平台，逻辑交换单元(SE)被分配给硬件交换机。为了充分满足一些同步网络功能需要，RNE 将包括物理网络中的软件和硬件组合，特别是在小基站和终端内，在无线接入网络中部署 VNF 的灵活性十分有限。RNE 可能需要集中部署，实现集中化基带处理。对于不需要在空中接口严格同步的网络功能，则可以充分利用 CNE 的自由度来实现网络功能虚拟化。

5G 架构还允许终端网络作为网络基础设施的一部分，帮助其他终端接入网络，例如通过 D2D 通信，在这样的终端网络中，RNE 也可以与 SE 和 CNE 共存。

6.3 云计算和 MEC

6.3.1 云计算与 MEC 概述

1. 云计算

从广义上说，云计算是与信息技术、软件、互联网相关的一种服务，这种计算资源共享池叫做“云”。云计算把许多计算资源集合起来，通过软件实现自动化管理，只需要很少的人参与，就能让资源被快速提供给用户。从狭义上讲，云计算就是一种提供资源的网络，使用者可以随时获取“云”上的资源，按需求量使用，并且可以将计算资源看成可无限扩展的。

“云”是一个形象的说法，既是对网状分布的计算机(计算和存储)的比喻，也指将数据的计算和存储过程被隐匿起来，按需要再进行分配(On-Demand)。云计算的基本表现形式仍然是数据中心，但是，技术发生了革命性的变化：从强调单机的性能(Scale Up)向“虚拟化、分布式、智能化”等方向发展(Scale Out)，构建海量信息的处理能力；通过海量低成本服务器替代传统专用大/小型机/高端服务器；通过分布式软件替代传统单机操作系统；通过自动管控软件替代传统的集中管理。

总之，云计算不是一种全新的网络技术，而是一种全新的网络应用概念。云计算的核心概念就是以互联网为中心，在网站上提供快速且安全的云计算服务与数据存储，让每一个使用互联网的人都可以使用网络上的庞大计算资源与数据中心。

云计算是继互联网、计算机后在信息时代的一次革新，是信息时代的一个大飞跃，未来的时代是云计算的时代。虽然目前有关云计算的定义、含义有很多，但概括来说，云计算的基本含义是一致的，即云计算具有很强的扩展性和需要性，可存储、集合相关资源并可按需配置，向用户提供个性化服务，为用户提供一种全新的体验。云计算的核心是可以将很多的计算机资源协调在一起，因此，用户通过网络就可以获取无限的资源，同时获取的资源不受时间和空间的限制。

1) 云计算的发展历程

2006 年 8 月，Google 首席执行官埃里克·施密特(Eric Schmidt)在搜索引擎大会上(SESSanJose 2006)首次提出了“云计算”(Cloud Computing)的概念。云计算的提出，使得互联网技术和 IT 服务出现了新的模式，从而引发了一场变革，成为了计算机领域最令人关注的话题之一。云计算同样也是大型企业、互联网建设着力研究的重要方向。

2008 年，微软发布了公共云计算平台 Windows Azure Platform，拉开了微软的云计算大幕。云计算在国内也掀起一场风波，许多大型网络公司纷纷加入云计算的阵营。2009 年 1 月，阿里软件在江苏南京建立首个“电子商务云计算中心”。同年 11 月，中国移动云计算平台“大云”计划启动。2019 年 8 月 17 日，北京互联网法院发布《互联网技术司法应用白皮书》，北京互联网法院互联网技术司法应用中心揭牌成立。2023 年我国云计算市场规模达到 6165 亿元，同比增长 35.5%。其中，公有云市场规模达到 990.6 亿元，同比增长 43.7%，私有云市场规模达 791.2 亿元，同比增长 22.6%。目前，云计算已经发展到较为成熟的阶段。

2）云计算的特点

与传统的网络应用模式相比，云计算具有如下优势与特点：

(1) 虚拟化技术。云计算最为显著的特点是虚拟化，包括应用虚拟和资源虚拟两种。通过虚拟化技术，云计算突破了时间、空间的界限，通过虚拟平台对相应终端进行操作，完成数据备份、迁移和扩展等。

(2) 动态可扩展。云计算具有高效的运算能力，在原有服务器基础上增加云计算功能能够迅速提高计算速度，最终实现动态扩展虚拟化的层次，达到对应用进行扩展的目的。用户可以利用应用软件的快速部署条件来更为简单快捷地将自身所需的已有业务以及新业务进行扩展。当云计算系统中出现设备故障时，对于用户来说，无论是在计算机层面，还是在具体运用上均不会受到阻碍，确保任务得以有序完成。在对虚拟化资源进行动态扩展的情况下，同时能够高效扩展应用，提高云计算的操作水平。

(3) 按需部署。计算机包含了许多应用、程序软件等，不同的应用对应的数据资源库不同，所以用户运行不同的应用需要较强的计算能力来对资源进行部署，而云计算平台能够根据用户的需求快速配备计算能力及资源。

(4) 灵活性高。目前市场上大多数 IT 资源及软、硬件都支持虚拟化，比如存储网络、操作系统和开发软、硬件等。虚拟化要素统一放在云系统资源虚拟池当中进行管理，可见云计算的兼容性非常强，不仅可以兼容低配置机器、不同厂商的硬件产品，还能够通过外设获得更高性能的计算。

(5) 可靠性高。倘若服务器出现故障也不影响计算与应用的正常运行。因为单点服务器出现故障可以通过虚拟化技术将分布在不同物理服务器上的应用进行恢复或利用动态扩展功能部署新的服务器进行计算。

(6) 性价比高。将资源放在虚拟资源池中统一管理在一定程度上优化了物理资源，用户不再需要昂贵、存储空间大的主机，可以选择相对廉价的 PC 组成云，一方面减少费用，另一方面其计算性能也不逊于大型主机。

3）部署模型

云计算有四类典型的部署模式：“公有云”“私有云”“混合云”和“社区云”。

(1) 公有云：云基础设施对公众或某个很大的业界群组提供云服务。

(2) 私有云：云基础设施特定为某个组织运行服务，可以是该组织或某个第三方负责管理，可以是场内服务(on-premises)，也可以是场外服务(off-premises)。

(3) 混合云：云基础设施由两个或多个云(私有云、社区云或公有云)组成，独立存在，它们通过标准的或私有的技术绑定在一起，这些技术可促成数据和应用的可移植性。

(4) 社区云：云基础设施由若干个组织分享，以支持某个特定的社区。和私有云类似，社区云可以是该组织或某个第三方负责管理，可以是场内服务，也可以是场外服务。

4) 服务类型

云计算的服务类型分为三类，即基础设施即服务(Infrastructure as a Service，IaaS)、平台即服务(Platform as a Service，PaaS)和软件即服务(Software as a Service，SaaS)。

(1) 基础设施即服务(IaaS)。

基础设施即服务是主要的服务类别之一，云计算提供服务商向个人或组织提供虚拟化计算资源，如虚拟机、存储、网络和操作系统。在这种服务类型中，服务商提供出租处理能力、存储空间、网络容量等基本计算资源，也就是把服务器放到一个网站上，由过去的买设备向租设备转换。

IaaS提供商可以为用户提供和管理数据中心(通常是世界各地的大型数据中心)，这些数据中心包含数据中心中的各种抽象层所需的物理机器，最终用户可以通过网络使用这些物理机器。在大多数IaaS模型中，最终用户并不直接与物理基础设施进行交互，而是将其看作提供给他们的服务。

IaaS还可以为用户提供虚拟化的计算资源，提供商管理虚拟机监控程序，用户可以通过编程方式为虚拟"实例"提供所需数量的计算和存储。大多数提供商都为不同类型的工作负载提供CPU和GPU。云计算通常还与支持自动扩展和负载平衡等服务搭配使用，这些服务首先提供使云成为理想的规模和性能特征。

IaaS提供的云存储有三种主要类型：块存储，文件存储和对象存储。块和文件存储在传统数据中心很常见，但常常难以适应云的规模、性能和分布式特性。因此，在这三种对象存储中，由于对象存储高度分布(因此具有弹性)，所以已成为云中最常见的存储模式。对象存储利用了商品硬件，可以通过HTTP轻松访问数据，且其性能随着群集的增长呈线性增长。

(2) 平台即服务。

平台即服务(PaaS)是一种服务类别，服务商为开发者提供一套可编程的开发、测试和管理开发环境，包括运行环境、中间件、操作系统、存储、服务器和网络等。在传统应用模式中，公司开发软件后卖给企业客户，并派专业的人员去安装。在PaaS模式下，企业开发和安装都在客户处操作，给开发者提供数据库、中间件和操作系统。

PasS的优点是减少了搭建各种平台的损耗，为云端和用户节省了资源。其缺点是相对LaaS来说，PaaS的范围被限定，自由度和灵活度比较低，不太适合专业性比较高的IT技术从业人员使用。

(3) 软件即服务。

软件即服务(SaaS)指服务商提供给客户一套在云环境下的工具，从底层往上都是由应用商所提供的，即CPU、存储、操作系统以及应用软件都是由供应商所提供，例如在线邮箱、在线办公软件等。

PaaS提供开发环境和工具，需要使用者具有软件开发的能力，SaaS提供已构建好的应用程序供使用者使用，降低了门槛。

(4) 三种服务类型的对比。

三种服务类型的对比如图 6.5 所示。IaaS 架构底层由运营商所提供，只需要专业人员进行环境开发与编写应用程序。PaaS 架构更加便捷，只需要开发人员编写程序就可以了。SaaS 架构全部由运营商所提供。云计算的三种服务模式越来越简单，越来越简化，从自建变为租用，以服务运营为核心。

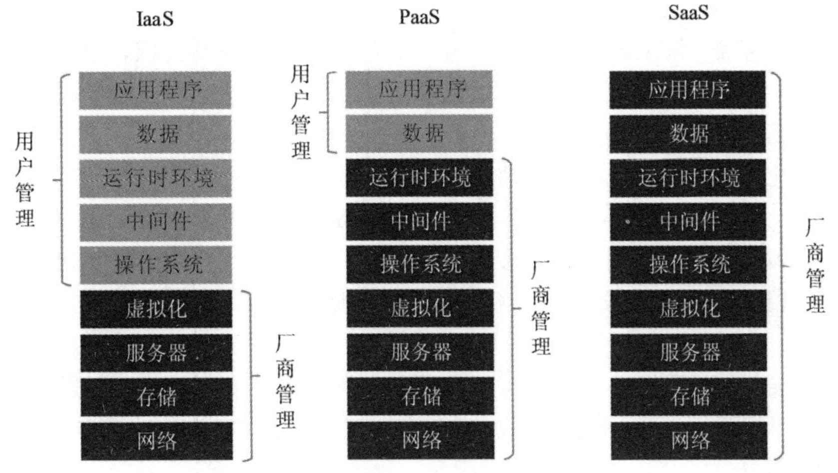

图 6.5　三种服务类型对比

5) 应用

较为简单的云计算技术已经普遍服务于现今的互联网中，最常见的就是网络搜索引擎和网络邮箱，包括存储云、医疗云、金融云、教育云。

存储云——用户将本地的资源上传至云端上，可以在任何地方连入互联网来获取云上的资源。

医疗云——使用云计算来创建医疗健康服务云平台，实现了医疗资源的共享和医疗范围的扩大。就像现在医院的预约挂号、电子病历、医保等都是云计算与医疗领域结合的产物，医疗云还具有数据安全、信息共享、动态扩展、布局全国的优势。

金融云——利用云计算的模型，将信息、金融和服务等功能分散到庞大的分支机构中构成互联网“云”。现在只需在手机上进行简单的操作，就可完成银行转账存款、购买保险、买卖基金等。

教育云——实质上是指教育信息化，比如在线学堂。

2. 5G 云原生

云原生(Cloud Native)是一个组合词，Cloud＋Native，由 Pivotal 的 Matt Stine 于 2013 年首次提出。Cloud 表示应用程序位于云中，而不是传统的数据中心；Native 表示应用程序从设计之初即考虑到云的环境，原生为云而设计，在云上以最佳姿势运行，充分利用和发挥云平台的弹性＋分布式优势。

云原生架构(Cloud-Native Architecture)是一种基于云计算的应用程序架构和开发方法，旨在充分发挥云计算平台的优势，提高应用程序的可伸缩性、弹性和可靠性。云原生强调将应用程序设计为微服务、采用容器化部署、自动化管理和持续交付，以实现快速迭代、高效部署和可靠运行。

1）云原生的主要技术

云原生的核心是将传统业务上云，通过一个大的资源池，提高资源的利用率。云原生的代表性技术包括：

（1）微服务架构：将应用程序拆分为多个独立的、自治的微服务，每个微服务负责特定的业务功能，并可以独立开发、部署和扩展。微服务之间通过轻量级的通信机制进行交互，例如RESTful API或消息队列。

（2）容器化部署：使用容器技术（如Docker）将每个微服务及其依赖项打包成独立的可移植单元。容器提供了环境隔离性、一致性和可移植性，使得应用程序可以在不同的环境中轻松部署和运行。

（3）自动化管理：利用自动化工具和平台来管理应用程序的部署、配置、扩缩容、监控和治理等任务，减少了人为操作的错误和复杂性，提高了开发和运维的效率。云原生架构倡导根据需求动态调整应用程序的资源，实现弹性和可伸缩性。通过自动化的资源管理和负载均衡，应用程序可以根据实际负载进行水平扩展或收缩，以满足用户需求并提供良好的性能。

（4）持续交付：采用持续集成和持续部署的工作流程，实现快速、可靠的应用程序交付。开发团队可以频繁地进行代码集成、构建、测试和部署，以快速响应需求变化，并确保软件质量和稳定性。

2）云原生和DevOps之间的关系

DevOps（Development and Operations，开发和运维）是一种软件开发和运维的文化和实践方法，旨在通过加强开发团队和运维团队之间的协作和沟通，实现快速交付高质量的软件。DevOps强调自动化、持续集成、持续交付和持续部署等实践，以加速软件开发周期、降低风险和提高团队效率。

随着云计算、微服务、容器等技术的发展，云原生技术的落地成为业界广泛关注的问题。DevOps将云原生的开发模式融合到产品中，为广大开发者提供了云原生的研发管理解决方案，使开发、测试、部署全流程与云原生无缝结合，加快了云原生技术的转型，提高了软件生产效率。

（1）云原生是一种基于计算的软件开发和部署方法，云原生应用的容器化和微服务架构可以提高应用程序的可伸缩性和弹性，而DevOps的自动化工具和流程可以实现快速、高质量的软件交付。

（2）DevOps提供了一系列的工具和流程，可以帮助云原生应用的开发、测试、部署和运维，自动化部署和运维可以提高系统的稳定性和可靠性，持续集成和持续交付可以提高开发效率和质量。

（3）云原生和DevOps的结合可以促进软件交付的质量和效率。云原生应用的容器化和微服务架构可以提供更灵活、可伸缩的应用程序，而DevOps的自动化工具和流程可以加速软件的开发、测试和部署。

综上所述，云原生和DevOps两者的理念是一致的，强调敏捷开发、自动化和可靠性。两者结合可以提高软件交付的质量和效率，推动企业的数字化转型。

3. MEC

随着5G技术的演进，移动通信的应用场景拓展到了工业制造、交通、教育、医疗等垂直行业中。相比传统的消费者业务，垂直行业的部分业务对网络能力、数据隐私、安全性等提出了更高的要求，例如在自动化生产场景中，控制系统(PLC)和设备之间的传输时延要求在 10 ms 的量级。如果数据需要先传输到运营商的中心机房，再传输到园区服务器，将会带来较大的传输时延，且无法满足企业数据不出园区的可靠性要求，因此 5G 网络引入了 MEC 满足 uRLLC 业务的时延和可靠性需求。

MEC(多接入边缘计算)是在靠近物或数据源头的网络边缘侧，融合网络、计算、存储和应用核心能力的分布式开放平台，为用户提供边缘智能服务，满足行业数字化在敏捷联接、实时业务、数据优化、应用智能、安全与隐私保护等方面的关键需求。

联接性是边缘计算的基础，所联接物理对象及应用场景的多样性需要边缘计算具备丰富的联接功能，如各种网络接口、网络协议、网络拓扑、网络部署与配置、网络管理与维护等。联接性需要充分借鉴网络领域的先进技术，如时间敏感网络(Time Sensitive Networking，TSN)、SDN、NFV、网络即服务(Network as a Service，NaaS)、无线局域网(Wireless Local Area Network，WLAN)、窄带物联网(Narrow Band Internet of Things，NB-IoT)、5G 等，同时还要考虑与现有各种工业总线的互联、互通和互操作。MEC 作为物理世界到数字世界的桥梁，拥有大量、实时、完整的数据，可基于数据全生命周期进行管理与价值创造，将更好地支撑预测性维护、资产管理与效率提升等创新应用；同时，作为数据第一入口，边缘计算也面临数据实时性、确定性、完整性、准确性、多样性等挑战。

边缘计算的实际部署具备分布式特征，这就要求边缘计算支持分布式计算与存储、实现分布式资源的动态调度与统一管理、支撑分布式智能、具备分布式安全等能力。同时，边缘计算融合了运营技术(Operational Technology，OT)与 ICT(Information and Communication Technology，信息与通信技术)，是行业数字化转型的重要基础。边缘计算作为 DOICT(Date，Operation，Information and Communication Technology，数据/运营/信息/通信技术)融合与协同的关键承载，需要支持在联接、数据、管理、控制、应用、安全等方面的协同。

6.3.2　MEC 网络架构

边缘计算在传统通信网络的基础上增加了业务服务器，来满足不同业务、行业需求，部署不同的应用，因此要明确业务服务器的部署和管理方案。ETSI MEC 行业规范组(Industry Specification Group，ISG)率先进行了边缘计算的研究和标准化工作，提出了当前主流的边缘计算架构及方案。

ETSI MEC ISG 于 2014 年 9 月成立，迄今为止已开展了下述三个阶段的研究和标准化工作：

第一阶段聚焦边缘计算的基础研究，分析了 MEC 的应用场景及技术要求，定义了 MEC 的标准架构，通过虚拟化技术，将通用计算服务器作为边缘的业务服务器，并在服务器上运行虚拟化的边缘应用来处理终端的业务。MEC 行业规范组定义了虚拟化边缘应用的部署、资源管理、配置等功能和接口，还设计了基于服务注册发现的应用互访和通信机制。

第二阶段主要拓展了对垂直行业的支持，研究了车联网、物联网等特定场景的需求，制定了相应的服务 API，此外还研究了其他接入方式(如固网、WLAN 等)与 MEC 系统的集成，因此规范组名称的涵义也从移动边缘计算(Mobile Edge Computing)拓展成了多接入边缘计算(Multi-access Edge Computing)，将边缘计算的概念从蜂窝网络延伸到了普适的接入网络。

第三阶段的标准工作是由 ETSI MEC ISG 在 2020 年开始启动的，加强了跨标准组织的协同，根据 3GPP、GSMA 等组织的输入，开始对不同 MEC 系统协同互联、MEC 系统与 3GPP 网络能力协同等方向进行研究。

ETSI 定义的 MEC 标准架构如图 6.6 所示，主要解决边缘应用软件的加载、应用的实例化和部署、网络配置和对接、应用服务的注册和访问等问题。

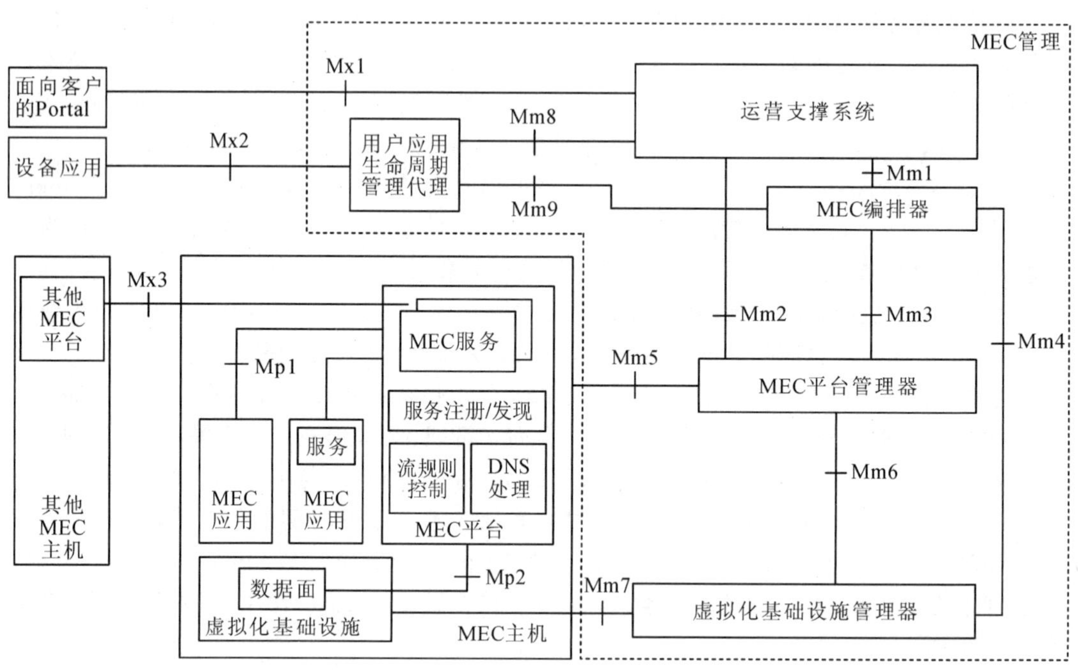

图 6.6 ETSI 定义的 MEC 架构

从图 6.6 可以看出，ETSI 定义的 MEC 架构主要包括 MEC 主机和 MEC 管理部分。

1. MEC 主机

MEC 主机是整个边缘计算业务的核心，包含底层的虚拟化基础设施以及上面运行的 MEC 平台和各种应用。

虚拟化基础设施提供运行 MEC 应用所需的计算、存储、网络资源，其中的数据面执行来自 MEC 平台配置的流规则，将报文传递给 MEC 应用、DNS 服务器/代理、3GPP 等接入网络以及企业本地或者外部互联网等，此外还可实现负载均衡等能力。

MEC 平台的功能包括接收 MEC 平台管理器下发的流规则配置，并下发给数据面处理；接收 MEC 平台管理器下发的 DNS 策略并配置到 DNS 服务中；提供开放 API 网关功能和集成 MEC 应用运维状态监控等 MEC 应用管理功能；为 MEC 应用提供服务治理功能，例如发布、发现、订阅、消费等；提供 MEC 增值服务，如定位服务等。

MEC 应用的功能包括:为终端或其他 MEC 应用提供服务；与 MEC 平台完成应用生命周期、服务治理、流规则等相关交互。

2. MEC 管理

MEC 管理功能提供对整个边缘计算业务的编排和管理能力，为运营商运维人员提供全局资源和边缘服务视图，监控并管理边缘计算业务的状态以保障边缘计算业务的服务质量及可靠性。此外，对客户、应用开发者等提供接口，实现业务需求的收集、边缘计算需求的下发和部署、使用情况上报等功能。

MEC 管理包括运营支撑系统、用户应用生命周期管理代理、MEC 编排器、MEC 平台管理器和虚拟化基础设施管理器。

运营支撑系统的主要功能是从面向客户的 Portal 或者终端设备的 App 上接收对边缘计算服务的请求，对这些请求进行授权和处理，并通过 MEC 编排器完成边缘应用的部署和服务的发放。

用户应用生命周期管理代理与终端设备上的 App 对接，接收其对边缘应用的管理请求。

MEC 编排器的主要功能包括维护系统的总体视图(例如部署的主机、可用资源、可用服务、拓扑信息等)，应用包管理(例如软件仓库管理，对程序包的完整性和真实性、包中的应用描述模板、配置规则进行验证等)。此外，还基于 MEC 应用对网络能力的需求及基础设施的状态选择合适的 MEC 主机部署应用并触发 MEC 应用实例化生产。当需要迁移且 MEC 系统支持迁移时，选择性地触发 MEC 应用迁移。

MEC 平台管理器的主要功能包括 MEC 应用实例生命周期管理，收集 MEC 应用生命周期状态并上报给 MEC 编排器，管理 MEC 平台(例如实现平台部署、MEC 增值服务部署等)，进行流规则和 DNS 规则管理(例如接收配置并在各 MEC 平台分发)，以及收集各个 MEC 主机虚拟资源状态及故障报告、性能统计结果等。

虚拟化基础设施管理器的主要功能包括分配、管理、释放虚拟化资源(例如 VM、容器)，接收和存储软件镜像，上报虚拟化资源的性能和故障信息，并提供可选的应用迁移能力。

总体来看，ETSI MEC ISG 提供的架构方案为：MEC 系统的管理者将应用开发者提供的 MEC 应用包加载到 MEC 编排器上，在应用包检查合格之后再将其存放到系统中。客户可以通过运营系统 Portal 或者终端 App 申请边缘计算服务，运营系统通过调用 MEC 编排器进行相应应用的部署。MEC 编排器调用 MEC 平台管理器实现应用的生命周期管理，而 MEC 平台管理器调用虚拟化基础设施管理器完成虚拟资源(如 VM)的分配、释放以承载 MEC 应用。在部署好应用之后，可以调用 MEC 平台提供的应用管理服务，实现服务的注册、发现，并通过数据面连通外部网络(如 5G 移动网)，最终服务客户。

除了业务服务器的部署管理之外，ETSI MEC ISG 还定义了一些标准化的边缘服务。这些服务可由 MEC 平台或者 MEC 应用提供，为部署在 MEC 主机上的 MEC 应用提供例如服务注册与发现等基础服务能力，获取接入网络信息、用户位置信息等与网络侧协同的服务能力，以及在 IoT、V2X 等特定场景下应用的服务能力。

在 4G 和 5G 时代，运营商通常已经使用 NFV MANO 技术完成了电信云的搭建和转型。而 MEC 系统同样基于虚拟化基础设施进行搭建，MEC 的虚拟资源管理功能与 NFV MANO 的已有能力有所重复。为了避免部署两套冗余的系统，ETSI MEC ISG 定义了 ETSI MEC 和 NFV 协同架构，将 MEC 系统与 NFV MANO 进行融合，复用 NFV MANO

的虚拟资源管理编排能力，将图 6.6 中的 MEC 应用、MEC 平台等组件作为 VNF 部署在虚拟化基础设施上，而 MEC 系统重点关注边缘应用的配置以及边缘服务的管理工作。此外，还将 MEC 平台管理器更名为 MEPM-V(MEC Platform Manager-NFV)，对应 ETSI NFV 架构中的 EM 功能，并将用户应用生命周期管理代理移除，由 VNFM(Virtualized Network Function Manager，虚拟网络功能管理器)来实现。MEC 编排器更名为 MEAO (MEC Application Orchestrator，MEC 应用编排)，调用 NFVO 实现资源的管理和编排。

更改后将虚拟资源管理相关的能力从 MEC 管理功能迁移到 NFV MANO 系统中，利用 NFV 已有能力完成 MEC 应用及 MEC 平台的部署，从而实现两个架构的有机结合。

6.3.3 MEC 的应用

中国移动联合华为等设备提供商设计并提供了基于 5G 网络的电信边缘云方案，涉及了 ETSI 定义的 MEC 七大应用场景，包含视频优化、视频流分析、企业分流、车联网、物联网、增强现实和辅助敏感计算。各应用场景的具体描述如下：

(1) 视频优化。我们在使用无线网络观看视频时，可能会由于无线传输质量的变化产生卡顿、断连等情况，影响用户体验。传统的 TCP 协议很难适应无线信道的快速变化，而通过在边缘部署视频优化应用，可以利用实时的网络信息辅助视频服务器进行码率、拥塞控制，从而优化视频观看体验。

(2) 视频流分析。视频信息的传输需要比较大的带宽，但是在例如视频监控的场景下，大部分画面是静止不动或没有价值的，通过在边缘部署视频内容分析和处理的功能，只将有价值的视频片段进行回传，能够有效节省传输带宽。

(3) 企业分流。企业园区/校园等大流量企业业务主要在本地产生、本地终结，数据不外发。同时基于 MEC 实现低时延、高带宽的虚拟局域网体验。

(4) 车联网。车联网是车辆通过车载终端进行车辆间的通信，车辆可以实时获取周围车辆的车速、位置、行车情况等信息，并进行实时的数据处理和决策，避免或减少交通事故，提高行驶效率。此时需要网络具有大带宽、低时延和高可靠性，MEC 可解决这些网络需求。

(5) 物联网。工业生产、家庭网络环境中部署的 IoT 设备会产生、上报大量的实时数据，对网络提出了大带宽、实时传输和安全性的要求，通过部署 MEC，可以将 IoT 设备上报的信息在本地进行处理，降低对公共网络的冲击，同时实现数据的实时处理和满足本地保密的需求。

(6) 增强现实。AR 业务需要对设备采集的实时视频信息进行处理，并及时将处理结果反馈到终端设备上，对端到端业务时延提出了很高的要求，此外，业务处理时需要考虑用户的位置、移动等因素，对网络信息也有很强的依赖。在边缘部署 AR 服务，可以降低传输对端到端业务时延的影响，同时更便于结合网络开放能力对业务进行优化。

(7) 辅助敏感计算。结合蜂窝网络和 MEC 本地工业云平台，可在工业 4.0 时代实现机器和设备相关生产数据的实时分析处理和本地分流，实现生产自动化，提升生产效率，满足工控设备超低时延的网络需求。

6.4　网络切片

为了给不同的业务提供差异化服务，5G 移动通信网络引入一项能够提供按需定制网络的关键技术——网络切片。网络切片是 5G 网络基于共享的网络基础设施提供多个具备特定网络能力和网络特征的逻辑网络的解决方案，每个网络切片从终端设备到接入网、到传输网、再到核心网，实现逻辑上隔离，适配各类服务的不同特征需求。

网络切片是 5G 区别于 4G 的标志性技术之一。不同于 4G 网络的静态网络切片，5G 网络切片旨在基于统一基础设施和统一的网络提供多种端到端逻辑“专用网络”，最优适配行业用户的各种业务需求，通过逻辑“专网”服务垂直行业，包括电力、媒体、银行、工厂和交通等行业。

网络切片通过共用基础设施来支持多种垂直行业，与专网相比具有更高的资源利用率，加速服务上线时间，拥有长期而有效的技术演进支持及开放的生态系统。网络切片是端到端的虚拟移动网络，包括终端、无线设备和核心网设备的各个网络实体。网络切片的各网络实体可以与其他网络切片共享，满足客户的 SLA 需求。同时，不同的网络切片间需要互相隔离，以便保证客户的业务和数据的安全性。此外，每个网络切片还可以独立进行生命周期管理和功能升级，网络运营和维护将变得非常灵活和高效。将网络切片的概念引入 5G 网络架构，结合服务化架构，有利于运营商为多样化的垂直行业用户定制虚拟网络，满足越来越复杂的网络需求。

6.4.1　网络切片架构

网络切片本质上就是将物理网络根据不同的策略划分为多个虚拟网络，切片之间共享硬件资源和传输资源，但是在逻辑上实现了从接入网到核心网的端到端的隔离。每一个虚拟网络根据不同的服务需求(例如时延、带宽、安全性和可靠性等)来划分，保证了切片之间不会互相影响，以灵活应对不同的网络应用场景。

3GPP 对网络切片的研究可以追溯到 3GPP 的 R13/R14，在 4G 中就已引入了静态切片。但是 5G 的网络切片与 4G 的网络切片有很大的区别，通过编排器实时调配、管理和优化网络切片，以满足大规模物联网、超可靠通信和 eMBB 等不同场景的需求。

3GPP 在 TR22.891 中给出了网络切片的需求：运营商要能够创建和管理满足不同场景所需的网络切片，能够并行运行不同的网络切片，并具有在网络切片之间提供隔离的能力，从而将潜在的网络攻击限制在单个的网络切片上；3GPP 系统应在不影响该切片或其他切片服务的前提下，支持切片的容量弹性等。

图 6.7 给出了针对 5G 典型应用场景的网络切片示意图，根据不同的服务需求将物理网络切片成多个虚拟网络，包括智能手机切片网络、自动驾驶切片网络、大规模物联网切片网络等。

从图 6.7 中可以看出，网络切片是一个端到端的复杂功能，从架构上可以描述为“横纵交叉”的矩阵式结构，“横”表示不同业务类型的切片，“纵”表示不同网络位置的切片。

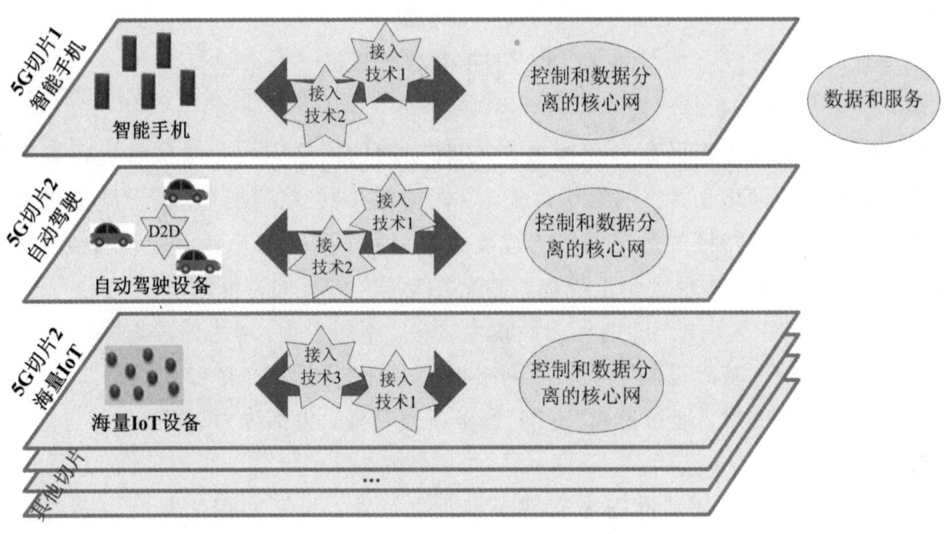

图 6.7 网络切片示意图

为了实现网络切片，网络功能虚拟化(NFV)是先决条件。网络采用 NFV 和 SDN 后，才能更容易实现切片。目前网络切片核心技术包括切片共享、切片切换、切片管理等。从运营商角度来说，实现网络切片的应用还面临如下挑战性问题：

首先是接入网和用户侧的挑战，例如终端设备(比如汽车)需要同时接入多个切片时的部署，另外还涉及鉴权、用户识别等问题。

第二个挑战性问题是接入网切片与核心网切片配对，也就是接入网切片如何选择核心网切片。

用户侧、接入网和核心网的切片配对如图 6.8 所示。

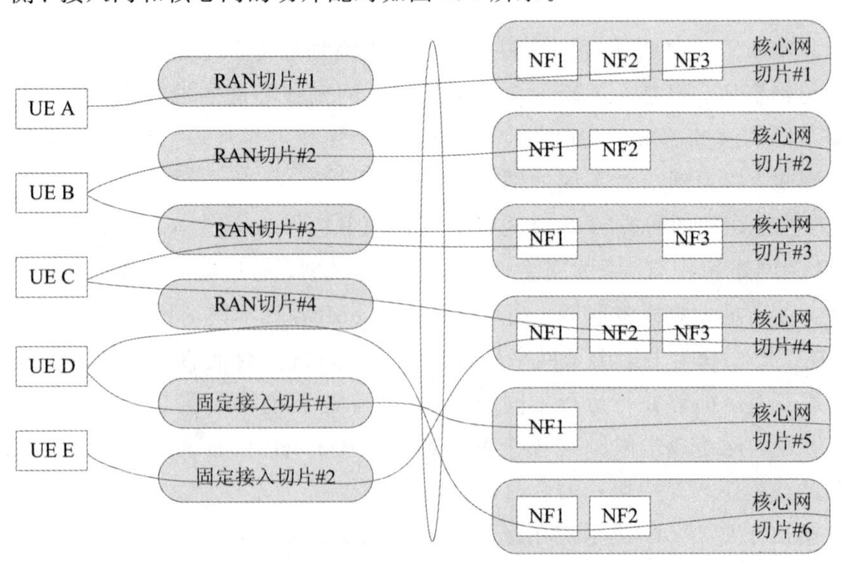

图 6.8 用户侧、RAN 和核心网的切片配对

网络架构的多元化是 5G 网络的重要特征，5G 网络切片是实现多元化架构的不可或缺的技术。随着虚拟化和网络能力开放等技术的不断发展，网络切片的价值和意义正在逐渐显现。

从性能指标、功能差异、对网络的需求、运维模式等方面分析后，可将用户对 5G 的需求归纳为如下两大类：

(1) 公众网用户需求。在全面继承 4G 为个人提供业务的基础上，需进一步提升用户体验。

(2) 行业网用户需求。面向普通行业用户，要实现隔离并保证业务质量需求，在连接管理等方面有定制化差异。面向电网、金融等具有高度隔离等特殊行业需求的用户，要提高安全等级。

5G 公众网与行业网既要共享，又有区别。公众网与行业网共享核心网硬件资源池、传输资源、无线资源，充分发挥网络规模效应。同时，公众网与行业网又是两类不同的切片，用户层面可以分别采用不同的机制进行隔离，因此需要提供多样的灵活架构和配置方式。

网络切片既有业务的属性，又有资源的属性。在垂直行业和终端用户的角度，网络切片是 5G 网络提供的一项服务，更关注其业务属性。在运营商的视角，还需要考虑网络切片的资源属性，通过引入网络切片实例(Network Slice Instance，NSI)，突出了其资源属性。网络切片实例是一组网络功能实例和所需资源(例如计算、存储和网络资源)，这些资源构成了部署的网络切片。资源视角主要聚焦在网络切片管理上，其中重点探讨网络切片实例的生命周期，包括网络切片实例的创建、部署开通、终结释放等。业务视角主要聚焦在终端如何接入到网络切片上，包括如何为终端选择网络切片，如何控制网络切片的接入，如何保障网络切片的服务等级协议(Service Level Agreement，SLA)等。

6.4.2　网络切片管理

网络切片是端到端的逻辑网络，因此需要引入一个全新的统一编排和管理的系统以支持网络切片的快速部署、协同工作和全生命周期管理。这个全新的管理系统必须具备网络切片的按需定制能力、切片自动化部署能力、切片端到端监控和协同能力和切片智能运维能力等。

网络切片管理除了涉及网络切片和网络切片实例外，还引入了网络切片子网(Network Slice Subnet)的概念。网络切片子网是一组网络功能和支持网络切片的关联资源(例如计算、存储和网络资源)的集合，是端到端的网络切片的组成部分。一个端到端的网络切片一般由核心网网络切片子网、传输网网络切片子网和接入网网络切片子网组成。网络切片子网分配资源实际部署后生成网络切片子网实例(Network Slice Subnet Instance)。

网络切片实例的管理包含准备、调试、运行和退役 4 个阶段，这 4 个阶段组成了一个网络切片实例的生命周期。

1. 网络切片管理架构

通信业务的属性是网络切片提供特定网络能力和网络特征的需求来源，网络切片一般由核心网网络切片子网，传输网网络切片子网和接入网网络切片子网组成，而网络切片子网由网络功能和关联资源组成。

通信业务(Communication Service，CS)是指通信服务提供商(Communication Service Provider，CSP)通过网络切片向通信服务客户(Communication Service Customer，CSC)提供传送数据、语音或消息的服务，这些服务可以包括如下几类：

- B2C(企业对消费者)服务，例如移动网页浏览、5G 语音、视频点播等。
- B2B(企业对企业)服务，例如互联网接入、LAN 互连等。
- B2H(企业到家庭)服务，例如互联网接入、VOIP、VPN(Virtual Private Network，

虚拟私有网)等。

• B2X(企业到一切)服务，例如某个 CSP 向其他 CSP 提供的服务(例如国际漫游、RAN 共享等)，而其他 CSP 会进一步为自己的 CSC 提供通信服务。

整个网络切片的管理系统由 CSMF(Communication Service Management Function，通信业务管理功能)、NSMF(Network Slice Management Function，网络切片管理功能)和 NSSMF(Network Slice Subnet Management Function，网络切片子网管理功能)组成，实现跨 RAN、TN、CN 的端到端网络切片的协同和全生命周期管理。CSMF 是通信服务管理功能，负责将通信业务相关服务需求转化为网络切片相关需求。NSMF 是网络切片管理功能，负责网络切片实例(Network Slice Instance，NSI)的管理和编排，以及从网络切片相关需求中衍生出网络切片子网相关要求。NSSMF 是网络切片子网管理功能，负责网络切片子网实例的管理和编排。

核心网网络切片子网支持 NFV 部署，每个虚拟化网络功能 VNF 运行在一个或多个虚拟容器中，对应于一组属于一个或多个物理设备的网络功能，因此核心网网络切片子网管理功能还连接到 NFV 管理和编排系统(Network Function Virtualization Management And Network Orchestration，NFV-MANO)。NFV-MANO 包括 NFVO、VNFM 和 VIM 三部分。

网络切片管理功能和 NFV-MAMO 之间的关系如图 6.9 所示。在图 6.9 中，网络功能虚拟化编排器(Network Functions Virtualization Orchestrator，NFVO)主要负责处理虚拟化业务的生命周期管理，以及网络功能虚拟基础设施(Network Functions Virtualization Infrastructure，NFVI)中虚拟资源的分配和调度等。

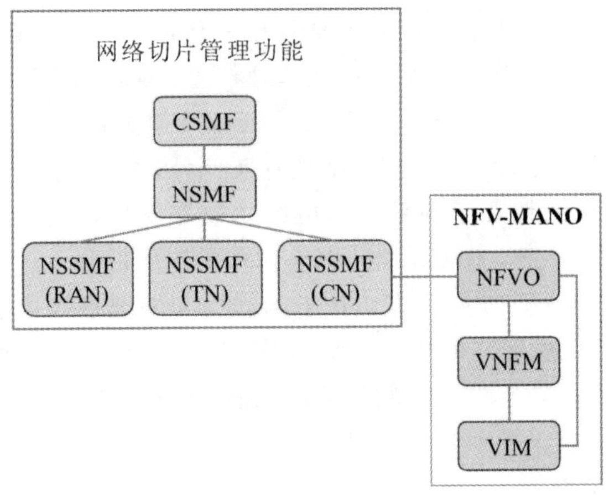

图 6.9 网络切片管理架构

NFVO 可以与一个或多个虚拟网络功能管理器(VNFM)通信，以执行资源相关请求，发送配置信息给 VNFM，收集虚拟化网络功能(Virtualized Network Function，VNF)的状态信息。另外，NFVO 也可与虚拟基础设施管理器(Virtualized Infrastructure Manager，VIM)通信，执行资源分配和预留，交换虚拟化硬件资源配置和状态信息。

虚拟网络功能管理器负责一个或多个(VNF)的生命周期管理，比如实例化(instantiating)、更新(updating)、查询、弹性伸缩(scaling)、终止(terminating) VNF。VNFM 可以与 VNF 通信以完成 VNF 生命周期管理及交换配置和状态信息。

虚拟基础设施管理器(VIM)控制和管理 VNF 与计算硬件、存储硬件、网络硬件、虚拟计算、虚拟存储及虚拟网络交互。VNFM 与 VIM 可以相互通信，请求资源分配，交换虚拟化硬件资源配置和状态信息。

2. 网络切片部署流程

网络切片管理的主要业务流程如图 6.10 所示。

图 6.10　网络切片的业务流程

租户首先根据业务需求到切片管理系统提供的门户网站上提供业务属性(带宽、时延、连接数、移动性、可靠性、覆盖面积等)以订购通信业务。之后 CSMF、NSMF、NSSMF、MANO 协作部署满足租户业务需求的网络切片，并对其进行管理运维。CSMF 将租户业务需求转化为网络需求，NSMF 再从网络需求中衍生出网络子切片需求，然后 NSSMF 管理和编排子网络，最后由 MANO 实现子网络切片的部署。其中网络切片实例部署的完整过程如图 6.11 所示。

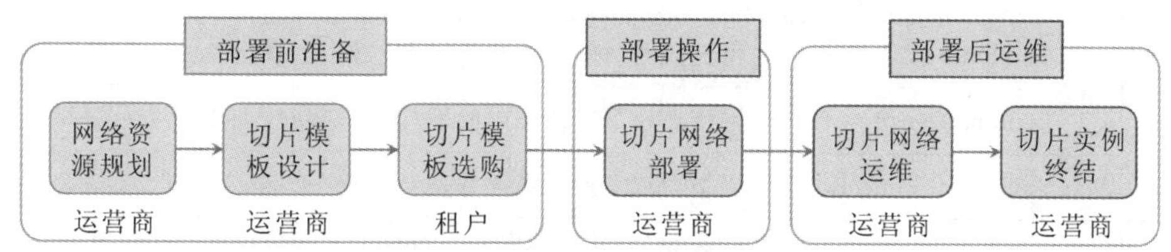

图 6.11　网络切片部署流程

运营商购买物理资源后，按租户的需求部署切片网络。租户(例如企业或 CSP)则在切片网络上向终端客户提供通信服务，然后对切片网络进行管理和运营。

租户订购网络切片后，运营商根据网络切片模板为租户部署一个网络切片实例，其过程如下：

(1) 通信业务管理功能(CSMF)接收客户的业务需求，将业务需求转化成网络切片需求，并将网络切片需求发送至网络切片管理功能(NSMF)。接着，NSMF 将接收到的网络切片需求转化为网络切片子网需求，并将网络切片子网需求发送至网络切片子网管理功能(NSSMF)。

(2) NSSMF 将网络切片子网需求转换为需要部署的网络功能实例需求，将网络功能需求发送至管理编排器(MANO)。根据部署需求，MANO 在网络功能虚拟化基础设施(NFVI)上分配资源并部署网络切片内相应的虚拟网络功能(VNF)实例，然后将 VNF 实例连接起来。最后通过网络功能管理功能(NFMF)将业务配置到 VNF 实例，使网络功能实体能够运行起来。

(3) NSMF 或 NSSMF 将能够运行的网络功能实体通过网络连接起来，这样网络切片就创建起来了。

运营商为租户创建一个网络切片实例后，进行网络切片的运维。网络切片运维的第一项任务是激活网络切片的通信业务。在网络切片实例的资源就绪后，通过在网络切片实例内的各个网络功能配置为租户分配的 S-NSSAI，以及为使用网络切片的终端签约相应的 S-NSSAI，使得客户订单要求的业务能够正常地在切片上运行起来。

租户结束网络切片的使用后，取消对网络切片的订购，运营商就可以终结网络切片，删除网络切片实例，回收资源。

6.4.3 服务等级协议保障

网络切片在运维过程中最重要的是需要时刻执行网络切片服务等级协议(Service Level Agreement, SLA)保障，保证网络切片能够满足租户选购切片商品时提交的服务需求。运营商和租户在创建一个网络切片时，会根据实际业务需求确定网络切片支持的一些技术指标，这些指标我们称为网络切片SLA参数。表6.1是网络切片常见的SLA参数及其含义。

表6.1 网络切片常见SLA参数及含义

分类	参数名称	参数含义
切片信息	S-NSSAI	切片标识
	SST	切片服务类型
	PLMNIdList	切片服务的漫游PLMN列表
	CoverageArea	切片覆盖范围
容量相关	MaxNumberofUE	可以同时访问网络切片实例的最大UE数
	TerminalDensity	网络切片覆盖范围内的平均用户密度，即每平方公里终端数量
	MaxNumberofConnection	网络切片支持的最大并发会话数
时延抖动/ms	Latency	通过5G网络的RAN、TN和CN部分的数据包传输延迟，并用于评估端到端网络切片实例的利用性能
	Jitter	在评估时间参数时，该属性指定从期望值到实际值的偏差
	SurvivalTime	使用通信服务的应用程序可以继续运行而没有出现应用程序逾期错误的最大消息间隔时间
速率相关/(MB/s)	DLThptPerSlice	下行链路中网络切片可实现的数据速率
	DLThptPerUE	网络切片中每个UE支持的下行数据速率
	ULThptPerSlic	上行链路中网络切片可达到的数据速率
	ULThptPerUE	网络切片中每个UE支持的上行数据速率
可靠性/可用性	Availability	通信服务可用性要求，以百分比表示
	Reliability	在数据包传输的上下文中指定目标服务所需的时间限制内，成功传送到给定系统实体的已发送数据包总数的百分比值(比如丢包率、错包率等可以体现在该指标中)
安全隔离	ResourceSharingLevel	是否可与另一个网络切片实例共享分配给网络切片实例的资源
UE特性	UEMobilityLevel	UE访问网络切片实例的移动级别(静止、固定接入、在一定区域内移动、完全移动)
	ActivityFactor	同时活动的UE数量相对于UE总数的百分比值，其中“活动”表示UE正在与网络交换数据
	UESpeed(单位：km/h)	网络切片支持的最大终端速度
网络参数	MaxPktSize(单位：Byte)	网络切片支持的最大数据包大小

为了确保某个网络切片不占用过多的网络资源，影响其他网络切片的正常运行，运营商会根据网络切片规模按照 SLA 对网络切片的实际使用量进行控制。另一方面，租户的业务量在闲时和忙时都有正常范围的波动，运营商同时也要保障本网络切片内业务的正常体验。下面分别探讨网络切片 SLA 的控制和保障两方面的内容。

1. 网络切片 SLA 控制

不同客户订购的网络切片规模往往是不同的，最常见的规模参数包括网络切片的最大注册终端数和最大会话数等。网络切片的最大终端数量是注册到网络，并且能够接入到目标网络切片的终端的最大允许数量。网络切片最大会话数量是同时接入到这个网络切片的 PDU(Protocol Data Unit，协议数据单元)会话的最大允许数量。在网络切片的运行过程中，运营商需要限制切片客户使用超出范围的网络资源，为此，引入网络切片准入控制功能(Network Slice Admission Control Function，NSACF)，用于控制接入网络的最大注册终端数量和最大 PDU 会话数量，如图 6.12 所示。

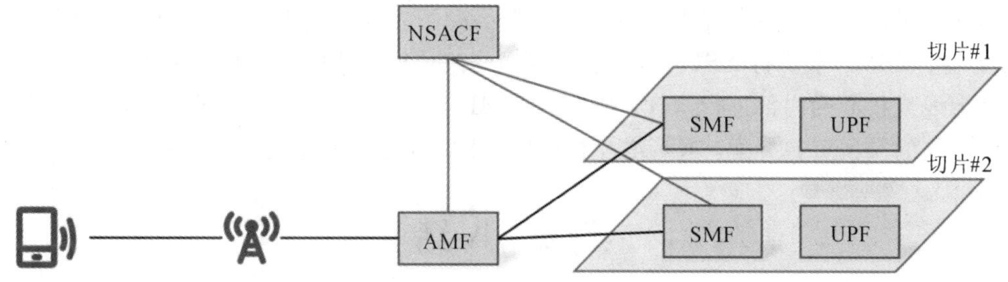

图 6.12 网络切片 SLA 控制

网络切片准入控制功能(NSACF)配置了受网络切片准入控制约束的每个网络切片的最大注册用户数和最大 PDU 会话数。对于接入的终端和新建立的 PDU 会话，NSACF 监测和控制网络切片当前的注册用户数和网络切片的 PDU 会话数，确保 UE 数和 PDU 会话数不会超出准入控制约束。

当 UE 成功注册到受 NSAC 约束的网络切片时，NSACF 需要调整网络切片当前注册的 UE 数量。NSACF 还维护一个注册到受 NSAC 约束的网络切片上的 UE 标识列表。如果当前注册在网络切片上的 UE 数量要增加，则 NSACF 首先检查当前正在注册到网络切片的 UE 标识是否已经在注册在该网络切片上的 UE 列表中。如果 UE 还没有成功注册，NSACF 就需要检查是否已经达到该网络切片的最大 UE 数量。如果达到最大 UE 数量，NSACF 就会通知 AMF 拒绝当前 UE 的注册接入；否则，就允许当前 UE 注册接入网络切片，并将 UE 的标识添加到维护的 UE 标识列表中。通过这种方法，NSACF 可以控制注册到网络切片的 UE 数量不超过允许在该网络切片注册的最大 UE 数量。当 UE 从受 NSAC 约束的网络切片上注销时，AMF 触发 NSACF 将 UE 从维护的 UE 标识列表中删除，并减少当前注册到网络切片的 UE 数量。

当 UE 在受 NSAC 约束的网络切片内建立或释放 PDU 会话时，NSACF 增加或减少网络切片的当前 PDU 会话的数量。NSACF 维护受 NSAC 约束的网络切片内的当前 PDU 会话数量。如果 UE 新建 PDU 会话，SMF 请求 NSACF 增加当前在网络切片内 PDU 会话的数量。NSACF 首先检查当前网络切片内 PDU 会话数量是否已经达到该网络切片允许的最大 PDU 会话数量。如果达到最大数量，NSACF 就会通知 SMF 拒绝当前 UE 建立的 PDU

会话；否则，就允许当前UE在网络切片新建立PDU会话，并增加维护的当前PDU会话数量。通过这种方法，NSACF可以控制在受NSAC约束的网络切片内建立的PDU会话的数量。当PDU会话释放时，SMF触发NSACF减少当前网络切片内的PDU会话数量。

根据运营商政策和国家/地区法规，AMF可免除紧急呼叫等(例如110和119呼叫)特别优先级业务接入网络切片的控制和约束。

2. 网络切片SLA保障

除了按照SLA防止对网络切片的过度使用外，运营商还需要保障网络切片内用户业务的性能和体验达到预期的效果，因此还提供了网络切片SLA保障的机制。在网络切片投入使用后，网络切片子网管理功能(NSSMF)和网络切片管理功能(NSMF)通过监控网络切片的关键性能指标(Key Performance Index，KPI)和切片内用户业务的体验，一起检查是否能够达到网络切片SLA的要求。如果已经无法满足或预测到即将无法满足网络切片SLA的要求，NSMF根据需要会执行网络切片实例(NSI)的修改流程，NSSMF也会根据需要执行网络切片子网实例(NSSI)的修改流程。通常情况下，需要无线、传输和核心网同时配合的修改，由NSMF来执行NSI修改流程，例如修改传输网络的对接接口和参数等。如果只需要在无线或核心网内部进行修改，则由NSSMF来执行NSSI修改流程，例如增加特定切片无线频谱的预留资源分配，或者增加核心网NFV资源的分配数量等。

本章小结

NFV和SDN技术在5G中起到了重要赋能的作用，实现了网络灵活性、延展性和面向服务的管理；支持大规模机器类通信(mMTC)，超可靠MTC(uMTC)和超高速移动宽带服务。本章介绍了基于NFV和SDN的5G网络部署。在此基础上，还介绍了边缘计算、网络切片，并描述了各关键技术之间的关联。

习　题

1. 什么是SDN?
2. 什么是网络功能虚拟化?
3. 试述云原生的特点和优势，以及云原生和DevOps的关系。
4. 什么是网络切片?

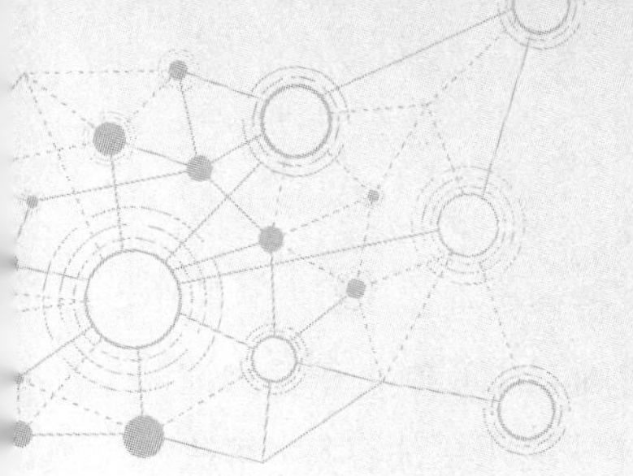

第7章　5G核心网架构和功能

主要内容

本章介绍了5G核心网的SBA架构，重点阐述了SBA架构下各网元的主要功能，并给出了5G核心网的主要信令流程，介绍了其中的QoS机制。

学习目标

通过本章的学习，可以掌握如下几个知识点：

- SBA；
- 网元功能；
- 主要信令流程；
- QoS机制。

本章知识图谱

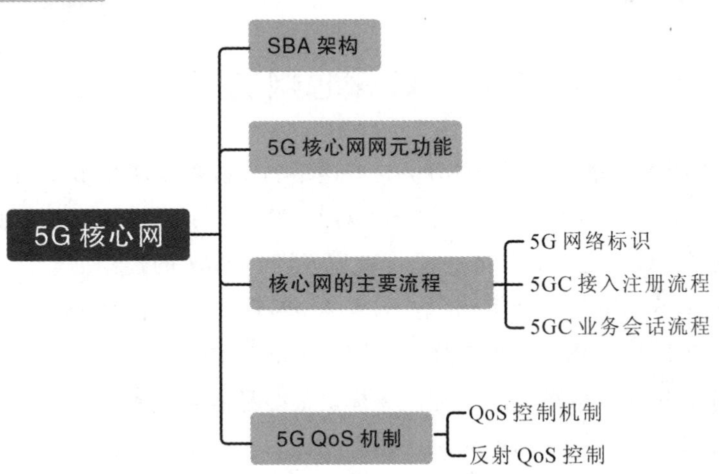

7.1　5G核心网架构

5G网络需要支持多种场景，不同的垂直行业对网络有不同的需求，网络必须针对不同应用场景的服务需求进行不同的网络功能设计。在IT系统的服务化/微服务架构中，巨大单体式应用被分解为小的服务，各服务可以独立开发和升级，各服务间通过API进行通信。这种基于服务化的架构(Service-Based Architecture，SBA)带来很多优点。

SBA 将巨大的单体式应用分解为多个服务，每个服务的边界清晰，且可独立开发和演进，服务间尽量减少相互依赖。基于服务的开发、升级和维护比单体式应用更加容易，解决了单体式应用的复杂性问题。由于每个服务可独立部署，开发者不再需要协调其他服务部署对本服务的影响，可以加快部署速度。此外，服务化架构模式使得每个服务独立扩展，可以根据每个服务的需求实现网络的按需部署。服务化架构在 IT 系统中的成功应用，为 5G 服务化架构提供了实践基础和借鉴目标。

2017 年，3GPP 正式确认将中国移动牵头并联合 26 家公司提出的基于服务的网络架构(Service-Based Architecture，SBA)作为 5G 核心网统一基础架构。也就是说，与前几代移动通信系统相比，3GPP 的 5G 系统架构是基于服务的，这意味着系统架构中的网元可定义为一些由服务组成的网络功能。这些功能通过统一框架的接口为任何许可的其他网络功能提供服务。这种设计有助于网络快速升级、提升资源利用率、加速新功能的引入、便于网内和网外的能力开放，使得 5G 系统从架构上全面云化，利于快速扩缩容。

基于服务的 SBA 网络架构包括网络切片选择功能(Network Slice Selection Function，NSSF)，能力开放功能(Network Exposure Function，NEF)，网络仓库功能(NF Repository Function，NRF)，策略控制功能(Policy Control Function，PCF)，统一数据管理(Unified Data Management，UDM)，应用功能(Application Function，AF)，认证服务器功能(Authentication Server Function，AUSF)，接入和移动性管理功能(Access and Mobility Function，AMF)，会话管理功能(Session Management Function，SMF)，用户面功能(User Plane Function，UPF)，以及数据网络(Data Network，DN)。

7.2 5G 核心网功能

5G 核心网有很多网络功能服务模块，这些网络功能服务模块是由 4G 的固有网元拆分出来的，如图 7.1 所示。例如：AMF 相当于 4G 中 MME 的接入和移动性管理功能；SMF 会话管理的作用在 4G 中是 MME 的一部分和 SGW 与 PGW 的控制面，到 5G 时拆分出来再合并起来形成了 SMF；用户面 UPF 是 SGW 和 PGW 的用户面部分，在 5G 中形成了核心网的用户面；PCF 是由 PCRF 演变而来的。UDM 的存储功能一部分是从 HSS 的功能中拆分出来的。可以看出，5G 的网络功能服务模块很多是由 4G 网络中的网元拆解合并重组形成的。此外，5G 也有一些新增的功能，例如 NRF。下面分别介绍各网络功能服务模块的具体功能。

1. AMF

AMF 是访问和移动性管理功能，它是连接接入网的唯一接口，在 5G 核心网中有着非常重要的作用。AMF 是 N2 接口的终点，接入网的消息到这里就结束了，由 AMF 跟核心网的其他功能服务模块进行交互。接入网只与 AMF 建立控制面的连接，而用户面则是与 UPF 建立连接。

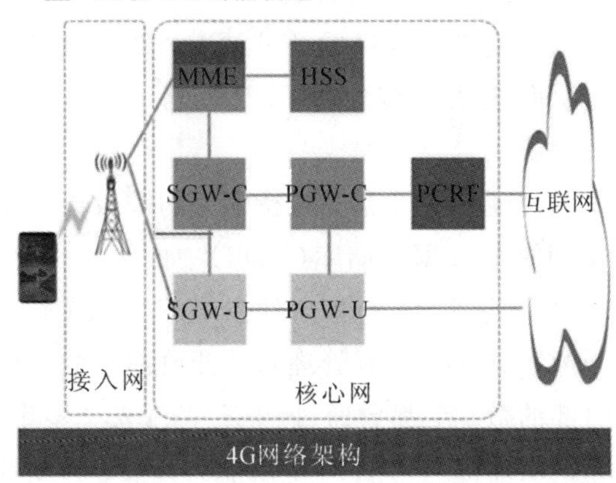

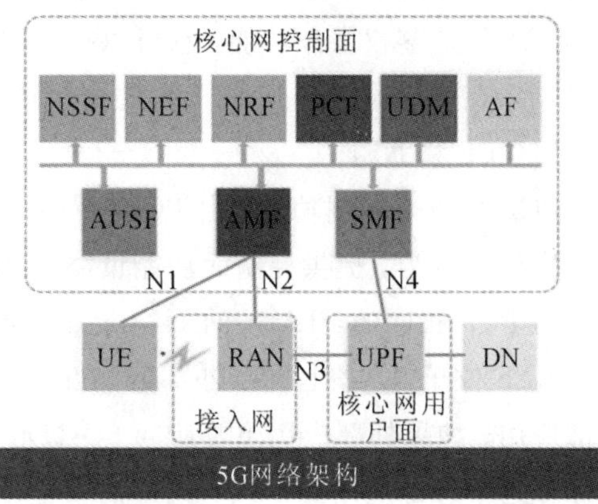

图 7.1　5G 核心网与 4G 核心网的对比

除此之外，AMF 还进行 NAS 信令的加密和完整性的保护，它是 NAS 消息的终点。NAS 信令指的是非接入层的消息，也就是终端和核心网之间的交互，基站在中间起转发的作用，实际上 NAS 消息只是终端和 AMF 的交互。NAS 信令的加密和完整性的保护不由基站来做，而是由 AMF 来做。

AMF 还有一些其他的功能，包括终端的注册管理、连接管理、NAS 移动性管理、访问验证、用户鉴权及密钥管理、承载管理以及为 UE 和 SMF 之间的 SM 消息提供传输服务等。

2. SMF

SMF 主要负责用户会话的建立、修改和删除，还有终端 IP 地址的分配和管理，以及 DHCP 功能。此外，还包括 ARP(Address Resolution Protocol，地址解析协议)请求和 IPv6 邻居请求、QoS 流的策略和控制、终止策略控制、合法监听、下行数据的通知、漫游功能，终止 SM 部分的 NAS 消息并决定会话的 SSC 模式以及支持与外部 DN 的交互等功能。

3. UPF

UPF 是核心网的用户面功能，对应 4G 中 SGW 和 PGW 的用户面部分，负责处理用户数据，具体包括：

- gNodeB 间切换的本地移动锚点(适用时)；
- 连接到移动通信网络的外部 PDU 会话点；
- 数据包检查和用户面部分的策略计费；
- 合法监听拦截；
- 流量使用情况报告；
- 在上行链路将路由流量映射到数据网络；
- 分支点以支持多类 PDU 会话；
- 用户平面的 QoS 处理，例如 UL/DL 速率测试，DL 中的反射 QoS 标记；
- 上行链路流量验证(SDF 到 QoS 流映射)；
- 上下行链路上传输级别的数据包标记；
- 下行数据包缓冲和下行数据通知触发。

4. UDM 和 AUSF

UDM(统一数据管理)和 AUSF 是从 MME 和 HSS 的一部分功能抽离出来的。UDM

负责鉴权认证处理、5G 用户标识处理，访问权限授权和注册/移动性管理。

AUSF 是鉴权服务功能，它可以接收 AMF 对终端进行身份验证的请求，然后通过向 UDM 请求密钥，再把 UDM 下发的密钥转发给 AMF 进行鉴权处理。

5. PCF 和 NEF

PCF 是策略控制功能，由 PCRF 而来。PCF 在终端入网之后，支持统一的政策架构来管理网络的行为，提供控制面功能策略规则，访问统一数据存储库(UDR)中的订阅信息，访问与 PCF 相同的 PLMN 的 UDR，比如流量套餐或电话套餐，策略是在 PCF 里做的。

NEF 位于 5G 核心网跟外部第三方应用的功能体之间，负责管理对外开放网络数据的外部应用。如果外部应用想要访问 5G 核心网内部的数据，都要通过 NEF 去做安全鉴定，以保障这个外部应用到 3GPP 网络的安全性，并提供外部应用 QoS 定制能力开放、移动性状态事件订阅和 AF 请求分发等功能。

6. NRF 和 NSSF

NRF 和 NSSF 是 5G 核心网新增的功能服务模块。

NRF 网络存储功能用来进行 NF 登记、管理、状态检测，实现所有 NF 的自动化管理，建立服务使用者和服务提供者之间的桥梁。每个 NF 启动时，必须要到 NRF 进行注册登记才能提供服务，登记信息包括 NF 类型、地址、服务列表等。例如，每个 NF 都通过服务化接口对外提供服务，并允许其他 NF 访问或调用自身的服务，这些活动都需要 NRF 的管理和监控。每个 NF 启动时，必须要到 NRF 进行注册登记才能提供服务，例如 NF1 想要让 NF2 来提供服务，必须先到 NRF 来进行服务发现。NRF 的工作原理如图 7.2 所示。

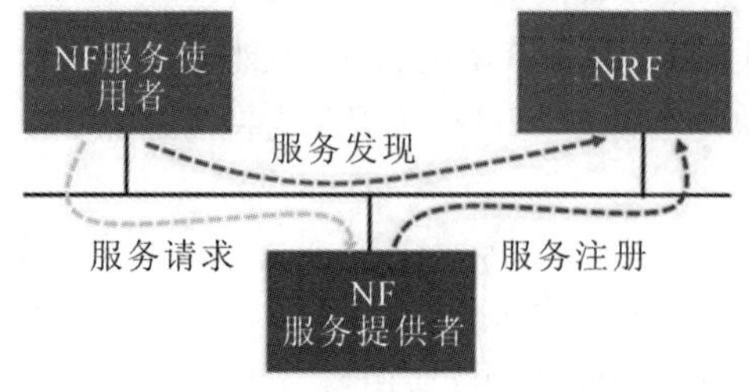

图 7.2 NRF 的工作原理

NSSF 是网络切片选择功能，为终端服务选择适合的网络切片实例集；确定允许的 NSSAI，并在需要时确定到签约的 S-NSSAI；确定已配置的 NSSAI，以及在需要时确定到签约的 S-NSSAI 的映射；确定可能用于查询 UE 的 AMF 集，或基于配置确定候选 AMF 的列表(可能通过查询 NRF 实现)。

7.3 核心网的主要流程

7.3.1 5G 网络标识

5G 与 4G 的网络标识对比如表 7.1 所示。

表 7.1　5G 与 4G 的网络标识对比

5G	4G	功能描述
SUPI	IMSI	用户永久标识
SUCI	—	包含隐藏 SUPI 的隐私保护标识符
5G-GUTI	GUTI	5G 全球唯一临时 UE 标识
GPSI	MSISDN	用于标识 3GPP 系统之外的不同数据网络
PEI	IMEI	移动终端设备标识
DNN	APN	数据网络标识
NSSAI	—	网络切片标识
TAI	TAI	跟踪区标识

1）SUPI

SUPI（Subscription Permanent Identifier，用户永久标识）通常为 IMSI（International Mobile Subscriber Identity，国际移动用户识别符），是在移动网中唯一识别一个移动用户的身份标识。IMSI 的组成如图 7.3 所示。

图 7.3　IMSI 的组成

MCC 是移动国家码，标识移动用户所属的国家。MCC 由 ITU 统一分配。

MNC 是移动网络号，标识用户的归属 PLMN，由各个运营商或国家政策部门负责分配。

MSIN 是移动用户识别码，标识一个 PLMN 内的移动用户。

2）SUCI

SUPI 不应在 5G RAN 上以明文传输，因此需要 SUCI 在空口上保护 SUPI 的安全。

SUCI（SUbscription Concealed Identifier，用户隐藏标识）是一个包含隐藏 SUPI 的隐私保护标识符，基于运营商规则，USIM 将指示 SUCI 的计算由 USIM 或 ME 完成。SUCI 用于尚未获取到 5G-GUTI 的初始注册，其格式如图 7.4 所示。

图 7.4　SUCI 格式

图 7.4 各部分的具体描述如表 7.2 所示。

表 7.2 SUCI 格式的具体描述

组成部分	范 围	说 明
SUPI 类型	0：IMSI 1：Network Specific Identifier	2～7：留给将来使用
归属网络标识符	MCC，MNC	移动国家码和移动网络号
路由指示符	由 1 到 4 个十进制数字组成	将具有 SUCI 的网络信令路由到能够为用户服务的 AUSF 和 UDM 实例
保护方案标识符	取值在 0 到 15 之间	0：无保护方案；1：Profile A 256 位公钥；2：Profile B 264 位公钥
归属网络公钥标识符	0～255	HPLMN 配置的公钥，标识用于 SUPI 保护的密钥。使用空方案时为 0
方案输出	保护方案的输出	由一串具有可变长度或十六进制数字的字符组成

3）5G-GUTI

5G-GUTI(Globally Unique Temporary UE Identity，全球唯一临时 UE 标识)在网络中唯一标识 UE，可以避免 SUPI 等用户私有标识暴露在网络传输中。5G-GUTI 由 AMF 分配给 UE，其格式如图 7.5 所示。

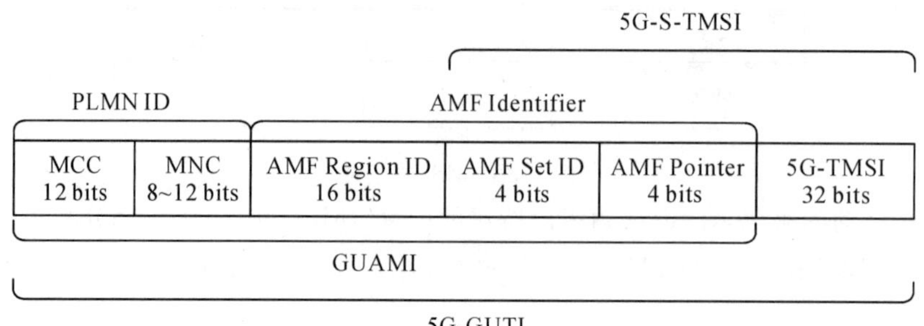

图 7.5 5G-GUTI 格式

4）GPSI

GPSI(Generic Public Subscription Identifier，通用公共用户标识)用于解决 3GPP 系统之外的不同数据网络中的 3GPP 标识的需要。

3GPP 系统内部和外部使用的公共标识符通常为 MSISDN。MSISDN 是 ITU-T 分配给移动用户的唯一识别号，采取 E.164 编码方式：

MSISDN＝CC(Country Code，国家码)＋NDC(National Destination Code，国内接入号)＋SN(Subscriber Number，用户号码)

5）PEI

PEI(Permanent Equipment Identifier，永久设备标识)，通常为 IMEI(International Mobile station Equipment Identity，移动终端设备标识)，用于标识终端设备，可以用于验证终端设备的合法性。其格式为

IMEI ＝ TAC(Type Approval Code，设备型号核准号码) ＋ SNR(SerialNumber，出

厂序号)＋ Spare

TAC 是设备发行时定义的，SNR 由设备厂商自主分配。

6) DNN

DNN(Data Network Name，数据网络名称)相当于 APN(Access Point Name，接入点名称)，这两个标识符具有相同的含义，并携带相同的信息，用于为 PDU 会话选择 SMF 和 UPF，选择 PDU 会话的 N6 接口，确定应用于此 PDU 会话的策略。DNN 的格式为. com. cn. mnc <MNC>. mcc <MCC> . 3gppnetwork. org。

7) 网络切片标识(NSSAI&S-NSSAI)

NSSAI(Network Slice Selection Assistance Information，网络切片辅助信息)用来标识网络切片，是 S-NSSAI(Single NSSAI)的集合，UE 当前定义最多包含 8 个 S-NSSAI。

网络切片需要 S-NSSAI 进一步标识切片不同特性和优化功能(如切片业务类型)。S-NSSAI 包含 SST(Slice/Service Type，切片/服务类型)和 SD(Slice Differentiator，切片差分器)。SD 是区分多个网络切片的可选信息。

SST 的值与切片和服务类型对应，SST 的值为 1 表示适用于 eMBB 的切片，SST 的值为 2 表示适用于 uRLLC 的切片，SST 的值为 3 表示适用于 MioT 的切片。SST 取值区间为 0～255，其中 0～127 由标准定义，128～255 可由运营商定制。

8) TAI

TAI(Tracking Area Identity，跟踪区标识)，用于标识 TA(Tracking Area，跟踪区)，在整个 PLMN 网络中是唯一的。TAI 由 EUTRAN 分配，其格式为

TAI＝MCC＋MNC＋TAC(Tracking Area Code)

7.3.2　注册流程

用户在使用网络前，首先需要注册到 5G 网络上，获取网络提供的服务。在注册过程中，AMF 会为 UE 创建上下文，包括 7.3.1 小节介绍的各种网络标识，以及注册管理上下文有关的参数，例如注册管理状态。

5G 注册管理(Registration Management，RM)可分为两种状态：RM 注册态和 RM 注销态(去注册态)。在注销态，UE 没有注册到核心网，AMF 没有 UE 上下文，即 UE 对 AMF 来说是不可达的。在注册态，UE 注册到核心网，AMF 建立了与 UE 的上下文，可访问 5GC 提供的业务。5G 的两种注册管理(RM)状态可以切换，如图 7.6 所示。

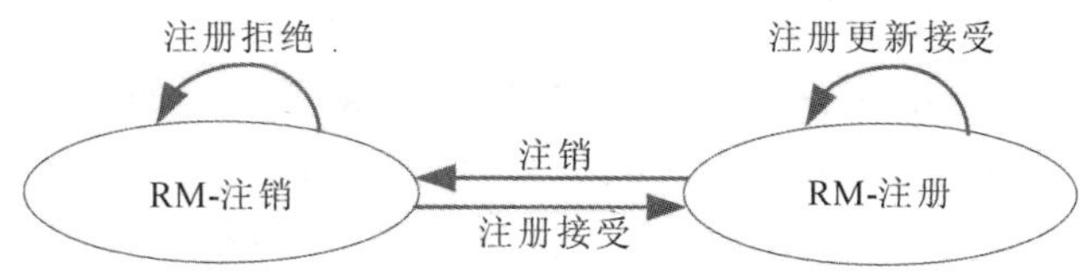

图 7.6　5GC 注册管理(RM)状态转移图

除了注册管理，5G 中还定义了连接管理(Conneceted Management，CM)。连接管理涉及了两种状态：CM 连接态(CM-CONNECTED)和 CM 空闲态(CM-IDLE)。对 UE 来说，当 UE 与基站建立连接时 UE 进入 CM 连接态，当连接被释放后进入 CM 空闲态。对 AMF

来说，当 N2 上下文建立时 UE 状态为 CM 连接态，当 N2 上下文释放时，UE 进入 CM 空闲态。

1. 基本注册流程

当 UE 初始状态为注销状态时，可发起注册请求并完成注册流程切换到注册态的转换。当网络侧拒绝 UE 的注册或者网络侧发起注销流程时，UE 停留或切换到注销态。

注册过程：

- 初始注册(Initial Registration)；
- RM 更新(Mobility Registration Update)；
- 周期性 RM 更新(Periodic Registration Update)。

注销过程：

- 注销(Deregistration)；
- 隐式注销(Implicit Deregistration)。

5G 注册流程非常复杂，本书仅简要介绍基本注册流程，其信令流程如图 7.7 所示，更为详细的注册信令流程可参考 3GPP 的有关协议。

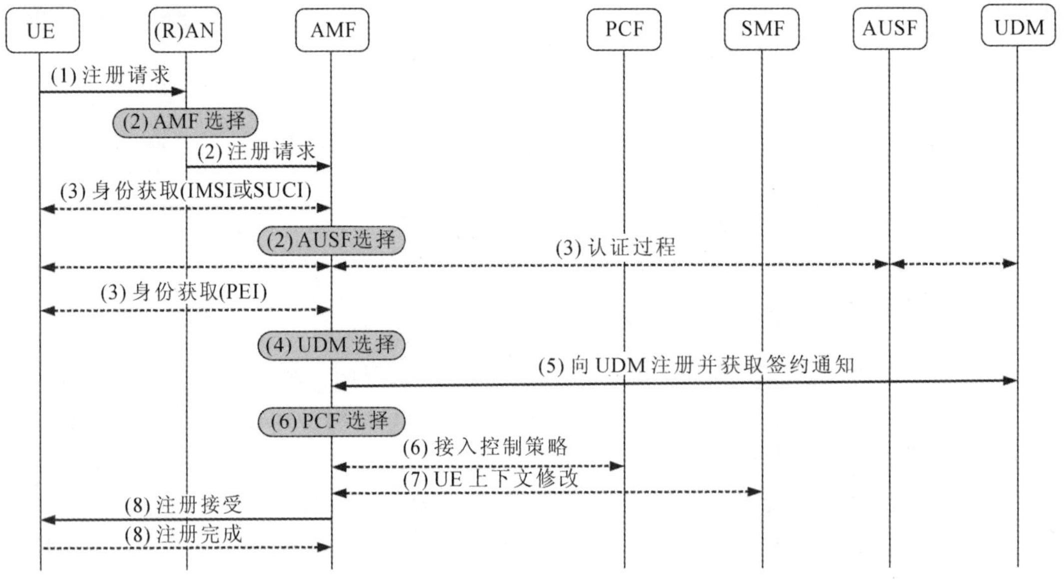

图 7.7　基本注册流程

图 7.7 中注册的主要步骤包括：

(1) UE 向(R)AN 发送注册请求，类型为初始接入(例如 UE 目前处于 RM-DEREGISTERED 状态)，携带身份标识和切片选择信息，及上一次的跟踪区域标识(TAI)。如果(R)AN 是 NG-RAN，则参数包括 5G-S-TMSI 或 GUAMI、请求的 NSSAI、选择的 PLMND 等。

(2) AMF 选择。如果 UE 是连接态，则 RAN 根据已有连接将消息直接转发到对应的 AMF 上。如果(R)AN 不能选择合适的 AMF，则将注册请求转发给(R)AN 配置的默认 AMF。

(3) AMF 根据 IMSI 或者 SUCI 选择 AUSF 为 UE 进行鉴权。

(4) 一旦成功认证，AMF 根据 SUPI 进行 UDM 选择，并向 UDM 注册，这些信息可以存储在 UDR 中。

(5) AMF 从 UDM 获取用户签约信息。

(6) AMF 选择 PCF，请求接入策略。

(7) 如果 UE 在注册请求中携带会话更新或释放信息，AMF 更新或释放之前 SMF 的会话信息。

(8) AMF 向 UE 发送注册接受消息，携带 5G-GUTI、NSSAI 等信息。

2. AMF 重分配流程

在注册流程中，如果原 AMF 不再适合为 UE 提供服务，原 AMF 需要将注册请求重路由到另一个 AMF，因此要执行 AMF 重分配流程的注册流程，将 UE 的 NAS 消息重路由到目标 AMF，由目标 AMF 继续为 UE 提供服务。当(R)AN 侧选择的缺省 AMF 不支持 UE 当前的切片类型时，也要触发 AMF 重分配流程为 UE 选择满足其当前网络切片需求的 AMF。

AMF 重分配注册流程是一个复杂的过程，图 7.8 给出了 5G AMF 重分配的简要流程。

(1) UE 发起注册请求，(R)AN 侧选择一个 AMF 并发送注册请求消息，执行基本流程的(2)～(5)步。

(2) 从 UDM 获取用户签约数据后，如果发现不再适合为 UE 提供服务(例如不支持 UE 当前的切片类型)，会选择一个合适的 AMF(目标 AMF)，并向其发送重定向消息，包括请求的 NSSAI、订阅的 S-NSSAI、PLMN、TAI 等信息。原 AMF 根据本地配置将 NAS 消息转发到目标 AMF，有以下两种转发方式：

(a) 如果原 AMF 基于本地策略和签约信息决定直接将 NAS 消息发送给目标 AMF，则将 UE 注册请求消息以及从 NSSF 获得的除了 AMF 集之外的其他信息都发送给目标 AMF。

(b) 如果原 AMF 基于本地策略和订阅信息决定经由(R)AN 将 NAS 消息转发到目标 AMF，则原 AMF 向(R)AN 发送重路由 NAS 消息，包括目标 AMF 信息和注册请求消息，以及从 NSSF 获得的相关信息，再由(R)AN 转发给目标 AMF。

(3) 目标 AMF 继续执行注册流程的相关步骤，最终向 UE 发送注册接受消息，消息中携带允许 NSSAI、NSSP 等信息。

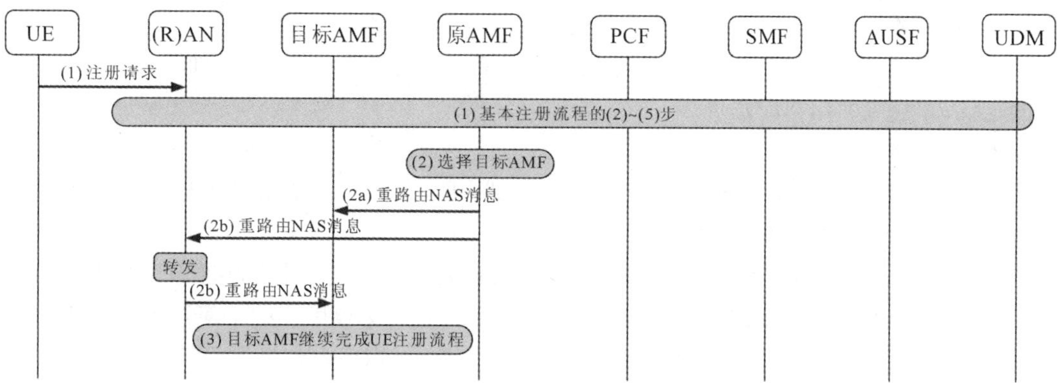

图 7.8　AMF 重分配注册流程

3. 注销流程

1) UE发起的注销流程

当UE不需要继续访问网络接受服务或者UE无权限继续访问网络时，会发起注销流程(Deregistration Procedures)。如果是UE主动退出网络，UE会主动发起注销流程通知网络不再接入5GC。网络通知UE它不再具有5GC的访问权限。

UE发起的注销流程如图7.9所示。

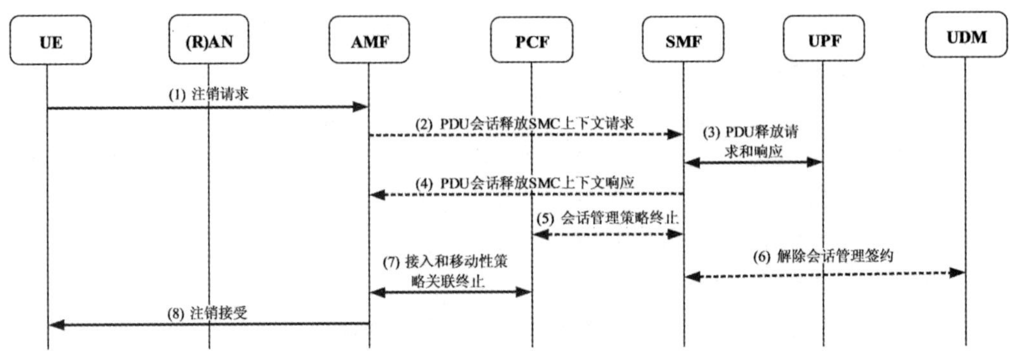

图7.9 UE发起的注销流程

(1) UE向AMF发起注销消息，注销类型为关机，携带5G-GUTI身份标识和接入类型。

(2) AMF通知SMF释放PDU会话，消息中携带SUPI、PDU会话ID，通知SMF释放PDU会话资源和相关用户面资源。

(3) SMF释放PDU会话，通知UPF，收回会话IP地址。

(4) SMF向AMF应答，释放用户PDU会话。

(5) SMF向PCF发送PCC策略终止消息，断开与PCF之间的联系。

(6) SMF向UDM解除会话管理签约信息，断开与UDM之间的联系，UDM删除SMF标识和IP地址、DNN和PDU会话ID。

(7) AMF向PCF发起接入和移动性策略关联终止消息，删除与PCF的用户策略关联。

(8) AMF向UE发送注销接受消息，携带5G-GUTI、切片标识信息、UE-AMBR(Aggregate Maximum Bit Rate，聚合最大比特速率)，流程结束。

如果UE当前没有建立的PDU会话，则无需执行步骤(2)～(5)，即SMF不用释放PDU会话和相应的用户面资源。

2) 网络侧发起的注销流程

当UE无权限继续访问网络或者因为操作维护、注销定时器超时等原因网络侧需要UE注销时，会进行网络侧发起的注销流程。

网络侧发起的注销流程可以由AMF和UDM发起。注销定时器超时等场景下，AMF可以发起该流程。如果运营商想删除某个用户的注册上下文和用户的PDU会话，UDM也可以触发该流程。网络侧发起的注销流程如图7.10所示(以UDM触发为例)。

(1) 如果UDM想删除用户注册上下文和PDU会话，则UDM发送注销通知消息给AMF，消息中携带Removal Reason、SUPI、Access Type等参数。

(2) AMF收到消息后在对应的接入网络中执行注销流程。AMF可发起隐式注销和显式注销两种：

(a) 隐式注销是指 AMF 不发送注销消息给 UE。

(b) 显式注销是指 AMF 发送注销请求消息给 UE。如果 UE 处于 CM-IDLE 态，AMF 先寻呼 UE，再发注销请求消息，图 7.10 中对应的是显式注销。

(3) AMF 向 UDM 发送注销通知应答。

(4) AMF 取消 UDM 签约数据变更通知的订阅。

(5) 如果存在建立的 PDU 会话，则执行 UE 发起的注销流程中的步骤(2)～(5)。

(6) AMF 发起与 PCF 的策略关联终止，删除 AMF 与 PCF 的 AM 策略关联关系。

(7) UE 收到步骤(2)中 AMF 发送的注销请求后，UE 给 AMF 回复注销接受。

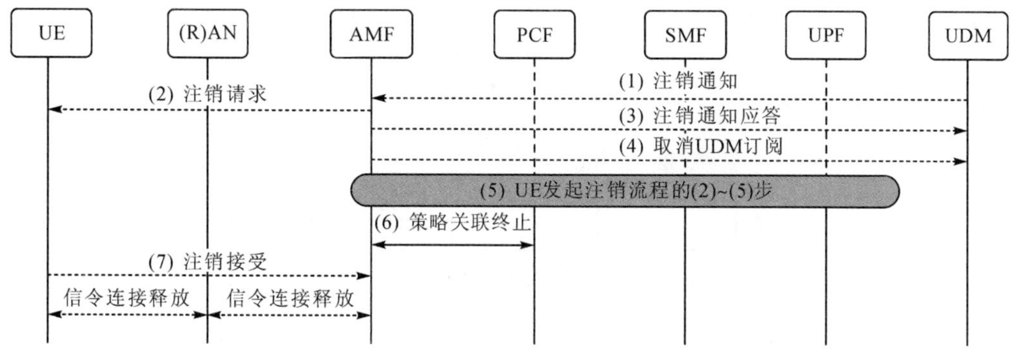

图 7.10　网络侧发起的注销流程

7.3.3　业务会话流程

1. 会话建立流程

以手机上网为例，在访问相关的网页、视频，畅游互联网世界的过程中，必须建立手机与 Internet 之间相应的数据通道，传递数据包，保证业务端到端的传输质量，这些都需要通过 PDU 会话(以下简称为会话)管理流程实现。

PDU 会话建立流程用于创建新的 PDU 会话，在 PDU 会话创建成功后，网络为 UE 分配了 IP 地址，并且建立了 UE 到 DN 的专用通道，UE 可使用该 IP 地址访问位于 DN 上的业务，PDU 会话建立流程也可用于会话的跨系统(4G 与 5G)切换，会话建立的流程如图 7.11 所示。

(1) UE 请求建立 PDU 会话，消息中携带切片信息、DNN、SSC 模式、PDU 类型及 RAN 封装 UE 位置。若该流程用于跨系统切换或者 N3 间的切换，则该消息携带“已有 PDU 会话”指示。

(2) AMF 根据切片信息、DNN 等信息为 PDU 会话建立选择 SMF。若请求消息携带“已有 PDU 会话”指示，则 AMF 根据 UDM 中保存的 PDU 会话 ID(或 DNN)与 SMF 间的对应关系选择 SMF。

(3) AMF 向选择的 SMF 请求建立会话上下文(会话档案)。

(4) SMF 在 UDM 处登记并获取会话相关的签约数据，也可向 UDM 订阅数据，例如签约数据变更事件。

(5) 二次认证/鉴权过程通常用来保证企业用户更高级别的安全性。称为二次认证鉴权的原因是注册流程中要进行一次鉴权，见 7.3.2 小节的“注册流程”。

(6) SMF根据DNN、S-NSSAI、UE位置等信息选择PCF和UPF。

(7) SMF与PCF之间建立会话管理策略连接，SMF将UE的IP地址上报给PCF，并从PCF获取会话策略规则。

(8) SMF与UPF之间建立N4会话，UPF分配上行隧道信息通知给SMF。

(9) SMF将上行隧道信息通过AMF发送给RAN。

(10) RAN确认分配空口资源(包括下行隧道信息)，并将会话接受消息发送给UE。至此，UE可以发送上行数据。

(11) RAN将下行隧道信息通过AMF和SMF发送给UPF。至此，UE可以接受到下行数据。

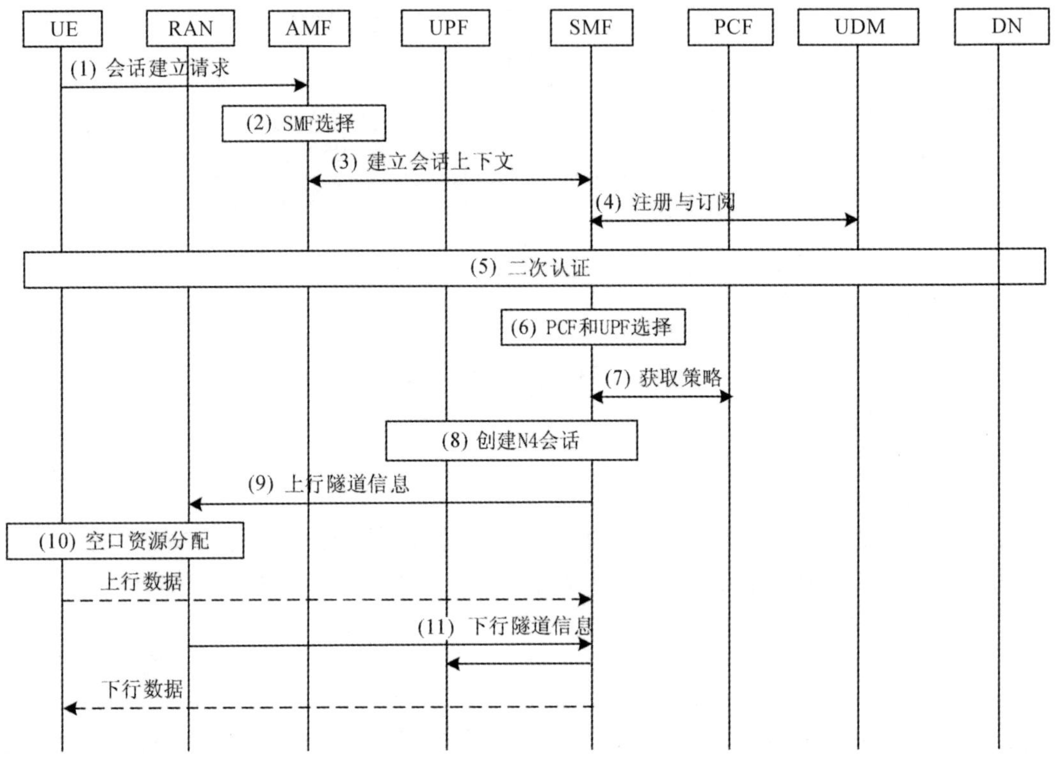

图7.11 会话建立流程

2. 会话修改流程

UE或网络侧发起会话修改请求，用于请求修改(新增、修改、删除)会话的某个或多个QoS参数。在5G中，会话修改是按照QoS流(Flow)的粒度进行的，相应的流程如图7.12所示。

(1) 会话修改触发事件，包括：

(a) UE发起会话修改请求(PDU会话ID，请求的QoS)；

(b) PCF给SMF下发新的策略信息；

(c) UDM通知SMF签约信息变更；

(d) SMF根据本地配置或收到RAN的指示决定修改会话。

(2) 本操作是可选的。SMF向PCF请求会话策略信息，SMF与PCF进行会话管理策略的更新。

(3) SMF 向 AMF 发送 N1/N2 消息，其中，N2 消息(PDU 会话 ID，QFI(s)，QoS 配置，会话 AMBR 等)是发送给 RAN 的，N1(PDU 会话 ID，QoS 规则等)消息是发送给 UE 的。

(4) RAN 根据接收的 N2 消息发起空口资源修改流程。如果 RAN 收到 N1 消息，还将 N1 消息发送给 UE。

(5) RAN 将接受/拒绝的 QFI 通知给 AMF。

(6) AMF 调用 SMF 的会话更新服务，将接受/拒绝的 QFI 通知给 SMF。

(7) 更新 UPF 上对应会话的相关 QoS 参数/转发规则。

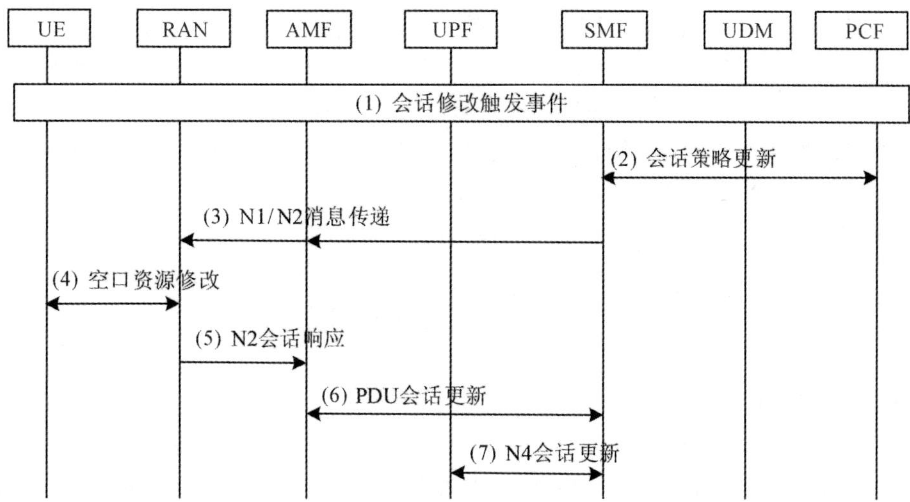

图 7.12　会话修改流程

3. 会话释放流程

当 UE 不再访问对应业务时，需要释放会话相关的所有资源，包括给 UE 分配的 IP 地址以及用户面资源，相应的流程如图 7.13 所示。

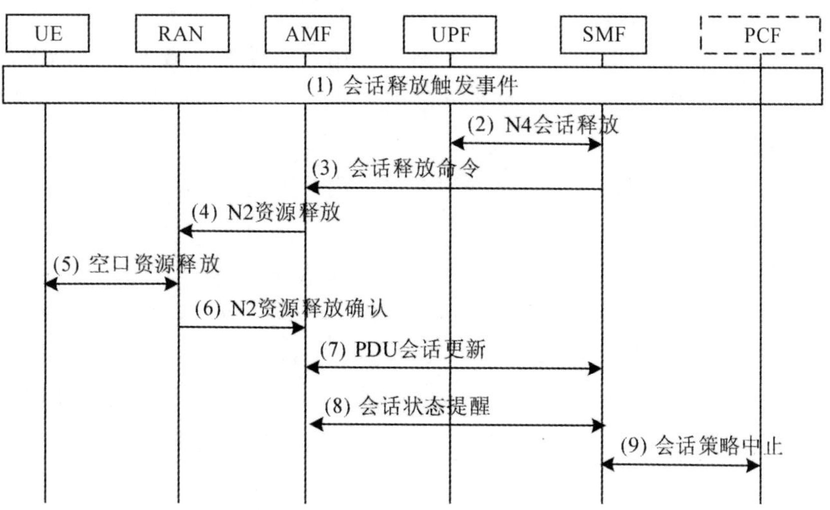

图 7.13　会话释放流程

(1) 会话释放触发事件，可以是：

(a) UE 发起会话释放请求(PDU 会话 ID)；

(b) PCF 根据策略触发；

(c) AMF 触发(比如 AMF 检测 UE 和 AMF 的会话状态不同步)；

(d) SMF 触发(比如收到 AMF 的通知 UE 已经移出 LADN、从 UDM 收到签约数据变更)；

(e) RAN 触发(比如当 RAN 上 PDU 会话的相关资源被释放时)。

(2) SMF 通知 UPF 释放会话资源，包括 CN 下行隧道信息、转发规则、IP 地址等。

(3) SMF 向 AMF 发送 N1/N2 消息(PDU 会话 ID，PDU 会话释放命令，N2 资源释放请求)。

(4) AMF 通过 N2 消息将从 SMF 获取的 N1/N2 信息发送给 RAN。

(5) RAN 将 N1 信息发送给 UE，并根据接收的 N2 消息发起空口资源释放流程。

(6) RAN 向 AMF 发送确认消息，通知 AMF N2 资源释放完成。

(7) AMF 调用 SMF 的会话更新服务，通知 SMF N2 资源释放完成。

(8) SMF 通知 AMF 该会话的上下文释放完毕。

(9) SMF 发起与 PCF 之间的会话管理策略，中止流程。

7.4 5G QoS 机制

1. 5G QoS 架构

服务质量(Quality of Service，QoS)描述了一组服务需求，网络必须满足 QoS 需求才能确保数据传输的适当服务级别。QoS 管理通过将各种业务数据建立在合适的 QoS 流(QoS Flow)上，允许不同业务不平等地竞争有限的网络资源，以实现差异化的体验保障和服务质量，是网络满足业务服务质量要求的控制机制。QoS 管理的策略包括单个用户的服务质量保障和多个用户之间的差异化服务。

单个用户的服务质量保障主要针对小区里单个用户的场景，将用户数据承载在合适的 QoS 流上，并配置相应的参数，以保证该用户的服务质量。

多个用户之间的差异化服务要考虑小区里不同用户不同业务数据之间的资源协调，实现差异化服务，使用有限的系统资源服务更多用户的需求，并提供与用户要求相匹配的服务，使系统容量最大化。

基于 5G 网络的 QoS 架构主要包括向用户提供用户粒度、会话粒度以及 QoS 流粒度的差异化 QoS 保障。

在 5G 网络中，QoS 流是 PDU 会话中进行端到端控制的最小粒度，可以是保证带宽的 QoS 流(Guaranteed flow bit Rate QoS Flow，GBR QoS Flow)，也可以是非保证带宽的 QoS 流(Non-Guaranteed flow bit Rate QoS Flow，Non-GBR QoS Flow)。每个 QoS 流具有 PDU 会话内唯一的服务质量流标识(QoS Flow Identifier，QFI)。在特定的 PDU 会话中，相同 QFI 所对应的用户面数据包在传输时具有相同的处理要求(如调度、准入门限等)。

在 5G 网络中，每个 UE 可以建立一个或多个 PDU 会话，且每个 PDU 会话中至少有一个 QoS 流。NG-RAN 可以为每个 QoS 流建立一个数据无线承载(Data Radio Bearer，DRB)网，也可以基于 NG-RAN 的逻辑将一个以上的 QoS 流合并到同一个数据无线承载网中，即 QoS 流与 NG-RAN 的映射关系可以是 1∶1或是 1∶N，如图 7.14 所示。

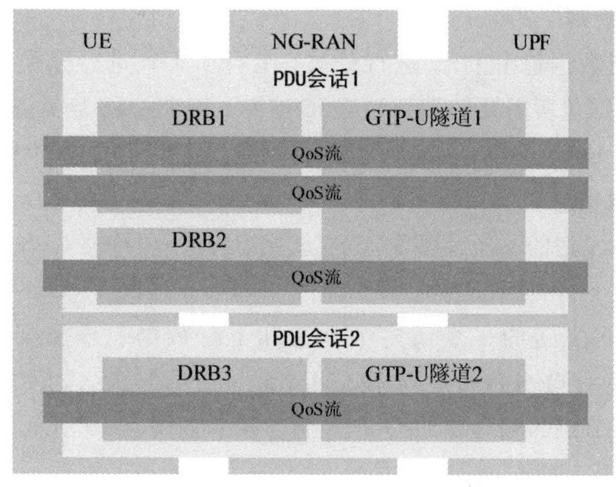

图 7.14 5G 网络的 QoS 框架

2. 5G QoS 参数

5G QoS 参数说明及与 4G 的对比如表 7.3 所示。

表 7.3 5G QoS 参数说明及与 4G 的对比

5G 的 QoS 参数	参数说明	EPS QoS
QFI (QoS Flow ID)	QoS 流标识	EBI
5QI (5G QoS ID)	5G QoS 标识符，预先配置的 5QI 值的 5G QoS 特性在 AN 中预配置	QCI
Priority level	优先级，指示在 QoS 流中调度资源的优先级	
PDB (Packet Delay Budget)	分组时延预算，数据包可能在 UE 和终止 N6 接口的 UPF 之间延迟的时间上限	
PER (Packet Error Rate)	误包率，已由链路层协议发送方处理但未被成功传送的 PDU 速率上限	
Resource Type(GBR or non-GBR)	资源类型，保证比特率或非保证比特率	
MFBR (Maximum Flow bit Rate)	最大流比特率，对每个 GBR QoS 流生效	MBR
GFBR (Guaranteed Flow bit Rate)	保证流比特率，对每个 GBR QoS 流生效	GBR
ARP (Allocation and Retention Priority)	分配和保留优先级，包含有关优先级、抢占能力和抢占漏洞的信息	ARP
RQA (Reflective QoS Attribute)	反射 QoS 属性，指示此 QoS 流上携带的某些流量会受反射 QoS 的影响	—
Notification Control	通知控制，仅在 GBR QoS 流的情况下显示	—
UE-AMBR	UE 聚合最大比特率	UE-AMBR
Session AMBR	会话聚合最大比特率	APN-AMBR

3. 5G QoS 映射规则

5G 网络中，下行数据包由 UPF 进行分类，上行由 UE 进行分类，然后映射到合适的 QoS 流。为了实现数据包所需要的端到端 QoS 控制，每个 QoS 流需要包含以下三种信息：

(1) SMF 向 NG-RAN 发送的 QoS 配置文件(QoS Profile)，其中包含了该 QoS 流所对应的上下行 QoS 参数信息。

(2) SMF 向 UE 发送的一个或多个 QoS 规则(QoS Rule)及 QoS 流级参数信息，其中 QoS 规则包含上行或下行包匹配规则。

(3) SMF 向 UPF 发送的一个或多个上行和下行数据包检测规则(Packet Detection Rule，PDR)以及对应的 QoS 执行规则(QoS Enforcement Rule，QER)。

QoS 流在用户面节点的端到端的 QoS 控制与映射如图 7.15 所示。

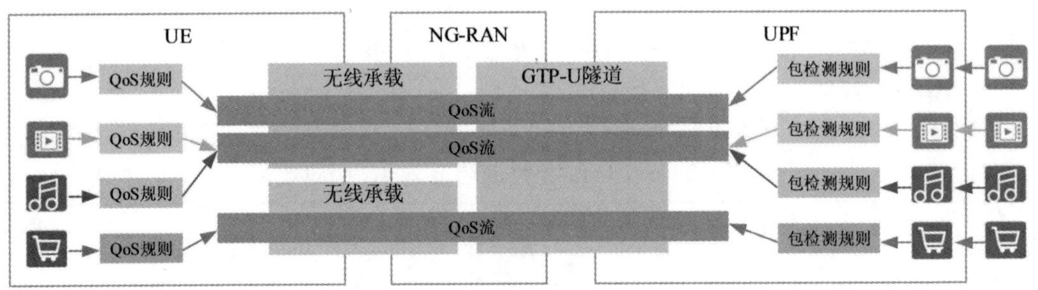

图 7.15 QoS 流控制与映射关系

1) 下行方向

在下行方向，UPF 基于 SMF 所发送的 PDR 中的下行包过滤规则，对接收到的数据包按照包过滤规则的优先级从高到低进行匹配：

(1) 若找到匹配的下行 PDR，则根据匹配结果将该 PDR 所对应的 QFI 封装到报文的 GTP-U 头中，NG-RAN 基于 GTP-U 头中的 QFI 标签将数据包映射到对应的无线承载中，并经由该无线承载转发至 UE。

(2) 若没有找到匹配的下行 PDR，UPF 将丢弃该下行数据包。

2) 上行方向

在上行方向，UE 基于 SMF 所发送的 QoS 规则中的上行包过滤规则，对将需要发送的数据包根据 QoS 规则的优先级从高到低进行匹配：

(1) 若找到匹配的 QoS 规则，UE 将该上行数据包绑定至 QoS 规则所对应的 QoS 流，并进一步通过与该 QoS 流所关联的无线承载网向 NG-RAN 发送上行数据包。

(2) 如果没有匹配的 QoS 规则，UE 将丢弃该上行数据包。

7.4.1 QoS 控制机制

为实现目标业务的 QoS 保障，5G 网络支持通过控制面信令流程完成端到端 QoS 流的建立、修改及释放流程。

5G 网络中的 QoS 流由 SMF 控制，图 7.16 以 QoS 流建立为例，给出了 SMF 根据本地策略或 PCF 发送的 PCC 规则确定建立 QoS 流的具体流程。

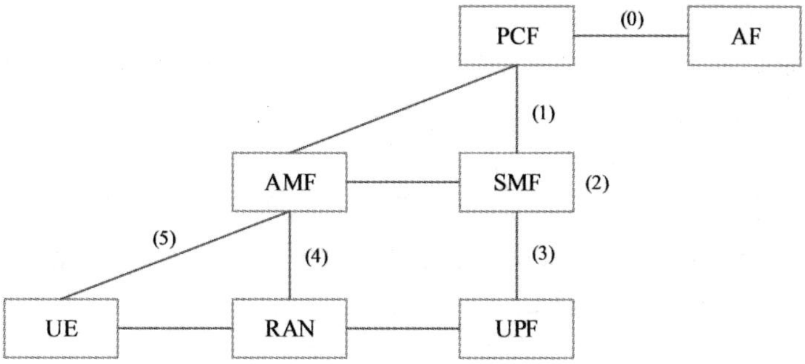

图 7.16 QoS 流建立流程

（0）应用服务器或 UE 发送授权请求，包含流描述、QoS 需求等信息。

（1）PCF 根据应用服务器或 UE 的请求或是本地逻辑（如 UE 所在位置、签约信息等）确定需要为目标业务启用 QoS 保障，并执行策略决策生成相应的 PCC（策略计费和控制）规则，其中包含目标业务所对应的包过滤规则集合、QoS 参数集合及规则匹配优先级。

（2）SMF 基于上述 PCC 规则中的 QoS 参数，确定当前会话中是否已经建立了相同 QoS 流绑定参数所对应的 QoS 流。若已存在，则 SMF 启动 QoS 流修改流程，将该业务关联至当前 QoS 流，并修改该 QoS 流所对应的参数，如授权带宽等。若不存在，则 SMF 启动 QoS 流建立流程，为该业务分配新的 QFI，并执行后续 QoS 流建立流程。

（3）SMF 经由 AMF、RAN 向 UE 发送 QoS 规则及 QoS 流级参数信息，并向 UPF 发送 PDR 及 QER 等信息，其中 QoS 规则包含 QFI、包过滤规则集合和规则优先级。

（4）SMF 通过 AMF 向 RAN 发送 QoS 流所对应的 QoS 配置文件，其中包含 QFI 及对应 QoS 的参数集合。通过以上信令交互，UE、RAN 和 UPF 之间完成 QoS 流的建立。

（5）RAN 根据 QoS 配置文件分配空口无线资源，并存储 QoS 流与无线资源的绑定关系，同时基于 QoS 配置文件及数据包头中的 QFI 标签提供相应的 QoS 保障。

当 SMF 判断需要对已经建立的 QoS 流进行修改或删除时，可进一步更新 UE、UPF 及 RAN 上的 QoS 流相关信息。

7.4.2 反射 QoS 控制

反射 QoS（Reflective QoS）控制指的是 UE 可以根据网络下发的数据包自行生成对应的上行数据包的 QoS 规则，并使用对应的 QoS 规则执行上行数据的 QoS 控制。

引入反射 QoS 控制的目的是在实现差异化 QoS 的同时，减少 UE 与 SMF 之间的信令开销。换句话说，SMF 在建立或修改 QoS 流时，只需要通过控制面向 RAN、UPF 发送相应 QoS 信息，并指示对目标业务启用反射 QoS 控制，而不需要通过空口信令向 UE 显式发送 QoS 规则及 QoS 流级参数信息。

反射 QoS 功能可适用于 IP 类型或以太类型的 PDU 会话，所针对的主要场景可以是需要频繁更新包过滤规则的应用业务（如端口号变更），从而避免 SMF 在每次更新时都需要通过 NAS 信令向 UE 发送更新后的包过滤规则集合。

反射 QoS 功能依赖于终端能力的支持，在 5G 网络中，UE 可以在 PDU 会话建立流程中向 SMF 指示是否支持反射 QoS 机制，是否启用反射 QoS 机制则由 5GC 进行控制。

UE在PDU会话建立流程或PDU会话修改流程中，可向SMF上报自身支持反射QoS的能力。若网络中部署了PCF，则SMF可进一步将该信息提供至PCF。当PCF判断特定业务流可启用反射QoS控制时，PCF在发送至SMF的PCC规则中包含反射QoS控制(Reflective QoS Control，RQC)。

若SMF决定将反射QoS机制应用于特定业务流信息(Service Data Flow，SDF)，则在该SDF所对应的发送至UPF的QER规则中包含启用反射QoS的指示RQI，在发送至RAN的QoS配置文件中包含反射QoS属性(Reflective QoS Attribute，RQA)，如图7.17所示。

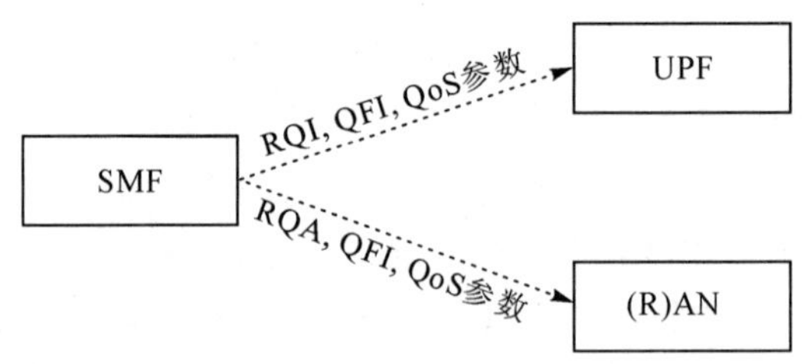

图7.17　反射QoS控制机制

当UPF收到需执行反射QoS的SDF所对应的下行数据流时，则在该下行数据流中的每个数据包的GTP-U包头增加RQI及QFI。当RAN接收到的下行数据包中包含RQI指示时，将进一步在发送至UE的下行数据包的SDAP包头增加RQI和QFI信息。其报文特征如图7.18所示。

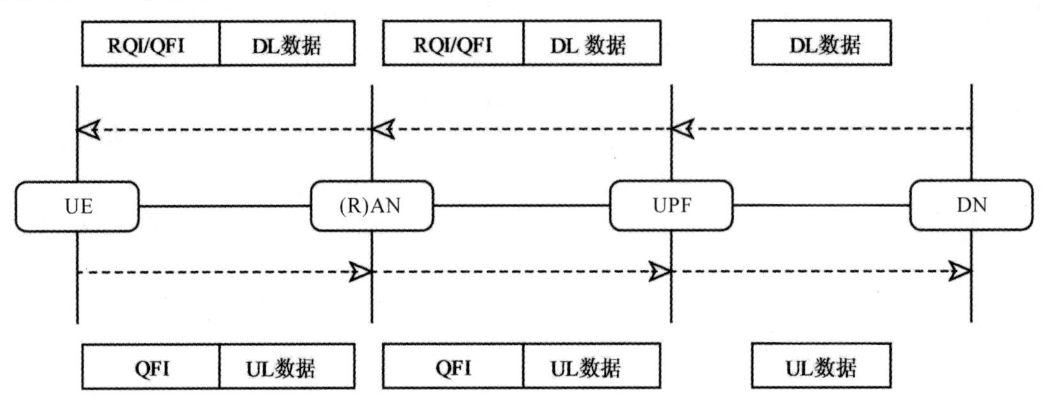

图7.18　反射QoS机制中的上下行报文特征

在图7.18中，当UE收到含有RQI的下行数据包时，若其判断当前暂未创建该下行数据包所对应的QoS规则，则需基于下行数据包的地址、端口等信息建立上行数据包所对应的QoS规则，并触发该规则所对应的反射QoS定时器(Reflective QoS Timer，RQ Timer)。若UE判断当前已创建了下行数据包所对应的QoS规则，则UE可重启该QoS规则所对应的反射QoS定时器。其中，反射QoS定时器时长可以由核心网在PDU会话建立或在修改流程中发送至UE，或是由UE本地所配置的默认时长确定。

UE在发送上行数据包时，可基于本地所保存的QoS规则(包括基于下行数据包创建的反射QoS规则及通过NAS接口从SMF所收到的普通QoS规则)的优先级对上行数据包进行匹配，并关联至相应的QoS流进行传输。当UE基于反射QoS机制创建的QoS规则所对应的RQ定时器到期后，UE将删除该QoS规则。

本章小结

本章介绍了 5G 核心网的 SBA 架构，重点阐述了 SBA 架构下各网元的主要功能，包括 AMF、SMF、UPF、UDM、PCF 等，并重点阐述了 5G 核心网的主要信令流程。此外，还介绍了 5G 中的 QoS 映射规则和建立流程，以及反射 QoS 的控制机制。通过本章的学习，可以充分理解 5G 核心网对 5G 满足业务的多样性需求和垂直行业的应用起着至关重要的作用。

习　题

1. SBA 架构给 5G 核心网带来了哪些改变？
2. 简述 AMF、SMF 和 NRF 的主要功能。
3. 简述 5G 的基本注册流程。
4. 为什么要引入反射 QoS 控制？

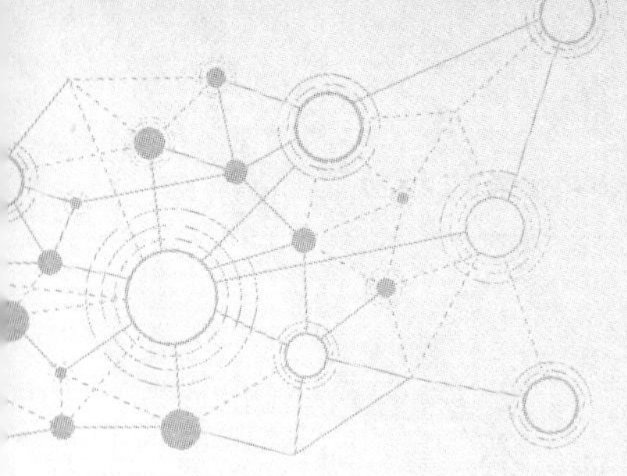

第 8 章 5G 承载网

主要内容

本章介绍 5G 承载网的需求，重点介绍了承载网的关键技术，包括隧道技术、VPN 技术、FlexE 与切片技术以及 IFIT 与可靠性技术。此外，还介绍了我国三大运营商的 5G 承载网部署。

学习目标

通过本章的学习，可以掌握如下几个知识点：

- 5G 承载网的需求；
- 隧道技术；
- VPN 技术；
- FlexE 与切片技术；
- IFIT 与可靠性技术。

本章知识图谱

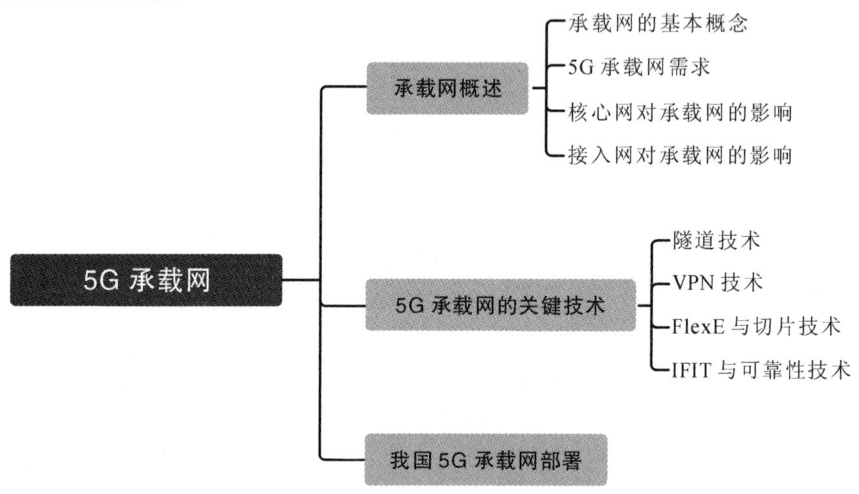

8.1 承载网概述

8.1.1 承载网的基本概念

承载网、接入网和核心网相互协作，最终构成了移动通信网络。5G 承载网是为 5G 无线接入网和核心网提供网络连接的基础网络。为了满足 5G 应用场景的需求，5G 承载网采用新的网络架构和关键技术，为 5G 网络提供超大带宽、超低时延、灵活智能的连接服务。

承载网是负责承载数据传输的网络。在移动通信系统的介绍中，更多讲述的是接入网和核心网。承载网看似简单，但实际上内部结构非常复杂。如果说核心网是人的大脑，接入网是四肢，那么承载网就是连接大脑和四肢的神经网络，负责传递信息和指令。承载网的技术体系规模不亚于接入网和核心网。图 8.1 所示的移动通信网络结构反映了承载网的作用。

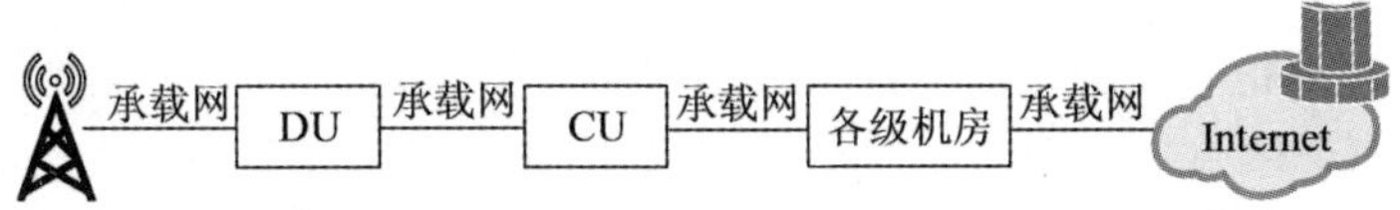

图 8.1　移动通信网络的构成

图 8.1 给出的是移动通信网络构成的示意图，在实际中，承载网不仅连接接入网和核心网，也包括接入网内部连接的部分，还有核心网内部连接的部分。承载网对于 5G 的万物互联起着非常重要的作用，原因主要有以下几点：

(1) 普遍性与基础性。

无论个人用户还是企业机构，在日常生活和工作中都依赖承载网进行数据的传输和交换。承载网就像城市的道路系统，支撑着各种活动的进行。

(2) 透明性与无感知。

大多数用户在使用互联网服务时，不会直接感受到承载网的存在。然而，正是承载网的高效、稳定运行，使得各种业务能够顺畅进行，用户才能享受到无缝的网络体验。

(3) 连接万物的能力。

承载网不仅连接了人与人之间的通信，还连接了物联网设备、数据中心、云计算平台等各种各样的实体，使得各种设备和系统能够相互通信、共享信息，进而实现智能化和互联互通的社会。

(4) 持续演进和适应性。

随着技术的不断发展和业务需求的不断变化，承载网也在持续演进和升级。从早期的电话线网络到现代的光纤网络，从窄带通信到宽带、移动通信和物联网，承载网始终在适应并满足着日益增长的通信需求。

承载网通常可分为接入层、汇聚层、核心层和骨干层。这些层次在功能上有所区别，共同协作以实现数据传输和业务承载。承载网的整体架构如图 8.2 所示。

接入层是承载网中离用户最近的部分，负责连接基站和其他接入设备，不仅使无线信

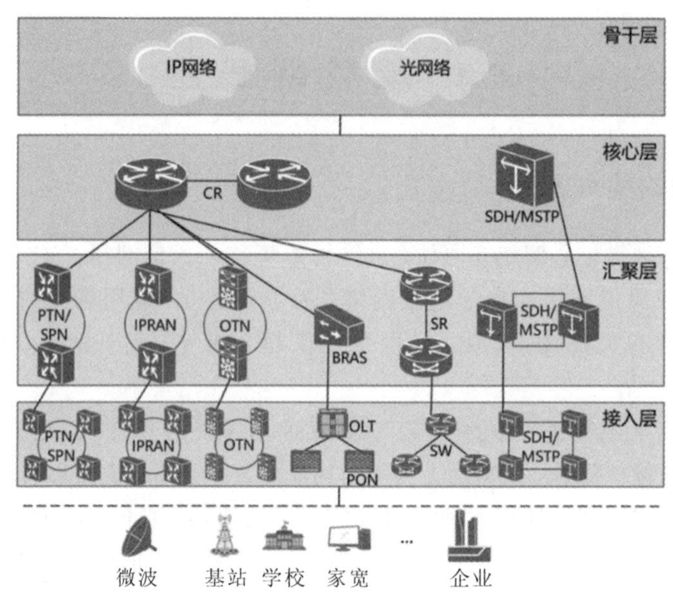

图 8.2 承载网的整体架构

号能够传输到用户设备中，还可以确保有线信号的稳定传输。相对于其他层，承载网接入层的速率通常较低，在5G承载网中，接入层主要负责与用户设备的连接，包括WiFi、蜂窝网络、家庭宽带等多种接入方式。

汇聚层的速率比接入层高，负责将来自接入层的数据流量进行汇聚和转发。在5G承载网中，汇聚层不仅要为回传提供网络连接，还需要为部分核心网元之间的接口提供网络连接。

核心层能满足大量数据的传输需求，在5G承载网中，核心层负责5G网络的控制、数据传输和处理，包括核心网控制平面和用户面。

骨干层负责连接各个核心层，实现跨地区、跨运营商的数据传输。在5G承载网中，骨干层主要为部分核心网元之间的接口提供网络连接。

8.1.2 5G承载网需求

1. 业务需求

2015年，ITU会议上，全球主要运营商和设备商共同定义了5G的三类典型应用场景，包括eMBB(enhanced Mobile BroadBand，增强移动宽带)，mMTC(massive Machine-Type Communications，大规模机器类通信)和uRLLC(ultra-Reliable Low-latency Communication，超可靠低时延通信)等。针对这三大业务，5G承载网需要满足以下几方面的需求：

(1) 超大带宽：eMBB场景要求5G的峰值速率比4G至少提升10～20倍，达到10～20 Gb/s，流量密度达到每平方米10 Mb/s；mMTC场景要求5G的连接密度达到每平方千米100万个。通过估算，5G承载网接入层必须具备10 Gb/s到站、50 Gb/s成环的带宽能力；汇聚层具备100/400 Gb/s、核心层具备400 Gb/s的带宽能力。

(2) 超低时延：eMBB场景要求用户面时延小于4 ms，控制面时延小于10 ms；uRLLC场景要求用户面时延小于0.5 ms，控制面时延小于10 ms。所以，5G承载网端到端的时延需要控制在2～4 ms。对于时延要求严格的uRLLC业务，还需要通过网络结构的调整来实现，如无线接入网中 CU(Centralized Unit，集中单元)和 DU(Distributed Unit，分布单元)合设、核心网用户面下沉至无线接入网等。

(3) 灵活智能：承载网服务于 5G 三类场景，必须具备网络切片功能，让不同场景或业务拥有自己独立的逻辑网络。除此之外，网络的演进并不是一蹴而就的，5G 承载网还需要同时支持 4G、5G、专线等多种综合业务，需要通过 SDN(Software Defined Networking，软件定义网络)来进行端到端的灵活管控和智能运维。

此外，5G 对承载网在时钟同步精度、可靠性、安全性等方面也提出了一些新的要求，这些都是 5G 承载网在规划和部署时需要考虑的。

2. 承载网的特点

针对不同业务的需求，5G 承载网在基础设施、逻辑拓扑和业务承载等层面都与 4G 有了很大的区别。

在基础设施层面考虑最优总拥有成本(Total Cost of Ownership，TCO)，接入层实现光纤化，保障高可靠的连接并提供大带宽；核心、汇聚层机房间光缆直连为主，光缆距离最优，降低路径时延。

在逻辑拓扑层采用极简架构、超大带宽、安全连接，支持弹性扩缩。面向 5G 和云的承载网采用简单、弹性的承载网络架构，城域网汇聚层以上及 DC(Data Center，数据中心)采用扁平的 Spine-Leaf 架构，网络极简。接入层成环，城域 Spine-Leaf 架构保障网络的高可靠性和可扩展性。通过切片进行业务的隔离。5G 接入层 10 Gb/s 到站，50 Gb/s 成环，汇聚层带宽为 100/400 Gb/s，核心层带宽为 400 Gb/s，构建无阻塞大带宽物理网络。

在业务承载层，通过网络控制器、数字孪生实现极简运维。网络控制器负责业务发放、路径调优，提升智能化网络故障分析和定位的能力，支持 Telemetry(远程检测)、TWAMP(双向主动测量)、IFIT(随流信息检测，In-situ Flow Information Telemetry)等特性。数字孪生以数字化的手段实现网络状态实时感知和预测性维护，提升网络的智能。统一的端到端 SRv6(Segment Routing over IPv6，基于 IPv6 的段路由)和 EVPN(Ethernet Virtual Private Network，以太网虚拟私有网)构建无缝连接的网络；控制面通过 SR-MPLS(Segment Routing MPLS，段路由 MPLS)或 SRv6＋EVPN 替代传统 L2/L3VPN，简化协议；转发面将三层的功能下沉到边缘(L3 到边缘)，实现了就近转发，满足大企业数据不出园区的需求。

5G 核心网的特点具体体现在如下几个方面：

(1) 架构极简。从当前 LTE 承载网的 8 层架构，简化为 5G 的 5 层网络架构，如图 8.3 所示。图中，AGC 是接入路由器，mEG 是城域边缘路由器(Metro Edge Gateway)，mAEG 是城域汇聚边缘路由器(Metro Aggregation Edge Gateway)，mBB 是城域核心路由器(Metro Backbone)，5G-m BB 是核心路由器(Backbone)。其中 mEG 到边缘的接入环支持 100 Gb/s 的传输速率，汇聚层和核心层支持 $N\times100$ Gb/s 的传输速率。

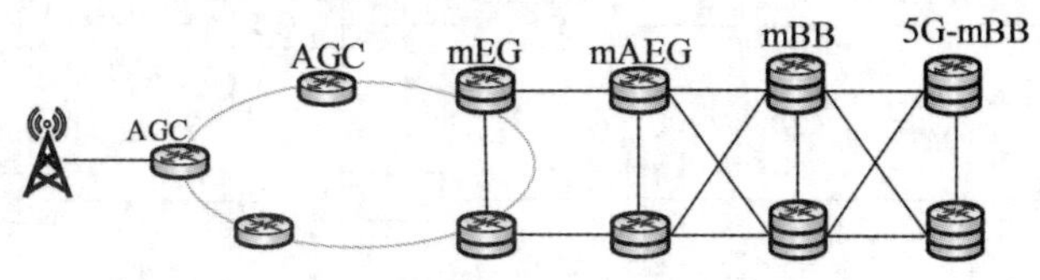

图 8.3　5G 承载网的网络层级

(2) 协议极简。网络协议简化，从 6 个协议减少到 2 个协议，协议减少后，极大减轻了网络运维的工作量。EVPN 统一 L2/L3 业务承载，实现业务的灵活部署。图 8.4 为 5G 承载网协议简化示意。

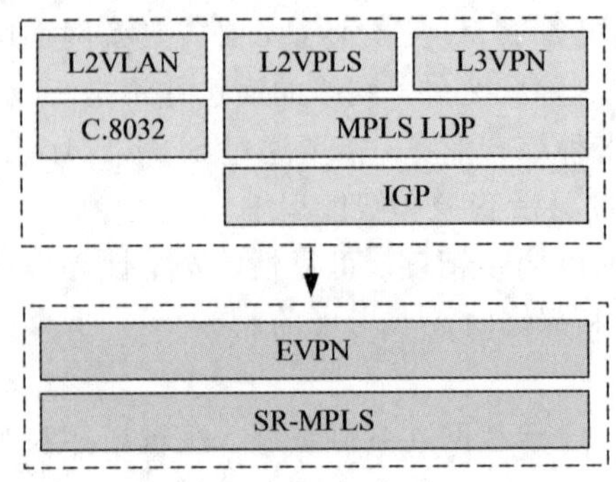

图 8.4　5G 承载网协议简化

（3）运维极简。在网络中引入了 SDN，通过网络控制器提供智能、高效的网络和业务管理体验，实现业务自动化发放、自动化运维、主动感知业务等级协议(SLA)、故障精准定位等功能。

承载网是指用于承载各种业务数据的网络，它可以是运营商的骨干网，也可以是企业的内部网络。承载网的主要任务是为各种业务提供稳定、可靠、高效的数据传输服务。

简而言之，承载网就是用于传输和承载信息的一种网络结构。如果把承载网比作一条高速公路，数据就像车辆，在这条高速公路上疾驰，从一个地方传递到另一个地方，满足各种业务数据传输的需求。

8.1.3　无线接入网对承载网的影响

5G 接入网重构 AAU、DU、CU 之后，承载网也随之发生了巨变，负责连接 AAU、DU、CU 和核心网。AAU 和 DU 之间的数据传递称为前传(front haul)，前传距离为 300 m～20 km；DU 和CU 之间的数据传递称为中传(middle haul)，中传的最远距离不超过80 km；CU 与核心网之间的数据传递称为回传(back haul)，回传的距离在 200 km 以内。

5G 网络 DU 和 CU 的位置并不是严格固定的，存在多种部署模式，如图 8.5 所示。

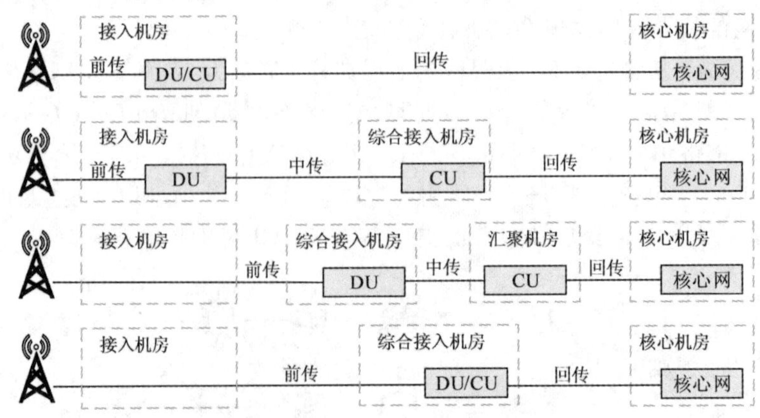

图 8.5　5G CU/DU 的部署

1. 前传

前传是 AAU 到 DU 之间的承载，包括了很多种连接方式，例如光纤直连、无源

WDM/WDM-PON、有源设备(OTN/SPN/TSN)和微波等。

在光纤直接方式中，每个 AAU 与 DU 全部采用光纤点到点直连组网，这种方式光纤资源占用很多，更适用于光纤资源比较丰富的区域。这种方式更适合 5G 建设早期，随着 5G 建设的深入，基站、载频数量也会急剧增加，且这种方式成本运营商难以负担。

WDM(Wavelength Division Multiplexing，波分复用)是将两种或多种不同波长的光载波信号(携带各种信息)在发送端经复用器(Multiplexer)汇合在一起，并耦合到光线路的同一根光纤中，以此进行数据传输的技术，可分为无源 WDM 方式和有源 WDM 方式。无源 WDM 方式将彩光模块安装到 AAU 和 DU 上，通过无源设备完成 WDM 功能，利用一对或者一根光纤提供多个 AAU 到 DU 的连接。客户侧光模块常采用灰光(Grey)模块，它的波长在某个范围内波动，没有特定的标准波长(中心波长)。采用无源 WDM 方式能节约光纤资源，但是也存在着不易管理、故障定位较难等运维困难的问题。

有源 WDM/OTN 方式是在 AAU 站点和 DU 机房中配置相应的 WDM/OTN 设备，多个前传信号通过 WDM 技术共享光纤资源。这种方案与无源 WDM 方案相比组网更加灵活(支持点对点和组环网)，同时光纤资源消耗并没有增加，有较为广泛的应用。

微波方式很简单，就是通过微波进行数据传输，非常适合位置偏远、视距空旷、光纤无法到位的情况。

在 5G 部署初期，前传承载仍然以光纤直驱为主，无源 WDM 方案进行补充。

2. 中传和回传

因为带宽和成本等原因，回传肯定不能用光纤直连或无源 WDM 之类的方式，用微波也不现实。5G 中的回传承载方案主要集中在对 PTN、OTN、IPRAN 等现有技术框架的改造上。

8.1.4　核心网对承载网的影响

随着网络功能虚拟化(Network Functions Virtualization，NFV)的不断完善，5G 核心网的组成简化为控制面(CP)和用户面(UP)两部分，且这两部分可以分离并且为分布式部署。特别是 UP，可以根据业务的需要下移部署，更靠近用户，从而提供更低的时延和更好的业务体验。CP 用于处理信令，对时延等性能要求不高，一般仍然部署在较高的网络位置。

核心网云化下移给承载网带来的最大变化是连接变化。在 4G 时代，基站到核心网的连接为汇聚型，网络的流量以 S1 流量为主，占总流量的 95%左右，所有的 S1 流量由成千上万个基站汇聚到部署在核心层的核心网。而 5G 核心网下移以后，单个基站存在发往不同核心网的流量，如自动驾驶业务在边缘的 MEC 处理，视频类等业务在本地数据中心处终结。由于内容备份、虚拟机迁移等需要，不同层级核心网之间也存在流量，导致整个网络的流量呈现网状(Mesh)分布。同时，核心网的下移并不是一蹴而就的，而要根据实际的业务发展需求，综合考虑建网成本、用户体验等多个因素，连接存在不确定性。为了应对 Mesh 化的连接及连接的不确定性，承载网需要将三层(L3)网络下移，至少下移至移动边缘计算所在的位置，从而实现灵活的调度。

综上所述，5G 核心网采用多层级的控制平面和用户平面以实现快速、可定制的网络连接，它对承载网的影响如图 8.6 所示。从图中可以看出，5G 核心网基于服务的架构使得 5G 承载网由4G的汇聚型连接发展为Mesh型连接，连接数呈指数增长，且连接部署非常灵活。

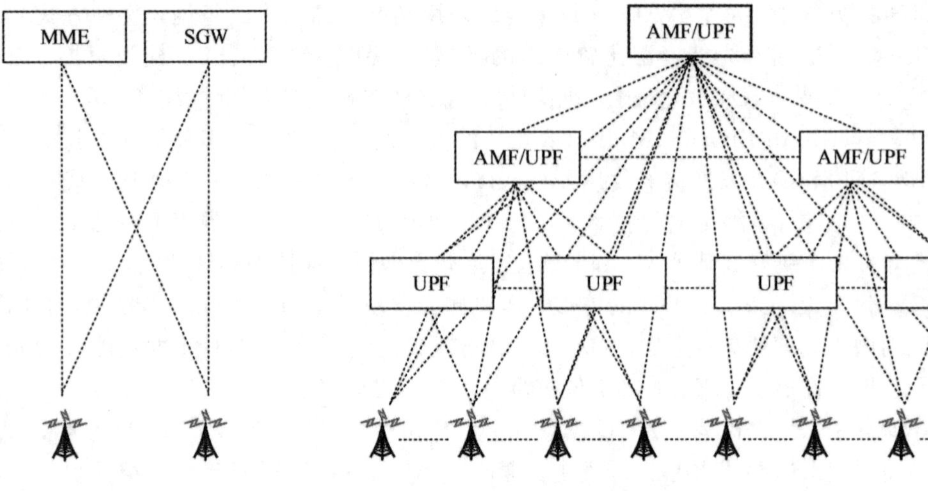

(a) 4G核心网及承载网　　(b) 5G核心网及承载网

图8.6　核心网对承载网的影响

8.2　承载网的关键技术

5G时代的承载网的特点是以分布式为主，SDN使能自动化和智能化，网络切片提供差异化服务的极简、智能、开放的弹性承载网。5G承载网的关键技术如表8.1所述。

表8.1　5G承载网关键技术

分　类	关键技术
物理技术	WDM、PAM4
隧道技术	MPLS(Multi-Protocol Label Switching，多协议标签交换)、SR-MPLS、SRv6、VXLAN
路由技术	OSPF(Open Shortest Path First，开放式最短路径优先)、IS-IS(Intermediate System to Intermediate System，中间系统到中间系统)、BGP(Boarder Gateway Protocol，边界网关协议)
VPN技术	L2VPN(Layer 2 Virtual Private Network，2层虚拟私有网)，L3VPN(Layer 3 Virtual Private Network，3层虚拟私有网)、EVPN(Ethernet Virtual Private Network，以太网虚拟私有网)
同步技术	同步以太网、IEEE 1588v2、ITU-T G.8275.1、Atom GPS
SDN技术	OpenFlow、BGP-LS、PCEP、NETCONF、YANG
网络切片技术	OTN ODUk、HQoS、信道化子接口、FlexE
可靠性技术	IFIT、MPLS TE FRR(Fast Reroute，快速重路由)、IP/VPN FRR、TL-LFA FRR (Topology-Independent Loop-Free Alternate FRR，拓扑无关的无环路备份路径)

从表8.1可以看出，5G承载网涉及了不同层面的技术，下面选择其中一些新型关键技术进行简单的介绍，包括隧道技术、EVPN技术、FlexE与切片技术以及IFIT与可靠性技术。

8.2.1　隧道技术

SR(Segment Routing，段路由)是基于源路由思想产生的一种路由协议，将连接任意两个 SR 节点的一段网络称为 Segment，并用 Segment ID(Segment Identifier，SID，段标识符)来标识。通过 SR 技术，在网络中的源节点规划并建立端到端连接的路径，中间节点只需转发、无需再维护连接状态，大大简化了网络的部署和扩展。

在 5G 承载网的隧道方案中使用 SR-MPLS 或 SRv6，VPN 方案中使用 EVPN，可以实现整体承载方案的协议简化。

1. SR-MPLS

SR-MPLS(Segment Routing MPLS，基于 MPLS 转发平面的段路由)技术源于 MPLS，并伴随着 SDN 思想应运而生。

SR Segment Routing，段路由本质上是一种源路由技术。SR-MPLS 是一种由源节点来为报文指定转发路径以控制报文转发的协议。在源节点上会有一个有序的段列表封装到报文头部，在中间节点上只需要根据报文头中指定的路径进行转发即可，就像我们从北京出发去乌鲁木齐，需要在西安转机，我们只需要在北京买好途径西安到乌鲁木齐的票，根据机票按照计划到达乌鲁木齐即可。

与传统 MPLS 相比，SR-MPLS 具有简单、高效、兼容 SDN 网络的优势，可以在 5G 承载网中实现海量连接的灵活调度。同时，由于 SR-MPLS 是基于 IP/MPLS 转发架构的技术，无需改变现有承载网的网络架构，可以利用网络资源，保障网络平滑演进。

SR 技术可以直接运用在 MPLS 架构上，SR 与 MPLS 相结合形成 SR-MPLS，有助于解决网络配置多、效率低、扩展难的问题，但网络中的节点仍然需要都支持 MPLS 标签转发技术，还是没有从根本上解决跨域互连的问题；并且 MPLS 标签的扩展能力有限，难以更好地满足 5G 时代多样业务的传送需求。因此，出现了 SRv6。

2. SRv6

SRv6(Segment Routing v6，基于 IPv6 转发平面的段路由)是基于源路由理念而设计的在网络上转发数据包的一种协议。其核心思想是将报文转发路径切割成不同的段，再为其分配 SID 进行标识，从而以段指导报文转发。SRv6 是继 MPLS 之后的新一代 IP 承载网核心协议，简化和统一承载网络的架构，推动了 5G 云网融合的发展。

SRv6 的一个重要特点是不再使用 LDP/RSVP-TE 协议，也不需要 MPLS 标签，简化了协议。SRv6 不仅像 SR-MPLS 一样，具有简单高效、易扩展、兼容 SDN 网络等特点，同时 SRv6 的优点都是基于技术的，它简单高效，而且具备可网络编程的能力。SDN 借助 SRv6，可以驱动数据网络，按需求进行运作。

SRv6 还具有纯 IP 化的优势。SRv6 报文依然是 IPv6 报文，仅通过引入 SDH 扩展报文头来实现，不改变原有 IPv6 报文的封装结构。SRv6 基于原生的 IPv6(Native IPv6)进行转发，普通的 IPv6 设备也可以识别 SRv6 报文。SRv6 设备能够和普通 IPv6 设备共同部署，对现有网络具有更好的兼容性，使网络更容易配置和管理，并可以支撑业务快速上线。

SRv6 具有强大的可编程能力，具有网络路径、业务、转发行为三层可编程空间，可以支撑大量不同业务的需求，符合了业务驱动网络的发展趋势。SRv6 的网络可编程能力与 SRv6(SID)和 SRH 扩展头有关。

1）SRv6 SID

SR技术为网络中的节点或节点间的链路分配段标识符（SID），并在起始节点指定报文需要经过的节点和链路的SID列表（Segment List）来指导报文的转发。SRv6的SID可以用来标识节点、链路、L2VPN业务、L3VPN业务、网络服务等多种功能或业务类型。

128 bit长度的SRv6 SID包含了位置标识（Locator）、功能定义（Function）和可选变量（Arguments）三个字段。Locator标识网络中的节点和链路，提供路由功能、用于路由寻址。Function字段根据业务需要，可以定义任意的功能或业务，以及指导报文如何转发。Arguments字段是可选字段，作为Function字段的补充，存储业务的相关参数。

有了SRv6 SID，SRv6就具备了路径和业务的编排能力。网络具备可编程能力可以实现业务的灵活扩展，结合SDN（Software Defined Network，软件定义网络）还可以实现网络的灵活调度。SDN控制器通过搜集SRv6节点及链路信息，根据业务需求规划合适的路径以及各节点提供的服务，并将信息通知给首节点。首节点根据接收到的信息，可以预先规划报文转发的路径以及路径上每一个节点的转发行为，将业务数据通过SRv6网络传递到目的节点，从而支持定义任意的网络功能或业务。

2）SRH扩展头

SRv6充分利用了IPv6的易扩展特性，通过一种新增的扩展头类型SRH（Segment Routing Header，段路由头），来替代MPLS的标签转发功能，结合了SR-MPLS源路由的优势和IPv6简洁易扩展的特点，让SRv6网络可以不需要借助于其他技术、仅基于原生的IPv6技术就能实现数据的高效率转发，完成业务的端到端部署，使网络更加简洁和高效。

扩展了SRH后，SRv6报文结构包括了IPv6报文头、SRH扩展头和IPv6净荷（payload）三部分。SRv6扩展头格式如图8.7所示。

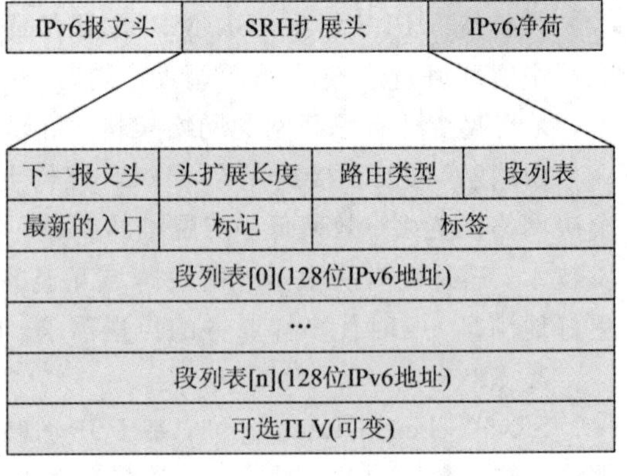

图8.7 SRH扩展头格式

IPv6报文头用于指定报文的源地址（Source Address，SA）和目的地址（Destination Address，DA），在传输过程中保持不变。

SRH扩展头用于指定报文的转发路径信息，包含中间节点数（Segments Left，SL）和段列表（Segment List）。段列表是报文传输过程中会经过的所有节点的SID清单，SL是指剩余的中间节点数。SRv6使用SRH扩展头中的SL和段列表来指导报文的转发，每经过一个SRv6节点，中间节点数的值减1、目的地址信息更新一次，SRv6报文中的目的地址（DA）标识会随着数据传输过程实时变化。目的地址信息由中间节点数和段列表共同决定，例如，在首节点，SL=n，SA=源节点的地址，DA=SID[0]；在尾节点，SL=0时，DA=SID[n]。

IPv6净荷就是传送的业务数据信息，传输过程中保持不变。

3）SRv6工作模式

SRv6同样支持对不同类型的业务通过不同的工作模式来提供差异化的服务。SRv6主要工作模式包括两种：SRv6 BE（Best Effort，尽力而为）和SRv6 TE Policy（Traffic Engineering Policy，流量工程策略）。

SRv6 BE 的作用类似于 MPLS LDP，LDP 是利用 IGP(Interior Gateway Protocol，内部网关协议)的最短路径算法计算得到一条最优路径来指导数据的转发。SRv6 BE 仅使用一个业务 SID(Service SID)来指导报文的转发，是一种尽力而为的工作模式。该工作模式下，SRv6 功能只需要部署在首尾节点，实现较为简单，适用于需要快速开通一些普通 VPN 业务的场景。

SRv6 TE Policy 则利用了源路由的特性，在首节点封装一个有序的 Segment List(路径信息)来指导报文在网络中如何转发。结合 Segment List 的可编程特性，SRv6 TE Policy 可以灵活地指定报文的任意转发路径来实现流量工程、灵活引流、负载分担等功能。

4) SRv6 头压缩

SRv6 有很多优势，但其数据包格式庞大，报文头复杂，存在开销太大的不足。报文长度太长，对硬件处理芯片的要求也更高，增加了成本和难度。所以，需要针对原生 SRv6 的“头压缩”，将包头尽可能压缩到最小，提升传输效率。例如中国移动主推的 G-SRv6，就属于压缩方案之一。

8.2.2 VPN 技术

虚拟私有网 (Virtual Private Network，VPN)是在公共网络中建立的虚拟专用通信网络，通过把 VPN 报文封装在隧道中建立专用数据传输通道，实现报文的透明传输。传统 L2VPN(以 VPLS 技术为例)无控制平面，无法实现负载分担，且扩展性差；此外还存在全连接带来的部署难、网络资源消耗高的问题。EVPN(Ethernet Virtual Private Network)是 5G 承载网络中的重要技术之一，是一种用于二层网络互联的 VPN 技术，解决了传统 L2VPN 的不足。

EVPN 是下一代全业务承载的 VPN 解决方案，利用 MP-BGP(多协议扩展 BGP，Multiprotocol Extensions for BGP)来传递二层或三层的可达性信息，实现了转发面和控制面的分离，还具有流量均衡和部署灵活的优势，非常适合在 SDN 网络中应用。

EVPN 使二层网络间的 MAC 地址学习和发布过程从数据平面转移到控制平面，不仅可以取代 L2VPN，还可以承载 L3VPN，可以依靠扩展 BGP 协议实现各类 VPN 业务的统一控制面。EVPN 数据面可以使用不同的封装技术，包括 VxLAN、MPLS 等，还可以采用 SRv6 数据面技术。

5G 承载网采用了 SRv6+EVPN 的组网模式，大大简化网络的复杂度。图 8.8 以 IPRAN 为例，给出了 5G 承载网和 4G 承载网的不同。

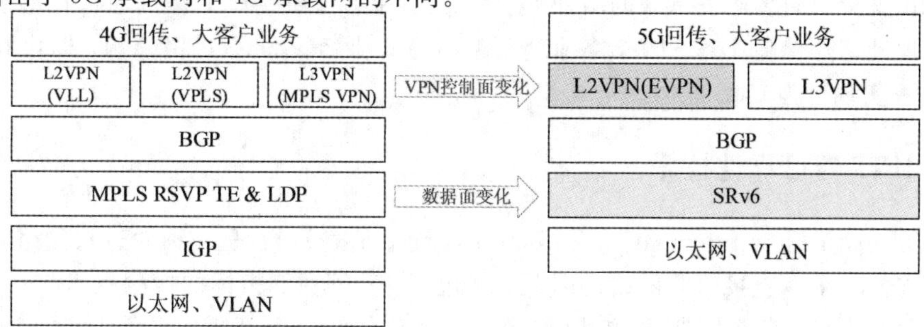

图 8.8 5G 承载网和 4G 承载网的对比

8.2.3 FlexE 与切片技术

灵活以太网(Flexible Ethernet，FlexE)是承载网实现业务隔离、业务带宽需求与物理接口带宽解耦以及网络切片的一种接口技术，在 IEEE 802.3 定义的标准 Ethernet 技术基础上，通过在 MAC 与 PHY 层之间增加一个 FlexE Shim 层，实现了 MAC 与 PHY 层解耦，打破了两者强绑定的一对一映射关系，实现 M 个 MAC 可映射到 N 个 PHY，从而实现了灵活的速率匹配。

FlexE 标准定义了 Client/Group 架构，主要包括 FlexE Client、FlexE Group 和 FlexE Shim 三部分，多个不同的子接口(FlexE Client)可以映射到 FlexE Group 的一个或多个 PHY 上进行报文传输。FlexE Shim 将多个 FlexE Client 接口的数据按照时隙方式调度并分发至多个不同的子通道(FlexE Group)。简单地说，FlexE 向下对 PHY 层进行分割，将其化作资源池，向上将 MAC 层进行重新编码以适配 PHY 层，实现了上层和下层的数据流速率不再强制绑定。FlexE 架构如图 8.9 所示。

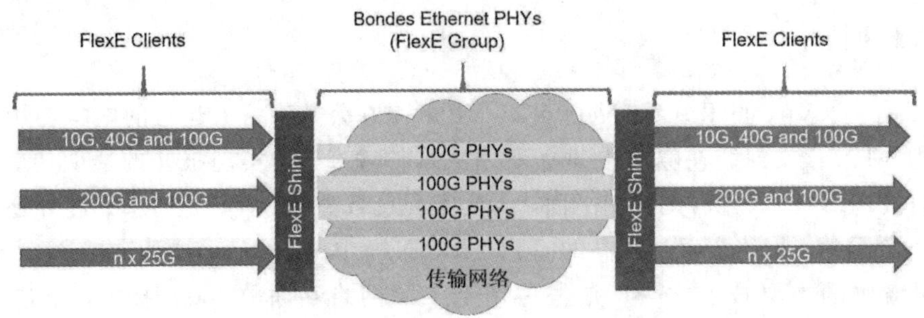

图 8.9 FlexE 的架构

FlexE Client 是 FlexE 的客户侧业务类型，与现有 IP/ETH 网络中的传统业务接口一致，能够承载 64B/66B 编码的以太网码流，并可根据带宽需求灵活配置，例如 10 Gb/s、40 Gb/s、100 Gb/s、200 Gb/s、$n\times25$ Gb/s。

FlexE Shim 是整个 Flex 的核心，实现 FlexE Client 到 FlexE Group 的复用和解复用。FlexE Shim 成对出现，为 FlexE 的源和宿，实现类似变速箱的功能，将速率不等的 Ethernet MAC 码流映射到 PHY 中。

FlexE Group 是若干绑定的 Ethernet PHY 的集合，例如将多路 100GE 物理端口绑定在一起形成 FlexE Group；本质上就是 IEEE 802.3 标准定义的各种以太网物理层(PHY)。

FlexE 支持面向多业务承载的增强 QoS 能力，在物理层接口上提供通道化的硬件隔离功能，实现硬切片保障业务 SLA，各业务独占带宽，业务之间不互相影响，即可在多业务承载条件下实现增强 QoS 能力。

8.2.4 IFIT 与可靠性技术

IFIT(In-situ Flow Information Telemetry，随流信息检测)是一种通过对网络真实业务流进行特征标记，以直接检测网络的时延、丢包、抖动等性能指标的检测技术。

5G 承载网面临着超大带宽、海量连接及高可靠低时延等新需求与新挑战，IFIT 的作用是 5G 承载网的新需求，保证网络的可靠性。IFIT 通过在真实业务报文中插入 IFIT 报文头进行性能检测，并采用 Telemetry 技术实时上送检测数据，最终通过网络控制设备可视化界面直观地向用户呈现逐包或逐流的性能指标。IFIT 可显著提高网络运维及性能监控的及时性和有效性，保障 SLA(Service Level Agreement，服务水平协议)可承诺，为实现智能运维奠定坚实基础。

IFIT 具有如下功能：

(1) 扩展功能。IFIT 检测精度高，部署简单，具有可扩展能力。

(2) 故障快速定位功能。IFIT 提供了随流检测功能，可以真正实时地检测用户流的时延、丢包情况。

(3) 可视化功能。IFIT 通过可视化界面展示性能数据，并具备快速发现故障点的能力。

基于 IFIT 的真实业务流检测如图 8.10 所示。

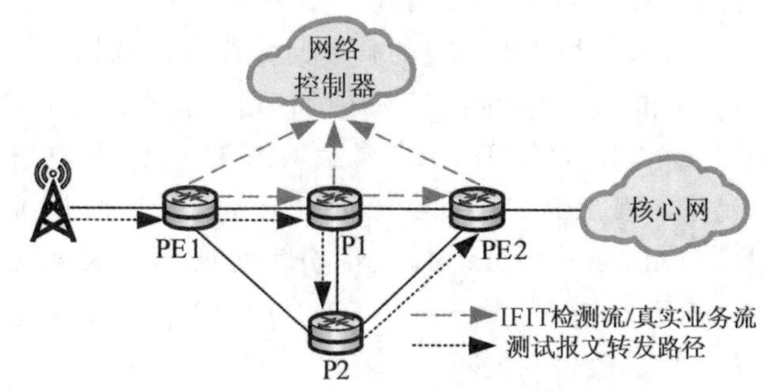

图 8.10　基于 IFIT 的真实业务流检测

8.3　我国 5G 承载网部署

对于 5G 承载网的部署，国内三大运营商主要是在 4G 承载网框架基础上进行加强和改进，从而实现对 5G 的支持。5G 的 eMBB、mMTC 和 uRLLC 三大应用场景有很多垂直行业应用实例，对承载网的关键指标的要求也有很大差异。5G 的承载网应满足超高的承载速率、极低的传输时延、高精度的时间同步、支持网络切片和智能化等要求。据测算，5G 接入层将采用 50 Gb/s 的数据速率，城域汇聚层将采用 100 Gb/s 或更高速率的数据速率，核心层将支持 $N\times100/200/400$ Gb/s 的数据速率。

中国移动主推 SPN(Slicing Packet Network，切片分组网)方案，SPN 作为 5G 下一代综合承载网络技术，适用于多类应用场景。中国移动在 4G 时代已经建成了大规模的基于 PTN(Packet Transport Network，分组传送网)的承载网络，但随着 5G 承载网在带宽、时延、网络切片、管控和同步等各方面的新要求，原有的 PTN 网络难以适应 5G 的业务需求，中国移动创新性地推出了新一代的 SPN 融合承载网络架构，满足 5G 功能需求。SPN 的层次从逻辑上来分又包括切片分组层(SPL)、切片通道层(SCL)和切片传送层(STL)，分别对应实现分组数据的路由处理、切片以太网通道的组网处理和切片物理层的编、解码及 DWDM 光传送处理。SPN 的上述三层架构实现了基于以太网的多层技术的融合，同时，SPN 还通过管控融合 SDN 平台，实现对网元物理资源(如转发、计算和存储等)进行逻辑抽象和虚拟化，从而形成虚拟资源，并能按需组织形成虚拟网络，实现“物理网络多种网络架构”的网络形态。SPN的关键是采用FlexE的信道化带宽隔离技术实现了低时延技术，以及灵活连接的软件定义网络(SDN)技术等。

中国电信在5G承载领域主推M-OTN方案。M-OTN基于OTN，是面向移动承载优化的OTN技术(Mobile-optimized OTN)。中国电信选择M-OTN是因为电信拥有完善和强大的OTN光传送网络。OTN作为以光为基础的传送网技术，具有的大带宽、低时延等特性可以无缝衔接5G承载需求。而且，OTN经多年发展，技术稳定可靠，并有成熟的体系化标准支撑。中国电信是我国最早的电信运营商，建有完整的光承载网络，可以在已经规模部署的OTN现网上实现平滑升级，既省钱又高效，以最优成本快速满足5G承载网络的建设需求。M-OTN的核心技术采用的是分组增强型OTN技术，由全光网实现，时延小，产业链成熟，但成本较高。

中国联通承载网利用IPRAN(Internet Protocol Radio Access Network，基于IP协议的无线接入网络)技术。IPRAN是业界主流的移动回传业务承载技术，在国内运营商的网络上被大规模应用，在3G和4G时代发挥了卓越的作用。但是现有IPRAN技术不能满足5G的要求，所以中国联通在4G网络IPRAN承载网的基础上，与电信设备商一起成功研发了IPRAN 2.0，也就是增强IPRAN，可以实现快速5G基站的开通，并可实现业务从MPLS的LDP(Label Distribution Protocol，标签分发协议)向SR和EVPN方向的演进。IPRAN 2.0在端口接入能力、交换容量方面有了明显的提升，在隧道技术、切片承载技术、智能维护技术方面也有很大的改进和创新。

本章小结

本章首先介绍移动通信网络的整体架构以及承载网的重要作用，结合5G核心网和接入网对5G承载网的需求，介绍了承载网的关键技术，重点阐述了其中的隧道技术、VPN技术、FlexE与网络切片技术以及IFIT与可靠性技术。最后，还介绍了我国三大运营商的5G承载网部署。到本章为止，本书已经介绍了5G整体架构以及各部分的关键技术和规范，使读者对5G有了全面的认识。

习　题

1. 5G承载网有哪些新的需求?
2. 5G承载网有哪些层面的关键技术?
3. 什么是SRv6?请说明其主要优点。
4. FlexE由哪三部分组成?请说明其各自的功能。
5. 简述什么是IFIT以及其主要作用。

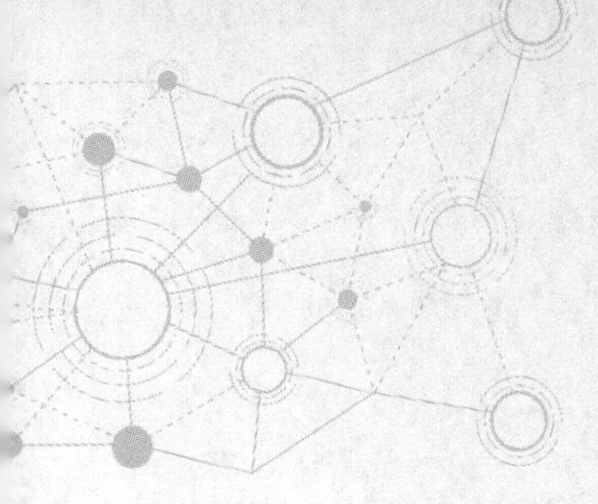

第 9 章　5G-Advanced

主要内容

本章阐述了 5G-Advanced(5G-A)的发展驱动，重点阐述了 5G-A 的应用场景和新技术，包括网络、终端、云边协同、端到端以及绿色节能等方面的关键技术。

学习目标

通过本章的学习，可以掌握如下知识点：

- 5G-A 的发展驱动力；
- 5G-A 的应用场景；
- 网络关键技术；
- 终端关键技术；
- 云边协同关键技术；
- 端到端关键技术；
- 绿色节能关键技术。

本章知识图谱

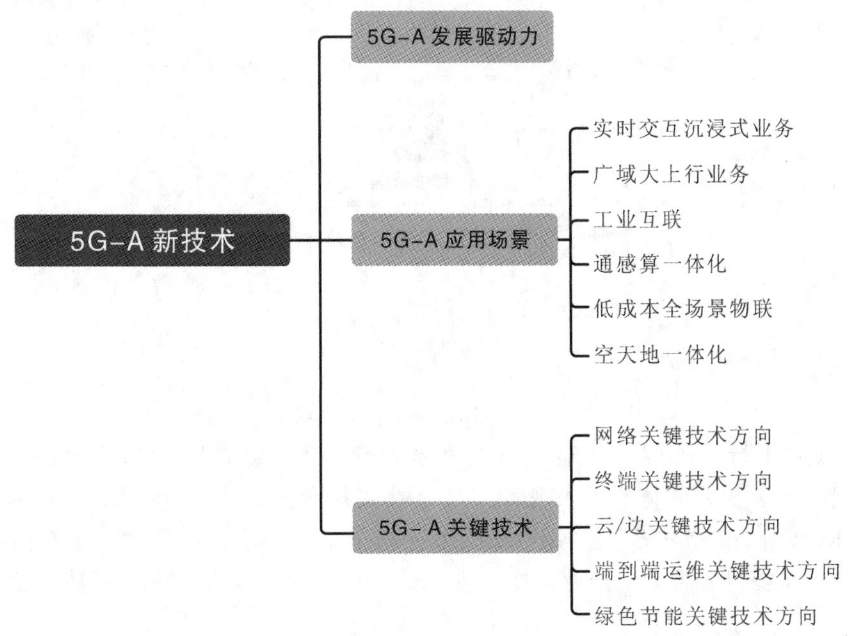

9.1 5G-Advanced 发展驱动力

随着 5G 的大规模商用，业界开启了 5G 演进技术的研究和探索。从 R18 开始，被视为 5G 的演进。2021 年 4 月，3GPP 正式确定 5G-Advanced (5G-A)为 5G 下一阶段演进的官方名称，5G-A 一方面持续增强 5G 已有的能力，支撑传统 5G 业务大规模应用；另一方面，5G-A 增加新的能力，支撑新场景新业务，标志着全球 5G 发展进入新阶段。本章以 5G-Advanced场景需求与关键技术为基础，探讨 5G-A 应用场景和关键技术。

5G-A 的目标是进一步深化千行百业数智化转型。在未来的数智社会中，物理世界将与数字世界深度融合，移动互联网升级为全真全感互联网，通过大数据、原生智能、全息感知等新技术，在教育、医疗、交通等领域促进社会数字经济的发展。通过 3D 视频、全息视频、感官互联等新应用，满足人们不断提高的娱乐和交流需求，实现高品质的智慧服务。通过使能车联网，提升汽车网联化、智能化水平，最终实现自动驾驶，发展智能交通。通过数字孪生把我们所有物理世界的设备、生产流程、产品构建在一个数字世界里，从工具效率提升演进为决策效率提升。5G-A 还将使能智能制造的数字化和柔性化生产，支持智慧港口、配电自动化等场景，大幅度提升工业生产效率。

9.2 5G-Advanced 应用场景

5G-A 主要面向六大应用场景，包括沉浸实时、智能上行、工业互联、通感一体、千亿物联和天地一体。5G-A 将围绕“万兆泛在体验，千亿智慧连接，超能绿色业态”的愿景，深化“5G 改变社会”的目标。5G-A 的应用场景如图 9.1 所示。

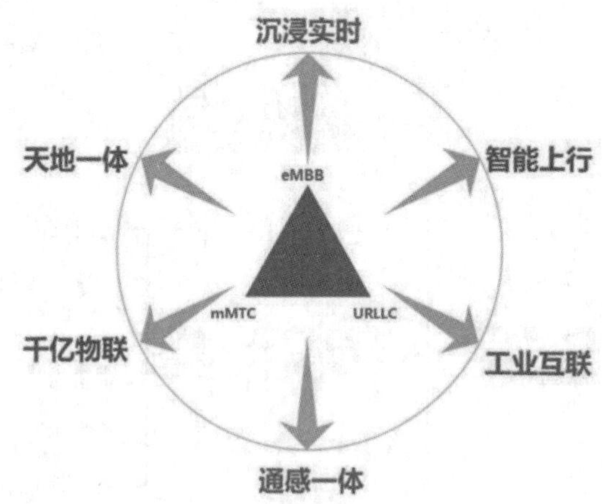

图 9.1 5G-Advanced 应用场景

5G-A 支持下行 10 Gb/s、上行 1 Gb/s 数据速率和毫秒级交互时延，将激活 AR/VR 产业并把全感官交互沉浸式体验带入现实。5G-A 将支持全面的物联网能力，涵盖从工业级高速连接到 RedCap、无源物联，从 Gb/s 到 kb/s 的全系列物联模组能力，全面使能万物智联，为千亿连接提供最强大的产业支持。进一步，5G-A 还将支持感知、高精定位等超越连接的能力，一网多用，为未来智慧城市构建、数字社会重构和运营商持续探索新产业提供充足动力，构建高效治理的和谐数智社会。另外，5G-A 将会支持空天一体化，通过卫星网络实现全球大规模组网，提供更大范围的广域覆盖，并通过和地面网络的融合极大地扩展移动通信的业务类型和覆盖形式，无论在市场空间，还是在用户体验和通信保障方面都将发挥巨大的潜力。此外，5G-A 还将促进绿色节能构建，在提升网络能效的同时，进一步帮助全行业减少碳排放，推动可持续发展目标(SDG)的实现。

9.2.1　实时交互沉浸式业务

5G 的普及给用户体验带来了跨代升级，传统视频已从单向点播走向 360°自由视角逐步应用在直播等领域，XR(eXtended Reality，扩展现实)等新应用带来的虚拟体验正逐步跨越现实体验的边界，实现沉浸式的实时交互。虚拟世界将从便捷度上超越现实世界，虚拟体验将从真实度上接近现实体验，一个数字新大陆“元宇宙”即将繁荣。元宇宙是虚拟世界与现实世界的深度融合，而 XR 是元宇宙连接人们生活的载体，是虚拟世界和现实世界之间的通道。XR 指的是由计算机技术和可穿戴设备产生的所有真实和虚拟相结合的环境和人机交互，包含了 AR(Augmented Reality，增强现实)，VR(Virtual Reality，虚拟现实)和 MR(Mixed Reality，混合现实)。

根据市场调研机构 Counterpoint 的预测，扩展现实设备的出货量 2025 年将达到 1.05 亿台，并会提升为多模态 XR，达成包含视频、触觉等多感官的沉浸式体验。以 XR 为代表的业务将进一步拓展应用边界，ToC(To Customer，到客户)领域将从室内的家庭娱乐(影视、直播、游戏)逐步走向室外车载 XR 娱乐、AR 导航等领域；ToB(To Bussiness，到企业)领域的应用场景包括了室内和室外的 VR 教育、培训以及远程全息会议与协作。图 9.2 给出了一些实时交互沉浸式业务的典型场景。

图 9.2　实时交互沉浸式业务典型场景

为了支撑沉浸式业务的宽带传输和实时交互，5G-A 对无线网络的体验、容量与稳定性提出了新的需求。当前移动网络支持 4K@60f/s(3840×2160 像素，每秒播放 60 帧)的 XR 视频，单用户速率需求约 100 Mb/s，单小区可以支持 5～10 个用户，未来需要支持 16～32K@120 f/s 的XR 视频，单用户速率需求约为 1～10 Gb/s，同时满足单向 10 ms 级时延(双向 20 ms)，需要通过无线技术突破解决体验与容量双重挑战，支撑下行超宽带需求。同时考虑到交互视频业务的用户体验，需要更低时延以及更加鲁棒的抗网络信号波动技术，即使在小区边缘依旧可以保证用户体验。最后，XR远程全息会议与协作场景下的对称带宽需求，对广域移动网络上行速率提出了更高要求，即从现有网络几 Mb/s 速率提升到 100 Mb/s 的需求。

9.2.2 广域大上行业务

视频监控广泛应用在城市安防、智慧工地以及无人小车视频回传等场景。城市安防场景对上行带宽的要求是视频实时回传。智慧工地场景的需求包括工地出入人员实名管理、工人出勤记录管理、工地施工安全管理、工地物品防盗等，通过无线的视频回传比部署有线网络更具备灵活性，可满足建筑施工的临时性部署需求。无人小车视频回传的应用场景是移动视频监控，包括车辆实时动态监控和车辆视频数据回传以及远程驾驶监控等。上述场景对上行超宽带的速率需求达到几百 Mb/s 级。

自主无人智能设备包括半自主或全自主工作的机器人或者车辆，能完成有益于人类健康的服务工作，如保养、修理、运输、清洗、保安、救援、监护，但不包括从事生产的智能设备。我国人口和产业结构改变正在驱动服务机器人产业自动化、智能化加速升级。与主要工作在"无人环境"更注重效率和精准度的工业机器人不同，服务机器人的应用场景需要与人近距离接触，所以更注重服务过程的"柔性"和安全性。例如：一个具备高级 AI 环境识别能力和自主导航能力的服务机器人需要配备 6～8 个高清摄像头、激光雷达(选配)等来感知周围环境，采用 MIC 阵列来接收指令，配置 40 个以上自由度/关节来完成各类灵巧性任务，帮助人们实现重物搬运、跑腿、行走陪伴等生活功能。高清摄像头的图像数据需要实时回传到云端，对上行超宽带提出了更高的速率需求，到 2025 年单小区对上行超宽带的速率要求为 216 Mb/s～288 Mb/s。

另一方面，随着短视频、4/8K 分辨率、VR、自由视角和专业视频媒体生产等应用的繁荣，视频媒体生产向分辨率更高、机位数更多、随时随地生产等趋势发展。8K 分辨率、专业级自由视角、专业视频媒体生产这类业务产生的码率在 200 Mb/s 以上甚至 1 Gb/s+，对部署方案效率提升、支持移动性拍摄的需求越来越迫切，但目前这类视频生产多采用固定机位进行超高清拍摄，使用有线连接回传到导播设备，无法满足灵活部署和移动拍摄的场景需求。针对这一问题，可采用专业媒体摄像机集成 5G 模组的方案，无需进行复杂的网络环境搭建和维护。摄像机和编码器开机后 5G 模组自动接入 5G 网络，提供大带宽、高稳定、广覆盖的传输，制作系统和监看系统只要部署在核心网后的服务器上即可快速开展媒体生产和监看任务。专业媒体摄像机要求无线网络在广域场景下具备上行超宽带和稳定连接的能力，上行网络总需求为 800 b/s～2.5 Gb/s。对于监看场景，即摄像机拍摄现场画面用于导演监看并指导拍摄，通常上行速率为 10 Mb/s，上行超宽带的速率总需求为 400 Mb/s～600 Mb/s。

9.2.3 工业互联

数字化、智能化、柔性化生产是工业制造加速提效的核心。近年来，制造业的创新应用层出不穷，不同的场景需求差异大、种类多，例如典型制造工厂的机器视觉应用较为丰富，上行速率要求高；而电力行业的配电自动化则要求系统具有高精度授时能力。

相对传统的 eMBB，工业互联网面向 ToB 的众多行业应用，需要具备上行大宽带、确定性低时延、低功耗高精度定位、海量无源物联、高精度授时五大关键能力。5G 通过拓展网络多种能力实现共站点共设备共运维，构建了相对现有工业互联网的综合竞争力。

1. 上行超宽带

机器视觉应用的速率取决于像素和帧率，像素从 500 万、1000 万向 2000 万以及更高像素发展，单摄像头速率从几十 Mb/s 到几百 Mb/s，采用压缩模式也有 100 Mb/s。在汽车制造、3C 制造的典型工厂的一个 5000 平方米的车间里，机器视觉应用的速率超过 6 Gb/s，一个工厂超过 10 Gb/s。运营商在工业 ToB 可应用的频谱有限，而且传统 eMBB 业务以下行配比为主(如 8:2)，如何大幅度提升频谱效率进而提供上行超宽带的能力是 5G-A 面临的主要挑战。

2. 确定性低时延

广域应用主要解决各类场景 PLC(可编程逻辑控制器)北向控制的可靠性问题，如保证 AGV、无人集卡等 20ms@99.99%(99.99%时延低于 20 ms)的稳定通信需求，并进一步解决电力行业的差动保护、配电自动化等场景 10ms@99.9999%的能力。局域应用要解决 PLC 南向网络的低时延可靠性问题，通过 5G-A 代替工业以太网络有线部署，需要实现 4ms@99.9999%的确定性低时延能力，同时还要考虑到一个车间主 PLC、从 PLC 和 I/O 等设备的数量，单小区的用户数达到 1000 个的数量级。目前 5G 端到端时延只有 20ms@99.99%，如何在重用 eMBB 传统帧结构下达到 4ms@99.9999%确定性低时延能力同时保证频谱效率从而提供一定容量的能力，是一个巨大的挑战。

3. 低功耗高精度定位

在工厂、矿业、港口等场景下，通过站点部署来提供厘米级的定位是一个具有很大挑战性的问题。同时，还需进一步探讨如何降低终端标签功耗，在 5s 一次定位业务的情况下保证一年待机的能力，从而比 UWB 定位具有更大的性价比。

4. 物联

万物互联，即从人的连接发展到物的连接，将工厂、矿业、港口、电力等的所有物资连接进入网络，将行业的微型传感接入网络实现信息化采集，是实现数字化、智能化的关键，同时海量物的连接需要极低的成本(0.1 s)和功耗(100 μW)。相对 RFID 当前的人工式、通道式盘存，无源 IoT(Ambient IoT，AIoT)构建 10 倍的覆盖能力和区域性组网能力、定位精度达到库位级能力(2～3 m)还具有很强的挑战性。工业互联网对于物联设备低复杂度、低成本、小尺寸、低能耗等方面的要求，也是 RedCap 进一步演进需要应对的技术挑战。

5. 高精度授时

配电网的差动保护装置、智能配电站等自动化设备对时钟同步有严格的需求，基于 5G-A 的无线化能力，如何满足配电自动化的高精度授时需求(<1 μs)，从而实现通信+授时一体化网络部署，是配电自动化场景一个主要的技术挑战。

9.2.4 通感算一体化

随着现代社会向自动化、信息化和智能化方向不断发展，各行各业在对人与人、人与物、物与物通信连接能力提出更高速率、更低时延和更高可靠性需求之外，对物体乃至环境情况的感知能力也提出了更高的要求，因此产生了通信感知融合的新业务需求，如交通行业中的车、人、物感知，安防领域中的人员入侵检测，低空监管行业的无人机探测，医疗行业的人员跌倒检测及呼吸心跳识别，气象检测中的风速和雨量感知等。其中低空监管和智慧交通行业对通信感知融合的需求最为迫切。

1. 低空监管

近年来，消费级无人机的发展有目共睹，与此同时，工业级无人机的价值也被诸多行业所认可，尤其在物流、巡检、植保等领域已经有一定规模的应用，无人机的行业应用已逐步成为低空经济的新形态。

在无人机行业规模发展的同时，低空安全是不容忽视的问题。国内外都发生过由无人机引起的事故和袭击。在我国，公安部在 2018 年出台了《关于无人机侦测反制装备列装配备的意见》，要求政府机关、重大活动场所与安保沿线、易燃易爆危险区域必须配备无人机侦测和反制装备，满足安全监管的要求，以保障人民生命及财产安全。另外，国家战略层面也在积极布局低空经济，出台《无人驾驶航空器飞行管理暂行条例(征求意见稿)》。利用无人机进行物流运输将成为未来低空经济的重要组成部分，而低空开放的前提是对无人机可控可管，因此需要有高可靠的探测技术对低空无人机进行有效监管。

当前已有的无人机侦测装备主要为低空雷达和无线电侦测设备，其中低空雷达是利用 X 波段或者 Ku 波段的电磁波对无人机进行探测，但低空雷达存在频谱难申请，部署位置难获取，功率过大、辐射严重等问题，难以在城市部署，同时也存在探测虚警率过高的问题。无线电侦测设备是通过对无人机控制台与无人机之间的通信信号进行监听，并利用到达时间差(TDOA)对无人机进行定位的，但是其仅能探测主流品牌无人机，无法发现真正的“黑飞”无人机，并且其仅能够点状部署，不具备组网能力，无法实现城市级的广域低空监控。

2. 智慧交通

车联网(智能网联汽车)产业是汽车、电子、信息通信、道路交通运输等行业深度融合的新型产业形态。发展车联网产业，有利于提升汽车网联化、智能化水平，实现自动驾驶。发展智能交通，对促进信息消费等具有重要意义。随着国家推行新基建战略和智能网联车的发展，智慧高速与智慧公路成为道路建设热点。2018 年国家出台《关于加快推进新一代国家交通控制网和智慧公路试点的通知》，率先在 9 省市试点智慧高速的建设，推行车路协同、基础设施数字化和新一代国家通信控制网等的应用。

1) 智能座舱

智能网联车的最关键最核心元素之一便是司乘和车的智能交互。这需要重新构造人与车的关系，通过智能座舱建立车与司乘人员的密切交互，通过人工智能和沉浸式音/视频带来革命性的人机交互体验，并结合智慧视觉能力实现实时安全提醒和智能 AR 导航。

2) 车路协同高精度地图导航

基于车路协同的高精度地图导航，将依赖于车路协同应用系统与高精地图服务平台实时交互、数据分析，为车辆提供实时“上帝视野”，从起点到目的地，基于个人需求，智能地规划出行模式和路径，进一步提供车道级的实时高精导航，提升交通效率和交通安全性。

3) 高级自动驾驶

基于高级自动驾驶，可以在满足个人出行需求的同时，获得驾驶以外的其他扩展服务；进一步可以通过移动应用程序获取最新的交通信息、交通方式。同时，将考虑整个区域的道路状况，实时优化和调整出行方式和线路。此外，车联网将便于城市交通管理，使其能够有效地调节交通流量。

从建设内容来看，全国智慧高速建设的主要建设内容包括“路网感知＋大数据＋上层应用”，其中上层应用全国各省各不相同，包括高精度地图、车路协同等。但是无论哪种应用，都是以路网状态的精确感知为基础的。感知对于交通的价值在于：

(1) 及时发现路面的异常情况(违章、事故、停车)等，通知交警及时处理，降低事故发生的概率，提升安全系数。

(2) 统计车道车流，上报路网车流等信息，使高速业主和交通警察可以及时进行匝道控制和拥堵控制等，提升通行效率，减少拥堵。

(3) 在雨雾等恶劣天气状况下，对道路状况进行精确感知，并将信息下发到车端，给车主提供更好的服务。

现有交通雷达使用的频段为非授权频段，其发射功率受限于频谱法规的约束，探测距离仅为 300 m。而在高速公路上，能够用于安装有源电子设备的基础设施间距接近 1 km，这使得现有交通雷达无法沿高速公路连续覆盖，导致较大的监控盲区。如果要实现全路段感知覆盖能力，需要额外建设用于安装感知设备的塔杆，这将大幅增加基建成本。

基于 C-V2X 的车联网成为新型数字化设施的重要基础，但除了上述通信感知融合的挑战外，仍然存在许多 V2X 技术上的挑战。第一，在网络配置方面，车联网应用网络对上行要求更高，需要与消费者应用不同的 TDD 进行上下行配置，同时，5G 车联网专网建设的频谱不太充裕，Uu 接口需要有更多的带宽支持。第二，车联网应用同时存在传感器短数据包和视频长数据包，在应用网络切片时，需要进行不同的考虑。第三，MEC 是解决低时延快速响应、计算存储和内容分发的重要技术，可支持获得更细粒度、更精确的交通流数据，但 MEC 建设成本高昂，且 MEC 间互通及切换又会产生额外的时延问题。第四，通信可靠性方面，无线信道质量往往受遮挡、散射、多径衰落等因素的影响较大，导致时延、丢包率等影响消息传输可靠性的指标难以保证。同时，频谱资源的需求也更为突出，目前，车辆用户之间、车辆用户与基础设施的通信，以及考虑到互联车辆数量的预期增长，需要在现有频段的基础上进一步扩展，例如扩展中高频段。

9.2.5 低成本全场景物联

1. 无源物联

超高频 RFID 最早用于服装和商超零售，之后逐步扩展到工业控制、能源电力、医疗医药、物流运输等多个领域。据 IDTechEx 研究报告统计，2021 年全球 RFID 行业市场规模为 116 亿美元，且呈上升趋势。

无源物联的两大类基础连接为标识类连接(资产标识识别)和微型传感类连接(传感数据辅助生产)。其中，标识类连接的信息(例如身份标识)存储在小尺寸、超低成本的标签中，典型场景包括制造和物流行业的资产管理；微型传感类连接(传感数据辅助生产)的信息(比如温湿度、压力、振动、位移等传感数据)由 100 μW 功耗级别传感器生成，通过终端传出。

无源物联的典型场景包括工业、电力、医药、畜牧、物流等，在实际应用中面临着通信距离受限、部署成本高、读写器间干扰严重、定位能力差等问题，因此 5G-A 需要提供覆盖广、终端极低成本、零功耗、支持微型传感及定位的能力，极大地拓展无源物联的行业应用能力，实现行业物流、资产管理、信息采集等数字化、自动化。

2. 低成本物联

为了更好地满足工业无线传感器、视频监控和可穿戴设备等中高速(1～100 Mb/s)物联网应用的低成本、低功耗需求，3GPP在R17中定义了RedCap轻量化5G终端技术，在保证5G基本应用及性能的条件下，进一步降低终端复杂度和成本，其通信性能高于LPWA(低功耗广域物联网)，但低于uRLLC和eMBB。随着智能电网、智慧城市等对速率需求更低、终端成本更敏感类应用场景的发展，此类场景对低成本5G物联网提出了进一步的演进需求。基于3GPP R18演进的5G-A RedCap主要面向如下中速物联网场景：

1) 可穿戴设备

随着人们对大健康的关注度逐步提升，智能手表、智能手环、慢病监测设备、医疗监控设备等实现了大规模普及。一般的可穿戴设备有下行5～50 Mb/s，上行2～5 Mb/s的速率要求。对于更低速率需求、更小尺寸的可穿戴设备产品，基于5G-A的RedCap可以在更低成本的情况下满足这些需求。

2) 工业传感器

工业传感器的应用场景诉求为在QoS服务质量达到99.99%时的端到端延迟小于100毫秒。不同的应用场景其具体的需求不同，有些是上下行对称，有些是上行需要大流量；有些设备电池供电需要好几年，有些需要远程控制的传感器应用时延要达到5～10毫秒。5G-A的RedCap能满足工业传感器应用的需求，且具有成本优势。

3) 视频监控

智慧城市领域中涵盖各种垂直应用行业的数据采集和处理，以便更有效地监测和控制城市资源，为城市居民提供各种便利的服务。RedCap的成本优势使其非常适合非高清监控数据使用RedCap设备进行传输，随着5G-A的演进，使用5G-A RedCap可以更好地满足更低成本、更低功耗及低速率需求的数据传输，在非高清监控等场景有广阔的应用。

4) 智能电网

智能电网是实施新的能源战略和优化能源资源配置的重要平台，涵盖发电、输电、变电、配电、用电和调度等各个环节。为了达到智能的要求，针对电网中的运营、采集、营销业务，电力系统对5G终端需求量很大，其中配电自动化、配网保护、用电信息采集等业务都可以使用5G-A RedCap设备完成，既符合电力系统的通信能力要求，又控制了海量电力设备的成本。

面对以上典型场景更低速率、更低成本、更低能耗的需求，需要进一步降低RedCap的复杂性，并处理好三方面的挑战：一是5G-A RedCap终端的高集成度与低成本之间的挑战，需要进一步探索终端的高集成度和低成本的最佳平衡点；二是RedCap终端在满足基本通信需求外，还应考虑结合切片、5G专网、5G LAN，授时和定位等技术能力来满足垂直行业应用的差异化需求，这对实现终端低成本提出了更高挑战；三是需要处理低成本5G物联网终端与5G终端之间的共存，这对网络实现的复杂度、业务场景部署提出了更高要求。

9.2.6 空天地一体化

近年来，基于手机直连的卫星网络已经受到越来越多的关注，采用一部手机终端就能同时享受到卫星通信服务和地面通信服务，为人们的出行带来了极大便利。空天地一体化需要非地面网络（None Terrestrial Network，NTN）和地面网络的深度融合。NTN 网络主要包括卫星网络和临空平台，其中卫星网络可以实现全球大规模组网，临空平台可以提供无人机、ATG 等形式的网络服务。与地面网络相比，卫星网络的优势是可以提供更大范围的广域覆盖，卫星网络和地面网络的融合可以大大扩展移动通信的业务类型和覆盖形式。采用统一的空口技术和网络架构设计，5G-A 在空天地一体化领域有更广阔的发展前景。

对于卫星网络建设，目前 Starlink 已建成具有较大影响力的规模网络，新兴的 AST 公司、亚马逊、中国星网等公司正在准备建设大规模卫星网络。从卫星制造、火箭发射、网络设备制造等全产业链来看，未来 5 年产业投入将达数千亿美元的规模，基于 5G-A 的卫星网络建设将是其中的重要组成部分。

空天地一体化的应用场景是移动用户和固定用户的增强服务业务。对于终端设备的卫星直连业务，可为用户提供上网和语音服务，新增用户数将达数亿规模；对于民航旅客的空中通信，可以提供高质量的上网和语音通信服务；对于海洋船只、沙漠、车载等野外移动设备的 VSAT 卫星终端接入，可以作为陆地通信的有效补充；卫星中继提供回传和数据采集等数据通信服务；针对家庭和机构的固定宽带接入，可以提供互联网接入和卫星广播、卫星电视服务；基于通信卫星的定位服务能力，可实现通信和导航业务融合；此外，卫星通信网络还可服务于农业、矿产、油气、公共建设、海事、物流、动物保护等物联网场景，提供覆盖范围更为广阔的物联网应用。

9.3　5G-Advanced 关键技术

9.3.1　网络关键技术方向

1. 下行超宽带

为应对各种场景和业务需求，更高效地使用频域频谱和空域天线资源是下行超宽带要解决的关键问题。

1）高效使用频域频谱资源

通常，运营商有多个可用的 Sub-6 GHz 频段，虽然各连续频谱带宽为 10 MHz 数量级，但聚合后的总带宽为 100 MHz 级别。如果能将这些离散频谱高效灵活地聚合起来，可以同时具有大带宽和广覆盖优势。载波聚合是一种解决方案。然而，现有机制将每个连续载波视为独立的服务小区，有独立的控制信道、公共信道、数据信道和独立的小区管理流程，这就引入了不必要的资源和时延开销。基于此，5G-A 可以将多个离散频段统一管理，以降低系统开销、简化流程，从而提升系统容量和用户体验。离散频段统一管理可采用一体化信道设计，例如通过一个 PDCCH 同时调度多个数据传输块传输降低控制开销，进一步地还可以考虑多载波共享公共信道、数据信道、测量等方式提升容量和用户体验。此外，还可以通过相邻频段共享同步和信道状态信息的方法，在激活辅小区时无需小区搜索、时频同步以及测量等流程，大大缩短激活时延，在突发数据到达时快速激活达到即时宽带传输，提高用户体验速率的效果。Rel-18 采用了一个 PDCCH 调度多个载波、多载波共享公共信道、快速辅小区激活等技术，以实现高效频谱聚合。

毫米波频段存在大量的可用频谱资源，可用于满足下行超宽带需求。然而毫米波的覆盖能力相对较弱。为了增强毫米波的覆盖能力，基站规格在不断演进，典型产品的 EIRP(Equivalent Isotopically Radiated Power，等效全向辐射功率)由约 60 dBm 增长至约 70 dBm。然而，当前的毫米波基站能力仍然仅可满足人流密集的热点区域网络容量需求。为了实现毫米波在典型 400 米站间距下的城区连续覆盖，毫米波的基站规格需进一步达到约 80 dBm 的 EIRP，对应的天线阵列包含约 4096 个阵元。基站规格的大幅提升将带来基站功耗过大问题，极窄模拟波束带来 UE 测量功耗高、移动性性能差以及载波激活慢等问题。对于基站功耗问题，5G-A 可采用先进的低峰均比波形技术减少功放回退，从而提升基站能效；对于极窄模拟波束引起的问题，5G-A 可融合波束管理和 CSI 获取机制，减少终端波束管理的测量，同时缩短波束对准与 CSI 获取时延，最终达成终端功耗降低与移动性性能提升的效果；另外，还可以引入低频辅助实现快速毫米波载波激活，提升用户体验。

2）高效使用空域天线资源

(1) 超大阵列 Massive MIMO 系统。

随着未来频谱频点的逐渐提升和 C-RAN 网络部署比例的逐渐提升，在有限站点及口径约束下，可以部署包含超大规模发射天线振子和通道数的天线阵列。通过引入更多通道来保证垂直或者水平覆盖范围，有利于更多用户接入，同时，更多通道数具有更多的自由度，能够实现更多用户的多流传输，从而增加小区容量。一方面，可以部署集中式超大规模天线阵列，即每个基站部署更多的无源振子和更多的通道数(例如 128TR、256TR)。另一方面，还可以通过分布式部署将超大规模的天线振子拆成多个分布式天线模块，通过用户周围多基站的联合发送，将多小区干扰转换成有用信号，大幅提升用户体验速率来实现泛在万兆连续体验。

(2) MU DMRS 正交端口数增强。

随着基站发送天线数的增加以及多基站的联合处理，下行可支持的用户数和流数大幅增加，从而大大提升下行频谱效率。现有 NR 下行最多支持 12 个正交 DMRS 端口，因此 5G-A 需要进一步对 DMRS 正交扩容，在不额外增加时频资源的前提下，支持更多正交 DMRS 的端口以满足更高传输流数的需求。DMRS 正交扩容可以通过频域正交掩码码分扩容和频分复用扩容来实现。对于 DMRS 频域正交掩码码分扩容，新增 DMRS 端口和现有 DMRS 端口复用在相同的时频资源上，通过正交掩码设计保证 DMRS 端口的码分正交性。对于频分复用扩容，可以通过增加 DMRS 端口占用的 CDM 组总数提升 DMRS 端口频分复用能力。通过以上设计，可以增加一倍的正交 DMRS 端口数目。

(3) CSI 增强。

对于 FDD 系统，网络侧主要通过终端的反馈来或获取 CSI。终端需要频繁反馈 CSI，特别在高速场景下。因此 5G-A 需要根据信道特征进行信道预测，使得在终端不需要频繁反馈 CSI，可以大大提升下行速率。

对于 TDD 系统，SRS 是进行 CSI 测量的重要参考信号。SRS 的干扰问题是制约 TDD 系统性能的关键瓶颈。首先，频域或码域 SRS 干扰随机化增强是解决 SRS 干扰问题的有效手段，通过随机化的 SRS 资源发送，可以避免 SRS 强干扰的持续性影响，进一步通过多个资源的联合处理可以显著提升 SRS 的测量精度。此外，为了支持更多的用户，5G 已经采纳时频域和码域 SRS 扩容。在此基础上，空域扩容是一种新的扩容路径。另一种扩容路径是在现有循环移位(CS)序列上进一步叠加掩码序列，不同掩码序列间具备低互相关性，从而等效于进一步增加系统可用的最大 CS 数。

另一方面，对于多发送接收联合处理(TRP)场景，现有的 NR 标准中的多站 CSI 反馈适用场景比较有限，为此需要考虑多站 CSI 反馈增强。为了兼顾吞吐率和信令开销，可以设计新型码本并改进 CSI 上报机制。与此同时，空间位置相近的多个 TRP 会共享部分散射体，因此其信道具有较高相关性，可以用来降低反馈开销。对于分布式超大规模天线系统而言，协作基站数更多，干扰图谱更为复杂，需要仔细设计导频序列及图样来使能大范围的测量，并且相应地设计灵活的 CSI 反馈和码本。

2. 上行超宽带

为应对上述各种场景和业务需求，5G-A 上行演进引入了多个潜在的增强方向以实现上行超宽带网络。这些技术可以分为时域、频域、空域和功率域等方向，如图 9.3 所示。

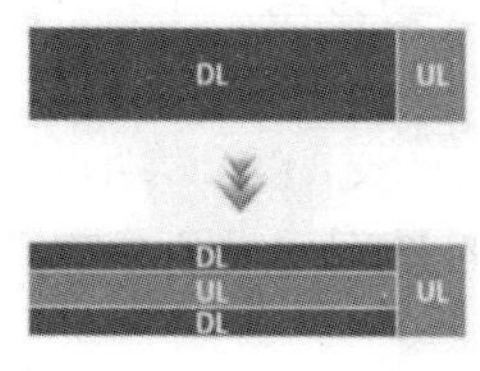

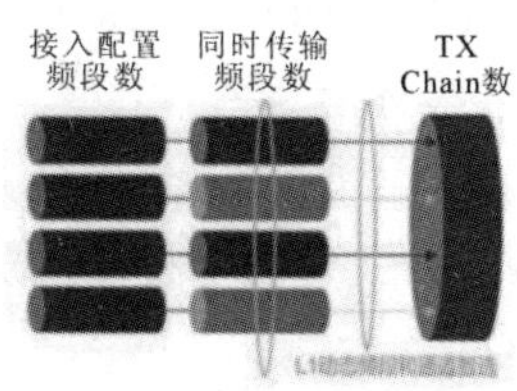

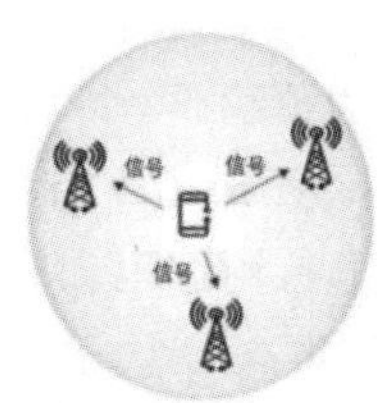

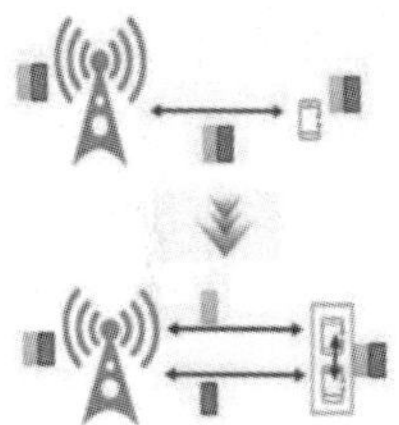

图 9.3　上行超宽带关键技术方向

1）时域

时域上主要采用双工演进技术。室外宏站一般以下行业务为主，因此现网采用下行时隙为主的 TDD 配比。在 5G-A 行业专网中，以低时延和大上行业务为主要特征。基于此，5G-A 通过将室内工厂里使用相同频谱的微基站配置为上行时隙为主的 TDD 配比，成倍提升行业专网的上行容量。此外，5G-A 采用全双工技术，在同一个时隙中同时存在上行传输和下行传输机会，通过提供更多的上行传输机会避免固定 TDD 配比导致的等待时延，大幅提升上行速率、覆盖和容量。

全双工技术已在本书第 3 章做了介绍，它的关键问题在于基站间和终端间交叉链路干扰的规避和抑制以及基站内自干扰的抑制，包括同运营商内部的干扰、不同运营商之间的干扰。在无法满足站间物理隔离距离的情况下，可考虑采用先进接收机抑制基站内自干扰和基站间干扰。另外还可以通过上下行 DMRS 联合设计、扩频等方式提高干扰信道测量的准确性，并利用功率、频域、时域或者波束等信息交互进行基站间干扰协调，提升多小区干扰环境中的性能。

2）频域

灵活上行频谱接入、频域聚合更多频谱是提升上行容量与体验最有效的方式。然而，智能终端一般只支持两个射频链路。在 5G 频谱使用机制中，上行载波的配置激活能力与并发传输能力是耦合的，即两个射频链路的用户最多只能同时配置接入 2 个频段。若需要利用其他频谱资源只能通过层 3 半静态地小区重配置、小区切换等方式，大时延导致网络上行频谱资源利用率低、用户体验差。

5G-A 中，灵活上行频谱接入技术可以使终端动态灵活地使用更多上行频谱资源，包括 TDD、FDD 和 SUL 频段。两个射频链路的用户可以通过配置多于 2 个的频段，根据各频段的业务量、TDD帧配置和信道条件等动态选择频段的子集进行传输。通过这种方法，用户能够拥有更多的可用频谱资源，大幅提升上行体验速率；网络拥有更多的调度自由，能够调度当前信道条件较好的频段并进行更加快速的负载均衡，以最大化上行频谱资源利用率。

3）空域

上行MIMO增强可有效提升上行容量，包括多TRP联合接收、高精度上行预编码和高阶空分复用。

(1) 多TRP联合接收：网络部署一组TRP，每个UE关联了一个TRP子集。考虑到实际部署运算复杂度太高、集中处理难以实现，分布式实现是一种潜在的解决方案，它利用本地信道状态信息为每个TRP设计权重，而后将TRP本地处理结果汇聚起来。

(2) 高精度上行预编码：5G基于码本的传输模式，由于控制信令开销受限，仅支持上行宽带码本，而能力较强的工业终端可能部署超过两根天线，此外考虑到多用户干扰，因此5G-A需要更高精度的预编码，以提高网络整体容量。

(3) 高阶空分复用：5G最多支持12个正交端口，5G-A将提升上行正交DMRS端口数的上限。Rel-18标准对上行预编码和DMRS进行了增强，将不同类型的DMRS分别扩充到16端口或24端口，支持更高阶空分复用。

4）功率域

功率域用户聚合的目的是解决上行用户功率受限的瓶颈，尤其是针对小区边缘用户由于上行功率受限而不能满足高吞吐率的需求。5G-A可以通过用户聚合使多个用户帮助一个用户实现上行传输，从而获取功率以及多天线增益等。5G-A正在研究基于PDCP层分流的用户聚合模式。源用户数据流在PDCP层分流（或复制），然后通过多个协作用户向基站发送，基站侧在相应的PDCP层对数据进行聚合。从协议栈的角度来看，基于PDCP分流的用户聚合类同于单用户的双连接传输方式。用户聚合的关键是同站下用户的配对/鉴权、多路径的建立、数据的分流/聚合等。

3. 通信感知融合

5G-A通信感知融合（通感融合）产生了多个潜在的增强方向以实现感知能力。这些技术涉及波形和复用、多天线技术、时频域资源分配技术、AI和算力、组网、信道建模等，如图9.4所示。

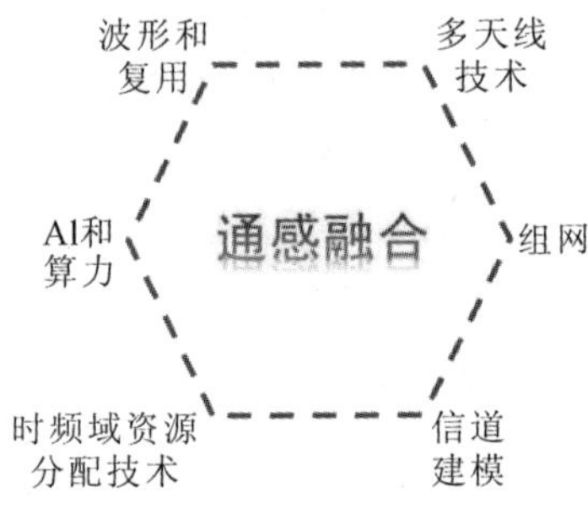

图9.4 通感融合技术研究方向

1）通感一体化波形设计

在5G-A通感标准化中，可以考虑下述感知波形设计：

(1) 基于OFDM的通感波形。感知可以采用与通信相同的OFDM波形，这样有助于通信与感知复用相同的发送和接收流程，不但能够避免对硬件带来额外的复杂度，而且能够使能感知兼容现有通信的帧结构。IMT-2020(5G)推进组5G-Advanced通感组测试结果已经验证：采用OFDM波形的5G-A基站能够实现500米范围内车辆的车道级跟踪，500米范围行人入侵100%检测，和1公里范围内无人机的分米级感知。因此，面向未来5G-A通感的标准化，OFDM会是通感波形的首选。

(2) 基于线性调频的通感波形。线性调频（Linear Frequency Modulation，LFM）是一种

在雷达中广泛应用并得到充分验证的波形，相比 OFDM 波形，其具有峰均比低、自干扰抑制简单、对多普勒扩展不敏感、开销低等优势。因此，在 5G 的感知信号设计中，LFM 也可以作为重要的候选波形。

2）时频域感知资源分配技术

通过时域、频域或空域通信和感知分离设计，可以有效避免感知与通信间的相互干扰，同时可以通过合理分配资源尽可能保证通信用户、感知用户以及一体化用户间的公平性，便于通感业务的协调联动，进而提升通感系统的整体性能。为了最大限度地降低通信与感知融合之后对通信性能的影响，在技术上需要以轻量化的方式构建有竞争力的感知能力。

3）多天线技术

（1）高隔离大规模天线阵列。对于小型目标，基站需要具备足够大的发射功率和波束增益才能对其进行远距离的有效探测和跟踪。考虑到基站处于感知模式下，其天线工作在同时同频全双工模式。因此在硬件上需要研究高隔离天线技术，尤其是在大发射功率下。同时，在对目标跟踪的过程中，其位置精度也是关键需求指标之一。方位向的位置精度受限于天线阵列的孔径，因此，在硬件技术上需要采用大规模的天线阵列以提升方位向的位置精度和波束增益。

（2）天线分组和虚拟子阵列。天线分组是指将现有的 MIMO 天线分成两组或多组，通过指定各组天线的通信或感知任务，实现多组天线的优化设计，同时满足通信和感知的业务需求；虚拟子阵列是指在不改变 MIMO 天线的物理形态和排布结构的情况下，在发射端将少量发射天线 N_t 均匀地排列在天线板上，在实际具有 N_r 根天线的接收端就可形成规模为 $N_t * N_r$ 的奈奎斯特虚拟子阵列，因此可大幅提高阵列的有效孔径，在不增加成本的情况下提高信噪比，尤其是对感知检测能力的提升非常有效。

（3）稀疏 MIMO 阵列。稀疏 MIMO 阵列是指将给定数量的天线最优地放置在更大数量的天线网格上。稀疏阵列在发射端的排布满足稀疏特性，可采用均匀排布，如互质数阵列。通过在通感一体化系统中使用稀疏 MIMO 阵列设计，可以获得更多的自由度，提高系统性能并降低成本。

4）AI 和算力技术

蜂窝通信网络中的接入网和核心网都具备强大的运算处理能力，相比于现有的雷达及其他无线点侦测设备都有断裂式的计算能力优势，因此可以考虑下述技术，在算法上构建优势：

（1）AI 内嵌的高维超分辨感知。一方面通过先进的超分辨算法对目标单一维度信息实现更精细化的提取，另一方面通过内嵌的 AI 算法将各个维度，如距离、速度、角度以及微多普勒信息进行联合处理，以增强对目标特征的分辨能力。采用 AI 内嵌的高维超分辨感知技术相比现有算法在分辨率和识别准确率上都可大幅提升。

（2）通感融合算力。5G-A 中可使用多种感知技术或算法，不同的感知技术或算法采集大量的感知数据，AI 将在其中发挥巨大作用。此外，由于不同的感知对时延的要求不同，算力可以采用不同部署方案，比如算力可部署在基站、边缘计算节点或核心网上。

5）通感融合信道建模

通感新信道模型建模将是未来标准化需要首先解决的问题。感知新信道模型将影响通感系统的标准化和性能评估。由于感知主要依赖的是反射信号，因此目前 3GPP 标准中规定的信道模型在这个场景将不再适用，需要对反射信道的大尺度信道模型和小尺度信道模型进行重新定义。业界多家公司建议对现有 3GPP 标准中定义的几何信道模型进行修改，在大尺度模型中增加雷达反射面的影响，并修改小尺度信道模型的绝对时延、角度扩展等参数。此外，将感知和通信融合到一个系统，则原来通信系统的评价指标体系和评价方法将不再适用，需要建立起一套新的理论和方法来评价融合系统，为通感融合系统打好理论基础。

6）组网技术

从组网层面，可以考虑下述多频多站协同技术以提高感知能力。

（1）多站协同感知。利用多个站点对其重叠覆盖区域内的同一目标进行多角度探测，可以提升感知精度或扩大感知范围。通过多站协同不但能够降低环境遮挡概率，大幅提升目标的探测成功率，而且在测量精度方面可以弥补单站测量位置精度低的不足，将感知目标位置精度提升至分米级。为了使能多站协同感知，抑制多站之间的感知信号干扰是关键挑战。此外，多站信号/数据的融合和选择也将是提升感知精度或扩大感知范围的重要挑战。

（2）高低频协同感知。低频覆盖能力好，可感知范围广，同时带宽较小，由于穿透能力强导致产生的多径较少，进行定位或成像的能力有限，因此适合作为初步感知。而高频覆盖能力差，可感知范围较小，同时带宽较大，由于穿透能力弱导致产生的多径较多，进行定位或成像的能力较强，因此适合作为精确感知。根据通信业务跟感知关联的感知需求，也可利用高低频协同感知获取相关信息，提升通感一体化系统的高效性。高低频协同感知仍存在一些需要研究的问题，如针对多频段的感知数据、感知路径进行数据合并，以及如何确保不同频段感知数据格式、感知维度等统一。

基于上述 6 个方向的关键技术，5G-A 能够在蜂窝网络上构建轻量化的高精度组网感知能力，辅助行业进行更高效的管理和更安全的保障。

标准进展方面，2021 年 7 月 IMT-2020(5G)推进组成立通感任务组，推动在场景、架构、空口技术、仿真和原型验证等多方面的工作。通信与感知融合技术方向已经于 2022 年第一季度在 3GPP SA1 Rel-19 中立项，当前正在围绕需求场景和指标要求进行讨论。2023 年 SA2 和 RAN 的 Rel-19 立项讨论过程中讨论了通感融合议题。同时，在 CCSA TC5 WG9 中，其于 2022 年 6 月底针对 5G-Advanced 通信感知融合技术研究完成了立项，后续会输出相应的技术研究报告。

4. 高精度授时

面向 5G-A 的高精度授时研究将主要围绕着空口授时增强、高精度授时架构演进和终端演进三个方面进行，以实现更高精度的空口授时机制以及更丰富的授时能力。

1）空口演进：高精度授时的精度提升

图 9.5 给出了借助 5G-A 系统参考时间信息传递为电力设备进行空口授时的例子。基站侧主时钟参考时间信息 T_1 通过空口发送，UE 的晶振时钟获取该参考时间并向电力设备进行授时，从而使得电力设备的时钟与基站侧主时钟对齐，完成 5G-A 系统的高精度授时。参考时间信息的传递需要经过基站下行发送通道、空口传输、UE 下行接收通道以及 UE 下行信号检测等 4 个环节，每个环节均会引入时延与误差，即 UE 接收到的参考时间实际为 T_2，因此，授时精度提升的关键在于如何精确测量传播时延$\{T_2-T_1\}$并进行精准补偿。

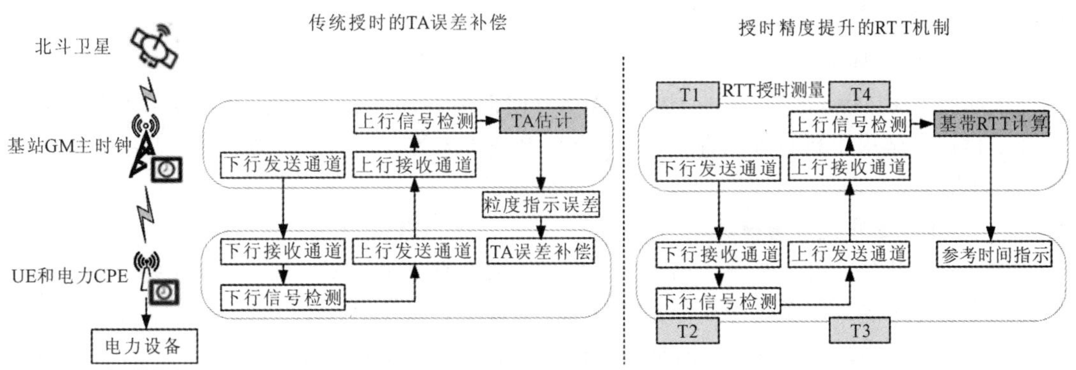

图 9.5　5G-A 高精度授时空口精度提升示意图

5G 系统引入了基于到达时间的传播时延补偿机制，然而 TA 授时方案的授时精度受限于 TA 粒度以及补偿的内生误差、通道时延误差和 NLOS(None Line of Sight，非视距)场景中首径检测不对齐误差，因此可以考虑引入基带 RTT(Round-Trip Time，往返时间)授时机制，在内生误差、通道时延测量与校准、上下行检测路径对齐等方面进行增强，从而提升授时精度，满足 250 ns 的场景需求。具体地，通过基带 RTT 的环回测量方式，即通过在基站以及 UE 基带处测量参考信号的收发时间差，获取传输路径总时延并进行精准补偿，从而提升空口授时的精度。同时，还可以考虑通过通道时延测量与校准的增强，进一步减少发送以及接收通道引入的误差，并通过端站联合检测对齐上下路径提升在 NLOS 场景下的空口授时精度。

2) 架构演进：更丰富的高精度授时能力

高精度授时架构以 Rel-16 中广播授时的架构为基础进行演进，在 Rel-16 中，gNB 上的时钟首先和 5G 主时钟进行时钟同步，之后通过广播消息中的 SIB9 信令向区域内的 UE 发送时间信息，在广播授时的区域内只支持一种授时精度。在 5G-A 中，高精度授时架构的关键在于如何使 5G 授时能力更加丰富，可以从下面三个方面进行增强：

(1) 基于授权信息的 5G-A 授时信息分发技术，从现有的广播授时推进为基于 UE 签约数据的广播/单播授时。

(2) 分级分等的 5G-A 授时能力开放架构，从单一授时精度推进为根据电力、金融和工业制造等多行业差异化授时需求来支持多种可选授时精度的授时服务。

(3) 基于多源时钟的统一时钟管理架构，从缺乏一定的授时系统弹性单时钟源现状推进为支持多时钟源整合和切换的高弹性授时架构。

Rel-18 标准对授时的网络架构演进主要围绕时钟状态通知、时钟能力开放以及基于 UE 的签约数据来控制时钟同步服务三个方面进行。

3) 终端演进：高精度授时能力增强

随着高精度授时架构的演进，终端需要满足多行业多场景高精度授时业务的需求。为了进一步提高授时精度，必要的时候，终端可能需要与网络进行配合，以实现更高精度的授时机制。终端高精度授时能力增强的关键技术方向包括：终端支持签约差异化时间同步服务；终端支持多种时钟协议；终端支持时间同步辅助计算功能。对于精度要求更高的场景，终端可与网络配合开展辅助计算，以进一步提高授时精度。终端应支持时间同步状态监测，并能对时间同步状态信息进行辅助预判，当发现异常时可向网络发起二次同步确认或时钟源切换申请。

5. 空天地一体化

面向5G-Advanced，空天地一体化技术方向需要在多个技术点上进行技术增强，主要的技术目标是解决手机直连的覆盖问题、TN和NTN网络的切换增强、再生卫星的组网问题等，详情如下。

1）手机直连的覆盖增强技术

对于卫星网络，由于传输距离较远，覆盖能力一直是个重要挑战。对于手持终端，为了享受卫星通信服务，需要在传输链路进行增强，通过分集技术、重复传输技术、天线能力增强技术等方式，提高链路预算，满足基本的语音和低速数据传输服务能力。

2）TN和NTN网络的切换增强技术

空天地一体化网络中，星地融合互补是关键所在，UE在星地间的业务连续性也尤为重要。PRel-18仅仅考虑TN和NTN间的重选，暂不支持连接态的切换增强。后续TN和NTN网络的切换可以考虑以下增强点：多层网络间的切换支持，如TN与NTN之间、LEO与GEO之间；基于UE网络喜好的切换区分策略；基于UE位置的精准切换及组切换；基于多连接技术的无缝切换。

3）再生卫星的组网技术

再生卫星具有可以提供更低的接入时延传输等优势，再生卫星组网技术包括：多种网络架构的研究，如完整的gNB上星、gNB-DU上星，或混合组网；星间链路的支持，如通过类似IAB技术实现星间链路和空口一体化设计；馈电和空口的一体化设计以及馈电上的NG/F1接口的管理。

4）星地频率共享和共存技术

在3GPP的Rel-17中，仅考虑FR1的卫星频率使用，然而在现有卫星网络中，高频段应用是重要的应用场景，因此Rel-18将解决FR2的频率使用问题，研究射频指标和与TN网络的共存问题。面向未来，TN网络和NTN网络的频段进一步融合，因此主要的优化技术包括频率共享技术和干扰规避技术，使得空天地一体化网络可灵活地分配和使用频率资源。

5）卫星物联网增强技术

基于卫星物联网同样需具备大连接、广覆盖、低功耗、低成本的特点，所涉及的技术包括：进一步降低终端功耗的设计；提升系统吞吐量的设计；空闲态移动性增强的设计；连接态移动性增强的设计。

综上所述，实现空天地一体化，主要通过两方面关键能力的建设与提升。一方面，为了在全球覆盖场景下，保证空天地通信服务的一致性，需持续提升非地面网络的功能与性能，例如天线能力、覆盖水平、接入用户数、波束间干扰、一星多用等，实现用户速率、时延和系统容量等空口性能的成倍优化与改善。另一方面，为了统一设计空天地各层网络，实现一体化的频谱、空口和架构，需要在星地干扰协调、移动管理、多层网络规划与接入馈电一体等方向着重发力。这对非地面网络的系统干扰水平、切换和路由时延，以及可用馈电容量等性能指标提出了要求。总体而言，非地面网络的关键技术与能力是空天地一体化实现的基石。

9.3.2　终端关键技术方向

1. 灵活的频段协同能力

首先，为满足 5G-A 场景的大带宽需求，考虑运营商分散的频率分布现状，5G-A 阶段，终端要具备授权/非授权的低、中、高频的多模多频能力，并根据行业专网需求，进行灵活组合应用。其次，为满足不同带宽通信速率需求，终端要持续增强和扩展 LTE 和 NR 间的各类载波聚合(CA)能力，以及 NR 各频段间的载波聚合能力。再次，考虑到一些特殊行业(如汽车、工业控制、CPE 等)的需求，终端应扩展更多天线端口、更多 UL 传输层以及更强大的 MIMO 技术，进行充分研究，以提升通信速率和质量。最后，对于一些特殊场景，终端应能支持 UE 聚合，通过实现 UE 间高性能接口的多 UE 协同机制，提升上行业务速率和质量。

2. 多样化的物联技术

为更好满足工业传感器等低成本、低功耗、低速率场景的需求，可进一步降低 RedCap 设备的复杂性，以降低功耗和成本。同时，可考虑引入无源物联终端设备，解决物联网终端取/换电池困难的问题。

1) RedCap 的演进

对于低速物联场景，5G-A 阶段可基于 RedCap 技术演进(如图 9.6 所示)，在满足行业需求的情况下，降低终端复杂度，以降低终端功耗和成本。

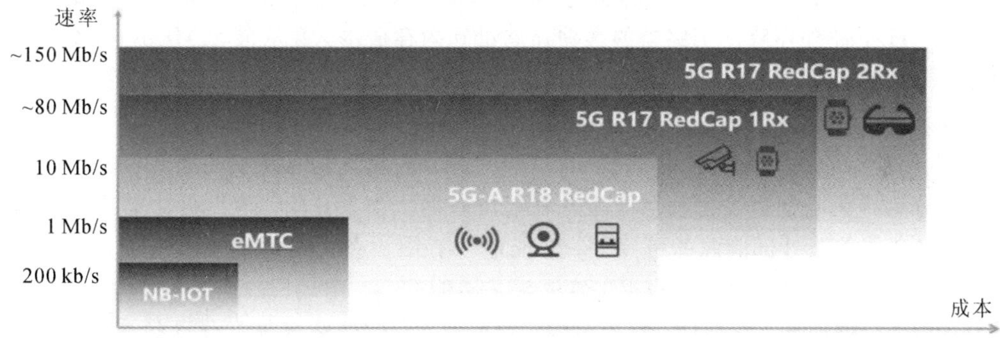

图 9.6　RedCap 演进场景

(1) 复杂度降低技术。

5G-A 进一步降低 RedCap 复杂度的技术方向主要包括进一步降低终端带宽、降低峰值速率、放松终端的处理时间和引入更低的功率等级等。

■ 降低终端带宽，把 RedCap 终端所支持的最大带宽从 5G 阶段的 20 MHz 进一步缩减至 5 MHz。根据终端射频和基带能力、接收数据的类型，降低终端带宽又包括如下三种方向：

① 射频和基带都降低为 5 MHz；

③ 射频保持 20 MHz，所有信道和信号的基带带宽降低为 5 MHz；

③ 射频保持 20 MHz，数据信道的基带带宽降低为 5 MHz，其他信道和信号的最大基带带宽能力保持为 20 MHz。

■ 降低峰值速率，降低峰值速率是在不改变 RedCap 终端所支持的带宽大小前提下，通过如下方法降低终端所支持的峰值速率：

① 放松峰值速率指示限制，即放松 MIMO 层数、调制阶数和缩放因子乘积限制；

② 限制数据信道的最大传输块大小；

③ 限制数据信道的物理资源块个数。

■ 放松终端的处理时间：放松终端的处理时间包括放松物理下行共享信道的解码时间、物理上行共享信道的准备时间和与信道状态指示(CSI)处理有关的处理时间。5G-A Rel-18 RedCap 对以上处理时间的要求在现网基础上放松 1 倍，避免未能在现网规定的时间内完成信息处理导致的失败。

■ 引入更低的功率等级：Rel-18 RedCap 可能会针对室内应用场景引入更低的功率等级，对此，需要支持新功率等级上报，且网络侧需要根据这种功率等级做相应的调度策略、资源分配调整。

(2) 节能技术。

垂直行业应用场景除了对终端有低成本需求之外，还有低功耗需求。当前 5G 网络已经支持 eDRX(extened DRX，扩展 DRX)机制，即空闲状态下的 DRX(Discontinuous Reception，非连续接收)周期最大可扩展到 10 485.76 秒(约 2.91 小时)，最小值为 2.56 秒；非激活状态下的 DRX 周期最大可扩展到 10.24 秒，最小值为 2.56 秒。5G-A R18 RedCap 可能会进一步优化 eDRX 节能机制，即在非激活状态下支持大于 10.24 秒的 eDRX 周期。

在 Rel-18 中，5G-A RedCap 的标准化分为研究项目(Study Item，SI)和标准化工程项目(Work Item，WI)两个阶段。SI 阶段全面研究了降低终端带宽、降低峰值速率、放松终端的处理时间的解决方案。WI 阶段具体实施了节能和降复杂度方案，将上下行数据业务带宽降为 5 MHz，此外还降低了终端的数据存储量和内存成本，并从最大 MIMO 层数、调制阶数和终端编译码等方面降低复杂度。

2) 无源物联

5G-A 需定义新的蜂窝无源物联技术以应对中低成本免电池终端的物联场景。无源物联终端可分为纯无电池类设备和储能能力有限设备两大类。其中，纯无电池类设备没有储能能力，完全依赖于外部能源的可用性；储能能力有限设备无需手动更换或充电，具有一定的储能能力。无源终端设备可根据能源来源、储能能力、主动/被动传输、功耗等特性划分设备种类，根据功耗、复杂性、覆盖范围、数据速率、定位精度等划分设备等级，以满足不同的行业场景需求。

考虑无源物联终端的简易性(尤其是免电池终端)，其往往无法开展应用层功能，需要 5G 网络协助。此外，一些场景存在无 SIM 卡的情况，还有一些场景存在终端单生命周期短、反复使用的情况，因此需要重新定义或优化终端的注册、连接、移动性管理、节能、安全等技术。

3. 优化节能技术

DRX/eDRX 是终端节能关键技术。不管是否有信令或网络传输，UE 都要在每个 DRX 周期被固定唤醒一次。终端耗电取决于所配置唤醒周期长度，当配置较长的 DRX 周期时，终端功耗会降低，但业务通信延迟会增加，无法满足应急通信等一些场景“低功耗低延迟”的通信需求。为此，有必要探索新的网络节能技术。

终端在无信令或业务传输时，仍然会被周期性唤醒。因此，考虑新增唤醒信号，仅在有业务时唤醒终端。具体来说，可在终端增加监控唤醒信号的硬件模块，在低功耗状态下用于监听唤醒信号；而终端主接收电路则处于休眠或关闭状态，当唤醒信号监控模块监听到唤醒信号时，终端主接收模块才进入工作状态。此模式下，监控唤醒信号的功耗取决于唤醒信号设计和用于信号检测与处理的唤醒接收器的硬件模块。目前 Rel-18 中已经开展了 WUS(Wake-up Signal)相关技术的研究。

4. 增强的终端行业技术

1) 定位技术

为进一步提升定位技术精度，满足行业需求，在 5G-A 阶段，通过利用丰富的 5G 频谱增加带宽，基于带内载波 PRS/SRS 带宽聚合来传输和接收定位参考信号，提高定位精度；同时，充分利用 NR 载波相位测量，改善室内和室外部署性能，缩短定位延迟；基于 SDT 技术，扩展和深化在 idle、inactive 状态下的定位技术，降低终端功耗，最终推进 LPHAP 技术要求落地。

2) 增强的 MBS 支持能力

现有 5G 网络，RAN 仅面向 RRC_CONNECTED 状态的 UE 提供多播服务，处于 RRC_INACTIVE 状态的 UE 无法接收多播消息，而将 UE 保持在 RRC_CONNECTED 状态，则会严重提升终端功耗，因而在 5G-A 阶段可开展相关研究，支持面向 RRC_INACTIVE 状态 UE 的多播功能。此外，在一些特殊场景(如紧急广播、公共安全广播)，UE 需要同时从同一或另一运营商的网络接收广播服务和单播服务，并且广播/单播共享 UE 硬件，此时单播连接可能会受到 UE 广播接收的影响。在 5G-A 阶段，可重点研究终端对于相同或不同运营商的广播/单播的系统接收能力，增强终端 MBS 支持功能。

3) 高精度授时协同

在部分行业的特殊应用场景中，终端对高精度授时的精度要求较高。为了进一步提高授时精度，满足差异化授时需求，终端应能够与网络协同配合，提供差异化的高精度授时机制。这方面的主要技术包括：支持签约和提供差异化时间同步服务，支持多种时钟协议，支持开展时间同步状态监测，支持时间同步辅助计算，支持开展辅助预判和上报等功能。

5. AI/ML 智能协作

随着 5G 与 AI 逐步融合，AI 将分布于云、边、端各个环节，云、边、端与 AI 协同已成为下一步网络发展趋势之一。

在 5G-A 阶段，应根据不同场景的物联终端特点选择 AI/ML 智能协作方案。

对于无计算资源或计算资源较少的终端，可将 AI 推理操作从 UE 上移到 5G 网络 AI 服务器。UE 将感知数据上传到 5G 网络 AI 服务器进行 AI 推理运算，之后由网络控制服务器下发相应执行指令，UE 接收并执行。此方案依赖超高的端到端可靠性和极低的往返延迟，对 5G 网络的 uRLLC 部署和 MEC 部署要求较高。由于承担巨大的计算任务，方案对于 5G 网络 AI 服务器要求较高。此外，模型推理和计算均在云端 AI 服务器上执行，不适用部分隐私保护要求高的场景。

对于计算资源较充足的终端，可考虑由 UE 和 5G 网络协同进行 AI/ML 运算。考虑终端存储空间有限，且运行环境随时在改变，预先下载存储 AI 模型的方法应用有限，多数情况需要从网络实时下载 AI 模型。如果全部模型完全由 UE 计算，则对 UE 计算资源、耗电都带来较大挑战。UE 和 5G 网络协同计算的模式中，UE 从云端下载模型架构，结合本地训练数据训练自己的模型，并上传部分训练模型供 AI 服务器形成全局模型。在此模型中对网络实时下载速率的要求比较高。

6. 终端中继与多路径连接技术

在网络覆盖有限及应急服务等场景下，远程终端可通过中继终端，借助面向虚拟桌面的远程接入协议(SRAP)的中继功能实现安全可靠接入网络，确保网络对远程终端的端到端业务连续性支持和管理。此外，在面向XR等业务场景下，依托于中继终端的可穿戴设备可在低成本低复杂度的设备能力下，借助超强能力的中继终端满足网络覆盖和容量需求，同时满足低功耗需求。

同时，远程终端还可通过支持并发的双路径连接(终端中继路径和基站直连路径)，实现大上行场景下的覆盖增强与速率提升，也为工业物联网等场景下的高可靠性提供了分集增益和保障。图9.7为终端中继连接与多路径连接示意图。

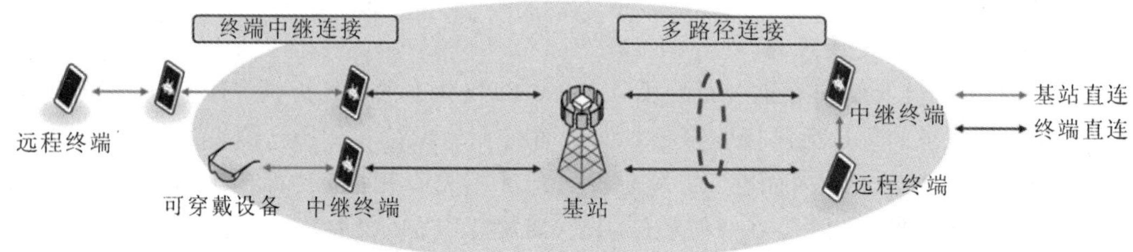

图9.7 终端中继连接与多路径连接

9.3.3 云/边关键技术方向

云边协同需要增强网络边缘MEC的能力，形成超分布多业态的MEC2X模式，涉及多业态部署、全互联组网、移动算力网络等技术。

1. 多业态部署

边缘部署的UPF/MEC为了更好地与云端业务协同，需要支持新的接入协议。尤其面向行业市场的应用，需要匹配原有行业网络的部署条件。当前行业网络生产控制系统的组网多基于以太网L2接入，因此边缘5G-A UPF/MEC可以同时支持L2、L3接入。

同时为了更高效地与云端业务协同，MEC将在边缘提供更多的网络功能，包括集成话音功能、集群通信能力、消息的组播多播能力。此外，MEC通过增强的电信云平台，也提供了支持应用软件灵活部署的环境。

2. 全互联组网

5G UPF/MEC本身均为单点部署，并与网络/云端交互。5G-A的演进将为UPF/MEC提供从局域到广域的全互联能力，以支持业务在不同MEC之间进行高效迁移。为了更好地使用全互联MEC，还需要考虑端侧接入边缘网络的复杂度。当前5G终端由外部访问专网时，往往需要额外的VPN连接确保网络安全可靠。5G-A的MEC组网模式下，可以借助由网络侧的接入认证机制，节省应用层的VPN，不但简化了终端接入流程，也进一步消除了目前VPN网络存在的系统性能瓶颈，提升了外部终端接入专网的带宽能力。

3. 移动算力网络

移动算力网络将是影响云边协同的长期网络演进目标。在5G-A初期，网络侧逐渐增强对算力的度量与感知能力，将充分利用已部署的MEC平台计算能力为业务提供服务。

在此基础上，移动网络控制面将进行增强，以支持基于算力的业务调度，确保业务连续性并获得最佳的体验。

随着 5G-A 进一步演进，云边协同将支持端管云的深度协同。首先，云网运行多态合一，支持以 WebAssembly 为代表的 Web3.0 计算架构。其次，网络部署架构在终端应用、网络应用、云应用均采用 Serverless 的基础上实现本地区域分布式计算。最后，移动算力网络需要生态合一、商业合一，因此需要采用分布式账本、智能合约等方式加强跨网络、跨系统的数据交易安全。

9.3.4　端到端运维关键技术方向

为了构建 5G-A 满足多元化业务需求、全生命周期自动化、面向商业逻辑闭环的新一代网络，运维关键技术主要包括意图网络，数字孪生和智能编排与能力开放等。

1. 意图网络

在端到端运维体系中，以业务保障场景为例，引入意图驱动的业务分级体验保障方案，其架构及系统流程如图 9.8 所示。

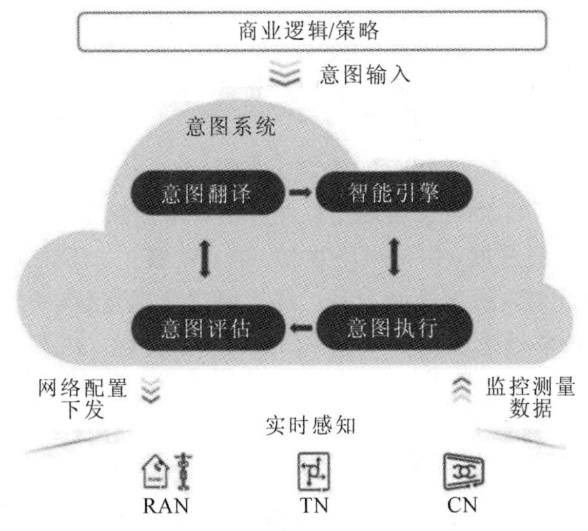

图 9.8　意图网络架构图

意图网络涉及意图输入、意图翻译、智能引擎、意图执行和意图评估五大关键技术。

意图输入基于领域特定语言(DSL)的建模方式构建意图领域的描述完备集，领域表达方式从传统的命令式转为申明式，彻底改变人机、机机接口的传递方式，极大简化网络对用户的复杂度。

在意图网络中，运维人员只需要使用简单的声明式 API 告诉网络“做什么”(意图)而不是“如何做”。在接收到运维用户意图后，意图翻译自动地将意图翻译为网络可理解的目标，包括 DSL 语言到意图规则的精准翻译、意图规则到保障策略的精准翻译以及业务自动识别。

智能引擎基于策略引擎，综合先验知识、专家经验以及自学习、自演进的知识，实现多意图间的自动冲突检测和规避、意图可达性预测和冲突管理。

意图执行支持基于 5QI(5G 质量标识)、切片 ID 和业务的差异化使能调度算法、调度参数取值、调度优先级等。其功能包括自动执行对象数据建模，自动执行专家规则、智能同答和知识图谱的构建以及自动化方案的选择策略和评估。

意图评估指的是基于关键性能指标(KPI)、关键质量指标(KQI)、业务异常检测和预测等人工智能各种感知类技术上报的监控测量数据，持续对意图目标达成情况进行评估，并上报给上层管理系统，保障效果的快速评估以及持续监控，实时监控用户业务、信道环境、小区状态以及意图达成情况，实时调整保障策略。

2. 数字孪生

从网络生命周期管理的流程来看，数字孪生网络的目标应用场景主要集中在网络规划、网络建设、网络维护、网络优化和网络运营，如图 9.9 所示。

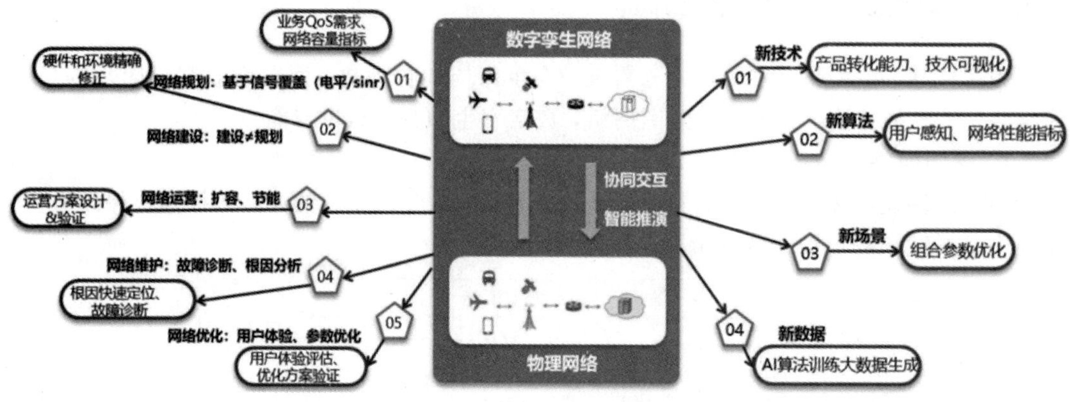

图 9.9 数字孪生架构图

在网络规划阶段，数字孪生可以实现用户业务仿真增强和环境 3D 建模增强。在此基础上，可以进行全程追踪工程进度、串接网络规划、建设、维护、优化、运营的全流程，确保数据准确性。当发生故障时，通过故障复现、场景回溯帮助定位，解决问题，实现网络维护。此外，数字孪生还能够通过强化学习等手段实现参数寻优，并能够进行网络容量、性能和能耗评估，支撑运营方案设计及验证。

数字孪生可以在孪生网络上高效低成本地实现新的软硬件技术，支撑方案初期的可行性和价值论证；结合可视化技术支撑新技术价值演示；基于孪生网络可高效完成原型机开发，支撑新技术的产品转换；结合外场模型辅助算法验证，加速版本迭代；基于已有模型生成新应用场景模型，增强验证完备性；此外，还能够支持 AI 算法数据生成，根据需求定制场景、采集数据、自动完成数据清洗关联标注。因此，通过数字孪生可以赋能 ICT 技术创新，加速产品上市进度。

网络孪生的能力构建需要关注数据、模型、服务这三个关键技术方向。

(1) 孪生数据底座：构建网络孪生数据底座需要高精度低开销的数据采集技术，高速低成本的数据传输技术、层次化主题化的数据处理技术以及高效的数据存储和迁移技术等。

(2) 基础模型仓库：基础模型仓库包括设备、环境、网络等维度的模型。

(3) 构建网络孪生服务：包括仿真服务化、预估性能自调优、智能优化算法等。

3. 智能编排与能力开放

为精准满足差异化业务体验，最大化网络资源效率，传统的以网络为中心的资源管理范式、策略和方法需要向以用户为中心的个性化智能资源编排转变。智能编排和能力开放体现在如下几个方面：

(1) 5G 无线领域内编排，依托网元内生智能以及基站之间的算力编排，以低成本为用户提供 AI 学习和推理所需的算力资源，在此基础上通过智能用户编排和智能网络编排实现精准的场景化感知和服务。对于内生算力无法满足要求的应用，可在边缘节点或云端完成模型训练和推理，或借助端、边、云多形态的算力支撑，丰富 AI 在无线网络中的应用。

(2) 跨域联合编排指端到端的用户体验编排，在多类型终端场景下，通过对用户级、流级、包级多层次业务特征的深度分析，由接入网和核心网等环节协同实现 QoS 流的快速建立和精准保障，在满足总体业务体验的基础上实现全局资源效率的最优化。

(3) 运维管理能力开放，面向行业租户提供标准化能力开放 API，通过网络数据开放、管理操作能力开放以及行业租户接入认证和安全管理，满足行业租户对 ToB 业务和网络设备的运维管理。

9.3.5　绿色节能关键技术方向

5G-A 绿色网络可以从设备级、站点/网络级两个层面持续推动节能关键技术的演进。

1. 设备级节能技术

根据通信网络业务在时域、空域、频域等的分布特征，以及网络负荷等状态变化，在保证预定指标的前提下，通过性能近于无损的时域、频域、空域等多维智能化关断设备机制，实现 5G-A 网络演进中能耗增幅远低于业务量增幅。无损多维智能化关断设备机制包括如下潜在增强技术：

1) 时频域——提升多载波关断性能

同步信号块、系统消息等公共信令需要持续发送，需要占用较大比例的 5G 基站设备能耗。对于多载波场景，节能载波上的系统信息块、同步信号块可以在锚载波上发射，后向兼容 UE 可以在锚载波上驻留和接入。对于单载波场景，节能载波可以只发送参考信号(Discovery Reference Signal，DRS)用于小区发现、测量等小区接入流程，基于用户发送的上行唤醒信号来启动发送系统信息块、同步信号块等公共信令。该极简公共信令的新设计方案，可以最大化提升节能载波的时域关断比例。

2) 空域——提升多通道关断的性能

多天线空域通道关断方案，是指在业务负载匹配的情况下，关断部分空域通道，以达到节能目的。5G 基站通道数目大幅增加，通道关断不仅可以降低功放功耗，还可以降低通道的功耗。动态通道关断可以提供更精细粒度的调整，但是会打乱系统持续运行的稳定性，基站的通道配置动态变化会导致无线测量无法快速收敛稳定。因此，动态通道关断需要解决测量、上报不准确等问题，需要针对不同通道关断情况设计更加精准的测量、上报等新方案，实现性能无损空域关断的目标。

3) 功率域——提高节能功率控制的效率

利用数据传输在频域上的资源冗余，将数据传输扩展至频域资源，从而降低基站发射功率的谱密度，达到节能目的。动态功率回退的性能方面也受到测量和上报不准确等的影响。因此，需要强化优化不同功率回退场景的精准测量和上报方案，实现性能无损功率回退的目标。

2. 站点/网络级节能技术

1) 站点架构创新

通过站点架构创新，如 BBU 集中化、全室外免空调站点等，减少空调等非功能性设备的使用。通过重构站点形态，站点可以从机房变机柜，从机柜变挂杆，避免了土建机房的施工难度。基于C-RAN架构下基带单元的集中部署，简化远端站点，节省机房和空调，大幅降低能耗。通过引入清洁能源进一步提升站点能效。

2）站间资源协同

除了单站节能技术，在基站组网场景下，可以进一步考虑基站之间的资源协同，从而实现绿色网络节能功能灵活应用。在多个基站协同组网场景，根据基站之间业务负载差异和变化，可以采用更加灵活的组网模式。在业务量较低的场景中，可以把业务引导到承担业务覆盖层的基站设备上，业务容量层的基站设备实现较大比例的时域关断率。此外，如果基站设备支持控制面和数据面的物理站点分离，可以灵活调整控制面设备和用户面设备的业务迁移与设备关断，从而提升物理站点资源的关断比例。在高负载、高业务量等组网场景，由于基站数量多、站点密度高，需要进一步降低基站设备的基础功耗，支持更灵活的节能功能，如基站快速休眠、快速唤醒/激活等。

3）多网多频协同

引入基于人工智能、大数据分析等智能化节能技术，基于用户行为、网络负荷等精准预测，制定与业务场景匹配的时域、频域、空域和多制式网络间协同的节能策略，达到全网运行效率最优、综合节能效率最优的节能目标。通过采集运营商的基站运行指标、工参等数据，按场景、地理栅格等对基站进行分类分级的智能化管理。根据AI智能化节能技术方案，可以自动生成节能策略并下发给基站执行，通过智能化关断基站部分或者全部硬件，从而使基站进入节能模式，若业务量增加则自动切换到正常工作模式，从而达到全天候、跨厂家、多网协同的网络级智能节能目标。

本章小结

5G-Advanced开启了5G发展的新篇章，是从5G发展到6G不可逾越的重要阶段。国际标准化组织3GPP已经确立5G-Advanced从Rel-18开始，2024年Rel-18已冻结。从Rel-18开始，5G-Advanced后续将进一步演进到Rel-19、Rel-20等多个版本，不断丰富5G-Advanced的内涵和价值。

习　题

1. 5G-Advanced有哪些应用场景？
2. 实现上行超宽带有哪些具体的方法？
3. 实现空天地一体化需要通过哪两个方面的关键能力提升？
4. 5G-Advanced对RedCap做了哪些演进？
5. 什么是意图网络？
6. 简述5G-Advanced如何实现绿色节能。

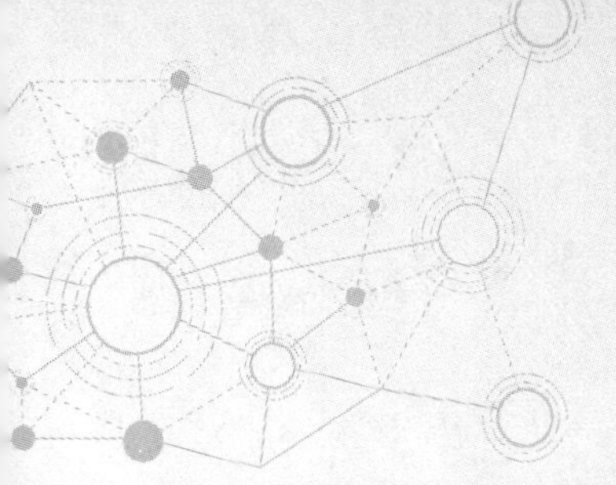

第 10 章　6G 愿景和关键技术

主要内容

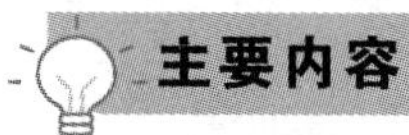

本章阐述了 6G 愿景与关键技术，讲述了 6G 发展驱动力、关键性能指标、6G 典型应用，描述了 6G 网络架构，并从无线空口、泛在终端和网络安全等层面探讨了 6G 关键技术。

学习目标

通过本章的学习，可以掌握如下几个知识点：

- 6G 愿景与驱动力；
- 6G 关键性能指标；
- 6G 典型应用；
- 6G 网络框架；
- 6G 无线空口技术；
- 6G 泛在终端技术；
- 6G 网络安全技术。

本章知识图谱

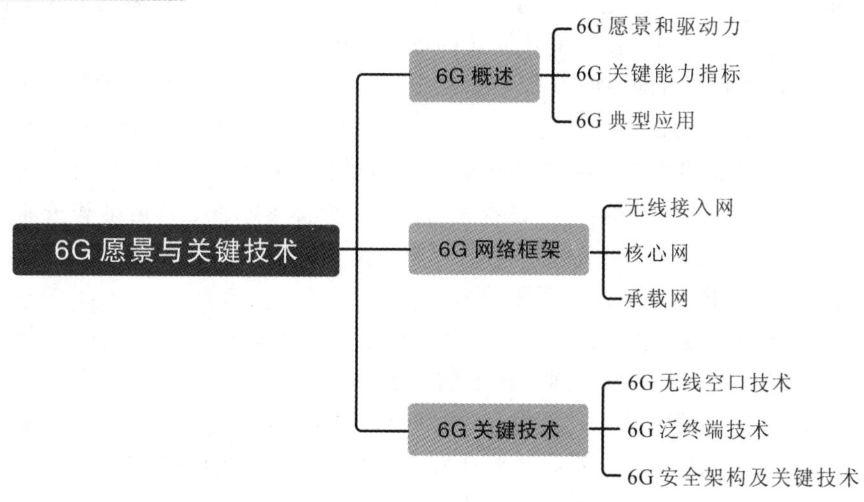

10.1 6G 愿景和驱动力

10.1.1 6G 愿景概述

数字经济发展成为世界经济增长的新引擎，未来的生活、生产和服务方式将更加高端、科学和智能，亟需新一代通信技术与其他数字技术融合为社会发展注入新动力。本章以《6G 愿景与技术白皮书》为基础，来进一步研究 6G 应用、网络框架和关键技术。

回顾前五代移动通信技术的发展，传统的消费者业务已经面临瓶颈，移动用户数的变化情况如图 10.1 所示。

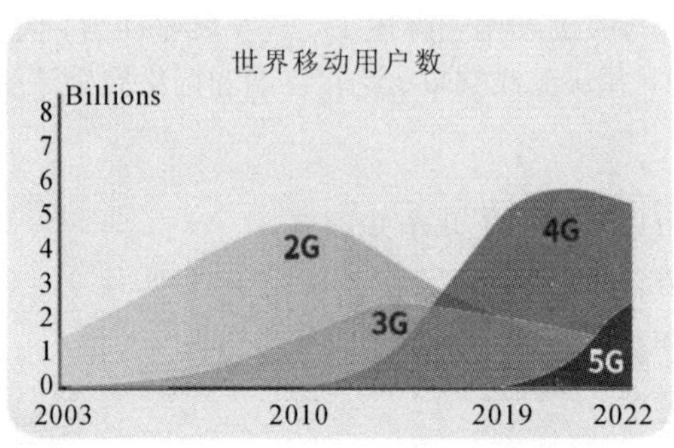

图 10.1 21 世纪 2G～5G 世界移动用户数

从图 10.1 中可以看出，从 2010 年到 2022 年移动用户数的增加并不是非常明显，面向 ToC(To Custom，到客户)的移动用户整体价值提升空间有限。随着网络建设维护成本的增加，通信行业已经开始面临可持续发展的危机。为了让通信行业能够持续、良性发展，5G 向 ToB 行业拓展业务边界已是业界共识。ToB 市场的需求多样，在这种背景下，业界急需更高性能、更低成本、能提供新型商业模式的下一代移动通信技术。

ToC 和 ToB 新业务对网络的更高标准需求，会持续驱动 6G 网络技术的快速发展。沉浸式 XR 能改变人们体验物理世界的方式，孪生体域网能在人体健康监测方面发挥重要作用，智能网联汽车能提供更为可靠的出行保障，这将给人们带来更加极致的体验。同时，以工业和交通为代表的垂直行业同样存在着极低时延、极高可靠性、自运维和按需智能部署等需求，对新一代网络系统提出了更严苛的要求。企业对降低网络部署成本的迫切需求也成为新一代移动通信技术发展的重要驱动力。

新材料、新技术、新频谱不断涌现，以及基础通信形态变革、DICT 融合趋势等有望在未来驱动 6G 拥有上述特质。新型通信技术的进步会带来速率、容量、频谱利用率等移动通信基础指标的提升，显著驱动 6G 发展。新频谱引入方面，太赫兹、可见光通信能带来大量可用带宽，驱动下一代移动通信系统频谱规模指数级上升。灵活自治、安全可靠、DICT 融合的新一代智能基础设施是 6G 演进的重要趋势。去中心化的区块链能够为泛在物联网设计新的安全认证机制，保障 6G 在泛在连接的同时实现安全可控，智能防控的 AI 引擎能够基于大数据提供异常流量的检测和攻击概率的分析。此外，全球环境生态重建驱动 6G 向更高能效、更加智能化的方向演进。

随着社会发展需求的进一步提升以及通信技术的不断进步，世界各国已开展 6G 相关技术研究。我国在 2019 年 6 月由工信部组织成立了 IMT-2030(6G)推进组，作为推动我国第六代移动通信技术研究和开展国际交流合作的主要平台。日本企业索尼、NTT 与美国 Intel 于 2019 年 11 月成立创新光学无线网络(TOWN)全球论坛，旨在推动下一代移动通信技术的研发。美国电信行业解决方案联盟(ATIS)于 2020 年 10 月成立“Next G Alliance”(下一代(移动通信)联盟)，目标是推动北美在 6G 及未来移动通信技术方面的领导地位。欧盟则于 2021 年正式启动“Hexa-X”项目，加速和促进 6G 在欧洲的研究。韩国、芬兰等国也加速开展 6G 关键技术研究。此外，各国科研机构在 ITU 等国际组织下合作推进 6G 研究，其中 ITU-T 成立 2030 年网络技术焦点组(FGNET-2030)，聚焦 2030 年网络研究，ITU-R 在 2020 的 WPSD 会议上正式启动面向 2030 及 6G 研究工作。

与 5G 相比，6G 网络除了提供极致的通信体验，还将提供更为丰富的服务能力。一方面，6G 将具备更高的速率、更低的时延、更高的可靠性、更广的覆盖范围、更为密集的连接和流量密度；另一方面，6G 除了提供传统的通信能力之外，还将具备感知、计算和智能等能力。

为了实现上述目标，未来 6G 网络的核心是“虚实通感，全域智联”，6G 愿景可归纳为全域泛在、瞬时极速、节能高效、虚实孪生、沉浸全息、通感多维、智能普惠、安全可信、确定可靠和柔性开放。

10.1.2　6G 典型应用

6G 将通过性能提升、维度拓展，与其他创新技术协同一体，实现诸多全新应用，给各行各业带来全新体验和模式的变革。

ITU 在《IMT 面向 2030 及未来发展的框架和总体目标建议书》中提出了 6 大应用场景：沉浸式通信，超大规模连接，极高可靠低时延，人工智能(AI)与通信的融合，感知与通信的融合，泛在连接。其中前三个是对 5G 场景的演进增强，后三个是面向融合创新的新兴场景。与之相对应，《6G 展景与技术白皮书》中提出了如图 10.2 所示的七大类场景：UHRBB，HMSBB，ULLHR，FCS，LRNC，HRMC 和 SWAC。

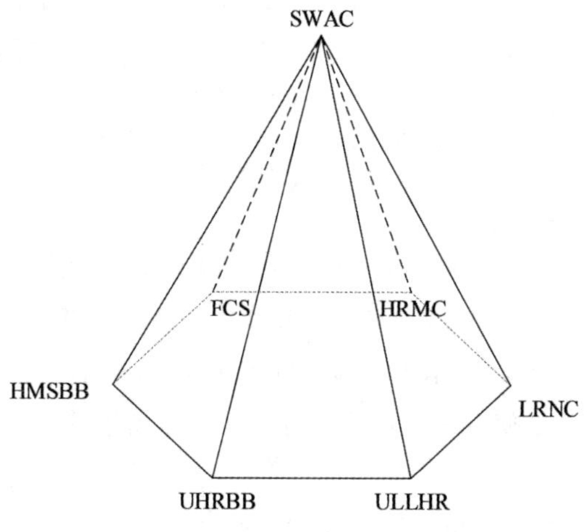

图 10.2　6G 七大典型应用场景

UHRBB(Ultra High Rate Broad Band，超高速宽带)场景强调带宽的重要性，例如视频监控、远程全息课堂、云端渲染XR、工业机器人触觉反馈等业务，峰值速率可达1Tb/s以上，同时信息传送的精准性和同步性要求网络提供亚毫秒至几十毫秒的低时延。该场景可以将有线接入方式纳入连接体系，实现室内或局域范围内的宽带连接。当前5G行业和家庭应用存在5G、PON以及WiFi等多种接入方式，6G对无线与有线接入方式的相互协同和融合形成了更高的诉求，将多种接入方式融合为一张网络，支持多种连接的统一管理和智能调度。

HMSBB(High Moving Speed Broad Band，高移动性宽带)场景将满足高移动速度下的高数据速率覆盖需求，例如移动高清视频直播等业务，涉及飞机、高铁等快速移动时的宽带通信，同时需保证用户体验质量。为克服高移动性的多普勒频移问题和保证通信质量，需着重考虑未来无线技术的创新和优化、网络架构的管理和业务连续性保障等。

ULLHR(Ultra Low Latency and High Reliability，超低时延高可靠)场景对时延、时延抖动和可靠性要求较高，例如移动机器运动控制、远程全息手术和超高压继电保护等业务。为保证工业制造的精准性和人身的绝对安全，采用确定性网络、新型双工技术等，保障未来业务的端到端超低时延、时延抖动和超高可靠性。

FCS(Flexible Communication and Sensing，灵活通感)场景同时具备无线通信和无线感知能力。引入感知功能一方面将极大丰富网络功能，通感融合可提供高精度定位、高分辨率成像等服务，可广泛应用于车联网、智慧工厂等领域中，如交通环境感知、产品缺陷检测和来访人员识别等；另一方面可辅助通信，提升通信的性能，例如根据对周边环境信息的感知(用户行为特征、环境特征等)，高效调度网络资源，在保证用户业务需求的前提下降低全网功耗。

LRNC(Low Rate Numerous Connections，低速率巨连接)场景注重低速率的物物广泛连接，旨在打造绿色节能的物联通信，例如远程抄表、环境监测和智能灯杆互联等业务。在这种场景下，网络架构上需要支持设备的泛在连接，终端侧则需要支持合适的网络接入方式以及D2D等终端互联能力，实现低功耗与低成本的终端数据动态交互和智能共享。

HRMC (High Rate Massive Connections，高速率大连接)场景的特色是高速率的大规模连接，典型业务如孪生城市等，借助AI与大数据等技术，海量数据采集的连接数可达到100万/km^2，同时高精度图像的构建、高清视频监控的速率要求为数百Mb/s至几十Gb/s，另外还对流量密度要求为1 Gb/s·m^2)。

SWAC(Sparse Wide Area Communications，稀疏广域通信)场景强调稀疏广域的全覆盖通信，主要通过卫星、无人机和高空平台等技术，以及融合核心网、协同多层空间网络的空天地海架构实现空、天、海和陆地偏远地区的广域覆盖通信。典型应用如偏远地区的无人机巡检，以及空中、海洋、偏远地区的卫星通信等。该场景的关键挑战在于如何实现低成本的覆盖。

以上七大类应用场景本质上与ITU的六大场景是一致的，目标是实现全域智能和感知泛在的网络。

10.1.3 6G 关键能力指标

6G 的愿景和典型业务对未来的网络提出了更高的要求，在传统性能指标方面将比 5G 呈现出数倍甚至上百倍的提升。同时，6G 将是一个集通信、计算和感知等功能于一体的综合智能信息服务系统，需要引入更多新的能力指标，例如智能化等级、安全等级等，用于全面评估其系统性能。本章将分用户体验相关指标和网络相关指标两个角度进行介绍。

1. 用户体验相关指标

6G 新型业务种类繁多，不同场景下存在差异化的用户需求指标。对用户而言，影响其体验的指标主要聚焦于覆盖、带宽、容量、时延、可靠性、移动性、定位精度和感知能力等方面。

1）覆盖

6G 需要为用户提供无处不在、连续不断的网络覆盖，由 5G 覆盖人口密集区的 98%提升至人类活动可达空间的 98%。对于热点覆盖场景，如人口密集城区等，6G 覆盖能力要求有足够的连接容量，实现无感知切换，进一步提高用户体验；对于偏远地区，如山区等，目标是提供低成本高效覆盖，消除信号盲区。

2）带宽

带宽一直是用户体验的核心指标，主要有峰值速率和用户体验速率两项指标。由于数字孪生、全息通信和沉浸式 XR 等技术的应用，6G 比 5G 的速率要求有了很大提高，例如真人尺寸的全息通信图像传输对峰值速率的要求达到 Tb/s，在压缩比 1∶400 的前提下，16K 分辨率(15 360×8640 像素)的 VR 仍需要近 1 Gb/s 的吞吐量才能满足用户体验。

3）容量

随着连接设备数增加，网络容量也将极大影响用户的连接体验和应用拓展，主要有连接密度、流量密度两项指标。随着物联网技术的发展，大量可穿戴设备、图像/视频传输设备和信息收集设备等进一步普及，6G 的连接密度将达 5G 的 10 倍。此外，6G 中采用太赫兹/可见光等频段的小区覆盖范围会进一步减小，相同大小的区域内将部署更多的基站，预计区域流量密度将达到百 Mb/(s×m^2)～Gb/(s×m^2)。

4）时延

对于低时延业务而言，6G 主要关注端到端时延和时延抖动。端到端时延主要可以分为空口时延、网络时延和处理时延，时延抖动则指单次时延与平均时延的最大差距值。为了改善用户体验，除了降低空口时延外，还要根据业务需要和设备条件减少路由转发层级和传输距离，提升设备处理性能。对于工业互联网远程精准控制或者远程手术等应用场景，仍需进一步强化低时延相关能力，并且增加对时延抖动的要求。

5）可靠性

部分新型业务在有限的时延约束下，还要求超过 99.999 99%(7 个 9)的传输成功率，以保障业务有足够的可靠性。在低时延条件下，可靠性无法通过常规重传流程来完成，在时域之外的多次重复发送将是增强可靠性的重要手段，如频域重复、冗余连接等。

6）移动性

对于高速移动场景，如高铁、飞机等，5G 难以在这些高速场景下提供足够大的带宽和相对稳定的连接。6G空/海通信、应急通信等对移动性提出了更高的要求，需要能支持超过1000 km/h的情形。

7）定位精度

未来6G在垂直行业中的应用对定位精度提出了更高的需求，要求达到cm级别，尤其是在室内环境下难以得到传统卫星定位的辅助。例如工厂自动导引车(AGV)需要高精度的定位能力，从而避免碰撞，防止发生安全事故。

8）感知能力

6G还需要具有无线感知能力，主要指标包括精度、分辨率、漏检率、虚检率等，其中精度、分辨率主要针对位置、角度、速度等方面；漏检率、虚检率主要描述了在感知检测方面的准确性。

不同指标之间的最大能力通常难以同时实现，甚至相互冲突。例如，速率、时延、可靠性在相同条件下是典型的冲突指标，难以同时兼顾。因此，6G将根据场景业务的具体需求，以保证移动通信产业规模效应为原则，综合考虑系统实现的指标。

9）终端成本

对于未来多样化的业务，无论是通用终端还是专用终端，都需要考虑成本与能力的平衡点。对于通用终端，更倾向于较低成本，便于大规模推广与应用；对于专用终端，则以满足特定能力为前提，更好地服务于目标用户。

10）终端功耗

终端功耗影响续航能力，由于续航问题，新型终端仍然不得不更多地考虑设备功耗因素。业界有两种解决方向，即低功耗设备或高充电能力。针对低成本长续航终端类型，超低功耗或能量采集是未来的主要方向；而针对高能力终端类型，在满足一定的续航时间下，提高充电能力是必然的选择。

2. 网络相关指标

除了用户体验相关指标外，6G还有频谱效率和能量效率等网络相关的传统指标，以及智能化等级、安全等级等新型能力。

1）频谱效率

频谱效率的提升在很大程度上受限于物理层技术，未来6G可能采用更高阶的调制方式、更多的天线振子以及轨道角动量等新技术，其频谱效率预计将达到5G的2～3倍。

2）能量效率

由于宏站和小站覆盖能力不同，为了合理准确地衡量网络侧的能效，能量效率的新定义考虑了覆盖能力，无线节点的能量效率可用无线节点平均吞吐量和无线节点覆盖面积的乘积与该无线节点的能量消耗之比表示，网络能量效率可用服务区平均吞吐量和服务区覆盖面积的乘积与服务区的网络能耗之比表示，单位为bit·m^2/J。6G时代网络的站型会比5G更加丰富和多样化，网络架构也会发生较大的变化。根据业界的预测，随着更多节能技术和高能效技术的采用，6G网络的能效预计可提升10～100倍。

3）智能化等级

6G将面临更加复杂的组网环境、更加多样的业务应用、更加个性化的需求。AI在数据收集、特征分析、决策生成等方面具备天然优势，基于AI的智能化网络将成为6G解决方案之一。结合 AI 技术，6G 设备将具备自己的“意识”，在环境中持续收集数据，并利用超强的计算能力对系统进行快速自主的优化，实现以网络为中心到以用户为中心的转变。

4）安全等级

传统的网络安全依赖于加密技术和认证协议等方式，这不仅给系统带来了大量的附加开销，也难以满足未来网络对安全防护提出的更高要求。随着边缘计算等技术的应用，6G 网络的安全形势发生了巨大变化，也给当前网络安全机制带来了无法应对的潜在安全隐患。6G 将更加注重网络安全性能，需要更加可靠高效的内生安全机制，如智能防御、泛在安全协同等，这也将作为 6G 的关键能力指标。

3. 6G 关键能力指标小结

总结用户所需要的体验指标以及网络指标的相关描述，得到部分 6G 关键能力指标的最大值，如表 10.1 所示。

表 10.1　6G 关键能力指标的最大值

关键能力	5G	5G 与 4G 能力对比	6G	6G 与 5G 能力对比
峰值速率	20 Gb/s	20 倍	Tb/s	50 倍
用户体验速率	100 Mb/s	10 倍	几十 Gb/s	100 倍
时延	1 ms	10 倍	0.1 ms	10 倍
可靠性	5 个 9	1000 倍	7 个 9	100 倍
连接密度	100 万/km^2	10 倍	1000 万/km^2	10 倍
区域流量密度	10 Mb/(s·m^2)	100 倍	1 Gb/(s·m^2)	100 倍
频谱效率	30 b/(s·Hz)	3～5 倍	/	2～3 倍
移动性	500 km/h	1.4 倍（4G 为 350 km/h）	1000 km/h	2 倍
能量效率	/	100 倍	/	10～100 倍
定位精度	/	/	cm 级	100 倍(5G 可实现 m 级)

可见，未来业务对 6G 的各项关键能力均提出了更高需求，从而使得 6G 网络通信能力的实现极具挑战性。

10.2　6G 网络框架

业界在 5G 时代提出了“三朵云”网络架构。6G 网络架构继承了网络云化、云网融合的总体发展思路，以网络连接为基础开展 6G 网络架构设计，顺应移动通信自身演进和 DICT 融合发展趋势，注重端到端体系化设计，提升 6G 网络灵活性，加强 6G 网络共享技术创新。在继承和创新中，通过网络重构构建泛在连接、智简柔性、绿色共享的 6G 网络架构。关于 6G 网络安全，检测、防御、信任等安全机制将内生于网络各个层面，形成灵活、可扩展、可定义的 6G 网络安全架构。

从网络分层角度看，6G 网络采用“三层四面”的分层架构。“三层”自下而上分别为云网资源层、网络功能层和应用使能层，“四面”是在 3GPP 对移动核心网的描述基础上的延伸，包括控制面、用户面、数据面、智能面。未来 6G 网络将向全云化方向演进，6G 网络将形成“一朵云”架构及运营服务体系，如图 10.3 所示。

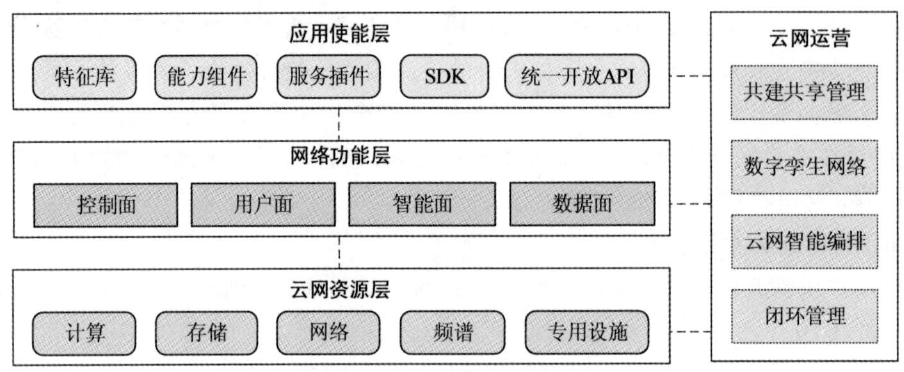

图 10.3 6G 网络总体框架

6G 网络控制面功能将在 5G 基础上进一步增强，除了基础连接控制功能外，还将支持智能服务、感知服务等控制功能。6G 用户面将不仅支持用户上下行流量数据的处理，还将负责网络感知、模型算法等相关数据处理功能。6G 智能面将建立服务多场景的智能通用框架，不仅具有分析功能，还将具备决策功能，并与数据面、控制面、用户面协同工作。6G 数据面主要管理网络中各种动态和静态数据，数据将与业务逻辑进一步解耦并独立存储，提供分类分级的开放机制，对内对外提供数据服务。

在软件开源和 DICT 技术不断融合的发展趋势下，6G 网络架构继续沿用 5G 的服务化(SBA)架构，并向无线领域延伸和不断优化，形成端到端服务化架构。中国电信根据自身的业务实践，基于高内聚、低耦合、功能单一、服务可编排重组的基本设计原则，提出了如图 10.4 所示的 6G 网络功能服务化视图。

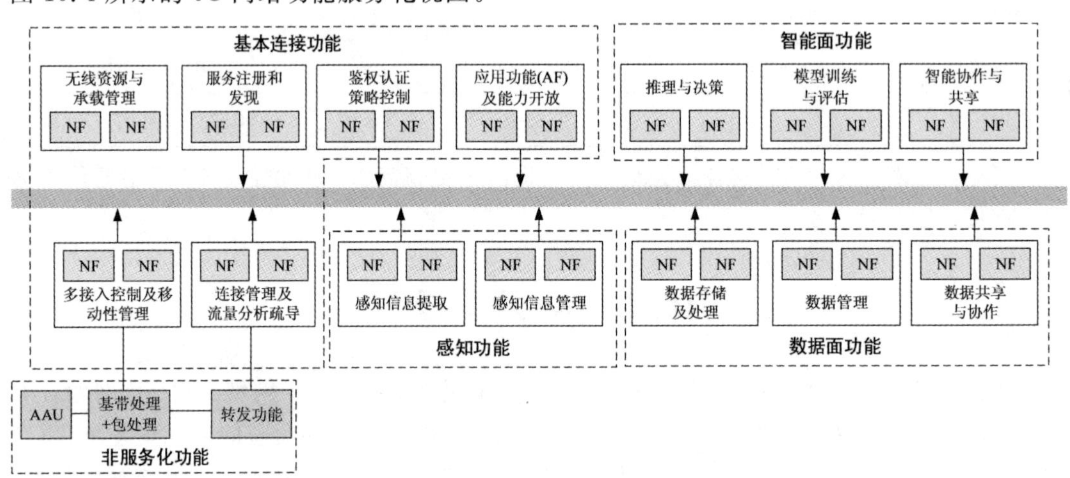

图 10.4 6G 网络功能服务化视图

图 10.4 提出的 6G 网络服务化架构与 5G 的 SBA 架构相比有以下两个方面的变化。

一方面，6G 网络将在连接功能基础上进一步提供智能面功能、感知功能、数据面功能，形成智能面和感知面的网络功能(NF)，这些 NF 可进一步聚合，NF 间的关系也将重新定义。

另一方面，在网络软件化、IT 化的趋势下，部分无线网络功能将实现服务化，例如无线资源及承载管理功能等，并与核心网网络功能进行重构，形成新的网络功能。

从组网方面看，6G 网络将采用按需集中加分布的灵活组网方式，可以根据业务场景要求选择逻辑功能进行组网部署，实现跨域协同控制功能、集中业务处理、网络业务能力的统一封装和开放功能等。此外，在深入网络边缘侧引入深度边缘节点，提供网络连接、计算、数据和智能化服务，从而实现 ToB、ToH(To Home，到家庭)场景的智简网络服务。

10.2.1 空天地一体化网络

6G 空天地网络是由天基网络(高轨卫星、中低轨卫星)、空基网络(多种临空、航空设备)和地面互联网、移动网组成的异构网络，能够实现空、天、地、海多维立体覆盖，为偏远地区、海洋经济、基础建设以及应急保障等提供通信保障。

从卫星业务和网络来看，高轨卫星能支持卫星终端的语音、短信、窄带和宽带数据通信(百兆级)业务。低轨星座因其与地面通信距离短、卫星数量多，具备全覆盖、低时延特性，能更好支持更多业务类型，已成为空天地海一体化的重要研究方向。卫星的组网目前主要分为“天星地网”和“天星天网”两种方式。“天星地网”的代表是 VIASAT、GlobAIstar 和 OneWeb 星座，不配备星间链路，星间不组网，卫星以透明转发的方式通过全球信关站实现与地网的融合。该组网方式较简单，易于维护。“天星天网”的代表是 Starlink、Iridium 和 LightSpeed，卫星配备星间链路，支持星上处理，用户可直接通过星上网络或经由地面信关站实现业务。以 Starlink 为例，其一直在提升有效载荷能力和星间链路能力，从 V0.9 到验证星 V1.0，容量有了大幅增加。V1.5 配备星间激光链路，单星容量达 20 Gb/s，实现了天基自组网。在 V2.0 阶段，Starlink 和 T-mobile 合作，在星上增设大口径中频天线，支持手机直连卫星，向星地融合网络方向发展得更近一步。

从移动网标准来看，3GPP 从 Rel-15 持续开展空天地研究，已制定手机直连卫星的 NTN 标准和卫星作为 5G 网络回传的标准。在目前 Rel-19 阶段，进一步开展 5G 网元上星的需求研究。ITU-T SG13 也已开展了固定、移动、卫星、高空平台融合的场景、需求和技术方案研究。中国通信标准化协会 CCSATC12，中国 IMT 2030(6G)推进组也积极开展空天地行业标准研究。

在 6G 时代，卫星与 6G 的星地一体化网络主要有三种实现方式，一种是卫星作为 6G 网络的回传链路，类似当前的 5G 融合应用，该方式简单易实现，可满足应急等大量场景应用。另一种是卫星支持 6G 手机直连接入，类似当前 5G NTN 标准。此外，也可以有多种形态，如 6G 天线上星、基站数据单元上星或基站整体上星等，6G 核心网络仍在地面。该方式针对沙漠等无地面基站覆盖场景为用户提供便捷的手机连接业务。第三种是卫星承载 6G 网络和业务能力，支持用户面单元、边缘计算单元、核心网控制单元等逐步和整体上星，为用户提供 6G 星上直连的同时，实现移动业务和计算上星，提升用户体验。需要说明的是，后两种方式，尤其第三种方式，涉及星上处理能力、星间链路、干扰抑制、频率共享、低功耗节能、高动态路由、6G 星上网元设计、高动态网络切换等诸多技术瓶颈，加上卫星和移动通信还存在较大差异，导致技术路线存在较大的不确定性。3GPP R19 星地融合技术立项研究推进了 ITU 高空天地和空平台融合的研究，重点考虑如下关键技术：

1）6G 星上设计

针对星上环境要求，6G 星上网元应在地面网元基础上进行定制，裁剪不必要的功能，进行协议优化，实现轻量化、小型化、甚至单芯片设计；针对高中低轨差异，设计跨轨道网络功能组合；针对不同业务要求，实现不同网络单元的网络功能协同。针对低时延和高动态要求，设计新型空口和新型移动性管理，从时域、空域、频域等进行多维频谱资源管理，抑制干扰，提升资源利用率。为了匹配技术路线的时间窗口，还需要考虑 5G 空口的后向兼容性。

2）多模式协同

6G 网络与卫星融合存在多种模式，分别满足不同用户群体和业务场景。6G 网络应支持与卫星融合的多种模式共存和协同；6G 星上网络是 6G 地面网络的定制版本，可以实现与地面 6G 网络的联合组网，也可以进行独立组网。

3）多接入融合

6G 网络除了支持卫星接入外，也应支持高空、临空等空基平台接入，通过匹配业务需求，为用户提供空天地的智能多接入选择，支持统一认证和策略计费管理，支持用户无感知的业务切换。

10.2.2 确定性网络

确定性网络面向工业制造、能源、车联网等对网络的时延、可靠性和稳定性要求极高的垂直行业，通过网络切片、时钟同步、周期确定性 QoS、保持与转发缓存机制等技术手段，提供具有差异性的端到端保障的网络架构。当前的 5G 系统作为 TSN 桥可以为确定性业务构建一个相对稳定可靠的移动网络，能够提供几百兆的大带宽、20 毫秒以内的低时延，毫秒级以内的抖动以及 5 个 9 以上的可靠性。然而，5G 确定性技术在空口确定性、端到端确定性的实现、与工业网络的兼容等方面均存在局限性和挑战，未来 6G 时代更多的创新应用对网络确定性提出更高的要求。6G 典型的服务场景，如沉浸式交互、人机物多模态协作控制、脑机接口、数字孪生等，需要网络提供 Gb/s 甚至 Tb/s 级的超级无线宽带、毫秒级超低时延、微秒级时延抖动和厘米级定位精度，因此需要 6G 新的网络架构和关键技术来保障和适配。6G 网络在初始网络架构设计时，需要面向新业务场景的确定性需求，针对 5G 的不足，通过 6G 网络功能层面针对性设计，达到内生端到端的确定性。

确定性网络技术目标完成端到端的保障。确定性网络技术是涵盖了网络切片、时钟同步、资源预留、优先级队列调度、流量整形等一系列协议和机制的集合，包括整体保证网络带宽可控、路径/时延可控及抖动可控的确定性需求等。

目前业界相关标准组织主要有三类典型解决方案。第一类方案是 IEEE 802.1 时间敏感网络任务组提出的 TSN，在二层以太网络中提供确定性业务。第二类方案是 IETF 确定性网络工作组提出的 DetNet 技术，专注于在第二层桥接和第三层路由层上实现确定传输路径。第三类是大规模确定性 IP 技术，保证大规模 IP 网络报文传输时延上限、时延抖动上限、丢包率上限的确定性。

面向未来 6G 网络对确定性要求的提升可以从如下所述几个方面推进移动网络确定性技术演进的研究，见图 10.5。

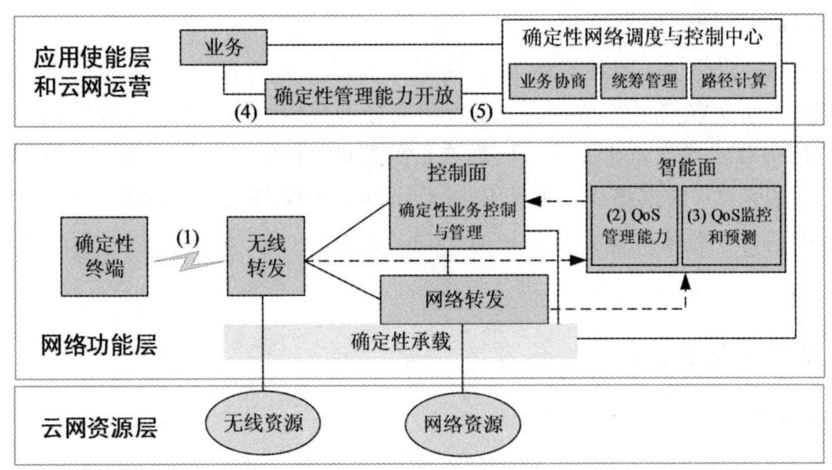

图 10.5　6G 确定性技术研究方向

1. 空中接口的确定性技术

无线空口的不可预测性是确定性网络保障的主要瓶颈。6G 网络将在 5GuRLLC 场景的技术基础上，进一步提升空口的确定性技术，可通过空口参数优化(如更小的时隙配置、更优化的空口调度方法、更灵活的帧结构)，空口参数预留(更简化安全的预协商预调度机制，甚至极端情况下的免调度机制)，双发选收(如终端侧的多用户聚合传输与基站多点传输的多对多联合使用)，进一步的转控分离和无线侧服务化技术，空口精准授时能力的增强，达到 6G 时延 0.1 ms 和抖动百 μs 的极致要求。

2. QoS 管理能力的增强

可通过增强 QoS 架构，让无线网络有更多的参与权，抑制空口短板。如考虑 QoS 决策权的下沉，将单向 QoS 决策控制扩展为双向 QoS 决策控制——主动反馈机制，通过核心网、RAN、UE 甚至传输网的统一协调，实现全网端到端 QoS 的有效提升。针对确定性业务的特殊要求，在当前的移动网络 QoS 参数体系中补充更多的执行参数，如增加专门的 QCI 指示，针对确定性转发业务，提供时延、抖动和带宽的边界要求，增加丢包、乱序等相关要求等。

3. 智能监控和预测

通过在网络节点部署 AI 感知能力，深度应用网络智能化提升网络确定性能力，可以通过智能分析能力向上和向下渗透，联同上层的跨域协同调度，向下支持承载网的管理，实现智能化闭环控制，优化端到端确定性保障。此外，还可以借助智能面的预测能力，预测用户轨迹，进行有针对性的资源准备和数据准备等。

4. 业务协同与能力开放

通过业务协同与能力开放，实现与工业网络兼容能力的提升。要打通业务与网络的接口，注重与业务之间的协调能力；支持确定性数据转发业务面向第三方伙伴的合作开放，通过能力开放提升客户确定性运营的参与度，用户可以自主定制确定性参数，并参与业务过程的管理和调度。

5. 端到端协调管理能力提升

在 6G 的架构设计上，要注重端到端控制和管理能力的打通，支持确定性业务场景从局域向广域扩展，实现跨层跨域融合。重点解决好跨域的时间同步、跨域的路径计算、跨域的管理与协同等技术难点，并注重云网融合，实现确定性服务能力的端到端可编程运营。

总之，在未来的 6G 网络中，需要依托无线网、承载网与核心网相关技术的演进和发展，在网络中的每一跳实现确定性，从而实现各网络域、移动网络整体乃至业务端到端的确定性。

10.2.3 承载及运营网络

1. 可编程网络

可编程网络通过对网络控制策略的灵活定制和调整，实现对网络状态的感知，决策的制定、面向网络功能定制和自动化、自优化运维，是 6G 网络的架构基础。有别于 5G 中现有的可编程技术，本章从 6G 可编程网络在决策能力、对数据的处理速度、操作的便捷性和负载的高效性等方面出发，提出灵活 SDN 技术、高速虚拟化网元 NFV 架构及管理编排技术、高速并行云网操作系统和基于 IPv6 的多域单栈技术等，如图 10.6 所示。

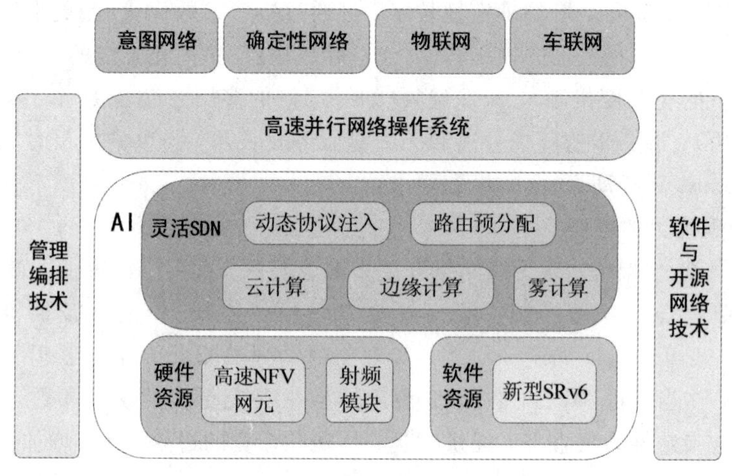

图 10.6 可编程网络框架

1) 灵活 SDN 技术

5G 的 SDN 技术虽然实现了控制层和传输层的分离，实现网络的灵活配置，但是当前 SDN 架构的控制信令集中下发，网络决策过分依赖中央控制器，导致中央控制器压力过大。此外，位于网络边缘的节点因为决策信令回路过长导致决策时延较大，阻碍了低时延业务的发展。

6G 网络中的 SDN 技术相对于传统 5G 的 SDN 技术具有更加灵活和自适应的特点，需增加对业务的感知能力，根据时延等业务指标进行统筹决策，利用控制器的全局视野，构建确定性网络。灵活 SDN 技术利用动态协议注入(在 NFV 网元中按需注入协议)，基于 AI 的路由预分配技术，构建云计算、边缘计算和雾计算赋能的控制器等方法，降低传统 SDN 架构中存在的信令时延大的问题，优化网络性能和用户体验。最后，相较于传统的寻路算法，灵活 SDN 技术的控制器在决策过程中需要考虑更多的维度，比如路径安全、用户偏好、缓存等通感算一体化设计。

2）高速 NFV 架构及管理编排技术

NFV 技术将原本在专用硬件上实现的网络功能转换为在云环境或通用硬件上运行的软件，是 6G 网络功能的通用部署方式、涵盖了支持网络功能虚拟化基础设施的物理资源和软件资源。5G 通信在网络功能虚拟化（NFV）的过程中强调引入全功能的 X86 控制芯片，这种架构虽然提高了网元的通用性和可编程性，但是对数据包的编解码速率较慢，无法胜任 6G 数据包的高速并行处理。6G 需兼具高通用性和高性能的高速 NFV 技术，通过高速 NFV 网元的部署，软件与开源网络技术将独立于硬件而存在，并与基础设施对应的硬件资源形成相互依存的关系。而管理编排技术则需要在全方位 AI 使能的基础上扩展编排的范围（如终端资源）、编排的方式（如容器化部署）和实现云网边端一体化编排。

3）高速并行云网操作系统

5G 网络中虽已具备基于 SDN 架构的全网控制能力，但是当前不同类型的网络还需要人工配置（比如固网和无线网需要不同的人员分别操控），对操作人员的专业能力要求较高。此外，面向"空天地海"全覆盖的 6G 网络缺乏统一的接口和通用的设计，需要基于云的算力资源支撑。6G 网络将对网络结构、网络协议和网络拓扑进行极简化处理，转发面功能的单一化加重了控制器的负担，进而提高了对网络操作系统的要求。同时，随着云计算、边缘计算以及雾计算的发展，云网融合成为 6G 网络的必然趋势。因此，无论是 ToB 还是 ToC 的云网服务都需要高速并行云网操作系统为运营方和客户方提供可视化和智能化的云网便捷操作体验。

综上，6G 急需高速并行云网操作系统以实现通信、计算、存储和控制等方面的高效融合。

4）基于 IPv6 的多域单栈技术

IPv6 成为互联网的新一代网络层协议并已获得广泛应用，6G 网络将采用面向大规模网络的 IPv6 多域单栈技术，即以 IPv6 协议为基础的设备互通和网间互联。另外，在 IPv6 单栈的基础上，实现分段路由技术——SRv6，将用户的意图翻译成沿途网络设备执行的一系列指令，实现网络可编程，达到业务路由的灵活编排和按需定制的目的。但是，当前 SRv6 技术存在数据帧报头过长和有效负载较低的问题，尤其是在物联网通信中高频采集的小数据量场景，为了适配 6G 网络中的各种业务场景，需要高效的 SRv6 技术，通过按不同场景计算的报头压缩技术，解决 SRv6 技术中存在的传输效率低下的问题。同时，探索在 SRv6 引入例如基于地理位置等特殊信息的路由协议，为上层提供更多有趣的网络应用，使网络更加扁平化，提高网络的可编程能力，达到用户有的用也乐于用的目的。新型 SRv6 等协议以其软件资源的形式和灵活 SDN 架构以及高速 NFV 等硬件资源配合，能够实现高效的 6G 可编程网络。

2. 通算一体网络

"通算一体"旨通过对通信和计算资源的一体化设计，实现通信和计算资源的互惠增强，从而满足用户的高质量算网需求，提升业务服务质量。6G 时代的新兴业务，如全息通信、沉浸式 XR、自动驾驶等，将对计算提出超高算力、低时延算力和灵活算力等新型算力需求。预计在 2030 年前后，业务对算力的需求将爆发式增长，将远远超过 GPU 能力的增长，单纯依靠云计算、边缘计算或者端计算无法满足其大算力、低时延、高移动性的多样化需求。云边端算力的协同与网络中算力的布局需要被重新考虑。此外，由于6G网络的智能内生特性以及云化的趋势使6G网络与算力之间具有天然的内在联系，6G网络架构在设计之初就需要考虑与算力的关系，算力需要支持6G网络功能的灵活部署、为分布式的6G网元提供高效的协同，为AI提供分布、高效的数据处理能力，以及灵活多变的资源调度方式。未来，算力将成为6G网络的基础底座，并成为6G网络的特色服务。

6G业务与6G网络对算力更加精细化的需求使得算力与通信环境之间的关系更加紧密。算力和通信能力之间的距离将会进一步缩小，从而出现通算一体的新趋势。目前从通信和计算资源的耦合程度来看，通算一体特征可以体现为通算一体信道、通算一体协议和通算一体设备，如图10.7。

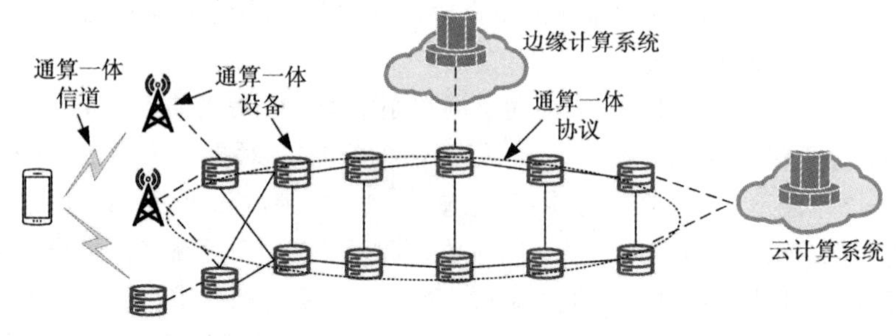

图10.7 通算一体网络技术

通算一体信道是指利用传统无线信道的叠加特性，在数据空口侧进行传输的过程中直接进行计算。通算一体信道可以在通信容量受限的计算场景下，减少由于先传输再计算而造成的传输时延，同时由于终端数据在传输到数据中心之前进行过预处理，在一定程度上保护了用户原始数据的安全，避免了用户信息的泄露。目前与通算一体信道相关的研究包括空中计算等。但由于信道的计算功能有限，因此通算一体信道的场景相较于普通计算场景具有局限性，主要适用于需要进行大量加减、求极大值极小值等场景。

通算一体协议指通过扩展传统的通信协议携带算力信息，充分利用运营商所有通信资源的优势，将通算资源层信息在网络中进行分发、路由，实现通信计算资源的最佳选择。目前典型的通算一体协议通过扩展传统网络协议(如BGP/IGP等)来完成对算力信息的分发，从而生成整网资源视图。该协议目前的研究主要聚焦于承载网，但该理念同样可以应用在核心网中。可以通过扩展核心网与基站之间的通信协议，利用核心网对基站的管控能力来实现对算力基站的管控。由于网络信息通常较稳定，算力的更新速度要远远高于网络信息的刷新速率，网络信息与算力信息融合在同一种协议中，势必会造成由于算力的高频刷新导致的路由震荡，因此，针对通算一体协议还需制定相关的分级策略来保证技术的可实施性。

通算一体设备是指同时具有通信和计算功能的设备。相较于传统设备计算与通信分离的形态，该设备可以同时完成计算和通信两种功能。目前典型的通算一体设备包括算力基站、算力网关等。通算一体设备由于所处的网络不同具有不同的优势。以算力基站为例，它将算力与传统的基站能力共同设置在同一个物理设备上，真正地从设备形态上减少了数据传输时延。算力网关携带计算节点算力信息，利用传统网关设备对用户数据的感知能力，实现对算力资源信息的感知。由于通算一体设备的架构设计与传统设备相比进行了巨大改变，因此在实际应用时将会涉及大量现网设备的更新，高昂的应用成本会成为一个潜在的挑战。因此在研究设计通算一体设备时应考虑到设备的制造成本以及与现有网络的兼容性。

3. 智慧随愿架构

全业务场景随愿服务是网络通信服务发展的长期追求，因此出现了随愿网络的概念。在 5G 标准中，基于端到端切片技术实现网络资源隔离，并为用户提供差异化的 SLA 保障。但是，对于单一用户的个性化按需服务能力仍然较弱。

6G 网络架构将继续把实现“以人为本”的目标作为技术演进方向，基于现有“尽力而为”网络未来向不断提升“按需服务”能力转变。6G 随愿网络智能化架构将提供统一的用户人机交互接口，采用智能化人机交互手段，为用户提供底层网络无感知的随愿网络服务。

6G 随愿网络架构是一种自治网络，在具备闭环自动化运营能力的基础之上，实现人机交互闭环。在不断增长的网络运营数据中，基于 AI 在线训练功能，实现网络自学习能力。同时，基于数字孪生技术将物理网络镜像到数字世界，解决网络配置对用户意愿的验证需求，是云网运营管理的重要方向。

6G 随愿网络通过用户/业务意图解析、意图编排、感知分析、随愿保障与优化、随愿策略执行等环节形成随愿自主的闭环流程，将从智能外加转向智能内生，通过对用户网络需求的统一感知和交互，实现意图解析、自感知、自保障、自优化和验证执行的闭环能力。

6G 随愿网络的技术架构如图 10.8 所示。

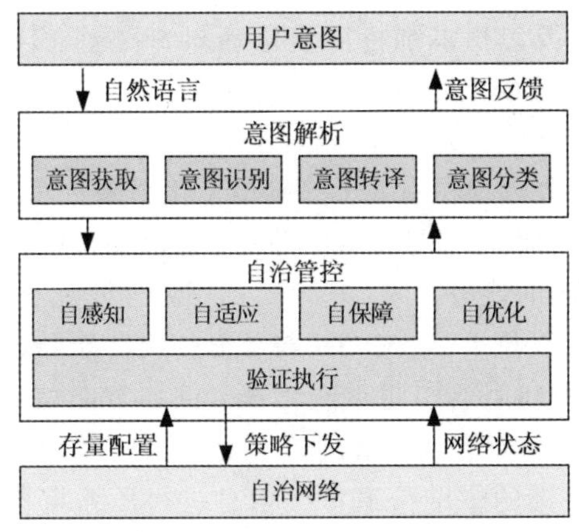

图 10.8　6G 随愿网络技术架构

(1) 意图解析：随愿意图网络中的人机交互采用自然语音处理算法实现，完成对用户网络需求意愿的感知和识别，并在不断将网络潜在变化反馈给用户的同时，与用户实时交互最新变化的网络需求意愿。

(2) 自感知：能够准确识别 6G 典型应用场景下多类型用户的服务意图，实施多维度感知传感需求。利用进入成熟期的意图识别、转译、分类等技术，实现云网一体的用户、业务、网络感知的快速解析。

(3) 自适应：针对 6G 空间、时间和设备的复杂性问题，基于自适应智能规划和调度策略，实现对大规模异构云网资源的智能化调度匹配、动态配置和调整网络及设备状态、性能，实现绿色、智能配置编排。

(4) 自保障：针对6G用户行为突发性带来的维护挑战以及网元级联失效问题，结合人工智能技术，通过构建智能化的云网故障定位、分析、验证、自修复闭环功能组件，实现对复杂异构的6G网络的高效运维。

(5) 自优化：基于意图的6G云-边-端用户业务感知评估预测与优化，快速定位影响客户感知的问题指标与问题点，生成调整策略和指令，自动优化业务质量，支持自我学习和进化，实现6G网络随愿自主闭环操作。

(6) 验证执行：基于用户意愿保障的网络服务创建及更改，其策略复杂性较高，需要通过更加有效的方式进行方案验证。运用精准映射网络的数字孪生技术，通过预测模拟对策略创建、下发、变更等进行有效的模拟验证。

10.3 6G关键技术

10.3.1 6G无线空口技术

6G无线空口应与5G后向兼容，在5G灵活帧结构设计理念的基础上扩展，融合空天地海全覆盖、通感一体化等多样化应用场景，涉及的主要技术包括无线空口智能化和通信感知相互赋能。

1. 无线空口智能化

6G无线空口智能化主要包括多维特征信息感知的物理层技术、智能全频谱融合技术和深度感知的智能无线资源管理三个方面。

1) 多维特征信息感知的物理层技术

6G无线空口智能化首先体现在引入了多维信息化感知技术，通过AI内生使能多维无线数据(例如信道冲击响应、参考信号接收功率等)的特征提取、特征感知与特征融合，从而具备处理非线性复杂问题的能力。

基于AI的超大规模天线技术可通过AI与部分传统功能融合，实现对部分功能模块的替代，助力提升网络资源的利用效率与系统性能，例如智能信道状态信息(Channel State Information，CSI)增强技术与智能波束管理。

利用AI技术对CSI反馈的多维信道特征信息进行压缩重构，可以达到减少空口CSI反馈开销或提高精度的作用，还可以利用信道时域相关性特征进行智能CSI预测，以解决信道时变特性导致的CSI过期问题。

超大规模天线的广泛应用将对未来波束管理带来极大挑战。智能波束管理可通过AI算法在空域和时域进行波束预测，减少波束测量的导频开销和测量时延，并显著提高波束管理准确性与系统性能。

AI技术还可用于解决传统室内定位场景中定位不准的难题，通过对多维测量信号特征信息的提取与分类去除NLOS径信息对定位计算的干扰影响，在NLOS场景提取并构建多维特征信息与位置信息的指纹地图，可将定位精度从十米级提升至分米级。

2) 智能全频谱融合技术

智能全频谱融合是无线空口智能化的又一项关键技术。6G潜在频谱包括6 GHz频段、毫米波、太赫兹及光频段。6 GHz频段范围为5925 MHz～7125 MHz，兼具覆盖和容量优势，为 5G 向 6G 演进提供更加丰富和灵活的部署场景。毫米波频段范围为 26.5 GHz～100 GHz，频谱资源丰富，但基于毫米波频段的 5G 系统并未在全球广泛应用，目前毫米波频段作为 6G 重要的候选频谱，有望在全球广泛应用。太赫兹频段范围为 0.1 THz～10 THz，频谱资源更加丰富，可以为无线通信系统提供超高传输带宽，但是太赫兹频段传播性能受天气状况的影响更加剧烈，覆盖能力差，需要性能稳定的高性价比的器件以及高灵敏度的接收机来提高性能，在实际应用中还存在技术挑战。光频段的潜在应用场景包括无线通信宽带化和宽带接入无线化两个方面。在室内场景，照明 LED(发光二极管，Light Emitting Diode)可以作为通信基站进行信息无线传输；在室外，可见光通信可以应用在智能交通系统。同时，可见光通信也可以提供厘米级精度的定位服务，从而实现集室内照明、通信、定位于一体的功能。

面向 6G 全频谱融合机制将超高复杂度的网络资源池管理进行分层分布式智能分解，通过 AI 内生实现多频段和多制式的智能协同组网、智能频谱感知与动态资源调控，面向 6G 不同场景与业务需求，实现多任务协同的智能全频谱融合，将物理资源虚拟化为云化资源池。

未来网络将长期处于多频段、多接入制式共存的局面，实现智能多频协同组网，同时提供广域覆盖和高传输速率。例如，6G 网络与 WLAN 智能融合组网，通过 AI 驱动的智能协同进行多接入网络负载与环境感知以及业务的智能分流，从而实现所有网络制式优势融合，如图 10.9 所示。

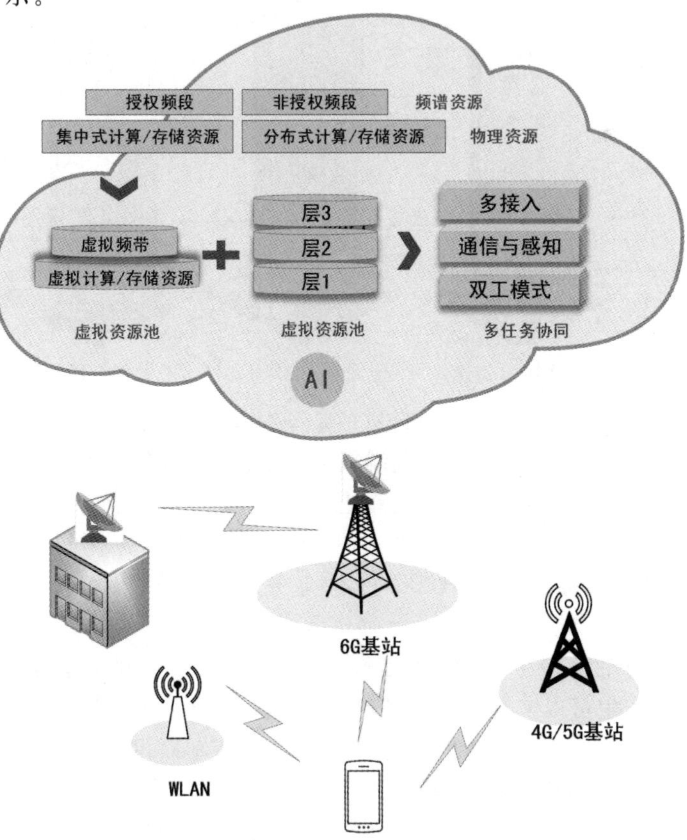

图 10.9　多任务协同的智能全频谱融合

6G 无线空口将实现通信与感知信号的多维信息特征提取，并通过内生 AI 的全频谱融合技术，实现智能与感知的相互促进与融合发展，极大地推动未来 6G 时代智能工厂、自动驾驶、智能家居等应用的发展。

智能频谱融合技术还可与多种双工方式共存，工作于多频、同频、邻频频段的 CSI 测量信息、波束管理信息、终端轨迹信息等将具有显示或隐式相关性，可以显著扩展传统无线智能空口关键技术多维特征信息获取的灵活性，进一步使能 AI 内生，提升网络资源利用效率，提升系统性能；融合地理位置等多维信息，实现支持时变信道全频谱融合的信道测量信息获取机制，满足未来超大规模天线技术的智能高精度、高效率、低功耗的需求。

3）深度感知的智能无线资源管理

6G 时代，AI 内生将成为无线网络自学习、自运行、自维护、自演进的引擎。通过 AI 内生的多任务协同优化和智能泛在多层次网络资源协同，使能智能的无线资源管理，实现场景与业务的深度感知与网络业务的协同优化。

考虑到无线网络本身由各种不同的网络服务相叠加，需要考虑所有服务的特性和目标。实际无线网络的优化目标是多维度的，所以网络需要进行多任务协同，避免单独决策导致的配置冲突，实现无线通信系统整体最优化，满足用户极致差异化的需求和超高服务体验。基于 AI 的无限网络多任务协同如图 10.10 所示。

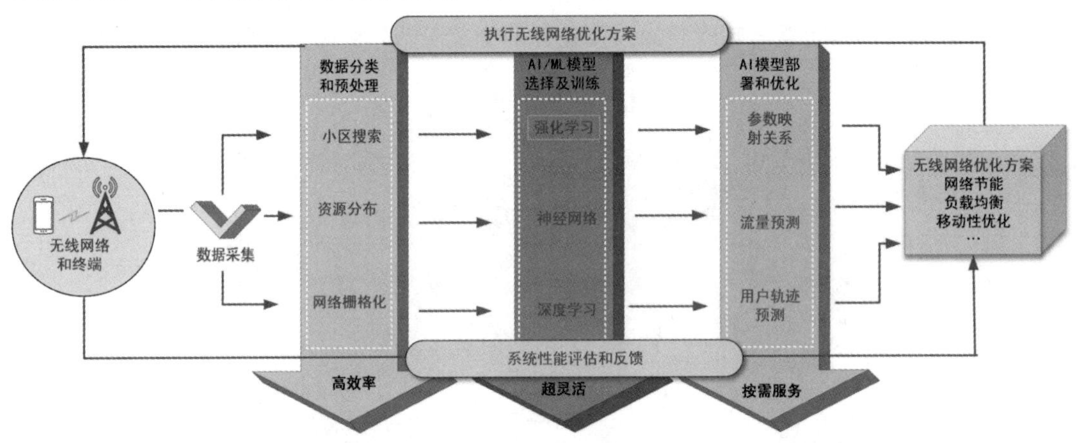

图 10.10 基于 AI 的无线网络多任务协同

面向 6G 需要提供极度差异化的端到端服务质量保障，AI 内生的智能无线资源管理将打破业务到无线网络感知的壁垒。通过对动态无线环境、应用场景和用户业务多维信息的学习、感知和预测，智能化资源调度可以实现无线切片资源的优化配置，显著提升网络资源的利用效率，助力运营商满足 ToB/ToC 多种业务差异化需求，实现按需组网与高效的资源调度。

6G 网络的高动态性、多层性与大维度性，将导致更加频繁的越区切换，为移动性管理带来巨大难题。AI 内生可以实现终端的智能移动性轨迹与业务流量预测，保证通信的连通性与网络的动态负载均衡。在未来全自动驾驶的大规模车联网场景，执行复杂问题决策，进行实时策略的学习与预测，满足车辆高速移动性与时延敏感性需求。

6G 多频段大带宽的引入将使网络运营的能耗与碳排放显著增长。随着超高频基站部署密度提升与用户业务的多样性，未来通信需求的潮汐现象将更加显著，AI 内生将使能网络通过多维场景业务信息的感知，基于业务流量预测形成用户业务保障与网络节能动态折中的多基站协同的智能化组网策略，降低网络整体能耗。

2. 空域使能技术

空域使能技术是解决 6G 频谱效率、能量效率以及覆盖需求的重要手段之一，以超大规模天线和可重构智能表面(ReconfigurableIntelligent Surface，RIS)技术为代表。超大规模天线技术应重点关注天线形态和结构的演进及相应节能方案；可重构智能表面技术应重点关注不同 RIS 类型(包括全透明、半透明、非透明 RIS)的应用场景与空口传输设计。

1) 超大规模天线

由于低频频谱的匮乏，面向 6G 的超大规模天线系统将部署在更高的频段上。为了对抗高频带来的巨大的路径损耗和穿透损耗，天线阵列规模将进一步扩展，如由 5G 系统的 192 天线振子扩展到 2048、4096 天线振子等。然而，由于高频器件的成本及工艺问题，超大规模天线系统的数字通道数并不会成比例上升，反而会受到一定的限制。

在天线形态上，可考虑采用新型材料，比如微带天线、液晶电控可调天线等，实现兼具良好定向辐射特性和高增益的天线阵列。在天线结构上，可考虑将超大规模天线由传统二维结构向三维结构扩展，如采用柱状等立体结构的新型天线结构，以充分利用空间自由度。

从超大规模天线的部署方式来看，可能会从传统的集中式向分布式演进，形成分布式超大规模天线系统。通过各个分布式天线节点的协作，分布式超大规模天线一方面可以使信号的覆盖更加均匀，另一方面可以更好地发挥空分复用的优势，最大化传输资源利用率。

此外，面向 6G 超大规模天线，需要综合考虑节能方案在网络节能和用户体验之间的有效折衷，从而提供优质的网络服务。

超大规模天线系统面临的主要挑战包括：信道测量及信道反馈将变得更加困难，组网方案更加复杂，高频器件的设计实现与集成难度高等。在面向规模商用时，如何降低超大规模天线的成本、功耗将成为核心痛点问题，需进一步解决。

2) 可重构智能表面

RIS 凭借其轻量、灵活、低成本等天然优势，在 6G 网络中具有很大的应用潜能，其主要应用场景包括室内/外覆盖延展、弱覆盖区域补盲、高精度定位辅助等，如图 10.11 所示。

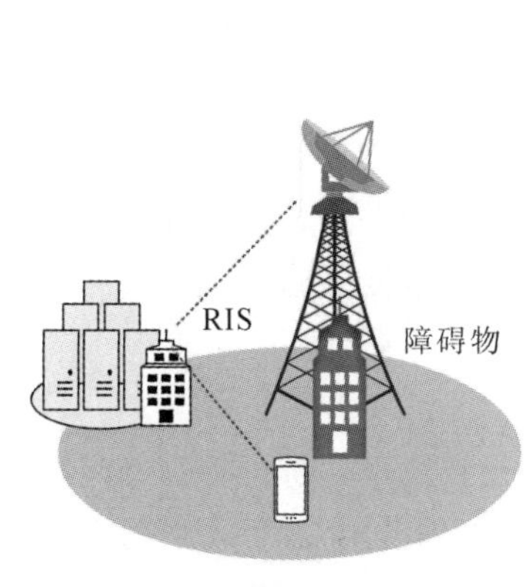

(a) RIS 辅助建立视距环境

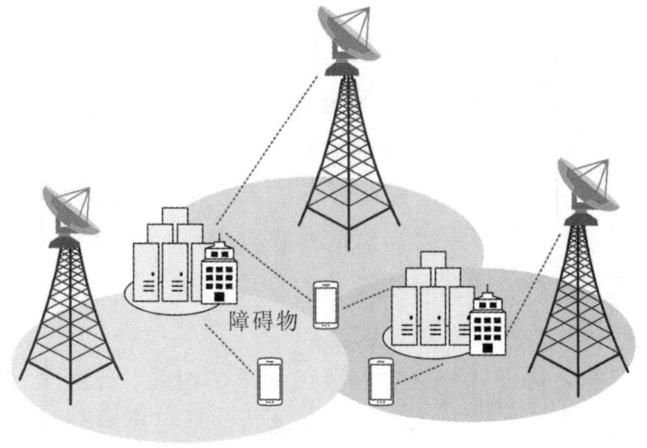

(b) RIS 辅助降低邻区干扰

图 10.11　RIS 的潜在应用场景示意图

RIS 面临的关键问题包括：硬件器件的选择与设计尚未定型，在 RIS 材料选择和面板设计方面还有待进一步研究；缺少完整、可靠、统一的传输模型及传输理论；缺乏统一的器件标准与测试规范，难以对 RIS 的潜在能力进行全面、公平、合理、可信的评估；RIS 组网架构尚不明确，相关接口设计及拓扑结构有待进一步研究。另外，目前缺乏 RIS 部署后对同频、异频系统之间的共存问题的研究，尤其缺乏对不同运营商网络的影响分析。

3. 通感一体化

随着通信和感知技术在频谱、波形和天线技术等方面趋于相同，二者在硬件设计和信号处理等方面表现出越来越多的共性，通感一体化将引入感知 QoS 流对感知服务质量进行承载，并通过多点协同感知的方式提升网络感知性能，这方面将成为 6G 发展的趋势。

1) 通感一体化物理层设计

物理层设计作为支撑通感性能的基础，其设计需要兼容通信和感知两种能力。通感一体化物理层关键技术主要涉及波形设计、波束设计、帧结构设计等。

雷达感知的典型波形是调频连续波（Frequency Modulation Continuous Wave, FMCW），其主要思路是对发射信号进行频率/相位调制，通过测量发送信号与接收回波间频率或相位之差以确定目标距离、速度。FMCW 信号具备优良的相关特性，感知精度和分辨率高，但通信频谱效率低。OFDM 信号正交子载波设计极大地提升了频谱效率，但是 OFDM 波形峰均比较高，相关特性较差，目标检测的误检率较高。一体化新波形以 OTFS（Orthogonal Time Frequency Space，正交时频空）多载波调制技术和 OCDM（Orthogonal Chirp Division Multiplexing，正交啁啾复用）技术为代表。OTFS 在时延-多普勒域进行信息复用和信号处理，能够有效克服 OFDM 对多普勒频移的高敏感性，在高速移动场景下优势显著。OCDM 是一种在时间-频率域上复用一组正交啁啾（chirp）的多载波波形，携带数据的啁啾在整个带宽上扩展，可获得频率上的全部信道分集。OCDM 所需的菲涅尔变换可以很大程度复用现有系统中快速傅里叶变换模块。考虑到 6G 波形设计不仅关注通信和感知性能，还涉及与现有通信体制的兼容，因此 OFDM 在 6G 系统中仍占据主导地位，在 OFDM 主导下，辅以 OTFS 或线性调频类波形，弥补 OFDM 感知性能的不足，配合实现高性能通信感知是一种可行的选择。

(1) 通感波束设计。

通感一体化波束赋形需要同时考虑网络节点的通信和感知需求，包括：平衡感知所需的波束扫描和通信所需的精确指向；同时构造多波束实现不同方向上的通信与感知功能；优化波束以实现在保证通信效能的前提下最小化通信回波对感知回波的影响等。以无人驾驶场景为例，传统波束赋形方法未考虑无线环境和波束指向之间的关联，导致波束训练算法开销大，若能从感知信息中获取无线环境特征，探索其与波束角度之间的关系，有望提高波束对准方法对环境变化的自适应能力。

(2) 一体化帧结构设计。

帧结构设计与通感波形选择密切相关，若完全启用一体化新波形，则涉及二者间资源分配策略，典型方式是通信和感知信号采用时分的方式；若通信仍沿用 OFDM 来感知使用其他信号，则还需解决波形间转换的相关问题。在物理资源配置上，为进行高精度感知，需要更灵活的子载波间隔及带宽配置。以 OTFS 信号为例，其可探测最大时延 $\tau_{max}=1/\Delta f$，分

辨率 $\Delta\tau_{max}=1/B$，B 为频域带宽，为提高测距范围和分辨率，分别需要减小子载波间隔和增大带宽；同理，可探测最大多普勒频移 $\nu_{max}=1/\Delta T$，分辨率 $\Delta\nu=1/(NT)$，N 和 T 分别为符号数和时域长度，故为提高测速范围和分辨率，分别需要减小符号时长和增大符号数。帧结构设计一方面应着眼于灵活时分通感资源分配策略，包括时隙级甚至符号级资源切换；另一方面需要灵活的带宽和参数集配置，可以考虑通感差异化配置。

2）通感一体化资源管控

6G 通感一体化技术将打破通信与感知功能独立发展的局面，实现通感无线资源的统一管控，可聚焦于资源管理技术以及干扰控制技术两大方面。

（1）资源管理技术。

在海量通感功能节点共存的 6G 时代，保障多维资源的按需动态分配已面临严峻的技术挑战。合理的信道复用技术以及动态分配算法可实现信道资源的高效利用。高效的功率分配策略通过动态调整通信与感知功能之间的功率分配权重，匹配不同业务的类型和服务需求，进而达到良好的通感一体化能效。由于资源的管理存在多重维度，智能化调度不同维度资源实现海量节点的公平、可靠和高效使用至关重要。可以采用机器学习方法对无线网络资源状态进行探索和挖掘，以达到最优化的通信和感知一体化性能目标。

（2）干扰管理。

在通感一体化网络中，干扰包括收发天线互干扰、多径干扰、同频干扰等，其严重影响了通感一体化网络的系统性能。干扰控制技术主要通过干扰抑制以及干扰消除两大方法对系统干扰进行有效处理。从可实施性上看可以从三个角度入手：在发送端，可以利用智能功率控制技术，配合波束赋形技术，汇聚信号能量，并结合天线物理隔离技术抑制干扰，提升信噪比；在传播中，可以借助智能反射面等技术辅助信道调控，达到协调信号或波束汇聚的目的；在后期处理阶段，可以借助信号处理算法进行噪声分离和信号滤波，也可基于机器学习方法进行针对性信息提取和干扰抑制。总之，通感一体化干扰控制技术需要从多方面联合优化以保证系统的整体性能。

3）多点协同感知

基于通感一体化物理层设计，基站集成了底层的感知能力，可以同时提供通信和感知服务。网络能力从单一传统通信维度扩展到通信与感知相互赋能的双重维度，进而提升网络的整体性能。受限于复杂多变的感知环境和应用场景，单点感知模式往往不能展现出最佳的性能。为了突破单点感知性能受限的瓶颈，通过多点协同感知的方式提升网络感知性能是网络化感知的必然发展趋势。

6G 网络呈现空天地一体化的网络架构，卫星可以成为新的感知节点，使得感知节点在空天地多层次分布，实现立体化的多点协同感知。卫星覆盖范围远大于陆地蜂窝网络，对高移动性场景可以发挥其明显优势。但卫星也存在时延较大，且设备性能受限等劣势，因此需要引入空地间的协同来实现空天地一体化感知。

面向垂直行业，多点协同感知也发挥着重要作用，其关键在于合理协调各感知节点的感知流程与资源分配，实现网络资源利用的灵活高效。例如智慧工厂存在大量传感器、机器人等物联网设备，需要有效控制感知信号间的干扰，并对大量感知信息进行处理和决策，从而实现智慧工厂的智能化生产和控制。

6G网络具备多点协同感知能力，其提供的业务范围也将极大拓宽，例如道路流量检测，高精度地图构建，无人机探测与监管等。感知类业务的QoS是通感一体化组网性能的重要指标，包括分辨率、精度、检测概率、感知时延等。通信业务采用QoS流作为区分通信服务质量的基本单位，而感知QoS流对感知服务质量进行承载，面向感知QoS进行多点协同感知将是6G通感一体化技术的重要研究方向。

4. 语义通信空口技术

语义通信使6G网络直接感知和传递语义信息，提高通信效率，实现人-机/机-机/人-人之间跨语言、跨场景、跨类别的多模态通信，为6G用户提供沉浸式的全场景通信服务。语义层次的通信根据语境准确地表达信息的内在含义，而对信息比特的一致性、信息的载体和表现形式都不做限制。由于语义与通信场景的强相关性，所有用户都可以感知环境中的语义信息并提取其特有部分进行传输，收到语义信息的用户借助共享的语义知识库便可恢复出原始信息，如图10.12所示。为确保语义通信的效率和准确度，所有用户的语义知识库需保持同步。广义来说，以目标为导向的任何形式的信息都可视为语义信息。

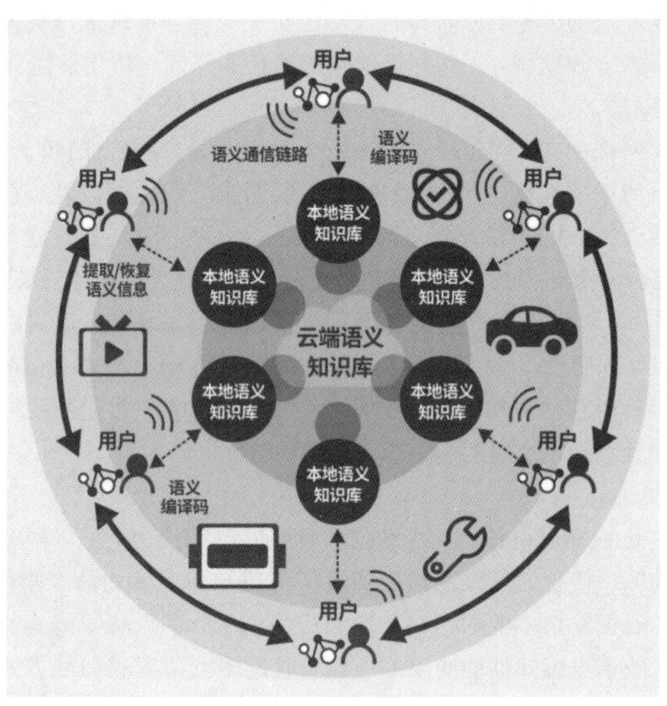

图10.12 语义通信系统模型

语义通信网络可实现真正万物互联的全场景多模态通信。对于人类通信，语义通信可以提升文本、语音、视频通信容错性和传输效率，实现全息通信、超高清直播等大带宽业务；对于机器的通信，机器可以直接感知并提取所关注的语义信息进行传输，有效降低传输负荷和系统时延，提升XR、V2X工业物联网等人-机/机-机的业务体验。

6G网络中语义通信的空口的关键技术应包括如下方面：

1）语义信息表征与衡量

语义的基元不再是信息比特，需要对其表征方式进行重新定义，并由此对语义通信质量进行衡量和评估。语义信息的表征与衡量应先以具体场景为依托，将无限的语义信息限定在有限的子集中并定量表达：首先，要明确语义最小基元的静态定义；其次，要明确语义元组之间的基本关系，通过其对基元进行组合可构成完整的语义知识空间；最后，语义信息的表征方式需要支持语义知识的动态管理，实现语义知识库的快速查询和更新。相应地，语义通信的衡量要同时考虑语义基元的完整性及其之间关系的准确性。

2）语义知识库

存储共性语义信息的知识库是实现语义信息的基础。基于对语义信息的表征，选取合适的信息构成语义知识库是保证语义通信效率和质量的关键。语义知识库过大，会降低语义通信的效率，反之则会降低语义通信的准确性。此外，高效地对语义知识库中的信息进行更新和共享，也使语义通信具备自进化的能力。

3）语义编译码

语义编译码在实现语义信息的提取和恢复的同时，也要尽可能提高语义信息在信道传输中的准确性。通过深度学习等 AI 技术进行语义编译码，充分对信道特征加以匹配，在提取语义关键信息的同时提高对抗信道衰落的能力，可实现信源信道的联合编码，通过端到端的通信架构，充分提升系统性能。

此外，语义通信的网络架构也要与其空口能力相匹配，以保证网络的整体性能，由此带来的隐私安全问题也不容忽视。

10.3.2 终端关键技术

在 1G 到 5G 通信系统中，终端仅仅是通信的末端节点，或者说是承载应用客户端的实体，被动接受无线网和核心网的控制。在 6G 时代，终端将发生根本性的变革，能自主地选择网络，特定场景下还能够控制网络的配置，甚至作为网络基础设施的一部分参与到网络中。终端以及网络的边缘节点构成动态的、自组织的智能边缘网络，为用户提供丰富的、低时延的、智能化和个性化的服务。在终端的深度参与和共同作用下，6G 网络将实现集通信、计算、传感和定位能力于一体的突破。

1. 传感定位

6G 时代，终端可以配备多种不同功能的微型传感器，例如“视觉”传感器、“听觉”传感器、“味觉”传感器、“嗅觉”传感器、“触觉”传感器等，这些微型传感器将赋予终端各类感官能力，推动终端从万物互联向万物智联发展。

6G 时代的新型传感器处理能力更强、集成度更高、功耗更低，传感器精度将大幅提升。6G 时代高精度定位提出的指标要求是：室内定位精度为 10 厘米，室外为 1 米，相比 5G 提高 10 倍以上。传统的 GPS、Wi-Fi 和蜂窝定位精度有限，难以实现室内外物体高精度定位。6G 将引入太赫兹频段提高定位精度，实现安全感知、手势探测、健康监测、3D 映射成像等高精度定位和成像能力，有效提升现实感知。同时太赫兹更短的波长意味着天线可以设计得更小、集成度更高，对角度测量有很大帮助。在提高精度的同时 6G 定位也需考虑感知成本，当前 5G 手机天线、射频成本在整机中占比约为 10%～15%，且大量集成天线将带来终端成本的大幅上升，因此如何降低 6G 终端感知成本、优化终端功耗，还需进一步研究。

2. 人工智能

AI对终端赋能，将使未来6G的终端功能和形态越来越多样化，在分布式协同、自主决策、端侧AI辅助网络通信、隐私安全等方面带来改变。

联邦学习(一种机器学习框架)可有效解决模型训练数据量不足，并且具备终端本地处理数据的特性，将有助于解决6G泛终端的“数据孤岛”问题，促进多设备间的分布式协同和互联。当前业界的研究热点已从提升联邦学习的有效性、效率、个性化、隐私安全等单方面的性能，转变到如何设计模型效用、学习效率和隐私安全等多方面的性能平衡。在6G场景下，考虑到不同异构设备的差异性，需要为优质参与者提供一套激励机制。针对这一问题，与区块链技术结合将有助于判定联邦学习各方的贡献度，从而激励高价值的参与者持续参与训练。

强化学习在终端自主决策方面存在巨大潜力，在任务调度、人机交互等方面将得到广泛运用。在端到端和“云-边-端”动态系统中，基于强化学习选择准确资源、实现高效的任务调度和存储分配是研究热点。在任务调度方面，强化学习已在自动驾驶和智能航运等特定场景中应用，将来还可拓展至更多场景。在人机交互方面，强化学习可以促进终端精准感知复杂的指令和场景，例如增强端侧语言理解和传感器校准，进一步实现终端决策优化，为6G终端中的AI自主决策应用扫清了障碍。在辅助网络通信方面，利用端侧数据训练，终端能感知本地信道模型、话务模型、运动轨迹，实现网络状态预测和主动配置，还能协助网络实现故障情况下的自愈。在动态消息列队管理及拥塞控制方面，终端可基于强化学习协助优化网络延迟。此外，由于6G终端的异构性，通过迁移学习节省异构硬件间智能通信的成本，加快6G终端智能化进程。在隐私安全方面，多终端协同场景下的数据保护和自我防御成为6G终端重点关注的问题。

3. 云边端协同

6G通信中，根据不同业务需求进行网络资源管理与编排，实现跨终端跨平台的资源调度协同、任务处理协同、计算能力协同、数据存储协同等端边云协同将变得更加重要。

资源调度协同可解决终端资源受限、跨终端协作和边缘云的资源动态共享等关键问题。终端具有异构特征，为实现终端资源的充分利用及统一调度，需要对异构终端资源进行软件定义及端侧虚拟化，以实现对底层终端资源的动态感知与协同，轻量化端侧容器虚拟化方案将是未来的重点研究方向。

任务处理协同主要研究在动态环境下，根据任务要求和实时网络环境等因素，决定卸载决策，以达到加速任务执行、减轻网络负载和节省能耗的目的。当前移动终端自组织网络中，针对复杂网络条件，恶劣环境下的任务处理协同是未来的重要研究方向。

计算能力协同可在缓解终端异构、终端资源受限等关键问题上发挥重要作用。根据资源和实时网络环境进行AI模型训练或推理等计算任务调度，通过对参与训练或推理的数据和模型进行处理，减轻终端设备计算负载。此外还需进一步研究计算能力协同的安全性问题。

数据存储协同借助边缘网络节点进行协同存储，克服单终端的资源局限性，减少频繁向云服务器获取数据时所带来的时延和网络开销。终端制定智能存储决策方案时，须在考虑用户需求的同时，根据终端状态、海量数据以及网络环境，动态选择存储内容和位置。

4. 无线携能

6G 时代的万物智联和超低功耗通信对低功耗终端提出了新的需求。一方面，6G 网络下终端多样化发展，海量信息的交互、通信均对分布在各节点终端的续航能力和功耗提出了要求，部分行业终端的功耗需求低至数十毫瓦甚至几十微瓦。虽然新材料研发提升了电池的续航能力，而且不断演进的低能耗协议设计在持续降低终端的功耗，但有限的电池寿命仍然是需要解决的问题。另一方面，“碳中和”概念使得绿色网络通信成为 6G 发展的必然趋势，需要更好地优化通信能效，这对能量采集新技术提出了挑战，无线射频信号可同时携载信息与能量的特点，为无线通信带来新机遇。

SWIPT(Simultaneous Wireless Information and Power Transfer，无线携能传输)技术是满足 6G 行业终端超低功耗、甚至“零功耗”愿景的重要技术之一。SWIPT 技术通过叠加信息和能量传输，在实现高速信息交换的同时，通过提取接收信号中的能量有效地向各种终端馈电，可以解决传统有线或电池供电所带来的不便，减小终端的体积与成本，并有效延长待机时间。随着高频段太赫兹技术的引入，未来 6G 蜂窝网络的小区覆盖半径会进一步减少，当 6G 蜂窝网络的小区覆盖半径与 SWIPT 技术的传输距离相近时，“零功耗”或超低功耗终端将成为可能。SWIPT 技术也对终端提出了新的要求，终端需支持分离的接收器架构，能量采集和信息解码需分开处理，同时业界正在研究能量的波束赋形定点传输、无线充电感应低电平高灵敏度等，这些技术突破会进一步提升 SWIPT 技术的适用场景，从而带来 6G 终端的电源供电变革。

10.3.3 安全架构及关键技术

6G 将是更安全可信的网络已成为业界共识。6G 一方面增强和完善 5G 安全能力的不足，另一方面针对新技术、新业务的引入，以及业务模式和场景、安全形势的变化，提供更加灵活的架构和更加智能、强大的安全能力。

当前的 5G 系统已经具备较为完善的基础安全机制，随着云网融合、服务化架构技术的深化发展，5G 安全架构在支持柔性网络的灵活部署、安全可信和可靠性方面的不足越来越明显；针对垂直行业、尤其是 uRLLC、mMTC 场景的应用，安全能力的缺口也越来越大。针对 5G 安全的不足，6G 具备更加弹性灵活的安全架构、安全能力进一步朝智能化、自动化等方向发展。当前业界已在安全愿景、理念、关键技术等方面提出一些值得借鉴的观点和思路，如内生安全、零信任理念和区块链技术等。

1. 安全能力定制

6G 安全能力的理念是基于软件定义网络和软件定义安全技术，构建灵活的 6G 网络与安全架构，形成差异化的、可定义的、快速调度部署的原生安全能力，实现安全能力、业务环节、客户需求之间的高效联动与协同效应。图 10.13 给出了基于上述理念的 6G 安全架构模型的实例，该架构实例由安全基础资源能力子层、安全定义子层、安全能力子层、安全决策控制子层组成。安全定义子层和资源与能力子层进行交互，对安全资源池、基础能力进行管理调度，提供封装后的安全能力，同时与网络控制器、云/网/安管理平台等互通，满足上层业务网络的定制需求。

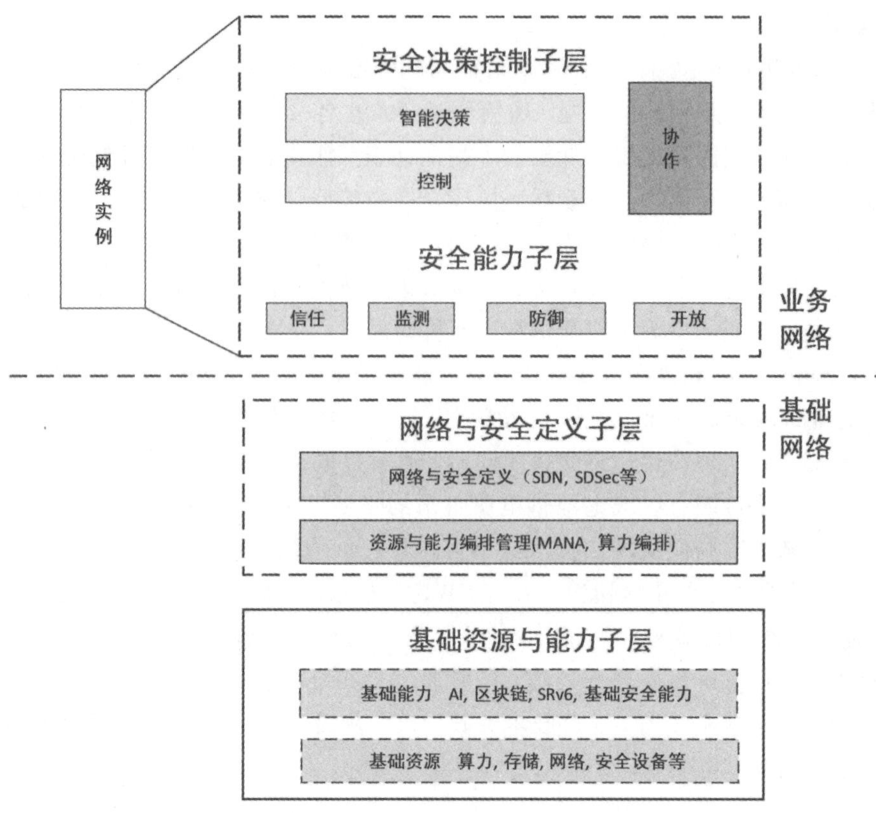

图 10.13　基于软件定义的安全架构实例

2. 区块链与零信任

与传统单一网络不同，6G 网络是异构可扩展的具有丰富业务形态的复杂网络，因此需要构建多方信任体系，采用去中心化、可扩展的身份认证架构，为各类终端在异构网络下提供多方接入和协同认证。

区块链是实现多方信任的重要技术，具有去中心化、可追溯、不可篡改、匿名性和透明性等特点。6G 网络与区块链技术的融合能够实现去中心化多方信任、点对点的交易和协作、分布式智能共识等，应用于身份验证、资源共享、可信数据交互等场景，促进 6G 网络的安全。利用区块链共识机制、智能合约，6G 网络能够在分布式环境下实现各节点共同决策、信息共识，有助于分布式网络节点的协同处理和高效合作，实现动态频谱管理、协同边缘计算等跨网络资源聚合与共享。同时，区块链分布式存储，对于数据量急剧增加的 6G 时代而言，有利于提高存储数据的处理效率和安全可靠性，实现存储审计、数据流转管控等可信数据交互。

传统的网络边界为内网设定的信任度过高，网络的云化发展使得信任边界变得更加模糊。零信任打破了“内部可信任”和“外部不可信任”的传统安全边界，在组织内部重构以身份为中心的信任体系和动态访问控制体系，建立全新的身份边界。对于异构、云化的 6G，该理念可应用于网络的动态构建和控制。

3. 基于 AI 的网络安全

智能化将是 6G 网络的一个重要特征，AI 可用于 6G 网络的威胁检测、态势研判、安全智能决策、策略自适应等方面，显著提升 6G 的安全能力。通过在网络运行的各个环节嵌入基于 AI 的安全能力，如借助 AI 分析模型对实时运行数据进行分析，可以对安全态势做出快速预测和判断，输出安全策略，指导安全控制器迅速调用安全资源池能力进行动态防御。在安全能力实施过程中，可以通过智能感知分析能力评估防御效果，向机器学习模型进行反馈，提升模型分析和决策的精准度，在动态防御的基础上实现精准防御。此外，还可以利用迁移学习技术解决 AI 分析模型训练数据不足的问题，利用深度学习技术实现安全事件的快速检测，通过强化学习技术提升模型预测精度和能效等。

另一方面，AI 的广泛应用也会带来新的安全问题，由于处理大量用户和业务数据可能导致用户隐私泄露，因此在 6G 设计中需要同步考虑 AI 安全与隐私保护。由于联邦学习可在不共享原始数据资源的情况下，借助其他方的数据进行联合建模，因此常用来保护数据隐私和数据安全。

本章小结

近年来，5G 技术得到了广泛的应用和发展，但是 5G 仍不能满足通信行业应用的个性化、差异化需求，因此急需 6G 进一步拓展通信领域的应用空间。本章阐述了 6G 愿景与关键技术，讲述了 6G 发展驱动力、关键性能指标和典型应用，重点讲述了无线空口、泛在终端和网络安全等层面的关键技术，帮助读者理解空域相关技术、人工智能、多任务协同、网络安全等在 6G 中的重要作用，从而构建全球广域覆盖、空天地一体化的通信网络，催生新的应用。

习　题

1．6G 有哪些关键性能指标？

2．什么是确定性网络？

3．6G 无线空口有哪些关键技术？

4．什么是区块链？简述区块链在 6G 网络安全中的作用。

缩略词表

缩写	英文全称	中文
3GPP	The 3rd Generation Partnership Project	第三代伙伴计划
AAU	Active Antenna Unit	有源天线单元
AF	Application Function	应用功能
AI	Ariificial Intelligence	人工智能
AMC	Adaptive Modulation Coding	自适应调制编码
AMF	Access and Mobility Function	接入和移动性管理功能
AMPS	Advanced Mobile Phone System	先进移动电话系统
AP	Access Point	接入点
API	Application Program Interface	应用程序接口
AR	Augmented Reality	增强现实
ARP	Address Resolution Protocol	地址解析协议
ARQ	Automatic Repeat Request	自动重传请求
AUSF	Authentication Server Function	认证服务器功能
BBU	BaseBand Unit	基带单元
BCCH	Broadcast Control Channel	广播控制信道
BCH	Broadcast Channel	广播信道
B－DMC	Binary-Discrete Memoryless Channel	二进制离散无记忆信道
BGP	Boarder Gateway Protocol	边界网关协议
BWP	Bandwidth Part	带宽部分
CBG	Code Block Group	码块组
CBRA	Contention Based Random Access	竞争性接入
CCCH	Common Control Channel	公用控制信道
CDMA	Code Division Multiple Access	码分多址
CFO	Carrier Frequency Offset	载波频率偏差
CFRA	Contention Free Random Access	非竞争接入
CN	Core Network	核心网
CNE	Core Network Element	核心网络单元

续表一

缩写	英 文 全 称	中 文
CP	Cyclic Prefix	循环前缀
CPM	Continue Phase Modulation	连续相位调制
CPRI	Common Public Radio Interface	通用公共无线接口
C-RAN	Centralized Radio Access Network	集中式无线接入网络
CRB	Common Resource Block	公共资源块
CRC	Cyclic Redundancy Check	循环冗余校验
CS	Circuit Switch	电路交换
CSC	Communication Service Customer	通信服务客户
CSI	Channel State Information	信道状态信息
CSMA	Carrier Sensing Multiple Access	载波侦听多址接入
CSMF	Communication Service Management Function	通信业务管理功能
CU	Centralized Unit	集中单元
D2D	Device to Device	设备到设备
DCCH	Dedicated Control Channel	专用控制信道
DCI	Downlink Control Information	下行控制信息
DFT	Discrete Fourier Transform	离散傅里叶变换
DL	DownLink	下行链路
DMRS	DeModulation Reference Signal	解调参考信号
DN	Data Network	数据网络
DNN	Data Network Name	数据网络名称
DOICT	Date，Operation，Information and Communication Technology	数据/运营/信息/通信技术
D-RAN	Distributed Radio Access Network	分布式无线接入网
DRB	Data Radio Bearer	数据无线承载
DRS	Discovery Reference Signal	参考信号
DRX	Discontinuous Reception	非连续接收
DTCH	Dedicated Traffic Channel	专用业务信道
DU	Distributed Unit	分布单元
EDGE	Enhanced Data Rate for GSM Evolution	增强数据速率的 GSM 演进

续表二

缩写	英文全称	中文
EIRP	Equivalent Isotopically Radiated Power	等效全向辐射功率
eMBB	enhanced Mobile Broadband	增强型移动宽带业务
eNB	Evolved Node Basestation	(4G)基站
EPC	Evolved Packet Core	演进分组核心网
EPS	Evolved Packet System	演进分组系统
ETWS	Earthquake and Tsunami Warning System	地震和海啸预警系统
EUTRAN	Universal Terrestrial Radio Access Network	通用陆地无线接入网
EVPN	Ethernet Virtual Private Network	以太网虚拟私有网
FBMC	Filter Bank Multiple Carrier	滤波器组多载波
FCC	Federal Communications Commission	联邦通信委员会
FCS	Flexible Communication and Sensing	灵活通感
FDD	Frequency Division	频分双工
FDMA	Frequency Division Multiple Access	频分多址技术
FFT	Fast Fourier Transform	反快速傅里叶变换
FlexE	Flexible Ethernet	灵活以太网
FOMA	Freedom of Mobile Mltimedia Access	自由移动多媒体接入
FRR	Fast Reroute	快速重路由
GFDM	Generalized Frequency Division Multiplexing	广义频分复用
gNB	next Generation Node Basestaion	5G 基站
GNSS	global navigation satellite system	全球导航卫星系统
GP	Guranteed Period	保护周期
GPRS	General Packet Radio Service	通用分组无线业务
GPSI	Generic Public Subscription Identifier	通用公共用户标识
GSCN	Global Synchronization Channel Number	全球同步信道号
GSM	Global System for Mobile communications	全球移动通信系统
GTP	GPRS Tunneling Protocol	GPRS 隧道协议
GUTI	Globally Unique Temporary UE Identity	全球唯一临时 UE 标识
HARQ	Hybrid Automatic Repeat Request	混合自动重传
HMSBB	High Moving Speed Broadband	高移动性宽带场景

续表三

缩写	英 文 全 称	中 文
HRMC	High Rate Massive Connections	高速率大连接场景
HSS	Home Subscriber Server	归属用户服务器
IaaS	Infrastructure as a Service	基础设施即服务
IAB	Integrated Access Backhaul	集成接入和回传
ICI	Inter-Carrier Interference	载波间干扰
IDFT	Inverse Discrete Fourier Transform	反离散傅里叶变换
IFFT	Inverse Fast Fourier Transform	反快速傅里叶变换
IFIT	In-situ Flow Information Telemetry	随流信息检测
IMEI	International Mobile station Equipment Identity	移动终端设备标识
IP	Internet Protocol	因特网协议
IPRAN	Internet Protocol Radio Access Network	基于 IP 协议的无线接入网络
IRS	Intelligent Reflecting Surface	智能反射面
ISI	Inter Symbol Interference	符号间干扰
IS-IS	Intermediate System to Intermediate System	中间系统到中间系统
ITU	International Telecommunication Unit	国际电信联盟
KPI	Key Performance Index	关键性能指标
LBS	Location Based Service	基于位置服务
LDP	Label Distribution Protocol	标签分发协议
LDPC	Low Density Parity Check Codes	低密度奇偶校验码
LS	Least Squares	最小二乘
LTE	Long Term Evolution	(UMTS)长期演进
M2M	Machine to Machine	机器到机器
MAC	Medium Access Control	媒体控制接入
MANO	MANagement & Orchestration	(NFV)中管理和编排
eMBB	enhanced Mobile BroadBand	增强移动宽带
MCC	Mobile Country Code	移动国家代码
MC-CDMA	Multi-Carrier Code Deivision Multiple Access	多载波码分多址接入
MCS	Modulaton and Coding System	调制编码方案
MEC	Multi-access Edge Computing	边缘计算

续表四

缩写	英文全称	中　文
METIS	mobile and wireless communications enablers for the 2020 information society	移动无线通信关键技术
MF	Matching Filter	匹配滤波
MIMO	Multiple Input Multiple Output	多输入多输出
ML	Machine Learning	机器学习
MME	Mobility Management Entity	移动性管理实体
MMSE	Minimum Mean Square Error	最小均方误差
mMTC	massive Machine Type Communication	大规模机器类通信业务
MNC	Mobile Network Code	移动网络代码
MPLS	Multi-Protocol Label Switching	多协议标签交换
MR	Mixed Reality	混合现实
MSIN	Mobile Subscriber Identification Number	移动用户识别码
MSK	Minimum Shift Keying	最小频移键控
MUSA	Multi-User Shared Access	多用户共享接入
NaaS	Network as a Service	网络即服务
NAS	Non-Access-Stratum	非接入层
NB-IoT	Narrow Band Internet of Things	窄带物联网
NDI	New Data Indicator	新数据标识
NE	Network Elements	网络单元
NEF	Network Exposure Function	能力开放功能
NF	Network Function	网络功能
NFV	Network Function Virtualization	网络功能虚拟化
NFVI	Network Functions Virtualization Infrastructure	虚拟基础设施
NFVO	Network Functions Virtualization Orchestrator	网络功能虚拟化编排
NG-eNB	Next Generation eNodeB	下一代演进基站(下一代 4G 基站)
NG-RAN	Next Generation Radio Access Networks	下一代无线接入网络
NLOS	None Line of Sight	非视距
NOMA	Non-Orthogonal Multiple Access	非正交多址接入
NRF	NF Repository Function	网络存储功能

续表五

缩写	英 文 全 称	中 文
NSA	Non-StandAlone	非独立组网
NSACF	Network Slice Admission Control Function	网络切片准入控制功能
NSI	Network Slice Instance	网络切片实例
NSMF	Network Slice Management Function	网络切片管理功能
NSSAI	Network Slice Selection Assistance Information	网络切片辅助信息
NSSF	Network Slice Selection Function	网络切片选择
NSSMF	Network Slice Subnet Management Function	网络切片子网管理功能
NTN	None Terrestrial Network	非地面网络
OAM	Orbital Angular Momentum	轨道角动量
OFDM	Orthogonal Frequency Division Multiplexing	正交频分复用
OFDMA	Orthogonal Frequency Division Multiple Access	正交频分多址
OOB	Out-Of-Band	带外辐射
OSPF	Open Shortest Path First	开放式最短路径优先
OTFS	Orthogonal Time Frequency Space	正交时频空(多载波调制技术)
OTN	Optical Transport Network	光传输网
PaaS	Platform as a Service	平台即服务
PAPR	Peak-to-Average Power Ratio	峰值平均功率比
PBCH	Physical Broadcast Channel	物理广播信道
PCCC	Parallel Concatenated Convolutional Codes	并行级联卷积码
PCCH	Paging Control Channel	寻呼控制信道
PCF	Policy Control Function	策略控制功能
PCFICH	Physical Control Format Indicator Channel	下行物理控制格式指示信道
PCH	Paging Channel	寻呼信道
PCI	Physical Cell Identifier	物理小区标识
PCRF	Policy and Charging Rules Function	策略和计费规则功能
PDC	Personal Digital Cellular	个人数字蜂窝网
PDCCH	Physical Downlink Control Channel	物理下行控制信道
PDCP	Packet Data Convergence Protocol	分组数据汇聚协议
PDMA	Pattern Division Multiple Access	图样分割多址

续表六

缩写	英文全称	中　文
PDN	Packet Data Network	分组数据网
PDSCH	Physical Downlink Shared Channel	物理下行共享信道
PDU	Protocol Data Unit	协议数据单元
PEI	Permanent Equipment Identifier	永久设备标识
PER	Packet ErrorRate	误包率
PGW	PDN Gateway	分组数据网关
PHICH	Physical Hybrid ARQ Indicator Channel	物理混合自动重传指示信道
PLMN	Public Land Mobile Network	公共陆地移动网
PON	Passive Optical Network	无源光网络
PRACH	Physical Random Access Channel	物理随机接入信道
PRB	Physical Resource Block	物理资源块
PS	Packet Switch	分组交换
PSS	Primary Synchronization Signal	主同步信号
PTN	Packet Transport Network	分组传送网
PT-RS	Phase-Tracking Reference Signal	相位跟踪参考信号
QAM	Quadrature Amplitude MoDUlation	正交幅度调制
QER	QoS Enforcement Rule	QoS 执行规则
QFI	QoS Flow Identifier	服务质量流标识
QoE	Quality of Experience	体验质量
QoS	Quality of Service	服务质量
RACH	Random Access Channel	随机接入信道
RAN	Radio Access Network	无线接入网
RIS	Reconfigurable Intelligent Surface	智能可调节超表面
RLC	Radio Link Control	无线链路控制
RNE	Radio Network Element	无线网络单元
RQA	Reflective QoS Attribute	反射 QoS 属性
RQC	Reflective QoS Control	反射 QoS 控制
RRC	Radio Resource Control	无线资源控制层
RRM	Radio Resource Management	无线资源管理

续表七

缩写	英文全称	中文
RRU	Radio Remote Unit	射频拉远单元
RSC	Recursive System convolutional Code	递归系统卷积码编码器
RSRP	Reference Signal Receiving Power	参考信号接收功率
RZF	Regularization Zero Forcing	正则化迫零
SA	StandAlone	独立组网
SaaS	Software as a Service	软件即服务
SAE	System Architecture Evolution	系统架构演进
SBA	Service-Based Architecture	基于服务的网络架构
SCMA	Sparse Code Multiple Access	稀疏码分多址
SCS	Subcarrier Spacing	子载波间隔
SCTP	Stream Control Transmission Protocol	流控制传输协议
SDAP	Service Discovery Application Profile	服务发现应用规范
SDL	Supplementary Downlink	辅助下行
SDMA	Space Division Multiple Access	空分多址
SDN	Software Defined Network	软件定义网络
SGW	Serving Gateway	服务网关
SIB	System Information Block	系统信息块
SLA	Service Level Agreement	服务等级协议
SMF	Session Management Function	会话管理功能
SRB	Signal Radio Bearer	信令无线承载
SR-MPLS	Segment Routing MPLS	基于 MPLS 的段路由
SRS	Sounding Reference Signal	探测参考信号
SRv6	Segment Routing over IPv6	基于 IPv6 的段路由
SSB	Synchronization Signal/PBCH Block	同步信号块
SSS	Secondary Synchronization Signal	辅同步信号
SUCI	Subscription Concealed Identifier	用户隐藏标识
SUL	Supplementary Up Link	辅助上行
SUPI	Subscription Permanent Identifier	用户永久标识
SVD	Singular Value Decomposition	奇异值分解

续表八

缩写	英文全称	中　文
SWAC	Sparse Wide Area Communications	稀疏广域通信场景
SWIPT	Simultaneous Wireless Information and Power Transfer	无线携能传输
TACS	Total Access Communications System	全接入通信系统
TAI	Tracking Area ldentity	跟踪区标识
TDD	Time Division	时分双工
TDMA	Time Division Multiple Access	时分多址接入
TD-SCDMA	Time Division-Synchronous Code Division Multiple Access	时分同步码分多址
TE	Traffic Engineering	流量工程
TRP	Tx/Rx Point	发送和接收点
TSN	Time Sensitive Networking	时间敏感网络
UCI	Uplink Control Information	上行控制信息
UDM	Unified Data Management	统一数据管理
UE	User Equipment	用户设备
UHRBB	Ultra High Rate Broad band	超高速宽带场景
UL	UpLink	上行链路
ULLHR	Ultra Low Latency and High Reliability	超低时延高可靠)场景
UMTS	Universal Mobile Telecommunications System	通用移动电信系统
UPF	User Plane Function	用户面功能
uRLLC	ultra Reliable & Low Latency Communication	超可靠低时延业务
VIM	Virtualized Infrastructure Manager	虚拟基础设施管理器
VNF	Virtual Network Function	虚拟网络功能
VPN	Virtual Private Network	虚拟私有网
VR	Virtual Reality	虚拟现实
WCDMA	WidebandCode Division Multiple Access	宽带 CDMA
WDM	Wavelength Division Multiplexing	波分复用
WLAN	Wireless Local Area Network	无线局域网
ZF	Zero-Forcing	迫零

参考文献

[1] 李建东，郭梯云，邬国扬. 移动通信. 4 版. 西安：西安电子科技大学出版社，2006.

[2] 尤肖虎，潘志文，高西奇，等. 5G 移动通信发展趋势与若干关键技术. 中国科学：信息科学，2014，44(5)：551-563.

[3] OSSEIRAN A，MONSERRATE J F，MARSCH P. 5G 移动无线通信技术. 陈明，缪庆育，刘愔，译. 北京：人民邮电出版社，2017.

[4] 李晓辉，付卫红，黑永强. LTE 移动通信系统. 西安：西安电子科技大学出版社，2016.

[5] 李晓辉，刘晋东，李丹涛，等. 从 LTE 到 5G 移动通信系统：技术原理及其 LabVIEW 实现. 北京：清华大学出版社，2020.

[6] KUNG T L，PARHI K K. Optimized joint timing synchronization and channel estimation for OFDM systems. Wireless Comunications Letters，IEEE，2012，1(3)：149-152.

[7] GOLDEN G D，FOSCHINI G J，VALENZUELA R A，et al. Detection algorithm and initial laboratory resultsusing V-BLAST space-time comμnication architecture. Electronics Letters，1999，35(1)：6-7.

[8] METIS. Mobile and wireless comunications enablers for the 2020 information society//EU 7th Framework Programme Project. https://www.metis2020.com.

[9] HOYDIS J，TEN B S，DEBBAH M. Massive MIMO in the UL/DL of cellular networks：How many antennas do we need? IEEE Jounal of Selected Area Comunications，2013，31：160-171.

[10] LARSSON E G，TUFVESSON F，EDFORS O，et al. Massive MIMO for next generation wireless systems. IEEE Comunications Mag，2014，52：186-195.

[11] CHENG W C，ZHANG X，ZHANG H L. Optimal dynamic power control for full-duplex bidirectional-Channel based wireless networks//Proceedings of IEEE International Conference on Computer Comunications（INFOCOM），2013：3120- 3128.

[12] 3GPP TS 36.101. Evolved Universal Terrestrial Radio Access（EUTRA）：User Equipement（UE）radio transmission and reception.

[13] 3GPP TS 36.104. Evolved Universal Terrestrial Radio Access（EUTRA）：Base Station（BS）radio transmission and reception.

[14] 3GPP TS 36.201. Evolved Universal Terrestrial Radio Access（EUTRA）：LTE Physical Layer-General Description.

[15] 3GPP TS 36.211. Evolved Universal Terrestrial Radio Access（EUTRA）：Physical channels and modulation.

[16] 3GPP TS 36.212. Evolved Universal Terrestrial Radio Access（EUTRA）：Multiplexing and channel coding.

[17] 3GPP TS 36.213. Evolved Universal Terrestrial Radio Access (EUTRA): Physical layer proceDUres.

[18] 3GPP TS 36.214. Evolved Universal Terrestrial Radio Access (EUTRA): Physical layer measurements.

[19] 3GPP TS 36.300. Evolved Universal Terrestrial Radio Access (EUTRA) and Evolved Universal Terrestrial Radio Access Network (EUTRAN), Overall Description: Stage 2.

[20] 3GPP TR 36.808. Technical Specification Group Radio Access Network. Evolved Universal Terrestrial Radio Access (EUTRA); Carrier Aggregation; Base Station (BS) radio transmission and reception.

[21] 3GPP TR 36.819. Coordinated Mlti-Point Operation for LTE Physical Layer Aspects.

[22] 3GPPTR 38.801(v14.0.0), Study on new radio access technology: Radio access architecture and interfaces, 2017.4.

[23] 3GPP TS 38.202(v15.2.0), NR:Services provided by the physical layer, 2018.6.

[24] 3GPP TS 38.211(v15.2.0), NR:Physical channels and modulation, 2018.6.

[25] 3GPP TS 38.212(v15.2.0), NR:Multiplexing and channel coding, 2018.6.

[26] 3GPP TS 38.213(v15.2.0), NR:Physical layer procedures for control, 2018.6.

[27] 3GPP TS 38.214(v15.2.0), NR:Physical layer procedures for data, 2018.6.

[28] 3GPP TS 38.215(v15.2.0), NR:Physical layer measurements, 2018.6.

[29] 3GPP TS 23.501(v15.4.0), System Architecture for the 5G System, 2018.12.

[30] 3GPP TS 23.502(v15.4.0), Procedures for the 5G System, 2018.12.

[31] 3GPP TS 38.331(v15.3.0), NR:Radio Resource Control (RRC) protocol specification, 2018.9.

[32] 中国电信研究院，6G愿景与技术白皮书，2022年12月.

[33] IMF-2020(5G)推进组，5G-Advanced场景需求与关键技术，2022年11月.